# 应用湖沼学：
# 淡水中的污染物效应
## （第3版）

[美] E. B. Welch　[美] J. M. Jacoby　著

张晨　译

中国水利水电出版社
www.waterpub.com.cn
·北京·

北京市版权局著作权合同登记号：图字 01-2020-3851

Pollutant Effects in Freshwater：Applied Limnology Third Edition/by E. B. Welch，J. M. Jacoby / ISBN 978-0-415-27991-8

## 图书在版编目（CIP）数据

应用湖沼学：淡水中的污染物效应：第3版 / （美）E.B.韦尔奇，（美）J.M.雅各比著；张晨译. -- 北京：中国水利水电出版社，2020.12
　书名原文：Pollutant Effects in Freshwater：Applied Limnology Third Edition
　ISBN 978-7-5170-9334-3

Ⅰ. ①应… Ⅱ. ①E… ②J… ③张… Ⅲ. ①淡水—水污染物—研究 Ⅳ. ①X52

中国版本图书馆CIP数据核字(2020)第270225号

审图号：GS（2020）4231号

| 书　　　名 | 应用湖沼学：淡水中的污染物效应（第3版）YINGYONG HUZHAOXUE：DANSHUI ZHONG DE WURANWU XIAOYING (DI - SAN BAN) |
|---|---|
| 原 书 名 | Pollutant Effects in Freshwater：Applied Limnology Third Edition |
| 原 　著 | ［美］E.B. 韦尔奇　　［美］J.M. 雅各比 |
| 译　　者 | 张　晨 |
| 出 版 发 行 | 中国水利水电出版社（北京市海淀区玉渊潭南路1号D座　100038）网址：www. waterpub. com. cnE - mail：sales@waterpub. com. cn电话：(010) 68367658 (营销中心) |
| 经　　售 | 北京科水图书销售中心（零售）电话：(010) 88383994、63202643、68545874全国各地新华书店和相关出版物销售网点 |
| 排　　版 | 中国水利水电出版社微机排版中心 |
| 印　　刷 | 清淞永业（天津）印刷有限公司 |
| 规　　格 | 170mm×240mm　16开本　29印张　568千字 |
| 版　　次 | 2020年12月第1版　2020年12月第1次印刷 |
| 印　　数 | 0001—2000 册 |
| 定　　价 | 75.00元 |

凡购买我社图书，如有缺页、倒页、脱页的，本社营销中心负责调换

**版权所有·侵权必究**

The cause – effect relationships between natural and/or anthropogenic pollutants and the biota of freshwater ecosystems is the main theme of this book. All substances added to freshwater through human activity do not always degrade a freshwater environment. For example, growth and production of desirable species of fish, such as the fat rainbow trout in the picture may increase in response to increased phosphorus – the key nutrient that causes eutrophication in streams as well as lakes. That could be viewed as beneficial so long as it does not cause other undesirable effects, such as lowered dissolved oxygen, toxic algal blooms or elimination of native fish species. Similarly, modest increases in temperature may have benefits in some situations, depending on species present and the magnitude of increase (see smallmouth bass). However, substances that cause toxicity, such as heavy metals, pesticides and industrial products (e. g., cyanide) are very unlikely to have benefits and at low sublethal concentrations may have adverse effects in which the animal doesn't die but fails to grow and reproduce (see toxicants). That is the kind of understanding you will hopefully gain from this book. Figuring out the cause that relates to an observed effect is often a challenge.

The response of biological populations to various pollutants is sometimes straightforward, such as the case in which a fish kill followed a fly – ash spill that raised stream pH to 12. However, the response is usually more complex resulting in more long – term chronic effects, such as the effect of organochlorine pesticides, like DDT, concentrating through the food chain. Years of research in the 1960s defining chronic effects helped to ban the use of DDT. Careful study and diligent recording of pertinent data is mandatory in order to determine the cause/effect relation for any pollutant.

The book is separated into parts. To manage and improve water quality in lakes and streams and maintain valuable biological resources and ecosystem services, it's important to understand the cycling of principal nutrients that control and make up the biomass of trophic levels and which may limit their production (Part I). Also, the response of plankton, periphyton, benthos and fish may respond differently in streams versus lakes, so the book treats those two environments separately (Parts II and III). However, there could be overlap between those environments. Large slow – moving rivers may have lake – like characteristics and produce blooms of plankton algae more typical of lakes. On the other hand, reservoirs with short – residence times may not allow sufficient time for plankton algae to accumulate a biomass. Thus, physical factors, such as, light transmittance, water residence time and water column mixing exert important controls on plankton algae. These physical characteristics can be used to control the abundance and species composition of plankton algae, such as light limitation via increased aeration/circulation. The cause(s) for the dominance by cyanobacteria is still poorly understood, but without a stable water column their buoyancy mechanism will not give them an advantage.

Hopefully the reader will gain the needed information to understand at least the basic concepts of the cause/effects of pollutants in aquatic environments. There are other pollution problems that have received more recent study and are in the published literature. So do not hesitate to search the more recent literature to expand your understanding on the effects of new and emerging pollutants in a warming world.

Eugene B. Welch
Professor Emeritus
Civil and Environmental
Engineering, University of Washington
Seattle, USA, Dec, 2019

本书的主题是揭示天然污染物和人为排放污染物与淡水生态系统生物群落之间的因果关系。并非所有因人类活动而进入淡水中的物质都会导致淡水环境污染。例如，磷的增加会使某些鱼类（如简介照片中的肥虹鳟）的生长和产量增加，但磷却是导致湖泊富营养化问题的关键营养物。只要不引起其他不利影响，如溶解氧降低、有毒藻类大量繁殖或引发当地鱼类灭绝，便可以视为是有益的。同样，温度适度升高在某些情况下也会带来益处，这取决于物种的不同与温度升高的幅度（如小口黑鲈）。然而，引发毒性的物质，如重金属，杀虫剂和工业产品（如氰化物）不太可能对环境有益，即使在低亚致死浓度下也可能产生不利影响。在这种情况下，动物虽然不至于死亡，但却无法生长与繁殖（见毒物一节）。通常，找出相对应的"因果关系"是个巨大的挑战，但你或许可以从这本书中找到答案。

生物种群对各种污染物的反应有时十分简单直接，比如粉煤灰泄露使河流的 pH 值提高至 12，将直接导致鱼类死亡。但是，这种反应在更多时候是复杂的，甚至会引发长期的慢性效应，比如有机氯农药 DDT，会通过食物链富集。20 世纪 60 年代开始对此类慢性效应的研究最终推动了 DDT 全面禁用。为了确定某一污染物的因果影响关系，必须认真研究并记录相关数据。

本书分为以下 3 个部分。为了管理和改善湖泊和河流的水质，维持宝贵的生物资源和水生态系统服务功能，掌握营养物质的循环过程，进一步控制营养状态和限制生产力是十分重要（第 1 部分）。另外，浮游生物、附着生物、底栖生物和鱼类在河流与湖泊环境下可能会有不同的反应，所以本书将这两种环境分开阐述（第 2、3 部分）。但是，这两种环境之间可能存在重叠。大型缓慢流动的河流可能具有与湖泊相类似的特征，并产生大量浮游藻类，这也是湖泊的典型特征。此外，水力停留时间短的水库可能缺少足够的时间使浮游藻类进行生物量积累。因此，透光率、水力停留时间、水体混合等物理因素对浮游藻类有着重要的控制作用。这些物理特性可用于控制浮游藻类的数量与种类，例如增加曝气或循环或者限制光照。蓝藻占优势的原因十分复杂，但如果没有稳定的水体，蓝藻的浮力机制也不会为它们的生长带来优势。

希望读者能够从本书中有所收获，至少能够从本书中了解到水生环境中污染物产生的原因与导致的结果等基本概念。在最近的研究与已发表的文献中，其他的污染问题也有所涉猎。所以，请不要犹豫，搜索前沿文献，以扩展你对全球变暖中产生的新型污染物效应的理解。

荣休教授 Eugene B. Welch

华盛顿大学 土木与环境工程系

美国华盛顿州 西雅图

2019.12

　　本书是 Eugene B. Welch 和 Jean M. Jacoby 教授以毕生精力撰写的书籍，自 1980 第 1 版问世至今，已更迭至第 3 版（2004）。20 世纪 70 年代，美国西雅图 Washington 湖通过控制外源型营养负荷得到了成功修复，这是湖沼学领域最具代表性的湖泊生态修复成功案例。该书作者在此工作的基础上，结合湖沼学、生物学、环境化学、水文地理等多学科领域相关知识，向读者介绍了湖沼学的基本概念及其在淡水生态系统中污染效应问题上的应用。本书是华盛顿大学土木与环境工程系本科生和研究生课程"应用湖沼学"的通用教材，已使用 40 余年。该书目的是阐述关于来自点源和非点源的主要污染物对淡水生态系统的影响，重点是理解世界范围内淡水生态系统污染效应中的因果关系。

　　在当前国家发展的时代背景下，生态文明建设和湖泊生态修复亟须掌握"应用湖沼学"知识的综合型人才。我国水利工程的数量众多、规模庞大，筑坝建库后往往存在水环境和水生态保护等管理问题，影响水利工程的安全运行和综合效益，社会关注度高。从我国各高校水利工程学科的人才培养方案来看，尚缺少湖泊生态修复方向的理论基础课程，如湖沼学、水生生物学等交叉学科课程。因此，译者为了丰富水利工程学科基础知识体系，决定将该课程和教材引入水利水电工程等相关涉水专业。同时，译者期望读者在学习本书的过程中，透过水利工程看待各种自然或人为的污染与淡水生态系统之间的因果关系，了解水生环境中污染物的来源及其影响，思考如何通过水力调控助力水生态系统的可持续健康发展。

　　本书主要分为 3 个部分。首先，为了管理和改善湖泊和河流的水质情况，维持宝贵的生物资源和水生态系统服务功能，介绍了水中主要营养物质的循环过程（第 1 部分第 1～第 5 章）。其次，本书依据水力特征将水体分为湖泊（standing water）和河流（running water）两种水环境探讨污染效应，即第 2 部分（第 6～第 10 章）和第 3 部分（第 11～第 13 章）。浮游植物、附着生物、底栖生物和鱼类等在这两种环境中的反应可能会有所不同。此外，本书还讨论了外界因素对藻类生长繁殖的影响，诸如透光率、水力停留时间和水体混合等物理因素对浮游藻类具有重要的控制作用。最后，综合近几十年来关于水生态系统污染分析控制的相关监测数据和模型试验，本书总结了生物种群对污染物的不同反应。

希望本书能使读者加深对污染物在水生态系统中的成因及影响等基本概念的理解，启发水利工程从业人员在设计、施工和运维管理过程中注重维护生态平衡，尽可能减少水污染、修复水生态，共建和谐水系环境，以应对全球气候变暖和河湖富营养化对淡水生态系统带来的挑战。

本书由天津大学水利水电工程系张晨教授主译和校对，选修"环境流体力学"和"应用湖沼学"课程的同学参与了对译稿的初步校对，于若兰、朱紫璇、王超越同学对部分译稿进行了编辑校对。本书最后由张晨统审。

由于译者水平有限，书中难免存在不妥之处，恳请广大读者批评指正。

张　晨

中国　天津

2020.7

  本书的目的是阐述关于来自点源和非点源的主要污染物对淡水水生生态系统的影响，此类描述虽为宽泛，但在许多方面仍然见微知著。为了应对知识的不断扩展，整合众多领域相关信息的需求日益增大，尤其是水生生态系统中污染物的影响，是需要跨学科研究的主要案例。然而，许多污染问题可能需要单独的论文进行研究，以便全面涵盖最新的研究成果。本书虽然忽略了很多细节，但其价值在于向读者介绍湖沼学的基本概念及其在几个污染问题上的应用。本书的重点不是对国内或世界范围内该问题的状况进行评估，而是在评估中理解因果关系。

  本书材料的呈现水平适用于具有和不具有生物学背景的科技人员。鉴于此，三十年来，使用本书材料的课程成功地吸引了华盛顿大学一些不同学科的高年级本科生和研究生，如土木与环境工程专业和渔业工程专业的学生。西雅图大学已经使用本书开设了类似的课程，书中的许多概念都是在这段时间里提出的。本书是第 3 版，对一些章节进行了更新，增添了过去 12 年里的相关文献，并对一些内容进行了重写和重组。这个新版本对于污染执法机构和资源机构的科技人员以及参与污染评估/缓解行业的科技人员很有价值。

  尽管在过去三十年里，发达国家在控制水污染和改善水质方面取得了很大进展，但在发达国家和发展中国家，废水造成的水资源退化仍在继续。目前，富营养化（本书主要探讨的问题）已经得到了更好的理解，并通过控制几个广为人知的大型湖泊的点源得到了改善。然而，在发达国家和发展中国家，无数河流、湖泊和水库由于城市和农业径流等非点源营养物质而继续退化。由于强调富营养化和涵盖了基本的湖沼学概念，本书的书名定为《应用湖沼学》。

由于一直使用冷却设施，发电厂温排水造成的热影响从未引起大规模的问题，但温排水的威胁有可能在全球变暖背景下再现。尽管发达国家最近减少了排放，淡水酸化仍是一个近乎全球性的问题。在过去的二十年里，环境中的有毒物质受到了极大的关注，主要是由于有害废物引起的问题。地下水受陆地有毒物质渗漏的影响最大，但一些地表水也受到影响。问题的重点在改变，但是生态系统对不同物质水平的反应不会改变。例如，鳟鱼会以一种可预测的方式对温度升高做出反应，无论温度升高的原因是发电厂温排水还是全球变暖，藻类也会对来自污水或城市径流的营养物做出反应。因此，一般环境保护人员，特别是水质监控人员，需要了解有关水生生态系统退化的基本概念。为此我们对本书进行了修订。

感谢以下人员的讨论和建议：Gunnel 和 Ingemar Ahlgren（温度和富营养化）、Barry Biggs（附着生物）、Michael Brett（浮游动物、富营养化、水文地理）、Jim Buckley（毒性）、Dennis Cooke（富营养化和生态修复）、Rich Horner（附着生物）、Brian Mar（数值模型）、Gertrude Nürnberg（富营养化）、John Quinn（附着生物）、Geoff Schladow（水文地理）和 Dimitri Spyridakis（磷和碳）。

**Eugene B. Welch 和 Jean M. Jacoby**
西雅图　美国华盛顿州
2003 年 6 月

# 目录

# 附　　录

# 第 1 部分

# 水生生态系统的基本概念

# 第1章

# 生态系统功能与管理

生态系统可以是生物圈的某个单元，也可以是整个生物圈本身，系统中能量的不断流动推动着化学物质的不断循环。虽然每个生态系统的能量传递都按照热力学定律逐级减弱，但是能量能达到短暂的平衡。然而如果没有新的能量注入，整个生态系统将会崩溃。

太阳能作为单一的能量源，源源不断地把能量输入到生态系统中，生态系统把电磁能转化为化学能，并在生态系统中传递，这是生态系统和有机物正常运转的基础。

由于能量流动和物质循环的过程变化很大，因此在看似独立的系统之间划定明确的边界并不容易。但是出于实用性和可管理性的考虑，还是必须划定边界，以便于研究和过程测量。因此，可将一条河流及其支流、一个湖泊及其汇流视作一个生态系统。生态系统在某些情况下可以认为是封闭的，例如只涉及物质循环，但是如果涉及能量，这个系统就必须是开放的，因为系统中始终有能量输入和能量消耗。由于生态系统作为一个综合体对能量的输入做出反应，所以对整个系统进行研究对管理是很有用的。

湖沼学是对湖泊和河流的物理、化学和生物成分之间的相互作用进行综合研究，而应用湖沼学则侧重于人类活动对这些水生生态系统的影响。水是人类和地球上其他生物必不可少的重要物质。虽然水是自然界中最丰富的化合物之一，大约占地球表面的 3/4，但海洋和其他咸水体却超过总量的 97%（Todd，1970），在剩下的 3% 中，略大于 2% 存在于冰盖和冰川以及土壤和大气中，剩余的 0.6% 存在于淡水湖、河流和浅层地下水中（Todd，1970）。这是人类最依赖的淡水系统，但讽刺的是，这个系统已经遭到严重破坏。

进行有效的流域管理至关重要的是控制进入地表水和地下水的污染物输入量，并保持可接受的淡水质量和供应。优质淡水的减少已成为世界许多地区最严重的环境问题。据世界卫生组织（WHO）估计，目前世界上有 14 亿人无法获得安全的饮用水，29 亿人缺乏充足的污水处理设施。报道显示，每年新增的水传播疾病病例超过 2.5 亿例，其中约 1000 万人因此死亡（5 岁以下儿童约占其中的一半）。尽管北美和欧洲一些地区的水质有所改善，但全球来自工业、城市和农业的污染物质对水生生态系统的污染仍有所增加。随着人口以每天超过20万人的速度增长（每年增长1.4%）（United Nations，2001），世界水资源的退化也在加剧。因此，了解生态系统结构和功能的复杂性是制定世界水资源长期可持续发展政策的基础。

# 1.1　生态系统构成和能量来源

每个生态系统都有一个结构，该结构决定了它在能量流动和物质循环中的功能。这个结构可以被认为是物质和能量的内部组合，通过这些组合，功能得以实现。物质可以是生命体动植物也可以是非生命体，最有代表性的生命体物质，是从藻类和（或）根状植物到第四级营养水平的食肉动物，它们都是有生命的，比如草食性的食物网。而外部的非生命有机物被昆虫、真菌和细菌加工和分解，进入腐食性食物网中。

流域被视为生态系统不可或缺的一部分（Borman 和 Likens，1967；Likens 和 Borman，1974）。流域的特性决定了河流的能量来源是自养型（内部产生的）还是异养型（外部产生的）。在对美国东北部地区流域的一项比较研究中，Likens（个人交流）表明，自养型森林中的溪流能量来源以外部产生为主，而流域湖泊的能量则是内部产生的。Wissmar 等（1977）在针叶林中的一个高山湖泊中发现，其能量来源主要是外部产生（表1.1）。植被贫瘠的流域和相对较大的湖泊，湖泊和溪流的能量来源主要是内部产生（Minshall，1978）。根据河流连续体的概念，森林流域中的低阶河流以及常年浑浊的高阶河流下游段，往往是异养型或以碎屑为主，而中阶河流则是自养型（Vannote 等，1980）。第11章将对河流生产力进行进一步讨论。

生态系统中外来能源和自生能源的相对比例对于水生生态系统的管理决策意义巨大。为了有效地保护并利用水生系统，我们必须知道在两种能源不同数量和成分组合下系统是如何使用并响应的。

**表 1.1　　　　　　　两个生态系统中能量来源的对比**

| 能量来源 | 能量/[g C/(m² · a)] | | | |
|---|---|---|---|---|
| | 阔叶林 | | | 针叶林 |
| | 森林 | 溪流 | 湖泊 | 湖泊 |
| 自生能源 | 941 | 1 | 88 | 4.8 |
| 外来能源 | 3 | 615 | 18 | 9.4 |

资料来源：来自 G. E. Likens 的阔叶林数据，个人交流；来自 Wissmar 等的针叶林数据。

## 1.2　能量流动和营养循环

如果能够测量生态系统中的所有生物体及其主要生命过程，且它们的能量转化和能量传递过程可以有条理地划分为不同的层次，那么就可以画出如图1.1所示的流程图。这个流程图表明了几个特点：①能量在系统中的流动是单向不可逆的，根据热力学第二定律，当物质从高浓度状态向低浓度状态发生随机转化时，其包含的能量会变少（注意热量的损失）；②转化和传递过程的每一步都会发生热量的损失；③外来能源通过异养微生物或分解物传递，这些微生物（注意从分解者到消费者的箭头）以及分解物在消费者可用能量的净生产中起着重要的作用（Pomeroy，1974）。

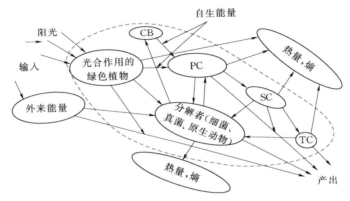

图 1.1　水生生态系统中的能量流动和营养循环（边界用虚线表示）
CB—化学合成细菌；PC——级消费者；SC—二级消费者；TC—三级消费者

无论是来自周围森林还是来自有机废弃物的外来能量，其最开始的起点必须是光合作用或在较小程度上是化能合成作用。

光合作用的过程包括两个阶段：①光反应阶段，即吸收太阳能，释放 $O_2$ 分子，通过光合磷酸化作用产生 ATP（三磷酸腺苷）；②暗反应阶段（不需要光），即利用捕获的能量作为 ATP 并将 $CO_2$ 或 $HCO_3^-$ 固定到还原的有机细胞原料中。这个过程产生能量并合成新的细胞，可归纳为

$$6CO_2 + 12H_2O + 光 + （叶绿素 \ a \ 和辅助材料）\longrightarrow C_6H_{12}O_6 + 6O_2 + 6H_2O$$

有机化合物葡萄糖，它保存着光合生物吸收的太阳能，并可以维持整个生物圈（地球表面由大气层、水和陆地组成的维持生命的圈层）运转。该过程由绿色植物和一些有色细菌完成，但只有绿色植物会在反应过程中释放反应的副产品 $O_2$。

化能合成是另一个过程，通过这个过程，生物体在获取能量和合成细胞物质方面完全自给自足。这个过程通过将无机化合物氧化获得能量，不需要其他细菌进行有机物的分解或者光合作用获得能量。原始地球富含还原性无机化合物，这些化合物目前被一些细菌用作能量来源，硝化作用就是其中一个例子：

$$2NH_3 + 3O_2 \longrightarrow 2HNO_2 + 2H_2O + 能量$$

对于生态系统来说，这个过程比起作为生产者提供能量，更重要的是可以让物质循环。细菌的化能合成过程中大量氮和硫等营养元素参与循环。

氮、碳、磷、硫等营养物质遵循与系统中能量流动相同的流动途径，这些物质被无机池中的自养生物（绿色植物和化学合成细菌）消耗，并固定在有机化合物中，随后像能量一样通过营养级发生转移，因为组成生物体的还原有机化合物是捕获化学能的载体。例如 $CO_2$，它是碳的最高氧化态，但是当它通过光合作用固定在葡萄糖中时，1mol 的 $C_6H_{12}O_6$ 含有 674kcal[❶] 的能量，这些能量由植物、动物通过呼吸作用或分解微生物通过相同的生化途径释放出来。不同营养级别内的所有生物的能量含量范围为 4～6kcal/g（干重）。

能量运输和营养物质运输之间的主要区别是：一旦生物利用了复合化合物的能量并将其完全氧化（如葡萄糖转化为 $CO_2$ 和 $H_2O$），这些化合物就会通过无机池循环使用，并且几乎可以被完全重复使用，没有永久损失。但实际上，其中一部分可能会流失到沉积物中，需要构造隆升进行循环利用，再循环过程如图 1.2 所示（注意从分解者到无机池的粗箭头）。营养循环也涉及化学—物理过程，第 4 章将对营养循环进行进一步讨论。

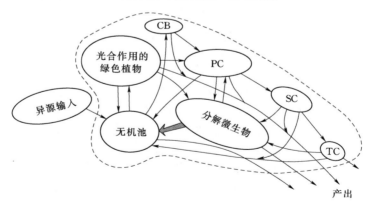

图 1.2　营养物质在生态系统中的运输和循环（边界用虚线表示）
CB—化学合成细菌；PC——一级消费者；SC—二级消费者；TC—三级消费者

❶　1kcal=4186J。

## 1.3　能量和营养使用效率

能量和（或）营养物质的转移效率通常是以营养级的净生产力与可供其消费的净生产力的比率来衡量的（Russell - Hunter，1970），这个值通常为10%～20%。转移效率的高低在很大程度上取决于食物网的结构，而物质是通过食物网来进行移动的。

对生态系统进行结构划分，即将物种种群划分为不同的营养级，然而这种划分是人为的，因为很少有生物在其整个生命周期中仅属于某一营养级。尽管如此，及时的划分可以优化能量的使用。物理上稳定的生态系统，如热带雨林和珊瑚礁，在生物量、生产力、物种多样性以及效率方面保持相对稳定，这些系统很大程度上增加了划分的复杂性。简单而言，生态系统中能量使用者的种类越多（替代途径），以特定方式装载的大量能量在离开系统之前被拦截和使用的可能性就越大。自然或人为造成的物理化学环境变化所带来的生态系统结构的不稳定会导致能量和营养使用效率的降低和不稳定，因此会使营养循环更加"松散"。当系统接近稳定状态，即输入与产出相等时，营养循环往往更加"紧密"、更加"完整"（Borman 和 Likens，1967；Bahr 等，1972）。

Odum（1969）阐述了成熟度对生态系统特征和过程的影响（表 1.2 和图1.3）。他指出，在不成熟的系统中，多样性往往较低，而在成熟的系统中，多样性则较高。我们通常认为稳定性会随着多样性的增高而加强，但是稳定性的定义以及它是否与多样性直接相关是一个具有争议性的问题。Washington（1984）对这个问题发表了见解，并引用了 Goodman（1975）的观点，他认为稳定性通常包括以下一个或多个方面：数值的恒定性、抗扰动性和系统在发生变化后恢复到先前状态的能力。如图 1.3 所示，净产量往往与多样性成反比。Margalef（1969）指出，在多样性程度较低时，单位生物量产量波动很大，而多样性变化很大，表明系统不稳定；而在多样性程度较高时，单位生物量产量波动很小，而多样性变化很小，表明系统稳定。图 1.3 表明，随着时间的推移，生态系统趋向于发展成一种比较稳定的状态，净生产力很少，生态结构最大化。在一个成熟的生态系统中，如果产量低，相关的波动小，那么营养物质的存储和循环过程会更慢，能量会以更慢的速度在系统中流动，熵值会更小，系统的运行效率则更高。

以下几个例子说明了生态系统效率与其成熟程度的关系。Fisher 和Likens（1972）发现，Bear 溪，一条东北森林溪流，其生态系统效率只有34%（总呼吸损失/总能量输入）。由此可见，66%的能量留在了系统下游，而未被使用，这表明该系统不成熟。Lindeman（1942）对 Cedar Bog 湖的研究

表 1.2　　　　　　　　　　　生态系统的特征属性

| 属　性 | 生态系统的类型 | |
| --- | --- | --- |
| | 不成熟 | 成熟 |
| 净产量 | 高 | 低 |
| 食物链 | 直线 | 网状 |
| 营养交换 | 快 | 慢 |
| 营养存储 | 差 | 好 |
| 物种多样性 | 低 | 高 |
| 稳定性-抗扰动性 | 低 | 高 |
| 熵 | 高 | 低 |

资料来源：Odum，1969，经美国科学促进协会批准。

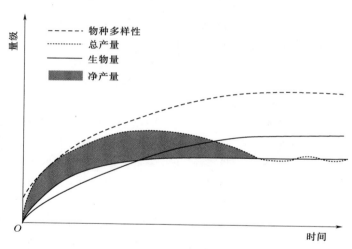

图 1.3　展示物种多样性、总产量（呼吸＋净产量）和生物量的连续变化的概念图。
随着生态系统的成熟，代表净产量的阴影区域接近于 0
（Bahr 等，1972，由 Odum1969 年修改）

表明，该湖的生态系统效率为 54.5%，45.5% 的能量留在了沉积物中。
Odum（1956）对佛罗里达 Silver 泉的研究结果显示，系统下游仅损失了
7.5% 的能量，而 92.5% 的能量得到了利用。

# 1.4　生态系统管理

人们想从水生生态系统得到什么？显而易见，人类不想破坏水生生态系

统，但是却非常倾向于对水生生态系统进行操控从而达到自己的目的，不管是为了提高或降低系统的生产力，保持系统的自然状态，还是让系统接受（吸收）废弃物，同时对其他用途产生最小的不利影响。但问题是这些用途相互冲突，例如，为了生产更多、更大供垂钓的鱼，通常需要刺激初级生产力，而这反过来可能导致物种多样性减少，稳定性降低。特定鱼类种群的产量可能会增加，但代价则是降低系统能量流动和养分循环效率，表现为大量不可食用藻类生物量的出现，并伴随着低溶解氧浓度、高 pH 值，甚至有毒氨。鱼类可能是更大、更丰富，但同时它们也可能面临着高死亡率。同样，生态系统不能只吸收废弃物而不对其结构和稳定性造成损害，从而降低养分循环和能源利用的效率。

　　实际上，稳定的群落可能比不稳定的群落社区更难抵制废水输入带来的变化。Bahr 等（1972）认为，如果此观点是正确的，物种多样性将随着废水输入的增加（非生物变化）而加速下降（图 1.4 中的曲线 B），而不是通常观察到的平滑下降（图 1.4 中的曲线 A）。高度多样化的群落可能会在生态系统中产生稳定的行为，但这种状态本身对环境的变化非常敏感，任何的改变或干扰往往会降低生态系统的稳定性和运作效率。鱼与熊掌两者不可兼得。也就是说，高度结构化和多样化的生态系统最大限度地提高了循环利用率和能量使用率，但可能对干扰的抵抗力不高。有效利用、杜绝滥用的概念将在以后的内容中讨论，例如第 11 章也有涉及。

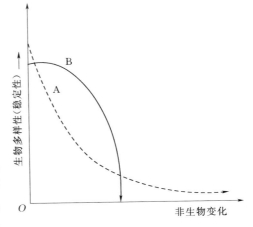

图 1.4　在有压力的非生物变化中，生态系统
稳定性作为非生物变化强度的函数，
文中对这两条曲线进行了讨论
（Bahr 等，1972）

　　以下各章将重点讲述各种污染物和其他形式干扰的一般特征及其对水生生态系统和生物的影响。最重要的污染物包括营养物质（如氮、磷）、沉积物、有机物质、有毒物质（如金属、合成有机化学物）以及病原体。评估认为美国淡水污染的主要原因包括营养物质、重金属（主要是汞）、细菌和淤积（USEPA，2002b）。污染物的主要来源是农田径流、市政点源和水文情势变化（如渠化、流量调节、疏浚）。河口污染的主要原因还包括有毒物质（特别是汞和农药）和耗氧物质（即有机物质）。USEPA（美国环保局）（2002b）报告称，

大约 40％的河流、45％的湖泊和 50％的河口被污染，已经不适于捕鱼和游泳。引进的（即非本地的）入侵物种也对水生和陆地生态系统造成越来越严重的环境影响，这种污染被称为"生物污染"。研究上述污染物和干扰对内陆水体的影响是应用湖沼学学科的基础。

# 第 2 章

# 现存量、生产力和生长限制

在进一步讨论种群增长及其控制之前，需要先了解一些重要术语。现存量通常与生物量同义，它代表单位体积或单位面积上的可以被测量数量。度量单位是湿重、干重、数量或某些元素成分（N、P、C）的数量。现存量是更为通用的术语，当然，当单位是质量时，生物量则更为合适。

生产力是生物量形成的速度，是一个动态过程。生产力通常与生物量成比例，但在快速增长和高牧食率种群中，生物量可能相对较小，而日生产力则相当高。为了理解这一现象，需要引入周转率这一概念，可以将其定义为

$$周转率 = \frac{生产力（ML^{-3}T^{-1}）}{生物量（ML^{-3}）}$$

式中：M、L、T 为质量、长度、时间的量纲。

因此，周转率理论上是单位时间内生物量被替换的次数。因为周转率和增长率具有相同的单位（1/t），所以当生物量保持不变时周转率等于增长率。当生物量在时间尺度上发生改变时，该时期的增长率由生物量的增加量或减少量以及生产力的瞬时测量值来决定。

## 2.1 生物量金字塔

只有在每个营养级的周转率不变的情况下，生产力才与食物链中的生物量成正比，表 2.1 中显示了一个假设的例子。由于食物链中的每一次转移都会损失能量，因此从初级生产者到次级消费者，生产力总会下降。在这种情况下，每一级的生产力都会降低 90%，因此周转率不可能保持不变。消费者的生物量也可能大于生产者，因为生产者是较小的生物，细胞表面积与体积的比例较大，因此周转率较快。在这种情况下，生物量金字塔可以颠倒，如 Odum（1959）所述。在长岛海峡，浮游动物和底栖动物的生物量是浮游植物的 2 倍，而在英吉利海峡，这个比例为 3:1。因此，从这个理论观点来看，生产力实际上可能与自然界中的生物量没有非常紧密的联系，尤其是在开放的

水域系统中。如果将 Odum 例子中的生物量乘以周转率，那么生物量金字塔将成为生产力（和能量流）金字塔，并且为正金字塔。

**表 2.1　　　　　　　三层食物链中生物量和生产力的假设关系**

| 营养级 | 生物量/$(ML^{-2})$ | 生产力/$(ML^{-2}T^{-1})$ | 周转率/$T^{-1}$ |
|---|---|---|---|
| 次级消费者 | 1 | 10 | 10 |
| 初级消费者 | 10 | 100 | 10 |
| 初级生产者 | 100 | 1000 | 10 |

## 2.2　生产力

初级生产是自养生物的生物量形成速度，自养生物主要是含叶绿素的微生物和大型生物。净生产率是以固定的有机物的净数量（例如碳同化）来衡量的，并且可以转移到下一个营养级。总产量等于包括呼吸在内的总同化量，这些数量如图 2.1 所示。

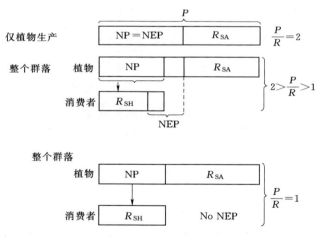

图 2.1　简化的生态系统能量预算假设图
$P$—总产量；NP—净产量；$R_{SA}$—呼吸自养生物；$R_{SH}$—呼吸异养生物；
NEP—净生态系统产量（改自 Woodwell，1970）

在只有植物的生态系统中，初级生产者的净产量等于净生态系统产量（NEP），实际上是可用于初级消费者（次级生产者）生产或牧食的生物量的实际增长。在存在消费者的情况下，净生态系统产量（NEP）等于未消费的净产量（NP）加上消费者实现的增长（二次生产）。在这些假设的例子中，只存在植物时，总生产量与呼吸量的比率（$P:R$）为 2（假设 $R=0.5GP$），存在消费者时，比率为 1～2。热带雨林由于分解率高，其 $P:R$ 比率接近 1。

在异养生态系统中，$P:R$ 比率通常小于 1。异养组分与自养组分比例的使用将在第 11 章进一步讨论。

## 2.3　能量转移效率

如前所述，生态系统的能量效率对其管理有直接影响。在营养第一次发生转移时，含叶绿素的生物的光合作用效率相当低。对于陆地生态系统来说，光利用效率约为 1%，而对于水生生态系统而言则更低，仅为 0.1%～0.4%（Kormondy，1969）。水生生态系统效率更低的原因是水及其粒子对光的吸收和散射作用。通过二次生产对初级生产力的利用率名义上约为 10%，而实际上在 5%～20% 的范围内波动。每次营养转移损失的能量为 90%，主要是通过呼吸作用损失的。图 2.2 显示了食草动物这一营养级的能量转移所涉及的步骤。吸收的食物能量等于摄入的能量减去排泄的能量，呼吸和任何非营养生长（如蛤壳）属于其他损失，这随后会导致净产量剩余，以转移到下一个营养级。

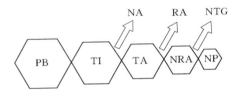

图 2.2　单个动物的能量收支

PB—植物生物量；TI—摄入的总能量；TA—吸收的总能量；NA—非同化（排泄）；
RA—呼吸同化（生长和活动需求）；NRA—非呼吸同化；NTG—非营养生长；
NP—净产量（Russell‐Hunter，1970）

本质上，每个营养级的能量利用率取决于个体消费者如何处理摄入的能量。由于存在个体种群，营养转移是相对高效或低效的。如果一个生态系统的结构被流入的污水破坏，以致许多有效的能量利用者被淘汰，那么系统的整体效率自然会下降。如果系统存在大量未被消耗的生产者，则表明系统动力学产生退化效应。

## 2.4　种群增长与资源限制

### 2.4.1　种群增长

在资源无限的环境中，任何生物种群的增长都可以描述为指数增长。随着指数和种群数量的增加，生物个体的数量也在加速增长。这种无限增长可以用以下一阶微分方程来描述：

$$dN/dt = rN \qquad (2.1)$$

式中：$r$ 为增长率常数；$N$ 为种群规模。

该方程的积分形式为

$$N_t = N_0 e^{rt} \qquad (2.2)$$

式中：$N_t$ 为增长开始后时间为 $t$ 时的种群规模；$N_0$ 为种群的初始规模；e 为自然常数。

种群的指数增长就像复利一样，即投资在一段时间间隔后获得的利益，这取决于投资规模（种群规模），类似于在种群中增加的个体。通过将利率乘以每个时间间隔后的新余额，总投资的增长率会随着时间的推移而增加，如图 2.3 和式（2.1）所示，随着 $N$ 的增长，$dN/dt$ 也会增长。

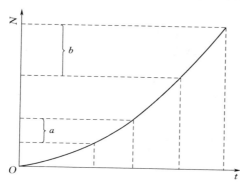

图 2.3 种群无限增长曲线。注意，对于相等的时间增量，种群增量 $b$ 比 $a$ 大得多，这是由于种群规模较大。这是群体特有的"复利"现象

增长率常数 $r$ 对于每个种群都有一个最大值，这与它在最佳环境中的基因能力是一致的。如果环境不是最佳的，$r$ 将不会达到基因固定的最大值。因此，$r$ 值可以表示一个环境对于给定种群来说是否为最佳。在多细胞有性生殖生物中，$r$ 受年龄结构或种群分数（繁殖活跃度）的影响。如果年龄结构保持不变，$r$ 可以根据环境变量进行评估。然而，$r$ 的大部分变化都是由于年龄结构的改变引起的。在单细胞无性生殖群体中，这种分析便没有问题，因为理论上所有个体都有同等的繁殖机会。在这两种类型的种群中，$r$ 是出生率和死亡率之间的差值，尽管对于浮游植物来说（第6章中将要讨论），增长率与损失率（或死亡率）是分开处理的。人类的典型增长率约为 $0.01 a^{-1}$，藻类约为 $1.0 d^{-1}$，细菌约为 $3 h^{-1}$。

实际上，种群密度不能持续呈指数增长，因为一些资源最终会限制其进一步的增长。一些资源随着消耗会变少，并最终枯竭。春天浮游植物的大量繁殖就是一个例子，它们会耗尽有限的资源，同时达到它们能达到的最大生物量，随后便迅速衰减。这种类型的增长通常用 J 形曲线来表示。此外，如果环境阻力是渐进的，生长曲线类似 S 形，其中可以定义特定的生长阶段（图 2.4）。最初，生物开始适应环境，种群增长速度缓慢；当资源充足时，随之而来的是

指数增长；而当资源有限时，种群增长会变慢，并最终随着资源耗尽而停止。如果没有额外的资源供应，种群将会消亡。种群消亡后分解可能会对有限的资源进行回收，随后可能会出现新的增长曲线。

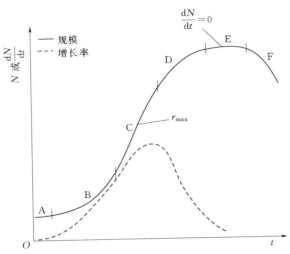

图 2.4   受环境限制的种群增长曲线，显示了规模和增长率的变化
生长曲线阶段分别为：A—缓慢；B—加速增长；C—最大增长率；
D—减速增长；E—静止不变；F—死亡

图 2.4 中的增长曲线被称为 logistic 曲线，可以用式（2.3）来描述（至少在稳定的种群阶段）：

$$\mathrm{d}N/\mathrm{d}t = rN[(K-N)/K] \tag{2.3}$$

式中：$K$ 为可达到的最大种群规模；$r$ 和 $N$ 意义如前所述。

注意，当种群曲线的最大斜率（$r$）最大时，$\mathrm{d}N/\mathrm{d}t$（即净生产率）达到峰值（图 2.4）。

式（2.3）的积分形式为

$$N_t = \frac{K}{1+[(K-N_0)/N_0]\mathrm{e}^{-rt}} \tag{2.4}$$

## 2.4.2   资源限制性

资源限制这一概念主要是出于养分方面的考虑。利比希（Justus Liebig）最小因子定律是理解种群增长控制的基础。该定律指出，作物的产量受到环境中相对于该作物需求最稀缺的基本营养物质的限制。该定律最重要的部分是体现了需求关系，浓度最低的元素可能并不是限制性营养物质。例如，营养物 A 在环境中的含量可能是营养物 B 和 C 的 2 倍，但是如果植物的生长需要 A 的量比 B 或 C 多 3 倍，那么植物的进一步生长将首先受到 A 减少的限制。如果所有需要的营养物质都按比例减少，但仍然保持植物生长所需的比例，那么植物的生长会同时受到几种营养物质的限制。

图 2.5 展示了一种微作物因缺乏关键营养物质而导致其产量受到限制的例子。在这个例子中，生长速率（用曲线的最大斜率表示；图 2.4 中的 C）可以随温度、光照强度、营养物浓度或试验中使用的物种不同而变化，但获得的最大产量（从 Liebig 定律来讲）取决于最有限营养物质的丰富度。在限制营养物质的情况下，式（2.3）中的 K 类似于可供同化并转化为生物量的营养物质的量。这个概念基于（AGP）试验藻类生长潜力（Skulberg，1965；Miller 等，1978）。藻类生长潜力试验对抑制剂十分敏感，因此被用于评估废水和危险污染物的毒性（Peterson 等，1985）。

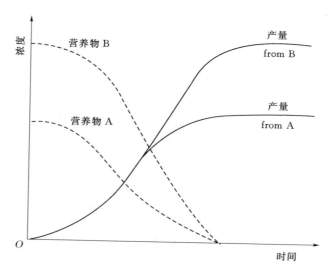

图 2.5　微生物种群的生长曲线，显示了最大产量作为
初始营养物（限制）浓度的函数

### 2.4.3　耐受性

Shelford 耐受性定律则包括资源过多和资源过少两层概念（Odum，1959）。一个种群的生长和生存可以通过几种环境因子在数量上的不足或过量来控制，这几种环境因子的不足或过量可能会接近该群体的耐受极限。水生环境变量包括以下几种：有毒抑制剂、食物资源的质量或数量、微观和宏观无机营养物、温度、溶解固体（盐度）、沉积物、光照、流速、溶解氧、氢离子（pH 值）等。

## 2.4.4　适应性

种群可以被认为对环境变量具有"内在的"或遗传的耐受性。铜和锌等重金属通常被认为是有毒的，然而新陈代谢也需要低浓度的此类重金属。因此，它们被称为微量营养元素。然而，在较高浓度下（取决于种群），它们会变得具有毒性。

遗传耐受性的这种变化如图 2.6 所示。一种生物的活性、生长和存活的最佳值用实线表示，如果环境因子的浓度从 A 增加到 B，这种生物可能会从系统中消失，取而代之的是最佳值用虚线表示的另一物种。描述种群生态位的环境因子的最佳范围包括生物因素和非生物因素。但本书重点关注水质的物理化学因素。

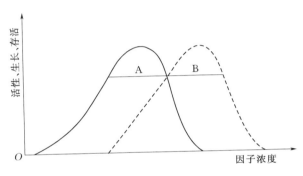

图 2.6　两个种群对所需因子的假设反应

每个物种都通过基因选择来适应一系列的环境条件，对变化的环境条件进一步的遗传适应则需要经过几代缓慢进行。然而，在遗传耐受性的限度内，一个物种可以进行生理适应。例如，鱼类从升高的温度和光周期中得到暗示，来适应夏天更高的温度；藻类通过调节细胞叶绿素含量来适应强光和弱光。总而言之，在面对超出最佳范围的环境变化时，有能力维持最大增长以抵消呼吸能量需求的物种可以维持其种群的稳定。

# 第 3 章

# 水 文 地 理 特 征

　　废水对水生环境的影响很大程度上取决于纳污水体的物理特性。混合过程的初始条件可以通过在不同深度导流废水或使用不同类型的扩散装置来改变。因此，纳污水体中污染物的最终浓度由这些初始操作加上废水本身和纳污水体的物理特性来确定。污染物能够有效扩散的环境可能会产生低浓度的污染，而不能有效扩散的环境则可能产生高浓度的污染。然而，保护水质的最佳方案并不总是营造有效的扩散环境和低浓度的污染物，而是采取有效的污染物处理方法。沉积是指上覆水中污染物的流失，它主要是污染物浓度、性质和大小分布以及水体物理特性的函数。因此，研究水及其夹带颗粒的运动对于理解控制水质的过程至关重要。

## 3.1　水流类型

　　根据水的运动，水流的液流形态可以分为层流和湍流。在层流中，水的运动是规则的、"片状"的，可以看成分离的层层运动、没有充分混合，其混合是在分子水平上的混合。然而，在自然界中层流是一种罕见的现象，只存在于那些紧邻边界的区域。

　　不规则的水流运动导致混合涡流发展成为大尺度的涡旋运动，称为湍流。湍流中水流速度在垂直和水平方向上都有很大的变化。该运动的特点是流体的不稳定运动和相当大的横向动量交换，因此，这种类型的运动易于统计描述。在自然环境中大多数水流运动为湍流运动。

　　当水流运动要素在空间中恒定不变时，则称为均匀流，它的特征是平行的流线。尽管真正的均匀流在自然界中十分罕见，但这一假设对于建模与分析污染物输移和分布是十分有用的。与均匀流相对应的水流称为非均匀流。

　　如果水流运动要素随时间不断变化，则称为非恒定流；如果水流在每个时间点上都恒定不变，则称为恒定流。稳态条件也是建模过程中非常有用的概念，相关内容将在后面的浮游植物生长和湖泊磷含量中进行解释说明。

层流发生在流速较低区域和（或）表面光滑的固体边壁附近。水流是层流还是湍流的判别标准是雷诺数：

$$Re = \frac{vd}{\upsilon} \tag{3.1}$$

式中：$v$ 为流速；$d$ 为系统的长度尺度（例如，水深）；$\upsilon$ 为运动黏滞系数。

在通常情况下，由于温度和盐度范围有限，水的运动黏滞系数变化很小，所以流速决定了给定条件下的雷诺数。当流体从一层流至另一层时，两层流体之间的摩擦会产生剪切应力，随着速度的增加，剪切应力会导致湍流。如果水流的固体边壁是粗糙的，那么会更快达到这种状态。层流的剪切应力表示为

$$\tau = \mu \frac{du}{dz} \tag{3.2}$$

式中：$\tau$ 为单位面积的切向力；$\mu$ 为动力黏滞系数；$du/dz$ 为垂直于运动方向的速度梯度。

对于湍流运动，涡流黏度远大于分子黏度，因此剪切应力通常写为

$$\tau = \varepsilon \frac{d\overline{u}}{dz} \tag{3.3}$$

式中：$\varepsilon$ 为涡流黏滞系数，代表速度的时间平均值，其中平均间隔显著长于湍流速度波动的时间尺度。

水体中物理过程变化在很大程度上取决于水的运动。如果水运动得足够快，比如在一些河流中，重力波通常不可能向上游移动，这种情况下的水流称为急流或超临界流。重力波的传播速度为

$$c = \sqrt{gh} \tag{3.4}$$

式中：$g$ 为重力加速度；$h$ 为水的深度。

如果水流速度比重力波的传播速度慢，则为缓流。在这种情况下，重力波可能向上游移动。根据水流速度和水深，可以将不同的流态分离，如图 3.1 所

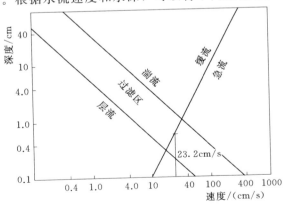

图 3.1　宽阔的明渠中水流的类型（Sandborg，1956）

示。湍流和层流之间有一个过渡区，在这个过渡区内，水流的类型基本上取决于水温。

## 3.2　边界层

图 3.2 示意性地显示了距河流底部几厘米处的水流状况。然而，离底部更近的地方有一个薄层，其水流状况发生着快速的变化。直接接触底部的水倾向于附着在底部，因此在这个区域存在一个急剧变化的速度梯度，这一层称为边界层。在这一层中，水的黏度和与底部的摩擦明显减缓了水流，且此处的流体中存在剪切应力。附着生物和底栖无脊椎动物栖息在这种减速环境中。边界层中紧邻边壁的流层为层流，但是在一定距离之外，则通常为湍流。湖水流速可能较低，但通常大于 2cm/s。如图 3.1 所示，在深度大于 10cm 的湖泊中，水流则为湍流。

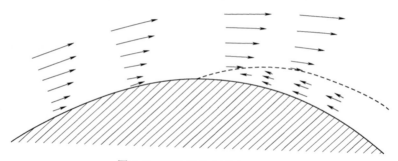

图 3.2　边界层分离现象示意图

边界层中湍流的发生主要与流速和流动稳定性有关（见下文关于密度效应的讨论）。边界层的重要性以及速度和剪切应力对附着生物养分获取的影响将在第 11 章讨论。

在天然河流中，边界层可能受到河流底部特征的干扰。例如，如果底部是凸形的（如巨石表面），凸形表面下游侧的水流倾向于在底部附近产生反向速度分量，并导致边界层分离（图 3.2）。边界层的分离、河流底部的不规则性以及正常速度分布下相邻水层之间的剪切应力带来的其他影响，表明几乎所有的自然水流运动都是湍流。

对于水质而言，底部和上覆水之间的相互作用非常重要。沉积物的侵蚀、沉积和再悬浮过程取决于湍流状态、黏性剪切和底部形状阻力的变化。

关于沉积和再悬浮过程的速度分布以及流动状态与污染物进入纳污水体后扩散和混合一样重要。例如，在缓慢、接近层流的水流中，污染物可以伴随水流流动几千米，而不会在宏观尺度上与水混合；然而在快速流动的湍流中，污染物与水的混合实际上可以在其进入水中后 10m 左右的范围内完成，这取决于纳污水体体积、污染物汇入方式等。

## 3.3 控制废水分布的物理因素

几个非常重要的因素控制着湖泊对污染物输入的反应，它们是湖泊的大小、形状、深度、停留时间/冲刷速率、温度条件（分层程度）、水文气象条件和水文状况。这些因素中的任何一个或者全部都可能以不同的方式影响某种污染物排放的效果，下面将对其中的一些效果进行详细讨论。

水体大小对于水体混合和扩散现象类型非常重要，例如，足够大的湖泊会被科氏力（Coriolis force）所控制，从而以特定的方式循环。与浅水湖泊相比，非常深的湖泊受湖泊底部的影响要小得多，特别是在水质的短期变化方面，也就是说，颗粒物没有或几乎没有再悬浮现象。此外，较深的湖泊通常停留时间较长或冲刷速率较低，这可能是控制湖泊物理过程的最重要的单一因素。密度随深度变化且是温度的函数，也是限制水体混合和扩散的一个重要因素。

气象、水文和水文气象因素强烈地改变和控制着水体的物理行为，有时完全掩盖了人类活动正面或负面的影响。春季的一段时间突然降水或融雪（在温带气候）可能会造成大量的营养负荷，这可能会完全掩盖和破坏废水处理项目的长期效应。气候效应（例如太阳能总量）对湖泊的整体功能也很重要。

在集中讨论温度对密度的影响之前，先讨论密度效应的重要性，最后将讨论大型湖泊的一些物理特性，这些特性对于理解湖泊中污染物的运动非常重要。

## 3.4 密度效应

在前面的讨论中假设水的体积密度均匀，然而，实际上水体中存在密度差异，这会显著改变上述状况。垂直密度差异是湖泊和河口的共同特征，有时也是河流的特征，因此必须了解密度变化产生的原因和影响。

水体中的密度梯度是由水温和水中溶解物质或悬浮物质的差异引起的。在淡水湖泊中，温度是密度分层的主要原因。淡水在大约 4℃ 时达到最大密度，在该温度以上和以下密度都会下降（图 3.3）。在河口，溶解物质（盐度）常常是分层的主要原因。尽管非常罕见，但是在河流和主槽区，悬浮物质可能会影响分层。

通常情况下，越往水柱底部，密度越大，有时在整个垂直距离内逐渐增加，有时在一定深度间隔内迅速增加。温度随深度变化（$\Delta T$/深度）对分层的

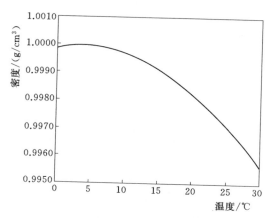

图 3.3　蒸馏水密度与温度的关系。水的最大
密度出现在大约 4℃时

相对影响将在第 6 章中联系浮游植物、光照和混合进行讨论。当存在强垂直密度梯度时，湍流速度波动被抑制或阻止，相邻层之间的湍流交换变弱或停止，这在夏季湖泊中很常见。发生这种情况是因为随着密度差异，向下移动较轻的层和向上移动较重的层所需的能量会增加，不仅湍流交换会受到影响，垂直速度分布、剪切应力以及从层流到湍流的转变也会受到抑制。此外，如果湖中的分层足够强烈，甚至可以将湖泊看作是由密度随深度变化最大的那一层分隔开的两个水体。这种水体的垂直分布与地球上方气团的垂直分布非常相似。

　　水流类型通常由密度梯度决定，描述水流稳定性的无量纲参数是理查森数（Richardson number），定义为

$$R_i = -\frac{g}{\rho}\frac{\mathrm{d}\rho}{\mathrm{d}z} \Big/ \left(\frac{\mathrm{d}\,\overline{u}}{\mathrm{d}z}\right)^2 \qquad (3.5)$$

式中：$\rho$ 为水的密度；$\overline{u}$ 为平均水流速度；$g$ 为重力加速度。

　　当液体均匀时，$R_i = 0$，分层可以称为中性；如果 $R_i > 0$，则认为分层是稳定的；如果 $R_i < 0$，则分层是不稳定的。可以发现分层随着密度梯度的增加而增加。

　　对于从层流到湍流的过渡，关于 $R_i$ 的最小值有一些矛盾的观点。然而，远离边界表面，$R_i$ 的值为 0.25（Prandtl, 1952），这通常是为人们所接受的。在固体边界附近观察到的 $R_i$ 值则低得多。

## 3.5　异重流

　　密度分层极大地影响可能含有污染物的汇水质量的分布。由于重力和各自

水体的密度特性，汇水可能从表面、底部或主流汇入，这种现象称为密度流，或称为异重流。这种现象在 Forel（1895）早期的经典著作中有所描述。尽管密度流不容易被直接观测到，但这种现象经常出现在湖泊中。例如，进入湖泊的河流总是具有不同于湖泊水体的密度特征，湖泊或水库与其流入水体之间的密度差异可能会因人为因素而增加，从而产生密度流。

湖泊中密度流的持久性主要取决于由理查森数表示的流动状态。密度流会逐渐减小并消失，但是如果理查森数较低或者出现干扰，如类似表面波的波状现象，导致两种水体界面混合，那么密度流会更快地消失。如果这个波以增加的振幅传播，它最终会破裂，并产生大规模的混合（Knapp，1943）。当密度流离开水面并作为潜流继续流动时，或者当底部的障碍物干扰了密度流时，就会发生小规模的混合。如果一个密度流的高密度主要是悬浮物质的函数（通常与高湍流有关），则这种现象称为浊流。浊流在河口环境和大型河流的水库中最为常见。人为作用（例如疏浚）也可能会产生浊流。

在河口，悬浮物负荷高会导致水流变快，这是大多数浊流的特征。这些湍急的水流很可能具有侵蚀性，世界上最大的河流入海口附近海域形成的大峡谷就是证明。当流入速度受湖泊或海底的地形影响而降低时，湍流减少，悬浮物质沉淀下来。

快速移动的浊流在湖泊中十分少见，但是水体缓慢移动所产生的密度位移则十分常见。

## 3.6　湖泊的热特性

温度除了会引起淡水湖泊的密度分层，也会影响化学和生物过程。决定湖泊温度的因素主要是纬度、海拔和大陆位置，以及湖水清澈度。在地势低洼的赤道地区（南纬 15°至北纬 15°），湖泊全年处于温暖状态（27～30℃），基本上没有年度变化，但有时会发生日变化。亚热带地区（南纬 15°～30°以及北纬 15°～30°）则可能发生季节性变化，尤其是山区。Thornton（1987a）列举了整个热带地区（南纬 30°至北纬 30°）经历季节性分层模式的湖泊，不过这些湖泊的季节性分层不如温带地区明显。在极地附近，湖泊温度全年都很低，但通常这些湖泊的温度年变化大于日变化。一些湖泊常年结冰。

在中纬度地区，湖泊温度在一年的大部分时间里变化很大。太阳是造成季节性变化的主要能量来源。假设入射角足够大，入射辐射通常很快被上层水吸收，可见光范围的波长在许多湖泊的表层 2m 内就几乎可以被完全吸收。然而，在非常清澈、生产率低的湖泊中，光线可以穿透几十米，热量的吸收也随之改变。第 6 章将详细讨论可见光与浮游植物光合作用的关系。

　　风是控制流域内热量分布的主导因素。其他因素的变化，如蒸发、水中的无机物质或者夜间水面长波辐射的损失，也是影响热量分布的原因，但与风相比，这些因素的影响很小。风和辐射热量对混合深度方面的影响将在后面讨论。水的高比热是湖泊中另一个重要的热特性，这种特性使水体可以储存大量能量，相比周围陆地表面，大幅度降低了水体升温和冷却的速度。当水冷却时，它的密度会增加。大多数湖泊较浅，至少在100m以内水深对密度的压力影响可以忽略不计。

## 3.7　湖泊的起源

　　湖泊的起源是了解其水质和对不同污染物输入响应的关键，也是湖泊形态和沉积物特征的重要线索。这些因素将反过来决定湖泊的停留时间，影响其营养成分。经典教科书（如 Hutchinson，1957）对湖泊的分类进行了详细的讨论，在这里只进行简要介绍。

　　由地壳运动（如 Tahoe 湖、Baikal 湖、Tanganyika 湖和 Nyassa 湖）和火山活动（如 Kivu 湖和 Crater 湖）形成的湖泊往往很深，湖岸陡峭，停留时间较长。由冰川活动形成的湖泊，像加拿大、斯堪的纳维亚半岛（Scandinavia）以及五大湖地区的大多数湖泊，由于所承受的作用力不同，可能会形成许多不同的形状。然而，它们大多较浅，营养贫乏，带有岩石浅滩以及冲流带。由于复杂的冰碛地貌，这些湖泊的停留时间通常为中期至长期。

　　以前是海底的平坦环境中的冰川湖，或由河流作用形成的湖泊，如牛轭湖、堤坝湖或海岸潟湖，通常具有高营养水平、高沉积物负荷，且通常较浅。

　　化学溶解形成的湖泊，如岩溶湖，又称喀斯特湖，通常非常复杂，沉积物贫乏，而风力作用形成的风蚀湖则恰好相反。

　　水库是人造的，由河流筑坝而成。它们通常富含营养和沉积物，停留时间较短。自然流域通常发育缓慢，形状和物理特征逐渐发生变化，而水库则水量变化迅速，其特征可能会持续发生显著变化。

## 3.8　典型中纬度湖泊的热循环

　　大多数湖泊位于中纬度地区，一年中温度变化很大。因此，关于湖泊温度的讨论应该从中纬度地区开始。

　　对于冬天有冰盖的湖泊，早春当阳光开始产生影响时，冰盖融化。这一过程在最后阶段通常会由于风、雨和冰层变暗的影响而加速。实际上冰盖的破裂速度非常快，通常发生在几个小时内，最常见于4月。在中纬度地区，伴随着春汛的产生，湖泊的冲刷速率变高，便会出现强烈的垂直混合和湍流。当春汛停止、太阳辐射增加时，上层水体开始变暖（通常在 5 月），这一过程在夏季中期加速，直到 5 月中旬，当湖水被加热到 6～8℃时，便几乎不再需要能量来混合整个水体。这个循环周期的长度取决于表面积、深度、地形位置、风等因素，这些因素也决定了湖泊在垂直分层开始之前达到的温度。在无风晴朗时，由于风的混合作用减少，分层加强。上层水体通过湍流混合到接近均匀的温度，在这一表层水的下方，如前所述，水的垂直交换是非常有限的。温跃层（thermocline，见下文）出现在风驱动水体向下混合的力与混合阻力平衡的位置。混合阻力是由于水的浮力，变暖后密度降低引起的。

该过程的结果是在夏季水体中形成 3 个定义相对明确的分离层：表层均温层（表温层，epilimnion）、底层均质温度相对较低的滞温层（滞温层，hypolimnion）和温度梯度较大的中间层。中间层的定义和描述一直具有争议性，最常用的术语是温跃层（thermocline）和变温层（metalimnion）。然而，该层几乎没有物理或化学均匀性。使用术语"变温层"，便意味着与表温层和滞温层具有相似性，可能会产生误导。因此，本章通篇使用温跃层一词。

如图 3.4 所示，具有典型夏季分层的湖泊其温度呈垂直分布。夏末温跃层温度的降低本质上是受风和太阳能减少的影响。尽管表层水由于太阳辐射而逐渐升温，直至 7 月下旬，温跃层的深度在整个夏季都在增加，直到秋天来临（图 3.5）。秋季环流通常在 9 月开始，此时，初始秋季环流（完全混合）是风频和风力以及温度下降的直接函数。夏季分层的开始、发展和结束每年都有很大的差别（图 3.5）。

从图 3.5 还可以看出，滞温层的温度在整个夏季逐渐升高，其原因至今仍未出现令人满意

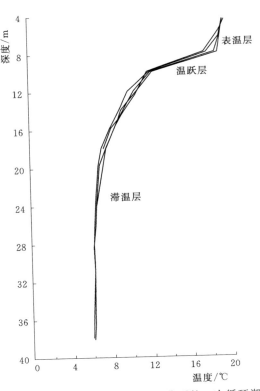

图 3.4　1969 年 6 月，沿一个典型的二次循环湖（瑞典的 Ekoln 湖）的横断面（图 3.17）进行的 5 次典型垂直温度探测（Kvarnas 和 Lindell，1970）

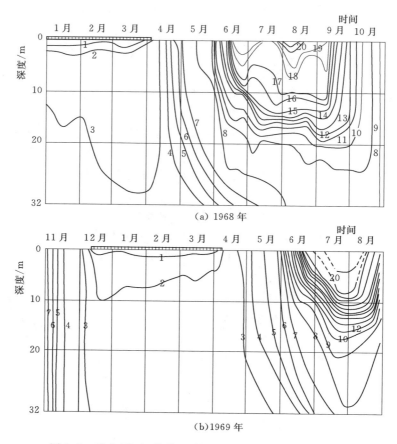

图 3.5　瑞典 Ekoln 湖等温线的年度分布，虚线为估计值

(Kvarnas 和 Lindell，1970)

的解释。太阳辐射、湍流传热、上涌流期间的强混合以及生物分解都会产生热量。上涌流的概念最好的描述是：由于强风干扰了温跃层，而使底部滞温层的水到达表层（下文讨论）。Hutchinson（1957）指出，密度流是将能量传递给滞温层的主要原因［后来由 Wetzel（1975）修正］。迄今为止，这一过程尚未明确，借助灵敏度极高的仪器在瑞典的湖泊中进行了广泛采样，也未能为这一过程提供明确的证据。然而，一些迹象表明，垂直混合发生在夏季，这一过程可能导致磷从缺氧的滞温层垂直输送到表层透光区，该内容将在第 4 章讨论。

随着夏末太阳辐射的减少，湖泊的能量摄入减少，温度也随之降低。经过 9 月的热循环后，水体的温度通常约为 10℃。在整个热循环过程中，温度进一步降低，达到 4℃ 或更低。当水温低于 4℃ 时，水的密度便会下降，在无风、寒冷的夜晚（通常在 12 月），一般会产生冰盖。冬季冰盖将继续增加，导致 3

月下旬水温的垂直分布类似于图 3.6 所示，表层水温接近 0℃，底层水体温度与最大密度时的温度（4℃）接近。在这种情况下，底部温度的增加来源于沉积物热量和汇水。由 8～22m 之间的温差显现的轻微不稳定性实际上被盐度梯度所抵消（即密度高的水覆盖密度低的水），所以水体重量能够保持稳定。

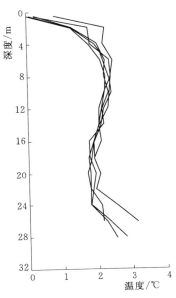

图 3.6　1970 年 3 月，一个二次循环湖（瑞典 Ekoln 湖）的 5 次典型垂直温度探测
（Kvarnas 和 Lindell，1970）

## 3.9　湖泊按温度状况的分类

大部分湖泊的命名都是基于它们的热特性，热特性随区域变化并对湖泊的物理、化学和生物过程产生重大影响，具体在第 4 章和第 6 章进行介绍。各湖泊类型如图 3.7 和图 3.8 所示。

前面提到的中纬度湖泊称为二次循环湖（dimictic），即一年有两个循环周期。部分亚热带高海拔地区湖泊和全部中纬度大陆地区湖泊都是二次循环湖。在中纬度海域，冬天湖水温度通常为 4～7℃，高于冰点，因此湖泊只存在单循环周期，这种湖泊称为暖单循环湖（warm monomictic）。在寒冷地区，存在与暖单循环湖类似的一种湖泊类型——冷单循环湖（cold monomictic），该湖泊仅在湖水温度达到 4℃ 的夏季发生一次循环。在极端气候下一直处于结冰状态的湖泊称为永冻湖（amictic）。与永冻湖相对应的是位于热带地区的多循

环湖 （polymictic），尽管热带地区的短期变化会产生微弱的分层和循环周期，但该地区的年变化可忽略不计。多循环还可能出现在夏季的温带浅水湖泊中，这一特征对养分循环有很大的影响（第 4 章）。伴有强风的高海拔热带地区也存在寒冷的多循环湖。在热带地区，一些湖泊只存在偶尔循环，称为少循环湖 （oligomictic）。

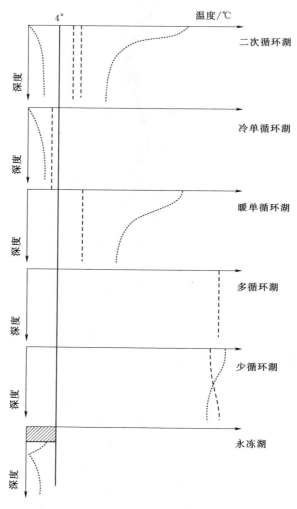

图 3.7　根据温度划分的湖泊类型，虚线表示冬季或夏季分层，
断续线表示循环温度，阴影区域表示冰盖

在上述类型的湖泊中，温度变化是分层的主要原因，当循环发生时，整个垂直水体都包括在内。在某些罕见情况下，一个完整的垂直循环可能会被一部

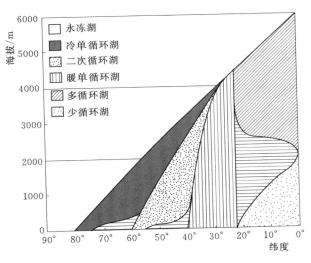

图 3.8　基于纬度和海拔划分的湖泊类型。图中的水平线是
过渡区域（Wetzel，1975 修正）

分水体中的永久或准永久化学分层（如盐度梯度）所抑制，出现极不典型的温度梯度，此时的湖泊称为半对流湖（meromictic）。

夏季，二次循环湖和单循环湖会产生永久分层，而多循环湖会产生短暂分层或者根本不产生分层。湖泊是否产生分层主要取决于深度和风力。考虑到湖泊的面积、表示风能指标的风区长度，可知所需深度是面积的函数。Gorham 和 Boyce（1989）对北美一组湖泊进行了评估，结果表明，评估对象中永久分层和没有分层的湖泊均存在，并发现了一条代表分层阈值的最大深度线，该线与湖泊面积成正比。也就是说，当湖泊面积增加时，风区长度增加，此时，处于风能与混合阻力（密度引起的）平衡点的最大分层深度也会增加。平均估算最大分层深度的公式如下：

$$Z_{\max} = 0.34 A_{\mathrm{S}}^{0.25} \tag{3.6}$$

式中：$A_{\mathrm{S}}$ 为湖泊面积，$\mathrm{m}^2$。

平均来说，一个 $20\mathrm{hm}^2$ 或者 $200\mathrm{hm}^2$ 的湖泊深度需要分别大于 7.2m 和 12.8m 才能产生永久分层。但是，太浅而不能产生永久分层的湖泊仍然可以在短时间的低风速条件下发生分层。

## 3.10　水体运动

河流的水体运动是由重力引起的，水面通常有很大的倾斜度（坡度），而湖泊通常没有，因此对湖泊而言，这个因素并不重要。坡度是在停留时间较短的河流型湖泊中产生湖流的原因。

波浪是由风导致水和水流之间的摩擦而产生的，该摩擦随深度的增加而迅速减小。当水通过湖泊输送时，常常会产生不对称的分布。水面上沿一个方向的连续水输送被沿相反方向的水输送所补偿，这种输送经常发生在湖的较深区域。在夏季水循环时，因为表温层和滞温层之间存在微小摩擦，所以两者基本上分开循环并且出现显著温跃层。如果风突然停止，温跃层像跷跷板一样上下摆动直至水平面的静止位置。温跃层有节奏的运动称为内部波动（internal seiche），与之相应的水面运动则称为表面波动（surface seiche）（见 3.11 节）。表面波动的振幅要比内部波动的振幅小得多。

## 3.11　湖面波动

起风时，湖的迎风面会形成水体堆积，造成水面倾斜。风引起的水面倾斜度在大湖中通常是几分米，在小湖中仅为几厘米。然而湖泊的形态特征是不断剧烈变化的，因此，倾斜度的一般性规律很难确定。对于矩形湖，Hellstrom（1941）指出倾斜度由下式表示：

$$s = \frac{3.2 \times 10^{-6}}{g \bar{z}} w^2 l \tag{3.7}$$

式中：$s$ 为湖的迎风面和背风面之间的总高度差；$g$ 为重力产生的加速度；$\bar{z}$ 为平均深度；$w$ 为风速；$l$ 为水域长度。

因此，在较长、较浅及有风的湖泊中，湖面波动会更大。

风停后水面的振荡可以由 Chrystal（1904）的经典公式确定：

$$t_n = \frac{l}{n} \frac{2l}{\sqrt{g \bar{z}}} \tag{3.8}$$

式中：单节波动、双节波动和三节波动的周期比为 $t_1 : t_2 : t_3 = 100 : 50 : 33$，分别对应节点 $x = 0$（单节）、$x = \pm 0.25l$（双节）、$x = \pm 0.33l$（三节）；$l$ 为水域长度；$g$ 为重力加速度；$\bar{z}$ 为平均深度；$n$ 为节点数。

此通用公式是由深度恒定的矩形水域推导出来的，该水域的湖面波动可以认为是浅水波，但是该公式已经被证明适用于大多数类型的湖泊。表面波动通常对水质特征变化的影响很小，然而，由于温跃层能将质量差异巨大的水体分隔开来，内部波动可能会引起水质时空上的强烈变化。表温层和滞温层之间的密度差异导致内部波动的振幅比表面波动的振幅大 $100 \sim 1000$ 倍。内部波动的周期性运动可以由下式表示（Mortimer，1952）：

$$S_n = \frac{2l}{\left[ g (\rho_h - \rho_e) / \left( \frac{\rho_h}{h_h} + \frac{\rho_e}{h_e} \right) \right]^{0.5}} \tag{3.9}$$

式中：$h_e$ 为表温层厚度；$h_h$ 为滞温层厚度；$\rho$ 为水体密度；$l$ 为水域长度。

　　内部波动的周期通常以小时为数量级，而表面波动的周期是以分钟为单位计算的。与内部波动相关的速度可以进行粗略估算（Mortimer，1952），见下式：

$$v_e = \frac{sl^2}{2Th_e} \tag{3.10}$$

$$v_h = \frac{sl^2}{2Th_h} \tag{3.11}$$

式中：$s$ 为温跃层的最大坡度；$l$ 为水域长度；$T$ 为周期；$h_e$、$h_h$ 分别为表温层深度和滞温层深度（厚度）。

# 3.12　表面波

　　因为湖泊深处的波浪是不可输送的，所以表面波主要在近岸区域具有生态学意义。一般来说，每一个水体质点描述一个轨道运动，其圆周直径（波幅）随着深度 $\lambda/g$ 的变化而减半，其中 $\lambda$ 为波长。波高是沿着水面风程方向距离、风速和持续时间的函数，通常约为波长的 1/20。在波浪破裂的近岸区域，轨道运动转化为水平运动。该波具有侵蚀特性，会导致水的底部不稳定且高度混浊。海洋沿岸地区或大型湖泊中的大波浪会影响至较深处。然而，波浪产生的速度通常在水面以下大约 $\lambda/2$ 的深度处减少至 0。在小型湖泊中，波浪的作用是有限的。大型湖泊的背风面往往水体较浅且植被繁茂，而迎风面则水体较深且植被贫乏，这就导致迎风面波浪的作用效果更强。

# 3.13　风生流

　　风生流的方向和速度由经典的埃克曼螺线（Ekman spiral）决定。此定律的应用前提是假设存在自由水面（没有底部摩擦和侧向摩擦）。埃克曼流（Ekman current）指在科氏力（Coriolis force）的作用下，表面水流指向风的右侧 45°，水的平均输送方向为风的右侧 90°（图 3.9）。由于湖泊中存在不同程度的底部摩擦和侧向摩擦，尚没有普适性的方法来通过风场数据计算水流。可根据连续性方程和运动方程来计算水流，但其最终形式变化很大。

　　对于大型湖泊而言，Simons（1973）的五大湖三维模型非常成功，该模型基于经典的海洋学模型并结合了大型湖泊的地形。对于 Ladoga 湖，Witting（1909）提出了相当简洁的流速计算公式：

$$v = 0.48/\sqrt{w} \tag{3.12}$$

式中：$w$ 为风速。

Witting 观察到水流的方向稍微偏向风的右侧。对于瑞典的一些小湖泊，使用了以下公式：

$$v=chw \qquad\qquad (3.13)$$

式中：$c=2\times10^{-5}$（无分层时）；$h$ 为平均深度，当 $h$ 为温跃层的平均深度时 $c=1.5\times10^{-5}$。

粗略估算湖泊表面流速时，假定水流与风向平行，速度大约为风速的 $2\%$。在湖泊深处，水运动缓慢，通常每秒只运动几厘米，该处流速低于大多数叶轮式电流表的启动速度，所以以前在记录水流运动时存在严重误差。然而，近年来声学多普勒海流计的广泛使用为解决复杂的湖泊水流问题提供了新的思路。

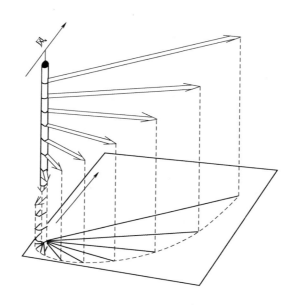

图 3.9  风动海洋中的水运动分布（埃克曼流）（Hellström，1941）

## 3.14  潮汐效应

潮汐主要是由月球的引力引起的，太阳引力的影响可以在海洋地区的极高潮和极低潮中观察到。潮汐会在大型湖泊中引起几厘米高的波浪，然而，湖泊中的潮汐对其水质的影响很小。

在沿海区域，潮汐随陆地地块的总体分布和沿海地区的局部形态地貌的变化而变化。部分地区的潮汐可能接近于 0，而在其他区域，特别是漏斗形河口，潮汐可达几米。在 24h 50min 的阴历日，潮汐每天有两个最大值和两个最小值，这种潮汐称为半日潮。潮差大的河口因为每天会涨两次潮，因此有着非常好的输送机制。潮水量对浮游植物的影响见第 6 章。

## 3.15　大型湖泊的水体运动

地球自转对水体运动的影响可以在小湖泊的入流中观测到，但在湖泊的内部水流运动中几乎从未检测到过。在大型湖泊和沿海水域中，科氏力效应（Coriolis force effect）存在于所有水运动中并可能完全主导流动模式（图 3.10 和图 3.11）。"大型"的含义必须相对于纬度来定义，因为科里奥利参数（Coriolis parameter）$f$ 定义为

$$f = 2\Omega \sin\phi \tag{3.14}$$

式中：$\Omega$ 为地球角速度；$\phi$ 为纬度。

科氏力在北半球垂直于水流运动的右侧，在南半球垂直于水流运动的左侧。科氏力的影响随纬度的增加而增加，在赤道处为 0。通过科里奥利参数的定义，可以计算出惯性圆的半径：

$$r = \frac{u}{f} \tag{3.15}$$

式中：$u$ 为流速。

图 3.10（一）　科氏力强烈影响斯卡格拉克海峡（Skagerrak Sea）中格洛马河（Glomma River）水的分布。Landsat-5 MSS，1988 年 6 月 14 日

---

注：书中地图系原英文版地图。

图 3.10（二）　科氏力强烈影响斯卡格拉克海峡（Skagerrak Sea）中
格洛马河（Glomma River）水的分布。Landsat‒5 MSS，1988 年 6 月 14 日

例如，某湖位于纬度 45°处，流速为 10cm/s，则 $r \approx 1km$。当湖宽是惯性
圆半径的 5 倍时，地球自转对水体运动的影响是显著的，当湖宽是惯性圆半径
的 20 倍或更大时，科氏力将主导水流运动。

大型湖泊的一个非常典型的特征是其近岸区域有称为"沿岸急流"
（coastal jets）的快速水流运动。当风在湖中心引发埃克曼漂流（Ekman drift）
时，科氏力与风压力相平衡。然而，在狭窄的湖岸，风应力会加速沿岸的水
流。这种机制将水输送到湖的迎风面，当风停止时，便形成再次被限制在近岸
带的回流。沿岸急流有时与一种畸形的开尔文波（Kelvin wave）（科氏力主导
的一种波）联系起来，形成一种极不对称的波，沿逆时针前进，且其后侧有非
常快的顺时针逆流。

夏季，在沿岸急流的湖侧，因地球自转而引起的持续的逆时针环流占主导
地位（图 3.11）。这种环流模式是由风、科氏力和温度梯度共同引起的，并且
可能十分强烈，以至于由风引起的温跃层大量垂直交换普遍无法克服环流的
影响。

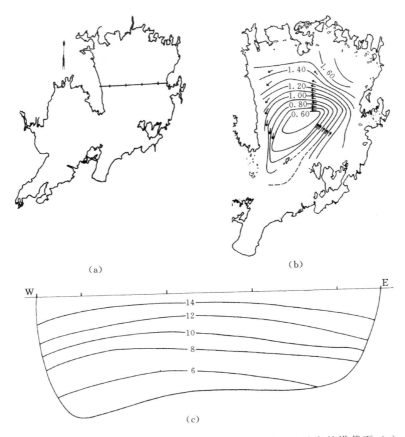

(a)　　　　　　　　　　　　(b)

(c)

图 3.11　大型湖泊（瑞典 Vänern 湖）的地转环流。沿着湖的横截面（a），
温度模式（b）是圆顶形的（c），由此产生以厘米为单位的高程异常的动态模式
（Lindell，1975）

# 3.16　温度分界

温度分界（简称温界）是由水的不均匀受热引起的，常见于春季（理论上也包括秋季）大型的二次循环湖中。当春季整个湖泊水体的温度远低于 4℃ 且太阳的加热速度极快时，近岸浅水区的温升最为迅速，而湖泊的深水区水温仍然低于或接近 4℃，此时温暖的近岸区和寒冷的深水区之间形成一个水平温度梯度很大的过渡区（图 3.12）。该过渡区从近岸区向开阔水域缓慢移动，由于水体受热和湖泊规模的差异，此过程的持续时间从几天到几个月不等。典型的温界现象转化为典型的地转水流运动的温度模式。此时在近岸分层带中，水流主要沿湖岸逆时针方向环流。温界的模拟显示其在湖岸区向下移动，在温水区

35

向上移动。从早春到夏季环流的温界发展机理尚无令人满意的解释。

温界与污水的扩散有关，因为近岸的温水被截留在岸线附近，由此产生的高营养浓度会引发藻类大量繁殖，这种近岸效应（nearshore effect）已经在五大湖出现（Beten 和 Edmondson，1972）。

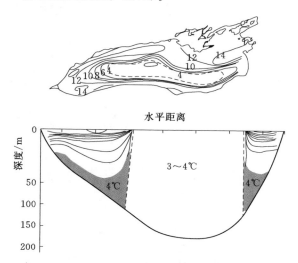

图 3.12　1965 年 6 月 7—10 日期间 Ontario 湖的温度分布（表面和纵向剖面），显示了温界的位置（Rodgers，1966）

## 3.17　水流运动的量测

自然水体中的流速差距很大，湍急河流的流速为几米每秒，海洋沿海区域的流速为几分米每秒，湖泊的流速低于 30cm/s。通过海流计、漂浮物或染料示踪记录水体的水平中高速度是相对直观简单的。然而，水的运动在本质上是复杂的，尤其是在流速低于普通海流计的启动速度的湖泊中，在这种情况下，需要使用特殊标定板的倾斜方向与垂直方向的差值记录流速。

测量水流最常用的声学多普勒仪器的工作原理是多普勒频移原理（Doppler shift principle），即测量声波束反射出水流中的粒子或气泡时产生的频移。声学多普勒仪器测量结果较为精确，分辨率低至 1mm/s，并且可以同时测量整个水体。

除了海流计，浮标也可以用来测量水流，它可以放置在不同的深度，通常有一个水面浮子。陆地上的光学仪器可以追踪浮子，显示浮子的方向和距离，或者用雷达也可以追踪。

染料示踪经常被用于研究湖泊和缓慢流动的河流中的扩散。从测量的角度来看，最实用的方法是使用荧光示踪剂和放射性示踪剂，但是这些示踪剂可能会造成环境危害，且获得使用示踪剂的许可非常复杂。目前遥感技术已广泛应用于大中型系统，例如，研究沿海环流，探测和确定湖泊或沿海水域的自然输入或废物排放（悬浮物或温度）。通过使用来自卫星的近红外波段或来自飞行器的红外片，可估算出富含藻类的水流运动（图 3.13）。图 3.14 为利用卫星图像追踪造纸厂排放到波罗的海的排放物的示例。

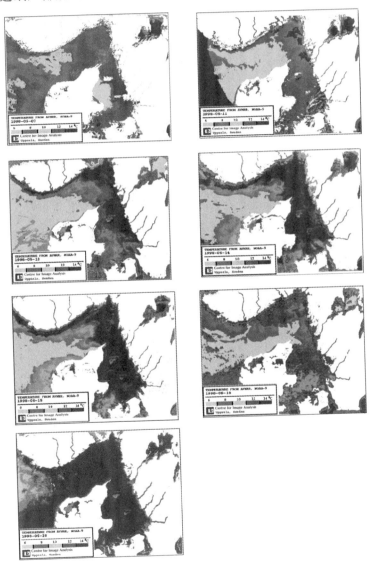

图 3.13　如温度分布所示，温水中夹带的有毒金藻的运动。
由 NOAA‐9A VHRR 卫星传感器记录

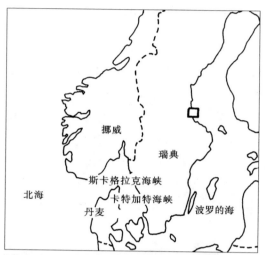

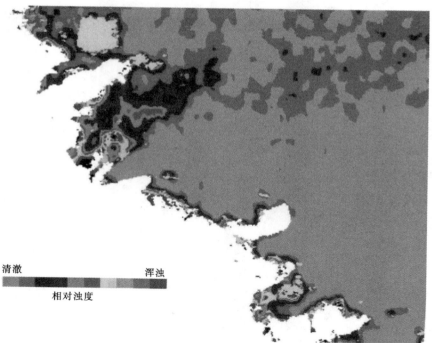

图 3.14 1981 年 10 月 6 日，瑞典中部沿海地区造纸厂排放的废水的相对浊度，由 Landsat-2 MSS 观测得到

# 3.18　扩散过程

原则上，可以将扩散过程分为小尺度扩散和大尺度扩散，小尺度扩散过程出现在污染源或河流附近，而大尺度扩散过程与湖泊中上层区域密切相关。影响扩散过程的参数是水平方向（$K_y$）和垂直方向（$K_z$）的流速和涡流扩散率。$K_y$ 和 $K_z$ 取决于湍流的特性和扩散过程的尺度，而湍流又取决于流速和稳定性（如前所述）。

## 3.18.1　水平扩散

沿着水平面（$x$）的水平涡流扩散可以定义为

$$K_y = ku \frac{\mathrm{d}w^2}{\mathrm{d}x} \tag{3.16}$$

式中：$u$ 为 $x$ 方向上的流速；$w$ 为 $y$ 方向上羽流的宽度；$k$ 为常数，Csanady（1970）提出方程式中常数的值为 0.03。

水平扩散是污水羽流扩散到湖泊或沿海水域的一个重要因素。同样的，卫星图像有助于验证扩散模型的结果（图3.13）。扩散率随着羽流的增长而迅速增加，羽流宽度的增加超过简单的线性增加。尽管扩散是由湍流造成的，但在离扩散源足够远的地方，湍流漩涡会达到其上限，使得扩散过程变得类似于分子扩散。这种发展是羽流增长的结果，并会导致更重要的湍流漩涡的增大。尽管扩散过程是非线性的，且相互之间的关系非常复杂，但对于大部分研究而言，利用线性扩散模型便足够。示踪染料注入后形成的典型羽流发展与距离有关，如图 3.15 所示。Csanady（1970）将羽流直径定义为约为表面

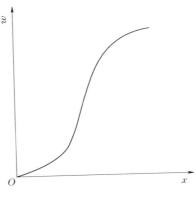

图 3.15　水平扩散。羽流宽度（$w$）在长度轴（$x$）方向上的变化

横截面宽度（$w$）的 10%。湖泊中的水平扩散系数通常为 $100 \sim 1000 \mathrm{cm}^2/\mathrm{s}$。

## 3.18.2　垂直扩散

垂直扩散与水平扩散有一定的相似性，但是垂直扩散的幅度会受到密度、水流速度和方向等重要变量的影响，而这些变量会随着深度的变化迅速变化。存在温跃层时，垂直扩散与水平扩散差异巨大。正如前面讨论密度时所指出，

必要时可将湖泊"一分为二",表温层视为"上部湖泊",该层的底部在扩散过程中起着边界的作用。垂直扩散的两种主要类型可以用图 3.16 来概括。典型的垂直扩散值约为 $5cm^2/s$,但在扩散开始时该值通常高得多(高达 $30cm^2/s$)(Csanady,1970)。因为水平扩散和垂直扩散对湍流的限制不同,所以垂直扩散比水平扩散的幅度要小得多。

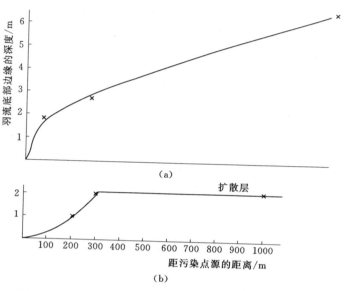

图 3.16　垂直扩散。Huron 湖中,不存在温跃层(a)和
存在温跃层(b)的典型扩散模式(Csanady,1970)

### 3.18.3　大尺度扩散

对于大多数不同大小的湖泊来说,最重要的大尺度扩散过程是随着大量的入流而形成的蜿蜒型扩散。蜿蜒型扩散在外观上与河流的蜿蜒相似,也就是说,扩散运动在平面图中是正弦的,具有螺旋分量。目前没有预测湖泊中蜿蜒型扩散发生及频率的一般规律。在存在温界和沿岸急流的大型湖泊中,污染物的扩散经常导致沿岸区域的浓度升高,从而限制水平扩散。然而,应该注意的是,不同时刻的温界和沿岸急流差异较大,其影响下的扩散率也不尽相同。

### 3.18.4　羽流的典型扩散模式

扩散分为以下几种类型:

(1)完全混合。

(2)污染物水平扩散。

1）表面扩散。

2）中部扩散。

3）沿着底部扩散。

（3）第一种类型与第二种类型结合。

完全混合几乎完全是入流速度的函数，因为扩散系数取决于流速。快速流动的水总是有剧烈的湍流，因此，来自点源或非点源的污水通常仅在汇入后的几百米就可以均匀分布在整个河道内，这个距离取决于污染物进入河流的方式和流量大小，当考虑河流系统的水质时，很容易被这一事实误导。

为了确定下游湖泊的水质，除了观察入流附近污染物产生的效应外，还应计算污染物单位时间的总输移量。要计算一种物质的输移量，则需知道水量和平均浓度。在强湍流中，了解污染物是以集中形式扩散还是以分散形式扩散没有意义，因为湍流会迅速控制污染物的扩散。在中等宽度的河流中，污染点源下游几百米处，水流横截面的浓度就会变得均匀。因此，仅在相对较高的污染物负荷率下，混合区下游的湍流中会发生不利影响，而在非湍流中几乎不会。

如果纳污水体和污水的密度不同，且流速较低，那么污染物混入纳污水体的速度会非常慢。如果湍流不激烈、密度梯度高且河流宽度大，那么高浓度的污染物通常会在下游很远的地方保持不混合，有时长达数千米。由于密度梯度和河流底部地形的不同，混合过程中存在相当大的可变性。然而，含有高溶解性固体的废水密度较高，该污水向下游流动到接近河流底部时，会产生另一种形式的扩散。在这种情况下，温度对密度的影响很小，因此，温度对扩散的影响也很小。

当密度差异显著减小时，情况同样严峻。如果河流流速较低，入流会在很长一段距离内保持在河流的输入侧，这一过程经常可以在悬浮泥沙负荷差异较大的两条支流的汇合处观察到。

在污水不完全混合的河流中，可能河流的一侧生态破坏很严重，而另一侧则不存在生态影响。河流水质的监测很少涵盖整个河宽水质样本，因此，当污染物浓度在横截面上分布不均匀时，不完全混合很容易导致水质采样不具有代表性且局部采样不能展现空间平均浓度。还存在其他不同类型的扩散模式，这些模式主要取决于水流速度，在某种程度上也与密度梯度相关。要准确监测河流水质，通常需要仔细研究不同水流条件下的湍流模式，这可以借助示踪研究来完成。

尽管河口和湖泊中的扩散和混合受密度差异的限制更大，但混合过程会因开阔水域中的风和水流而加速。湖泊和河口的扩散过程已被许多简单的线性理论模型定义，但是废水羽流扩散的完整建模和预测却非常复杂，这不仅是因为模型本身具有复杂性，同时也因为气象条件和水文条件具有随机性。尽管如此，下文还是会讨论一些混合的描述性案例。

湖泊中的河口形成于入流的入口处，类似于河流的点源输入。混合的主要类型包括完全混合，密度引起的表面混合、底部混合和中部混合。

发生完全混合的基本条件是水体不分层（对于二次循环湖来说，春季和秋季为非分层期）。这通常是个充分假设，因为河流的水密度与湖泊的水密度很少会有很大差别。只有密度非常大的输入流（温度接近 4℃ 时的密度最大值），或者是浓度很高的悬浮或溶解物质流，才会以密度流的形式向湖底俯冲，并在湖底停留一段时间。通常在春秋季混合时期湖泊中污染物的浓度较低。

在夏季分层期间，基本上会发生 3 种类型的扩散和混合。如果入流的密度低于湖水的密度，则入流会停留在湖面，该过程由图 3.17 进行了简单的说明。初夏通常是这种情况首次发生的时间，该时节入流河水比湖水温度更高（除非入流是冰融水），因为陆地的升温比水的升温更快，而入水量相对于湖水量来讲通常很小。在二次循环湖中，这个阶段通常在春汛结束时开始，并在晚夏随着入流开始入潜而结束。在该阶段开始时，由于入流流速很快，初期混合相当强烈。随着蒸发强度增加，入流的浓度逐渐升高，流速逐渐降低，入流下潜到与其密度平衡的深度，通常是温跃层的上层。由于水流速度低，因此几乎不发生初始混合，所以温跃层上层的这种输入流通常十分明显。入流扩散主要发生在水平方向和垂直方向上。在一些湖泊中，入流可能会持续很长一段距离不发生扩散。一条污染严重的河流流入湖泊 01 区（图 3.18），河流的高电导率可以追溯到温跃层的顶部，穿过湖泊到达东南部的出口。

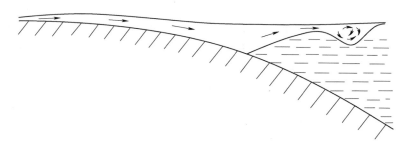

图 3.17　湖泊表层输入流

其余类型的扩散（混合）通常发生在冬季，在这种扩散（混合）中，入流下潜到湖的近底层。这种类型的扩散类似于前述的沿着河流底部流动的输入流。偶尔，当湖水和入流之间存在微小的温度差异时，只要稍微增加溶解物质，就足以使输入流流向湖泊底部（图 3.19）。因为冬季河流流量较低，所以在二次循环湖中几乎不发生初始混合。冰盖也会保护湖泊免受风的直接影响，

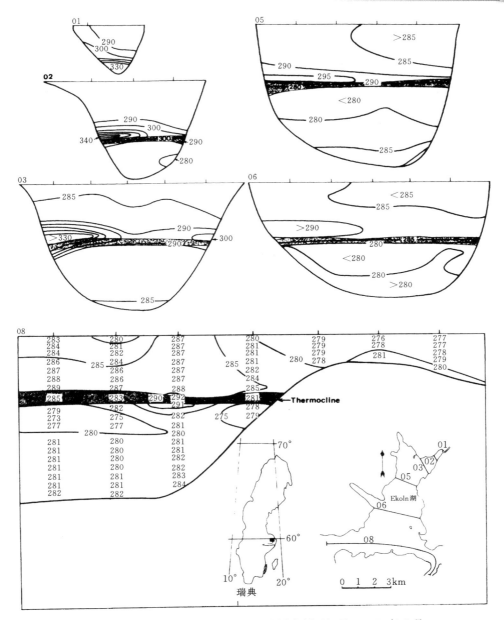

图 3.18　瑞典 Ekoln 湖 Fyris 河的电导率剖面记录，1970 年 8 月

最大限度地减少混合。冬季二次循环湖的一个普遍特征是，入流会积聚在湖的较深区域，在春汛来临前不与湖水发生混合。

　　在低海拔河口，海水或湖水与入流水之间经常会相互作用。由于潮汐、流量和风力效应的不同，初始混合区可能会有很大差异。例如，湖水可能会在强

43

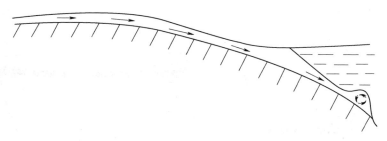

图 3.19  湖泊底部输入流

劲的向岸风的作用下向河口上游流动，因此初始混合不发生在河口，而是发生
在上游几百米处（图 3.20）。

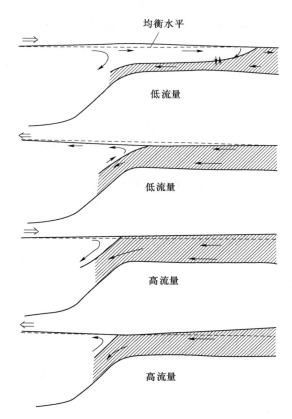

图 3.20  不同流动条件和不同风向下河水和湖水之间的相互作用。
空心箭头表示风，实心箭头表示水流，阴影部分表示河水

　　在面向海洋的河口，低密度的入流会在海洋盐水的上层流动。初始混合区
以及混合程度主要取决于纳潮量与每轮涨潮时河流入水量之间的比例。与纳潮

量相比，河流入水量较大时，盐水河口的分层程度往往更高，因此与潮汐能相关的混合程度并不大。然而，在暴露程度非常高的浅水河口，风的作用与潮汐同样重要。

## 3.19  沉积

在侵蚀、运输和沉积之间达到平衡的系统中，植物和动物已经适应了稳定的环境。当该系统中的一个或多个条件被自然或人为因素改变时，系统中的生命将受到直接影响。沉积过程尤其可能会受到流域富营养土壤片状侵蚀的增加或者富含营养物质、农药、金属或其他污染物的底质再悬浮的影响。这些影响将在后面讨论，但是这里会提到一些关于湖泊沉积过程的物理条件。

在湖泊中，沉积过程主要有两个重要区域：沿岸区和远洋区。受波浪引起的大量泥沙运动影响的沿岸区称为冲流带（Swash – Zone）。在这个意义上，河流三角洲也十分重要。

三角洲和冲流带的沉积物较粗，而水体较深的湖泊中心部分的沉积物通常较细。沉积物的这种不均匀分布称为聚焦，在这种分布中，细小的物质不断地从湖泊浅层输送到深层。小型湖泊和大型湖泊之间常见的物理过程差异也能决定沉积的特征，在大型湖泊中，如前所述，影响沉积的主要因素是风和风生流，在小型湖泊中，河流的流入是影响沉积过程的主要因素。然而，无论是大型湖泊还是小型湖泊，沉淀极细物质都需要在湖水水体完全平静的时期（例如，二次循环湖在冰封的冬季），或者有利于物质絮凝的物理化学条件下进行。

# 第 4 章

# 营 养 循 环

## 4.1 磷

关于营养元素循环的讨论将从磷（P）开始，因为磷是淡水中最有限、最为关键的营养元素。淡水湖泊的年生产力更多地取决于磷，而不是其他营养元素或者环境因素。本章首先描述磷的形态和一般循环，然后指出其中重要的过程。湖泊沉积物中储存的磷是其上覆水中磷的长期来源，因此极具重要性（即使外部输入减少），所以本章将详细讨论沉积物—水界面的反应。通过回顾相关的实验结果，将磷循环的主要过程应用于实验室和开放湖泊的研究中。

### 4.1.1 磷的形态

在分析过程中，主要通过机械过滤将磷分离为各种形态。其中唯一可以用钼酸盐法测定磷含量的形态是正磷酸盐（APHA，1985）。正磷酸盐是一种可供摄取的形态，且在一部分水样中通过 $0.45\mu m$ 孔径的过滤装置后，可以在滤液中测得。因为含有吸附磷的胶体颗粒可能也会通过这种过滤装置，所以实际上可能测到一些吸附磷，从而导致测得的磷含量会比正磷酸盐多。因此，来自未消解滤液部分的磷通常称为可溶性活性磷（SRP），类似于溶解态无机磷（DIP）。总磷（TP）是用过硫酸盐或其他强氧化剂对未经过滤的水进行完全消解，并进行高压灭菌后测定的，这个过程会释放所有吸附和络合的无机磷和有机磷。如果是对过滤后的水进行消解，那么滤液中 SRP 和 TP（即 TDP）之间的差异为溶解态有机磷（DOP），TDP 和未过滤样品中 TP 之间的差异为总颗粒状磷（TPP）。TP 和 SRP 通常是仅有的两种常规测定方式，由于 DOP 的浓度通常相对较低，所以 TP 和 SRP 之间的差异可以作为 TPP 的估计值。不同水体中 TP 含量不同，污水中的 TP 含量约为 5mg/L（其中大部分是 SRP），而偏远的贫营养湖泊中 TP 含量仅为几微克每升。SRP 会随藻类的丰度和需求以及循环活动的不同而发生很大变化。湖泊研究中，SRP 含量至少为 $2\mu g/L$，且分光光度计细胞长度为 10cm 时，才能获得最佳研究结果。

### 4.1.2　磷的一般循环

图 4.1 概括地描述了磷的聚集和转移。无论是通过已开发土地或未开发土地的侵蚀，还是通过污水输入，水生生态系统中磷的初始来源都是磷酸盐岩。磷最初是通过植物和微生物吸收溶解态无机磷（DIP）而得到利用，该过程与光合作用、化学合成作用和分解作用相关。所有生物体都需要磷来进行新陈代谢和自身构建，绿色植物（如湖泊和河口等开阔水域中的浮游植物）所进行的光合作用是其吸收 DIP 的主要原因，浅水区的大型植物和水体及表层沉积物中的细菌也能有效吸收水中的 DIP。随后，浮游植物和细菌被食草动物消耗，而食草动物又被食肉动物消耗，所吸收的 DIP 中的一小部分可以分别通过排泄过程和死亡过程进入到溶解态有机磷（DOP）和颗粒状有机磷（POP）中，而 DOP 和 POP 又可以通过细菌分解有机物被回收到 DIP 中。即便没有微生物，DIP 也可以通过自我分解和动物排泄而释放（Golterman，1972）。

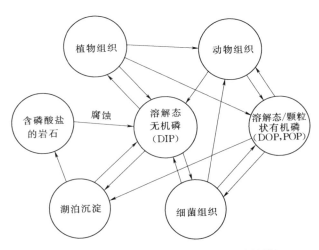

图 4.1　水中磷的循环过程（最大转移规模）

其余的过程包括颗粒状无机磷 PIP 和 POP 的沉积以及 DIP 的沉积释放。碎屑状（死的）和活的浮游植物以及浮游动物粪便颗粒的沉积是开放水域中磷流失的重要过程。大部分沉积的磷是难以降解的，成为永久沉积物的一部分被保留下来。然而，由于沉积物—水界面以及表层沉积物的物理和化学条件，一部分沉积的磷可以作为 DIP 释放回上覆水中。

### 4.1.3　沉积物—水界面的反应过程

湖泊沉积物的一个重要特征是其存储磷的程度。与外部营养供应保持平衡的湖泊通常其沉积物中磷的净存留量，至少具有一年的存留量。即沉积速率超过沉积物的释放速率，通常称其为内源负荷。即使是存在年净磷存留量的湖泊，在一年的部分时间里，通常是夏天，也可能会经历净释放或净内源负荷（Welch 和 Jacoby，2001）。

湖泊沉积物和水之间的磷交换取决于多种因素，这些因素既可以单独作用，也可以共同作用。其中较为重要的几个因素为：氧化还原反应电位（主要取决于氧浓度）；pH 值；水交换，它影响物质的扩散和运输；温度，它影响微生物的活性和分解过程；沉积物中与铁、铝、钙和有机物结合的磷的相对含量（在某些情况下为游离结合），且该部分中磷的含量在不同的湖泊之间有很大的差异。这些过程的相对重要性随着热分层的深度和程度而不同，我们首先考虑典型的温带、层状、缺氧（湖下层）湖泊的年度循环。

在热分层开始时，由于水体和表层沉积物中有机物的微生物分解，滞温层的溶解氧（DO）浓度下降。由于沉积物对溶解氧的需求大于水体对溶解氧的需求，因此沉积物表面附近的溶解氧浓度下降速度更快（Livingstone 和 Imboden，1996）。缺氧的滞温层实际上定义为溶解氧浓度为小于或等于 1mg/L 的沉积物覆盖层（Nurnberg，1995b）。

随着溶解氧浓度在沉积物表面趋近于 0，表层沉积物中普遍存在还原条件，导致铁从其三价铁离子形式（$Fe^{3+}$）还原为二价铁离子形式（$Fe^{2+}$）。磷与铁的羟基络合物结合（如 $FeOOH - H_3PO_4$）溶解并释放到沉积物的孔隙水中，并可扩散到上覆缺氧水中，扩散速率是孔隙水和上覆水之间 SRP 浓度梯度的函数（Penn 等，2000）。充分交换沉积物上的低磷水可以保持较高的浓度梯度，提高释放速率。由于释放速率相当恒定，在整个分层期内，滞温层的磷含量或多或少地呈线性增加。由于铁氧化还原过程的释放速率变化很大，从低于 $1mg/(m^2 \cdot d)$ 到高达 $52mg/(m^2 \cdot d)$（Lofgren，1987；Nurnberg，1987）。Nurnberg（1984）报告了 21 个湖泊的铁氧化还原过程的释放速率范围，最低为 $1.5mg/(m^2 \cdot d)$，最高为 $34mg/(m^2 \cdot d)$，平均值为 $16mg/(m^2 \cdot d)$。

通过浮游植物细胞和浮游动物粪球的吸收沉降作用，磷在滞温层中呈上升趋势，而在湖表层中呈下降趋势。尽管滞温层一部分磷含量的增加可能是由于沉降的浮游植物细胞和碎屑发生的微生物分解而造成，但 Gachter 和 Mares（1985）的研究结果显示，SRP 在通过滞温层沉降时容易被颗粒物质吸收，且此过程与湖泊的营养状态无关，滞温层中 SRP 增加的来源是沉积物。他们得出这一结论是因为在滞温层的较高处，磷的释放与氧气的损失不成比例，而在滞温层较深处，磷的增加超过了预期化学计量中获得 1mol 磷损失 138mol 氧气这一水平。

当湖在秋天分层时，整个水体和表层沉积物都含有较高含量的溶解氧。此时，二价铁离子被氧化成三价铁离子，磷再次被吸附到铁的羟基络合物上，并返回沉积物中。据 Birch（1976）研究显示，在华盛顿州的一个二次循环湖（Sammamish 湖）中，90％的磷在湖泊分层厌氧期释放，而在 11 月又迅速重新沉积。这些过程的净结果可以从 Sammamish 湖滞温层中溶解氧、TFe 和 TP 浓度的季节性变化中看出（图 4.2）。尽管滞温层中溶解氧浓度的平均值没有显示缺氧状态，但覆盖沉积物的大面积区域溶解氧浓度小于 1mg/L。

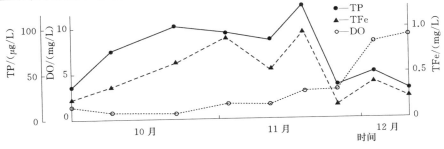

图 4.2  秋季更替前后 Sammammish 湖中的湖下层的平均浓度（Rock，1974）

在冬季，冰下的溶解氧浓度较低，二次循环湖中的磷可能会再次增加。然而，如果沉积物上覆水是含氧的，那么即使较深层的沉积物大量还原、湖泊富营养化，磷也不会释放出来。图 4.3 显示了英国的两个湖泊在（Esthwaite 湖和 Ennerdale 湖）冬季时沉积物和上覆水中的氧化还原反应电位（Mortimer，

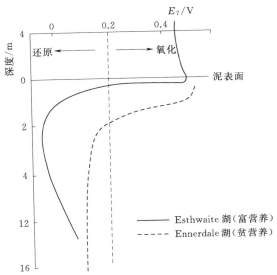

图 4.3  冬季两个英国湖泊沉积物中氧化和还原条件的垂直分布
（经 Blackwell Scientific Publisher 有限公司许可，1942 年由 Mortimer 修改）

1941，1942）。从沉积物中的氧化还原水平可以看出，尽管氧化得到的产物区别较大，但两个湖泊中的上覆水都得到了良好的氧化。在接近零溶解氧（<1mg/L）时，氧化还原电位降至约 0.2V，且铁离子被还原（Sondergaard 等，2002）。在沉积物中的这些还原条件下，磷可以向上扩散，取代之前从表层沉积物中释放的磷，但是如果存在氧化层，如图 4.2 所示，磷便很容易被表层吸收（Sondergaard 等，2002）。

湖泊沉积物中的铁氧化还原循环及其对磷在沉积物与上覆水之间交换的影响最先由 Einsele（1936）和 Mortimer（1941，1971）提出并加以描述，此后，该课题成为湖沼学家们感兴趣的重要课题。湖泊沉积物的化学性质非常复杂，铁氧化还原反应可能无法控制磷的交换，例如，在表层沉积物中，高浓度的活蓝藻微囊藻和深层沉积物中的高碳含量有利于碳而不是铁的还原（Davison 等，1985）。Gachter 等（1988）发现瑞士 Sempoch 湖表层沉积物中一半的干物质包含在细菌细胞中。实验室试验和现场试验表明，细菌在含氧条件下吸收磷，在缺氧条件下释放磷，这是沉积物和水体进行磷交换的重要过程。他们和其他学者（Golterman，2001）认为，在湖泊缺氧后，当铁元素和磷元素释放出来时，往往会出现解偶现象，这一现象在 Sammamish 湖中被注意到，虽然该现象程度较轻（图 4.2）。在富营养化程度高的湖泊中，沉积物中的硅和铁的比率高，通过细菌还原 $SO_4^{2-}$ 而形成不溶性 FeS（见硫循环）可能会限制 Fe 吸附磷的能力，导致即使在有氧条件下也有很高的磷释放率（Sondergaard 等，2002；Gachter 和 Miller，2003）。

然而，人们仍普遍认为，铁的氧化还原反应是控制大多数分层湖泊深水沉积物中磷交换的主要机制。为了证明这一点，有必要对沉积物中磷组分进行分析，这有助于确定那些代表磷传输的形式。传输的磷指与铁结合的松散吸附的磷，而不包括与铝、钙和有机物结合的磷（Hieltjes 和 Lijklema，1980；Bostron 等，1982；Psenner 等，1988）。Nurnberg（1988）研究表明，缺氧湖泊沉积物中的铁结合磷（Fe-P）组分（作为可还原态磷，表示提取试剂）与沉积物中磷的释放速率密切相关。并且，沉积物中 Fe-P 含量的减少与核心上覆水中 TP 的增加成比例。此外，夏季沉积物中 Al-P 和 Fe-P 含量的减少与磷内部负荷的质量平衡测定相当（Jacoby，1982）。松散吸附的磷是完全流动的，并且在含有大量污水的湖泊中含量可能相对较高。与 Fe-P 相同，Al-P 对 pH 值也很敏感，但其对 DO 不敏感，因此 Al-P 会在缺氧分层湖泊中保持结合状态，不被还原。

大量研究表明，浅水“含氧”湖泊沉积物中的内部磷负荷占总磷负荷的很大一部分（Jacoby 等，1982；Lennox，1984；Riley 和 Prepas，1984；Ryding，1985；Sondergaard 等，1999；Welch 和 Jacoby，2001）。丹麦浅水富营养湖泊

的内部磷负荷导致该湖夏季总磷浓度比冬季高出 2～4 倍（Sondergaard 等，1999）。但是，在浅水、未分层且含氧丰富的湖泊和分层湖泊的沿岸地带，主要的作用机制又是什么呢？

有几种机制可以解释浅水、未分层湖泊中的内部负荷（Bostrom 等，1982；Welch 和 Cooke，1995）：

（1）高 pH 值导致铁结合磷和铝结合磷的分解，这是由高光合作用引起的。

（2）无风天气，当沉积物—水界面缺氧时，铁结合磷在还原条件下发生分解，而后随着风力混合被传输。

（3）由温度驱动的微生物代谢将有机磷矿化为溶解磷。

（4）溶解磷直接从细菌细胞中释放，或者通过沉积物中藻类细胞分泌的溶解态有机磷的代谢释放。

（5）风和波浪引起的颗粒磷再悬浮，由于沉积物与水之间的高浓度梯度或由于光合作用引起的高 pH 值，可溶性磷解除吸附。

大多数浅水湖泊的内部负荷可能是由上述几种机制共同造成的。确定这些机制的相对重要性十分困难，而且目前尚未在一个特定的湖泊中进行过研究。然而，在许多湖泊中已经证明了单个机制的重要性。

在有氧条件下，铁的溶解度受 pH 值控制（Stumm 和 Leckie，1971）。在 pH 值≈6 时（对于软水湖泊的沉积物来说是相当典型的 pH 值），三价铁离子的溶解度很小，因此可以有效地从水体中吸附和去除磷（Ohle，1953；图 4.4）。正如对分层湖泊的讨论，这是磷保留在湖泊中的主要过程。随着 pH 值的增加，铁的溶解度也随之增大，吸附在铁羟基络合物上的磷便被释放出来（图 4.5）。富营养化的湖泊中光合速率很高，导致湖水正午的 pH 值达到 10，因此，深水湖泊的沿岸地带以及浅水湖泊整个湖泊沉积物中磷的释放速率非常高（Jacoby 等，1982；Andersen，1975；Boers，1991）。然而，目前尚不清楚在缓冲良好的沉积物附近是否存在如此高的 pH 值，因为这附近的分解速率高，pH 值通常约为 6。尽管如此，光合作用引起的高 pH 值可以保持磷溶解在水体中，并可被藻类吸收（Ryding，

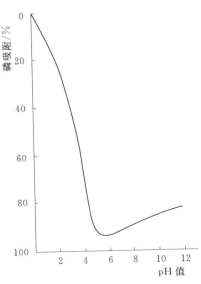

图 4.4　Fe(OH)$_3$ 溶液中 PO$_4^{3-}$ 的相对去除率与 pH 值的关系（Ohle，1953）

1985；Lofgren，1987）。

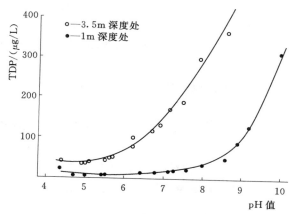

图 4.5　WA Long 湖两个地点的表层沉积物中平衡总溶解磷和
pH 值之间的关系（Jacoby 等，1982）

　　光合作用引起的高 pH 值也可能与风引起的再悬浮颗粒结合，导致水体中磷含量较高（Lijklema 等，1986；Sondergaard 等，1992）。悬浮颗粒通常吸附磷，并在沉降时将其从水体中除去，但是磷也可以在低颗粒浓度和高 pH 值的再悬浮颗粒中移动（Koski - Vahala 和 Hartikainen，2001）。无论是高 pH 值的水到达浅水湖泊的沉积物表面，还是从再悬浮沉积物中解吸磷，并在水体中保持高的磷浓度，内部磷负荷总是与 pH 值直接相关，俄勒冈州 Upper Klamath 湖这一浅水湖泊（平均深度 2m）的情况就是这样（图 4.6）。湖泊 pH 值（＞10）和叶绿素 $a$ 之间的密切关系表明光合作用是高 pH 值产生的原因（Kann 和 Smith，1999）。

　　在丹麦的 Arreso 湖和匈牙利的 Balaton 湖中已经证明，风力引起的高松散吸附磷颗粒的再悬浮会产生高内部负荷（Sendergaard，1988；Kristensen 等，1992）（Luettich 等，1990；Koncsos 和 Somlyody，1994）。

　　温度是造成磷释放的重要驱动力，尤其是在有机沉积物中。Kamp - Nielsen（1974）研究表明，Esrom 湖沉积物中磷的释放与温度的升高直接相关。此外，Ryding（1985）发现水温上升是瑞典 16 个浅水富营养化湖泊中磷释放的关键因素。温度的作用与细菌活性的刺激有关，细菌活性的刺激反过来又会造成缺氧环境和铁的还原。正如 Bostrom 等（1985）所示，对于高度有机湖泊（Vallentunasjon 湖）的沉积物，细菌的活性会随着温度的正常适度升高而显著增加，他们发现在 4～20℃ 的温度范围内，$Q_{10}$ 为 10.6。沉积物表面附近的水只有在浅水非分层湖泊和沿岸地带才会经历这种温度升高，但是由于风混合，整个水体显然维持着接近饱和的溶解氧条件，这不利于铁的氧化还原

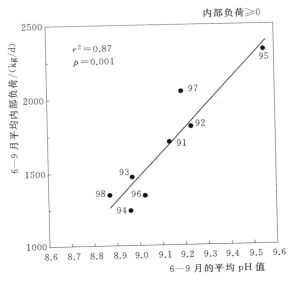

图 4.6　俄勒冈州 Upper Klamath 湖夏季净内部磷负荷（正值）与
　　　　pH 值相关（J. Kann，2003 年 5 月，个人通信）

反应，而铁的氧化还原反应是造成磷在这种环境下发生释放的原因。然而，在某些条件下，铁的氧化还原反应在浅水湖泊中十分重要。

　　虽然浅水环境中的氧气-温度曲线通常在整个水体中显示出大致均匀的温度和饱和或过饱和溶解氧浓度，但这些条件不会在沉积物—水界面持续存在。在静止条件下，可以暂时发生轻微的热分层，让直接覆盖沉积物的水层中的溶解氧耗尽（Stefan 和 Hanson，1981；Riley 和 Prepas，1984；Lofgren，1987）。即使不发生热分层，上覆水中的溶解氧在静止条件下也会耗尽（Welch 等，1988 a）。此外，在分层湖泊中，在上覆水中的溶解氧完全耗尽之前，铁的浓度会增加（Mortimer，1941，1942；Davison 等，1985）。因此，夏季非分层湖泊沉积物中磷的大量释放通常归因于铁的氧化还原机制。细菌除了通过代谢活动消耗溶解氧间接导致铁离子的还原外，也有证据证明细菌也可以直接还原铁离子（Jones 等，1983），瑞典浅水富营养化湖泊 Finjasjon 湖夏季铁和总磷之间显示出明显的正相关性，恰好支持了这一观点（Lofgren，1987）。尽管沉积物中磷的释放可能是由于高 pH 值和铁的氧化还原反应，如果沉积物中 TFe 与 TP 的重量比大于 10，则夏季丹麦浅水湖泊中 TP 的增加与 TFe 的增加有关，表明磷受铁的控制（Jensen 等，1992）。

　　在静止期结束后，增加的风力混合将夹带沉积物上方的水层，将磷输送到整个水体中。尽管夹带的铁在混合时会氧化，但在光合作用形成的高 pH 值条件下，夹带的磷会留在水体中。Ahlgren（1980）已表明，在瑞典一些浅的富营养化的湖泊中，单位平均深度的风程距离和总磷的夏季振幅之间存在正相关关系。以类似的方式，Osgood（1988a）发现，在平均深度/面积$^{0.5}$（m/km）约小于 7 时，明尼苏达州双子城（Twin Cities）周围湖泊的内部负荷增加。华盛顿州的 Moses 湖（平均深度 5.6m）9 年内的相对热阻（相对于风混合和较小程度的冲刷率）与内部负荷成反比（$r^2 = 0.92$）（Jones 和 Welch，1990）。

此外，显而易见，从浅水富营养化的多循环湖泊沉积物中释放的磷将会立即在光照区被浮游植物吸收。在深水分层湖泊中，沉积的磷和沉积物释放的磷会一直滞留在湖下层，直到发生周转。而在夏季的非分层湖泊中就不同，此时的磷可以在整个水体中不断循环。

Trummen 湖的疏浚可以用来说明浅水、富营养化的多循环湖泊中沉积物和水之间磷交换的重要性。瑞典瓦克斯霍的 Trummen 湖作为第一个通过大型沉积物疏浚工程而修复的湖泊闻名于世（Bjork，1972）。疏浚前，湖的最大深度只有 2m，核心研究显示，尽管沉积速率在过去的 1 万年中有所下降，但随着城市污水的排放，沉积速率最近从 0.2mm/a 增加到 8mm/a。沉积的磷含量在 1920—1958 年期间相应增加，从 50mg/L 增至 800mg/L（假定含水量为 10%，干物质为 0.5~8mg/g），同时，在此期间锌和铜的含量也增加了。沉积物释放试验表明，与较深的历史性沉积物相比，最近沉淀的沉积物显然是营养物的重要来源（表 4.1）。值得注意的是磷在有氧条件下释放，这意味着要么铁磷比很低，要么松散吸附的磷含量很高。为了恢复该湖泊，进行了污水分流，但是在接下来的 10 年里没有任何改善，而移除顶部 1m 厚的沉积物后，湖泊便恢复得很快。这说明尽管停止了污水输入，沉积物与水之间的磷交换足以维持高生产率和较差的水质。去除表层富营养的沉积物后，磷的释放速率便会下降（表 4.1）。该项目的更多细节将在第 10 章介绍。

**表 4.1　有氧和无氧条件下，在装有水和沉积物的容器中氮和磷的释放**

单位：$mg/(m^2 \cdot d)$

| | 有　氧 | | 无　氧 | |
| --- | --- | --- | --- | --- |
| | $PO_4 - P$ | $NH_4 - N$ | $PO_4 - P$ | $NH_4 - N$ |
| Black gytta 沉积于 20 世纪 60 年代 | 1.7 | 0.0 | 14.0 | 73.0 |
| Brown gytta 沉积于 1000 年 BP 深度大于 40cm | 0.0 | 0.0 | 1.5 | 0.0 |
| 疏浚后[a] | | | 1.24 | |

资料来源：Björk 等，1972。

a. Bengtsson 等，1975。

非分层湖泊中沉积物释放的磷很快会被光照区的浮游植物吸收，但在分层湖泊中通常不会出现这种情况。由于 SRP 从浓度高的地方扩散到浓度低的地方以及夏季风暴导致的温跃层的侵蚀和下层水向湖上层的夹卷，滞温层沉积物释放的磷也可以被有光照的表层区域的浮游植物利用，这已经在几个湖泊中得到了证实。例如，8 月的一场风暴扰动了西雅图附近 Balinger 湖（$Z_{max}=12m$）的温跃层，导致 SRP 浓度增加，刺激了浮游植物的增加（图 4.7）。Stauffer 和 Lee（1973）首次证明了这一现象：威斯康星州 Mendota 湖的温跃层下沉 1m 后，湖上层磷的含量增加了一倍，并导致夏季藻类的大量繁殖。对瑞典 Ekoln 湖连续温度数据的分析表明，1970 年该湖泊分层期间发生了 7 次温跃层侵蚀事件。图 4.8 中显示了其中一个例子，可以看出湖上层的总磷含量增加了 15%。明尼苏达州的 Shagawa 湖在夏季发生 4 次风混合事件，Larsen 等（1981）因此为温跃层的迁移和湖下层磷的夹带提供了良好证据，湖上层的磷含量从 $74\mu g/L$ 增至 $130\mu g/L$，同时，湖下层的磷含量也等量下降。他们估计，除了夹带之外，扩散也会导致每天有 $4.5\sim9mg/m^2$ 的磷运输到湖上层。这些过程可以由一个双层动态 TP 模型展现出来，该模型可以证明分层湖泊内部负荷的有效性（即可用性）（见富营养化湖泊中的磷模型）。

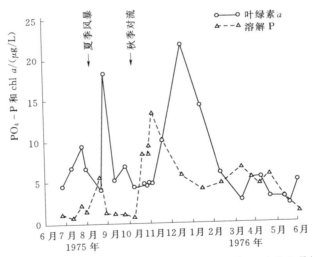

图 4.7　华盛顿州 Balinger 湖湖上层溶解磷的增加，这是 8 月风暴
以及随后浮游生物叶绿素作出反应的结果

同时，还存在很多其他过程也可导致沉积的磷向湖水中输送。如果表层沉积物还原，沉积物中的气涌可以作为间质 SRP 的运输过程（Enell 和 Loffgren，1988）。此外，底栖无脊椎动物对表层沉积物的生物扰动也可能是一个重要的磷运输过程（Bostrom 等，1982）。以碎屑、沉积藻类和细小沉积物为食的鱼类的排泄量可能很大（Shapiro 等，1975；Havens，1991，1993；

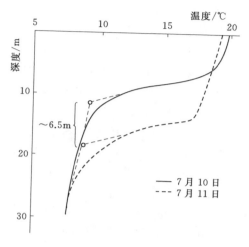

图 4.8　瑞典 Ekoln 湖在 1970 年夏季经历温跃层扰动之前和之后的温度分布图。
通过外推估算温跃层位置，以粗略估计整个温跃层的位移（6.5m）。
每隔 1m 持续监测温度（来自瑞典国家环境保护委员会的数据）

Breukelaar 等，1994）。根状大型植物的死亡和分解，主要依赖于沉积物中磷的供应，这也是一个沉积的磷被运输到湖水中的过程（Schultz 和 Malueg，1971；Carpenter 和 Adams，1977；Landers，1982；Rorslett 等，1986），第 9 章将进一步讨论这一来源的相对重要性。浮力机制垂直迁移的浮游植物也是一种磷运输过程，并且已经在多个湖泊中得到了证实。Trimbee 和 Harris（1984）发现，安大略省 Guelph 水库中蓝藻铜绿微囊藻（*Microcystis aeruginosa*）、束球藻属裂须藻（*Gomphosphaeria lacustris*）和盘式鞘丝藻（*Lyngbya birgei*）可能主要源于沉积物，因为 10m 以上的水域捕获了 2%～4% 的上述藻类，而这些藻类可能只由 2%～4% 的接种物中的 5 个或 6 个分区产生。总磷也随着藻类的迁移而迁移，Salonen（1984）等的研究表明，藻类在水体中对磷的运输主要是由液泡状颤藻（vacuolate *Oscillatoria*）和能动藻类马松隐藻（motile alga，*Cryptomonas marssonii*）完成。华盛顿州 Green 湖的大量研究表明，在 5 个夏季期间，沉积物中的磷通过棘球缘虫（*Gloeotrichia echinulata*）转移到水中的浓度各不相同，从小于 1mg/m$^2$ 到大于 100mg/m$^2$ 不等（Barbierd 和 Welch，1992；Perakis 等，1996；Sonnichsen 等，1997），高释放量占夏季内部磷负荷的 65%。Green 湖中其他蓝藻的迁移率相对较小，而 Upper Klamath 湖中的水华鱼腥藻（AFA）的迁移率则更高（Barbird 和 Kann，1994）。有关该过程的进一步讨论，请参见第 6 章的演替部分（第 6.5.6 节）。

### 4.1.4　输入磷的循环和去向

在向湖泊中输入磷后，湖泊往往会在相对较短的时间内重新建立水中的磷平衡。持续性地增加湖泊中的磷浓度是一个非常困难的过程。如湖泊富集试验所示（Schindler，1974），为了保持并提高湖泊磷浓度，必须多次少量添加磷。磷的快速循环过程在实验室微系统中使用放射性磷酸盐（$^{32}P$）得到了证明。Hays 和 Phillips（1958）早期相关研究的主要成果如图 4.9 所示。

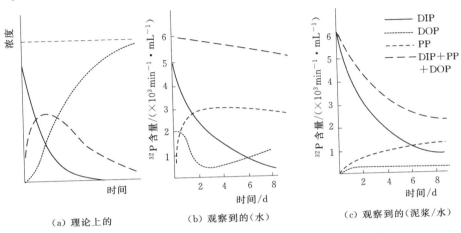

（a）理论上的　　　　（b）观察到的（水）　　　（c）观察到的（泥浆/水）

图 4.9　$^{32}P$ 在加入到实验室微系统后在 3 种形态中的分布

DIP—溶解无机磷；DOP—溶解有机磷；PP—颗粒磷（Hays 和 Philips，1958）

（1）DIP 以指数速率迅速从水相中除去，但是反应系列与理论预测有所偏差，并未实现完全转化，即不是所有的 DIP 都转化为 DOP。

（2）细菌将大部分的 DIP 吸收并保留为 PP 形式，剩余部分以 DIP 形式循环回水相。

（3）泥浆中总磷的损失要大得多，泥浆与细菌争夺 DIP，且释放 DIP 的速度要慢得多。

（4）水和固相之间建立了平衡，其中总的 $^{32}P$ 含量仅为初始水平的约 10%。

该试验在新斯科舍（Nova Scotia）的一个小湖中重复进行，$^{32}P$ 以 $KH_2\,^{32}PO_4$ 的形式加入湖中。两周后，$^{32}P$ 的水平降至初始水平的 80%。浮游生物中磷的浓度在 4～16h 后达到峰值，鱼中磷的浓度在 3～4 天后达到峰值（Hays 和 Philips，1958）。

在新不伦瑞克（New Brunswick）的 Crecy 湖（面积 20hm$^2$，平均深度 2.4m）也进行了类似的研究磷去向的试验，但在该试验中使用了无机肥料，

其结果与使用³²P 的结果相当。理论上，对湖泊进行施肥将磷含量提升到
390μg/L，把氮含量提升到 210μg/L，把钾含量提升到 270μg/L。图 4.10 显
示了 1951—1959 年连续几年间对湖泊进行施肥的结果（Smith，1969）。

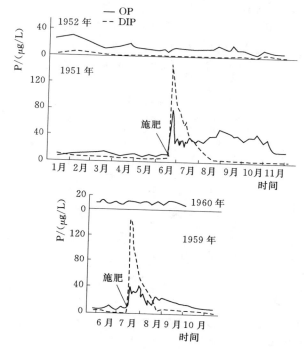

图 4.10　用 P、N 和 K 给 Crecy 湖施肥的效果。显示了施肥年份和随后年份中
溶解无机磷（DIP）和有机磷（OP）的浓度（据 Smith，1969）

从这些试验中，可以通过假设一级动力学并计算施肥后不同阶段磷的消失
率来估计周转率。3 次施肥后，DIP 的损失率为 5%/d～6%/d（表 4.2）。周
转时间（磷从一个相位损失所需的时间）可以计算为特定相位磷的量与该相位
磷的损失率之比。固相中磷的周转率为溶解相中磷的周转率的 $\frac{1}{20}$～$\frac{1}{10}$，这说
明了磷是如何被保存下来的。然而，到第二年，没有前一年施过肥的任何迹
象，因此印证了前面的说法，即持续性地增加湖泊中的磷浓度是一个非常困难
的过程。

　　如果有足够的数据，可以给水体中磷池的大小和池间磷的转移进行系统建
模。出于实用性考虑且由于缺乏相关知识，对磷池和转移率的定义往往过于简
单。然而，转移率是可变的，主要取决于光照、温度和物种组成等影响因素。
因此，湖泊生态系统的动态模型对于研究系统的工作方式作用更大，而对于管

理目的的预测帮助不大。

表 4.2　根据观察到的损失率估算 Crecy 湖水和固体中磷的周转时间

| 施　肥 | 损失/(%/d) | 周转时间/d | |
|---|---|---|---|
| | | 水 | 固体 |
| 第一次 | 5.9 | 17 | 176 |
| 第二次 | 5.6 | 18 | 248 |
| 第三次 | 5.3 | 19 | 394 |

来源：Smith（1969）。

注　周转时间(d)＝相位中的量/损失率(每天)。

为了说明如何构建模型，Stumm 和 Leckie（1971）给分层湖泊的水体建立了一个假设的稳态模型（图 4.11）。任何物质都可以用来建模，但通常使用碳、氮或磷来建模。通过适当的元素比例来实现一种元素到另一种元素的转换，这是另一种简化。

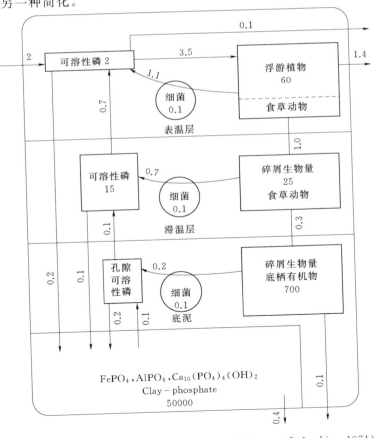

图 4.11　湖泊中磷循环的假设稳态模型（据 Stumm 和 Leckie，1971）

图 4.11 是磷的建模，转移速率单位为 $\mu g/(L \cdot d)$，磷池大小单位为 $\mu g/L$。该模型表明，约 30％的摄取需求（1.1/3.5）由湖上层（表温层）中的细菌分解提供，而 20％来自湖下层（滞温层）的磷扩散，其余来自外部磷输入。先前讨论过风暴会导致温跃层发生侵蚀，因此湖下层这一来源是合理的。浮游生物中约 1/3 的磷流失是通过粪便颗粒的沉降和死亡的浮游植物细胞而流入低盐度水体。由于无机沉淀，可溶性相位中的磷也会流失到沉积物中。沉积物中的化学再生过程仅占生物对可溶性磷池中磷循环的 5％[$0.1\mu g/(L \cdot d)$/$2.0\mu g/(L \cdot d)$]。如前所述，浅水分层和非分层湖泊沉积物—水界面化学交换中磷的贡献可能更大，该部分将在第 7 章进一步讨论。

图 4.11 中没有把磷通过自溶从死亡细胞中再生的独立途径显示出来，因为这不是细菌活性以及直接从浮游植物和牧食浮游动物中排出的 DIP 的函数，后者才是更重要的再生过程之一。这些过程在图 4.1 中分别显示。

在水体和沉积物的湖泊模型中，另一个经常被忽略的重要过程是与沿岸带之间的交换。此前强调过沿岸带对磷循环的贡献，且 Hutchinson 早期在康涅狄格州 Linsley 池塘的一项研究得到了相关的结果（1957；Hutchinson 和 Bowen，1950）。[32]P 于 1946 年 6 月 21 日加入池塘，在 8 月 1—15 日期间，通过观察不同池中示踪剂量的变化来观察结果。这个全湖试验说明了磷在湖上层、沿岸带和湖下层转移过程中的相互作用。磷在变温层的转移率（kg/周）如下：湖上层的磷每周增加 0.26kg；湖上层损失到湖下层的磷为每周 1.55kg；从沿岸带到湖上层的磷转移（总和）为每周 1.81kg；湖下层的磷每周增加 3.75kg；从湖上层获得的磷为每周 1.55kg；从沉积物中获得的磷（差值）为每周 2.20kg。在这种平衡分析中，湖下层被认为是一个汇。湖上层的磷增加一部分是由于前面提到过的一些过程，来自湖下层。然而，沿岸带可能是主要贡献者。

Rich 和 Wetzel（1978）强调了沿岸带为湖泊提供能源和物质的重要性。最近的研究证实了沿岸带在向深水区供应磷和其他物质方面的重要性。Cooke 等（1978、1982）通过质量平衡计算表明，在俄亥俄州的 West Twin 湖，缺氧的湖下层沉积物经过明矾处理后，内部磷负荷减少了，但没有消除。East Twin 湖（控制湖）经过明矾处理后，其内部磷负荷仍然是 West Twin 湖的两倍。结论是，经过明矾处理后 West Twin 湖的持续内部磷供应一定来自沿岸带，因为明矾絮状物阻碍了沉积物中磷的释放。

沿岸带发生的过程可能包括大型植物分解、生物扰动或沉积物好氧释放。在威斯康星州的 Wingr 湖，发现沿岸带的狐尾藻分解是一个重要的循环过程，贡献了相当于外部磷负荷的约 60％和总磷负荷的 30％（Carpenter 和 Adams，1977；Prentki 等，1979；Carpenter，1980a）。健康的嫩枝中的磷损失被认为是 0，但是从沿岸带通过衰老枝条释放的磷净值（减去吸收的量）估计为 $2g/(m^2 \cdot a^2)$，即 $17mg/(m^2 \cdot d)$（Smith 和 Adams，1986，见第 9 章）。相比之下，Nirnberg（1984）报告称，21 个湖泊缺氧湖下层磷的释放速率范围为 $1.5 \sim 34mg/(m^2 \cdot d)$，平均值为 $16mg/(m^2 \cdot d)$。因此，如果湖泊中有大量根蒂繁茂的大型植物，那么其内部磷负荷可能大部分来自沿岸带。

### 4.1.5　沉积物作为磷的源或汇

关于沉积物何时以及在多大程度上是磷的源或汇的问题，对于理解湖泊生产力以及湖泊质量管理都很重要。磷在沉积物和水之间的交换所涉及的大多数过程已经在前面讨论过了。尽管铁的氧化还原反应通常是分层缺氧湖泊中磷交换的控制过程，但在淡水湖泊中可能会同时进行多个过程，对于给定湖泊中每个过程的相对贡献目前还缺乏估计，而且可能无法估计。一些一般性的总结意见可能有助于解释这个问题。

（1）从长远来看，不管湖泊是深是浅、是含氧的还是缺氧的，沉积物几乎总是磷的汇。除非一部分输入磷最近被转移，否则按年度平衡计算，磷的输入量通常会大于产出量。存留的部分通常大于 0.5，但差异很大（Vollenweider，1975）。验证这一点的另一种方法是比较磷和水的停留时间，根据湖水量与入流量之间的比率计算，Sammamish 湖中磷和水的停留时间分别是 0.77 年和 2.0 年。湿地每年的存留率也较高，因此在流域管理中具有重要意义（Kadlec 和 Knight，1996）。

（2）虽然沉积物是磷最终的汇，但在一年的一部分时间里，沉积物可以成为磷的重要来源，湿地和湖泊都是如此。确定沉积物何时以及在何种程度上作为磷的来源的最重要的过程可能是铁的氧化还原反应，不论湖泊是分层的、非分层的、有氧的还是缺氧的。分层有氧湖泊的沉积物几乎不产生磷，因为假定铁与磷的比例足够高，表层沉积物中的铁总是被氧化，并有效地将磷吸收。然而，在具有缺氧湖下层的分层湖泊和夏季交替经历平静期和多风期的非分层湖泊中，沉积的磷由于铁的还原而被释放，导致磷的产出量超过输入量。光合作用导致的高 pH 值和水体中的循环过程往往会阻碍磷的重新沉积。风的再悬浮也很重要，但是磷在水体中的存留程度仍然取决于 pH 值和铁与磷的比例。其他从沉积物中释放磷的过程，如大型植物分解、生物扰动、水底鱼类排泄、气体沸腾、藻类迁移等，在某些情况下十分重要，但通常不如铁的氧化还原反应重要。

（3）分层湖泊中沉积物释放的磷是否真的到达光照区并用于藻类吸收，对源或汇的问题意义不大，但对湖泊的生产力十分重要。只要磷到达湖上层，即使藻类无法获取，沉积物也是该磷的来源。然而，有充分的证据表明，一些湖下层的磷可以通过扩散和夹带被输送到湖上层，尽管在某些情况下，变温层可以作为有效的屏障。

## 4.2　氮

水生生态系统中氮的一般循环如图 4.12 所示。氮的循环非常复杂，许多转移过程和相关池的大小不仅对水生生产力很重要，而且对总体环境质量和人类健康也很重要。两大生物学源和汇的过程涉及氮，而不涉及磷，这极大地影响了氮在控制生产力和污水处理中的重要性。这些转移氮的过程包括通过微生物将大气中的 $N_2$ 固定，以及通过反硝化作用将氮以 $N_2O$ 和 $N_2$ 的形式返还到大气中。硝化过程（氨的氧化）和反硝化过程可以在没有生物调节的情况下进行，但是速度很慢。微生物可以极大地加快反应速度，同时通过有序的一系列细胞酶催化反应捕获还原化合物中的能量。因为能量来源是无机的，所以这些生物被称为化能无机自养生物（Brock，1970）。

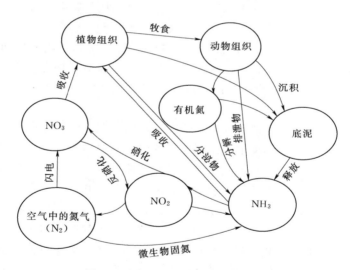

图 4.12　水生生态系统中的氮循环

### 4.2.1　氮池浓度

氮的各种化学形式中 $N_2$ 的形式最为丰富，$N_2$ 占大气成分的约 80%。然而，$N_2$ 在被植物利用之前，必须通过生物法或光能反应进行固定。硝酸盐（$NO_3^-$）是水生植物可以使用的最常见形式，当生产力较高时，即所有可用的氮都被植物组织吸收时，其含量较低；当生产力较低时，即不被植物吸收利用时，其含量较高，浓度通常为 $500\sim1000\mu g/L$。有时氮浓度可能远远超过 $1mg/L$，但这通常是因为外部输入。氨（$NH_3$）或铵（$NH_4^+$）是氮在水中的主要存在形式，在缺氧或富营养化的水中含量很高，但通常没有 $NO_3^-$ 的含量高。因为 $NH_4^+$ 的还原程度更高，所以植物通常更倾向于吸收 $NH_4^+$。事实上 $NO_2^-$ 带有毒性而通常不被利用，因为它容易被氧化成 $NO_3^-$，一般含量很低。

## 4.2.2 硝化作用

硝化作用是 $NH_3$ 转化为 $NO_2^-$，并最终转化为 $NO_3^-$ 的过程，这个过程只在有氧条件下才会发生。进行硝化反应的生物通常是亚硝基单胞菌和硝化杆菌。尽管这个过程会释放能量，如下所示，但与氮循环中的其他转化过程相比，该反应的能量产率相当低（Delwiche，1970）。硝化作用的反应如下：

$$2NH_4^+ + 3O_2 \longrightarrow 2NO_2^- + 2H_2O + 4H^+ + 能量$$
$$2NO_2^- + O_2 \longrightarrow 2NO_3^- + 能量$$

## 4.2.3 反硝化作用

反硝化作用仅在无氧或缺氧的情况下发生，常见的进行反硝化作用的生物是脱氮硫杆菌，这是一种化能无机自养生物，相关的反应如下：

$$5S^{2-} + 6NO_3^- + 2H_2O \longrightarrow 5SO_4^{2-} + 3N_2 + 4H^+ + 能量$$

当氧浓度较低时，异养细菌如微球菌、沙雷氏菌、假单胞菌和无色杆菌也是反硝化细菌。由于这类细菌是兼性厌氧菌，它们也可以进行有氧呼吸，并且是污水中正常菌群的一部分（Christensen 和 Harremoes，1972）。

在反硝化过程中，细菌将 $NO_3^-$ 还原成 $NO_2^-$，进而形成气态分子 $N_2$ 或 $N_2O$（一氧化二氮）。这是生态系统中氮的流失机理，并可作为污水除氮的处理方法。然而，必须在有氧条件下才能进行硝化作用，在无氧条件下才能进行反硝化作用。为了使反硝化作用展现显著的氮去除效果，需对环境交替进行有氧和无氧处理，这对湖泊中的氮平衡和营养限制以及污水处理都意义巨大。湖泊的生产力越高，氧气的浓度就越低，就会发生反硝化作用。在污水处理过程中，必须先是有氧环境，然后再是无氧环境，以先使 $NH_4^+$ 转化为 $NO_3^-$，然后 $NO_3^-$ 在无氧条件下发生反硝化作用，同时也会发生 $NO_3^-$ 还原为 $NH_4^+$ 的反应。

## 4.2.4 氮的固定

固氮过程是一种有氧反应过程，该过程会消耗能量，由固氮菌（*Azoto-bacter*）和梭菌（*Clostridium*）等细菌以及念珠藻属蓝藻（cyanobacteria

*Nostoc*)、拟鱼腥藻属（*Anabaenopsis*）、鱼腥藻（*Anabaena*）、胶刺藻（*Gloeotrichia*）、束丝藻（*Aphanizomenon*）在水生环境中进行，夏季富营养化湖泊中通常以固氮蓝藻为主。固氮过程是生态系统中重要的氮输入方式。鱼腥藻的测量比率范围为 $0.04 \sim 72 \mu g/(L \cdot d)$，这种速率可能代表着富营养化水系统中溶解无机氮的几倍周转率，因为当蓝绿固氮菌出现时，$NO_3^-$ 通常被大量消耗，达到非常低的水平，甚至无法检测到。Horne 和 Goldman（1972）表示，蓝绿固氮菌固定的氮是加州 Clear 湖每年氮输入总量的 43%。

氮的固定是在蓝绿固氮菌的杂囊中进行的，随着 $NO_3^-$ 的耗尽，蓝绿固氮菌的超大细胞会变得更加丰富（Horne 和 Goldman，1972）。因为固氮过程需要消耗能量，所以只有当 $NO_3^-$ 和 $NH_4^+$ 消耗完时，该过程才会变得有利。

随着固氮细胞的分解，原本为固氮细菌的氮源也可以被其他浮游植物利用。在许多富营养化的湖泊中，水华藻（*Aphanizomenon*）和微囊藻（*Microcystis*）通常不会同时大量出现，但可能经常交替大量出现，氮的可用性可能是这种交替的原因。此外，氮的可用性可能是蓝绿藻，特别是异胞蓝绿藻演替的原因（参见第 6 章演替部分）。

正如反硝化过程中氮的损失会随着湖泊的生产率的提高而增加一样（因为氧气耗尽），固氮过程也会随着湖泊生产率的提高而加强，因为 $NO_3^-$ 会耗尽。富营养化湖泊 Erie 湖浮游蓝绿藻的固氮率为 $4.2 \sim 230 \text{nmol}/(\text{mg} \cdot \text{h})$，而富营养化程度较低的 Michigan 湖的固氮率为 $0.69 \sim 25 \text{nmol}/(\text{mg} \cdot \text{h})$（Howard 等，1970）。Horne 和 Goldman（1972）检测到，在高度富营养化湖泊 Clear 湖中，最大固氮率达到几百 $\text{nmol}/(\text{L} \cdot \text{h})$。

相比于磷，对湖泊中氮的完整预算则要少得多。Brezonik 和 Lee（1968）制定了 Mendota 湖氮输入和输出的完整预算表（表 4.3）。在 Mendota 湖中，通过固氮过程得到的氮输入与通过反硝化作用得到的氮输入非常相近，尽管两

表 4.3　　　　　　　　　威斯康星州 Mendota 湖的氮平衡　　　　　　　　　%

| 收　入 | | 损　失 | |
|---|---|---|---|
| 源 | | 汇 | |
| 废水 | 8.1 | 流出 | 16.4 |
| 地表水 | 14.7 | 反硝化作用 | 11.1 |
| 降雨 | 17.5 | 鱼类摄取 | 4.5 |
| 地下水 | 45.0 | 杂草 | 1.3 |
| 固定 | 14.4 | 沉积 | 66.7 |
| 总量 | 100.0 | 总量 | 100.0 |

资料来源：改编自 Brezonik 和 Lee（1968 年）。

者都不是最重要的源或汇。沉积的量是通过输入和输出之间的差异来估计的。另一个源和汇分别是沼泽排水和地下水补给，它们不是很重要。Messer 和 Brezonik（1983）引用了几个氮预算，这些预算显示，通过反硝化作用损失的输入氮的比例要大得多（>50%）。

## 4.2.5　对营养限制的影响

淡水生态系统中初级生产者获取氮的能力和获取磷的能力存在很大差异，一方面是由于独特的氮循环过程，另一方面是由于氮和磷的不同化学行为。对氮循环和磷循环过程进行对比，有助于更好地了解哪种养分最容易受到限制。

（1）在淡水湖泊中，输入氮在水中的停留时间比输入磷长，因为无机金属络合物和有机颗粒物质对 $PO_4^{3-}$ 拥有强吸附能力，容易使磷沉积到沉积物中，尽管在大多数情况下，一些沉积的磷可以通过几种方式（如铁的氧化还原反应、大型植物的分解等）进行循环利用，这种循环的总体效率似乎不是很高，也就是说，即使缺氧的湖泊，仍然是磷的净汇。此外，氮在水中以 $NO_3^-$ 和 $NH_4^+$ 的形式存在，更易溶解，不像 $PO_4^{3-}$ 那样容易被无机络合物吸收。此外，$NH_3$ 也可以从厌氧沉积物中释放出来。

（2）尽管很大一部分氮输入会通过反硝化作用从水生系统中流失，但这种情况只发生在无氧的水域，也就是高度富营养化的水域。因此，这一过程有助于限制高度富营养化湖泊中的氮含量，但不会导致低度或中度富营养化湖泊中的氮短缺。

（3）对于氮耗尽的系统而言，大气是一个现成的氮源，因为大气中的 $N_2$ 可以进行生物固定。固氮过程发生在有氧环境中，只要存在异囊蓝藻（heterocystous cyanobacteria）即可。当可用的氮耗尽时，这些生物便占据主导地位，为富营养化系统提供大量的氮。然而，在低生产力或中等生产力的系统中，由于无机氮的含量不能降到足够低的水平，所以很难发生固氮过程。因为这是一个消耗能量的过程，只有当 $NO_3^-$ 和 $NH_4^+$ 稀缺时，固氮过程才是有利的。另一个限制通过固氮过程提供氮的因素是细胞中氮置换的最大速率太低，即生长速率太低，为 $0.05d^{-1}$（Horne 和 Goldman，1972）。

（4）氮的另一个来源是降雨，这是磷循环中不存在的。尽管雨水中含有磷，并且这一来源对于磷含量较低的流域非常重要（Schindler，1974），但是通过降雨获取雨水中的 $NO_3^-$ 则是一种十分常见的现象，雨水中的 $NO_3^-$ 是通过闪电由大气中的 $N_2$ 转化而来。在温带地区，当降雨量为 75cm 时，氮的含量约为 $6kg/(hm^2 \cdot a)$（Hutchinson，1957）。

总的来说，磷的来源明显少于氮的来源，而且在大多数水生生态系统中，相比于除氮，沉淀对于除磷而言是一个更有效的去除过程。因此，磷通常比氮更难获得，考虑到无氧环境中磷循环的可能性以及反硝化作用会导致氮损失，氮可能限制在高度富营养化的系统中。营养限制将在第 6 章进一步讨论。

## 4.3　硫

因为重大水质变化是由废水排放引起的，并且与硫循环有关，从这个角度来看，硫循环是值得关注的。然而，在水生生态系统中，硫本身几乎算不上是一种限制性的营养物质。正常水平的 $SO_4^{2-}$ 便足以满足植物的需求，其中一些细菌循环和相关过程如图 4.13 所示。

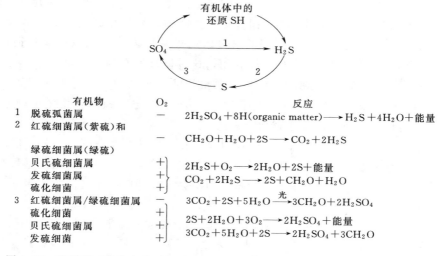

图 4.13　硫循环（修改自 Brock，1970）和相关的细菌介导的反应（Klein，1962）

当水中的有机废物超出负荷，以至 $O_2$ 被耗尽时，便很容易产生气味。$SO_4^{2-}$ 是常用于分解有机物的电子受体。循环中的第一步显示了 $H_2S$ 的产生，该物质具有臭鸡蛋气味。如果 $NO_3^-$ 可用，氮还原细菌便会占据主导地位，气味就会很小。有毒 $H_2S$ 的产生可能会给鱼类的生存带来危害，然而，只要存在 $O_2$，该物质就不会存留很长时间。

氧化亚铁硫杆菌通过氧化 FeS（硫化亚铁），产生 $H_2SO_4$，并导致 pH 值低至 1.0，这会促成酸性矿井水的产生。细菌活性可能导致 80% 的酸度。该过程也同样发生在氧化硫杆菌（*T. thiooxidans*）身上，导致管道腐蚀（Brock，1970）。

引发大量关注的是湖泊中出现的"板块"硫细菌（Brock，1970），由光合兼性厌氧紫色或绿色硫细菌或需氧无色硫细菌组成。这些细菌不论什么类型，都只存在于中间层，通常是变温层。光合细菌需要光照和 $H_2S$，尽管深水区（缺氧条件下）的 $H_2S$ 可能很丰富，但深水区缺少光照。表层水的光照十分丰富，但对光合细菌没有作用，因为 $H_2S$ 在 $O_2$ 存在的情况下不稳定。因此，这些生物仅在相当有限的深度间隔区（板块）出现，因为这个区域既有光照，也有 $H_2S$。因此，它们不太可能出现在有氧湖泊中。

需氧非光合细菌也有同样的限制问题，因为这类细菌同时需要 $O_2$ 和 $H_2S$，所以它们只会出现在 $O_2$ 和 $H_2S$ 的水平降低的界面，通常是变温层的底部。

$SO_4^{2-}$ 通过海盐的大气沉积、化石燃料的燃烧产物以及流域的自然风化过程这几种方式进入水生生态系统。工业化地区顺风降水的酸度主要是由 $H_2SO_4$ 引起的。虽然湖泊因这种源于人类活动的 $SO_4^{2-}$ 的沉积而酸化，但很大一部分 $SO_4^{2-}$ 可能会通过图 4.13 中的步骤 1 消耗掉，导致碱度的产生，甚至在非生产性有氧湖泊中也是如此（Schindler，1986）。显然，沉积物—孔隙水中严重缺氧，所以能够推动这个过程持续进行。酸化的过程和影响将在第 13 章进一步讨论。

## 4.4 碳

由于碳约占生物体内干有机物的 $50\%$，因此，碳是研究水生生态系统中生产力和能量营养转移最常用的元素。而且从长远来看，碳的增长通常没有限制，所以单位干物质的碳含量往往比氮和磷更稳定。碳的相关池、来源和转移如图 4.14 所示。

为了清晰起见，将作为氮、磷循环中的一个汇的沉淀池省略。和氮一样，大气也是碳的一个来源，但它不是磷的来源。然而，$CO_2$ 从大气进入碳循环的速率仅取决于亨利定律（Henry's Law）定义的空气—水界面的扩散这个物理过程。虽然一些物种会利用碳酸氢盐（$HCO_3^-$），但植物主要是以 $CO_2$ 的形式利用碳（Goldman 等，1971）。碳循环和氮、磷循环的另一个区别是，游离 $CO_2$ 的浓度可通过 pH 值、温度和总碳含量（$C_T = CO_2 + HCO_3^- + CO_3^{2-}$）来预测控制，而且由于 $CO_2$ 是气体，它在大气中的扩散率为 $0.03\%$。

为了阐明植物吸收碳的有效性以及植物的光合作用对水质的影响，本章将简单介绍 $CO_2$ 系统的反应和平衡。当水相对于空气不饱和时，$CO_2$ 从空气扩散到水中，当水相对于空气过饱和时，$CO_2$ 从水扩散到空气中。当水中 $CO_2$ 的量与空气中 $CO_2$ 的量达到平衡时，根据亨利定律可以得到 $CO_2$ 的量：

$$CO_2 = P_{CO_2} \times K_H \tag{4.1}$$

式中：$CO_2$ 的单位为 mol/L；$P_{CO_2}$ 为大气分压，atm；$K_H$ 为亨利定律常数，

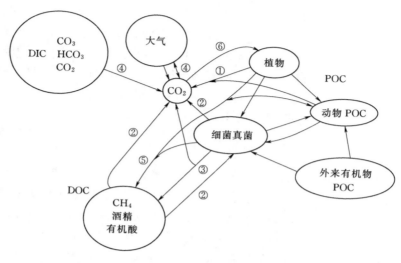

图 4.14 具有一些重要生物媒介过程的碳循环

①—该过程是正常的有氧呼吸：$CH_2O + O_2 \longrightarrow CO_2 + H_2O$。

②—微生物通过分解进行同样的呼吸过程。

③—细菌通过无氧呼吸进行分解。由于厌氧代谢不完全，只有部分碳转化为 $CO_2$，剩余的碳转移到溶解有机池（DOC）中，通过缓慢代谢转化为 $CO_2$。一些产生 $CO_2$ 以外的碳副产物的厌氧过程是由甲烷菌进行的，甲烷菌可以进行以下总反应（Brock，1970）：

$$C_6H_{12}O_6 + X\,H_2O \longrightarrow Y\,CO_2 + 2CH_4$$

④—游离 $CO_2$ 的主要来源是从溶解无机碳（DIC）池中分离出来的，这种供应取决于总无机碳含量、温度和 pH 值。

⑤—生物排泄有助于 DOC 池。

⑥—$CO_2$ 通过光合作用被颗粒有机碳（POC）吸收，开始碳循环。

$mol/(L \cdot atm)$（25℃时 $K_H = 10^{-1.37}$）。

当湖泊被冰层覆盖后，湖泊中的 $CO_2$ 会达到高度过饱和，尤其是在光合活性低的贫营养化湖泊中，$CO_2$ 的饱和度会达到百分之几百甚至更高（Wright，1983）。而在高产的富营养化湖泊中，$CO_2$ 会被消耗到非常低的水平，导致 pH 值上升到 10 甚至更高（Andersen，1975）。

$CO_2$ 与水反应生成碳酸（$H_2CO_3$），如下所示：

$$CO_2 + H_2O \longrightarrow H_2CO_3^* \qquad (4.2)$$

式中：$H_2CO_3^*$ 为液相 $CO_2$ 和 $H_2CO_3$ 之和，后者仅占总量的 1% 左右。

游离的液相 $CO_2$ 实际上是以 $H_2CO_3^*$ 计算的。

$H_2CO_3$ 在水中通过以下反应解离：

$$H_2CO_3^* \longrightarrow H^+ + HCO_3^- \qquad (4.3)$$

$$HCO_3^- \longrightarrow H^+ + CO_3^{2-} \qquad (4.4)$$

这些反应达到平衡状态取决于 pH 值和温度，如下所示：

$$K_1 = [H^+][HCO_3^-]/[H_2CO_3^*] \tag{4.5}$$

$$K_2 = [H^+][CO_3^{2-}]/[HCO_3^-] \tag{4.6}$$

式中：$K_1$ 和 $K_2$ 分别为系统的第一和第二离解常数，在 25℃ 时，$K_1 = 10^{-6.3}$ mol/L，$K_2 = 10^{-10.3}$ mol/L。

从图 4.15 中可以看出，这些平衡是 pH 值的函数。从上面的平衡表达式可以清楚地看出，当 pH 值为 6.3 时，$C_T$ 的一半是 $H_2CO_3^*$，另一半是 $HCO_3^-$；当 pH 值为 10.3 时，也是如此，即 $C_T$ 的一半是 $H_2CO_3^*$，另一半是 $HCO_3^-$，这一点在图 4.15 中也很明显。在图 4.15 中，$C_T$ 是恒定的，系统对大气封闭。如果系统与大气处于平衡状态，那么 $H_2CO_3^*$ 在任何 pH 值下都将保持恒定。

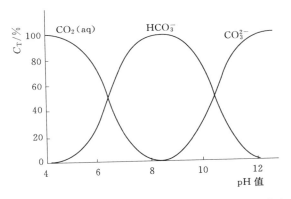

图 4.15　$C_T$ 恒定时，3 种形式的总碳随 pH 值的分布
（由 Golcerman 修改，1972）

光合作用和呼吸作用是导致系统与大气严重失衡的两个主要因素。随着藻类的光合作用，耗尽的 $CO_2$ 可以通过以下两种反应在水中得到补充：

$$H_2CO_3 \longrightarrow CO_2 + H_2O \tag{4.7}$$

$$HCO_3^- \longrightarrow CO_2 + OH^- \tag{4.8}$$

如果 $CO_2$ 从大气中补充的速度和被藻类消耗的速度一样快，pH 值就不会改变，因为 $H_2CO_3$ 和 $H^+$ 在第一个平衡表达式中保持不变。然而，如果通过呼吸作用产生的 $CO_2$ 的量超过了通过扩散到大气中损失的 $CO_2$ 的量，pH 值就会降低。即 $H_2CO_3$ 会增加到饱和以上，根据第一个平衡表达式，$H^+$ 也是如此。

从第一个平衡表达式中也可以清楚地看出，当藻类消耗 $CO_2$ 的速度大于从大气中扩散补充 $CO_2$ 的速度时，$H^+$ 会减少，导致 pH 值升高。这是因为当 pH 值小于 8.3 时，可以认为 $HCO_3^-$ 代表碱度，并且趋于恒定。$HCO_3^-$ 在 pH

值小于 8.3 时可以代表碱度，是因为当 pH 低于该值时，$CO_2$ 在任何明显程度上都不存在，如图 4.15 所示。

　　然而实际上，随着 $CO_2$ 的消耗，$HCO_3^-$ 并不恒定，而是如上所述分解成 $H_2CO_3$、$CO_2$ 和 $H_2O$。该反应以及第二次解离反应，比任何藻类需求所需的速度都要快几倍（Goldman 等，1971）。考虑到 $HCO_3^-$ 随 pH 值升高而变化，pH 值小于 8.3 时的碱度可定义为

$$碱度 = HCO_3^- - H^+ + OH^- \tag{4.9}$$

　　然而，随着 $CO_2$（和 $HCO_3^-$）的消耗，碱度保持不变，因为随着 $HCO_3^-$ 和 $H^+$ 的减少，$OH^-$ 会增加，以保持电中性。

　　通过第一次和第二次解离反应，$CO_2$ 系统为 $H^+$ 和 $OH^-$ 的增加提供了一个缓冲。因此，只要 $C_T$ 保持恒定并与大气平衡，pH 值就会保持相对恒定。然而，光合作用的作用是去除 $CO_2$，从而去除 $C_T$。如果 $CO_2$ 从大气中被置换出来的速度和藻类消耗 $CO_2$ 的速度相同，pH 值就不会上升。但是，仅仅观察到 $C_T$ 减少和 pH 值升高就足以证明藻类摄取 $CO_2$ 的量超过了大气的补给量（Schindler，1971；King，1972）。这样看来，光合作用通常是一个自我限制的过程；通过有效降低 $CO_2$ 浓度，消耗 $HCO_3^-$ 和 $C_T$，使 pH 值升高。而随着 pH 值的升高，游离 $CO_2$ 的浓度会降低，这两种效应都会抑制光合作用。

　　图 4.16 显示了假设光合作用和呼吸作用对 DO 和 pH 值影响的日变化模式

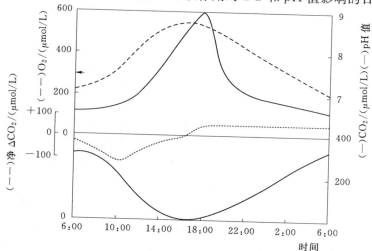

图 4.16　在碱度为 30mg/L $CaCO_3$ 的系统（例如 Washington 湖）中，通过光合作用（呼吸作用），$CO_2$ 净吸收（释放）的日变化，以及由此产生的 $CO_2$（aq）和 $O_2$ 浓度以及 pH 值。假设不与大气交换，且每天光合作用[3780mg/($cm^3$ · d)]与呼吸作用的比例不是 2：1，这是切合实际的。当 $CO_2$ 耗尽时，光合速率降低。当 $K_1 = 10^{-6.3}$，温度为 25℃，且碱度不变时计算 pH 值。箭头显示 100% 饱和度

以及 pH 值的自我限制效应。在本例中，假设碳吸收光合速率为 $3.7g/(cm^3 \cdot d)$，这个值虽然非常高，但也是切合实际的。在瑞典的 Trummen 湖恢复之前，测量了大约这个数量级的速率（Cronberg 等，1975 年）。假设光合作用与呼吸作用的比例为 $2:1$（也很合理），$CO_2$ 的吸收速率（光合速率）随着剩余 $CO_2$ 浓度的降低而逐渐降低，在 18：00，当失去光照且 $CO_2$ 耗尽时，$CO_2$ 的吸收完全停止。此时，DO 和 pH 值都达到了最大值，饱和度约为 175%，pH 值为 9.0。用 25℃ 时的第一离解常数计算 pH 值。

　　在夜间，复氧和呼吸不足以完全补充 $CO_2$ 和耗尽 DO，所以，即使光合速率较低，DO 和 pH 值也常常超过这些值。因此，随着天气连续晴朗无风，$CO_2$ 的浓度会降低，DO 的浓度会升高。因此，高 pH 值和 DO 值持续的时间越来越长。

# 第 5 章

# 污 染 物 特 征

人类文明发展所产生的污染物大部分通过污水排放进入水体，即城市居民用于饮用、洗涤或工业用于冷却、洗涤、加工的水携带着废弃的和未经处理的物质排出。污水分为处理过的或未经处理的，主要指通过集中流动点（通过管道）或点源进入水体的废水。点源污染包括城市污水和工业废水。尽管点源污水的流量和污染物负荷可能不同，但这种不同与气象条件并没有直接关系（Novotny 和 Olem，1994）。来自扩散源或非点源的污染物以扩散的方式间歇性地进入水体，这通常与气象事件有关（如降水），并且扩散源污染的监控和处理更加困难。例如，城市径流、农业和林业径流、尾矿库的排污以及水面上的干湿大气沉降（Novotny 和 Olem，1994）。根据 1972 年《清洁水法》（*Clean Water Act*）和 1987 年《水质法》（*Water Quality Act*）的规定，美国的点源污染主要通过污水处理过程得到有效控制。然而，非点源污染仍然是地表水污染的主要的非受控来源。

污染物或污染负荷是描述人类文明发展过程中产生的废弃物的常用术语，这些术语暗指一些不利影响，但在废物没有不利影响甚至可能产生有利影响的情况下使用是不适合的。造成不良环境影响的外来入侵物种也可视为"污染物"，通常称为生物污染。

## 5.1 生活污水

未经处理的生活污水或原污水通常呈灰棕色，有恶臭气味，相对较稀（99％是水），这些特征在污染严重的河流中往往很明显。处理的目的是去除生活污水中 4 种重要成分：总悬浮固体（TSS）、生化需氧量（BOD）、营养物氮（N）和磷（P）以及致病菌。原污水中前 4 种成分的平均浓度分别为 200mg/L、200mg/L、40mg/L 和 10mg/L（Lager 和 Smith，1975）。以大肠菌群中最可能的细菌数量作为原污水指标，间接测定致病菌（最可能的细菌数量为 $5 \times 10^7$ MPN/ 100mL）。

BOD 是对存在的易氧化有机物的间接测定。有机物被氧化的反应可以用一级动力学来描述：

$$\mathrm{d}L/\mathrm{d}t = -kL \tag{5.1}$$

式中：$L$ 为 BOD，mg/L；$k$ 为反应速率常数；$t$ 为时间。

综合表达式为

$$L_t = L\mathrm{e}^{-kt} \tag{5.2}$$

若 $y = L - L_t$，则

$$y = L(1 - \mathrm{e}^{-kt}) \tag{5.3}$$

因此，$y$ 为 $t$ 时刻的 BOD，$L$ 为最终的 BOD（图 5.1）。常用 5 日生化需氧量（$BOD_5$）测量废水强度。

由于时间和氧气不足，阻碍了硝化作用，生活污水通常含有高浓度的铵态氮（15mg/L）。虽然生物处理可以满足碳质 BOD，但是铵的氧化代表了纳污水硝化反应所满足的含氮氧需求（NOD）。

生活污水可以通过沉淀重固体和撇去漂浮物质进行处理，即初级处理，通常可去除约 35% 的 BOD，30%～50% 的 TSS，但仅去除约 10%～20% 的氮和磷（Viessman 和 Welty，

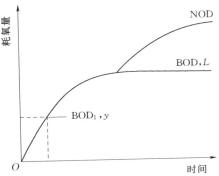

图 5.1　BOD（生物需氧量）和 NOD（氮氧需氧量）与时间的关系

1985）。1972 年《清洁水法》规定二次处理应至少去除 85% 的 TSS 和 BOD，处理后 TSS 和 BOD 的浓度为 30mg/L（USEPA，1982）。这通常通过活性污泥法来实现，活性污泥法是一种为活跃生长的细菌（"活性污泥"）、滴滤池、生物转盘、曝气氧化塘或未曝气氧化塘提供大量氧气的系统（Viessman 和 Welty，1985）。二次处理通过细菌分解去除溶解的和不可沉淀的 BOD，并通过化学混凝和化学澄清去除更细的颗粒物质。

由于初级处理和二次处理只能去除约 50% 的磷和 25% 的氮，因此通常采用高级处理去除污水中的磷，有时也用于去除氮（USEPA，1982）。此外，大部分 TN 和 TP 是可溶的。利用明矾（硫酸铝）、铁盐（如三氯化铁）或石灰进行化学沉淀可以有效去除磷，这些过程的效率通常超过 90%，处理后的残余磷浓度为 0.1mg/L（100μg/L），除非经过充分稀释，否则对于湖泊而言，磷的浓度仍然很高（见第 7 章）。氮可以通过生物脱氮、氨吹脱、折点氯化或离子交换来去除（Viessman 和 Welty，1985）。

通常可以在初级处理或二次处理后通过氯化去除大肠菌群。这种处理称为

消毒，可以用其他氧化剂如臭氧来完成。加入游离氯后，分解成分子次氯酸盐（HOCl）和次氯酸盐离子（OCl$^-$），它们代表可用的游离氯。氯被有机物消耗，因此调整剂量使残余游离氯浓度为 0.2mg/L，且残余大肠菌群浓度低于 200 MPN/100mL（Viessman 和 Welty，1985）。游离氯与铵反应生成同样有毒的氯胺，统称为总余氯（TRCl$_2$）。如果不通过脱氯处理，TRCl$_2$ 会引起许多问题，这些问题将在有毒物质和鱼类章节讨论。

郊区和农村地区没有污水收集系统，生活污水通过化粪池或"现场"系统处理。如果化粪池没有载满污水，便会被有机物堵塞，如果化粪池由可以充分渗透的土壤建成，那么处理（包括除磷）会非常有效（见第 7.3.7 节）。

## 5.2　城市径流

城市流域的径流通常通过"分离系统"（与污水分离）或"组合系统"（与污水组合）输送。在暴风雨期间及之后，暴雨水流和合流污水溢流（CSOs）可能与污水的成分相同，且浓度较高。表 5.1 显示了典型城市地区的原污水和城市径流中重要成分的浓度和产量的比较。

表 5.1　一个天然原始区和一个城区（面积 1km$^2$，人口 2500 人）的污水排放物中常见成分的比较（Weibel，1969；金属数据来自 METRO，1987）

| 组分 | 浓度/（mg/L） | | | 产量/[t/（km$^2$·a）] | |
| --- | --- | --- | --- | --- | --- |
| | 天然原始区 | 城市污排水 | 城市径流 | 城市污排水 | 城市径流 |
| TSS | 0.8 | 200 | 227 | 68 | 64 |
| BOD | 1.0 | 200 | 17 | 68 | 5 |
| TN | 0.5 | 40 | 3.1 | 14 | 1 |
| TP | 0.02 | 10 | 0.4 | 3.5 | 0.1 |
| Zn | 0.002 | 0.16 | 0.3 | 0.06 | 0.3 |
| Cu | 0.002 | 0.11 | 0.2 | 0.04 | 0.2 |
| Pb | 0.002 | 0.04 | 0.7 | 0.01 | 0.7 |

有趣的是 TSS 浓度和产量的平均值在雨水径流和污水中是相似的。街道和停车场等收集的大量的固体物质会被冲入溪流和湖泊；城市径流中 BOD 的浓度远高于天然地表径流，但远低于污排水。雨水的平均浓度也较高（TSS＝630mg/L，BOD＝30mg/L；USEPA，1982）。重要的是，暴雨过后，溪流可以完全由雨水组成，其 BOD 浓度与原污水流入溪流后的浓度相同，且污水流入溪流后的稀释度仅为 6~12 倍（200：30~200：17）。在俄亥俄州 Lytle 溪的中等流量条件下，观察到 BOD 的浓度为 20mg/L，并描述了其中总的生物

效应（见第 12 章）。

　　虽然城市径流中的 TN 和 TP 浓度远高于天然流域径流，但低于污水中的 TN 和 TP 浓度。此外，城市径流中金属（锌、铜和铅）的浓度和面积产量（假设为 1m 径流）通常高于排放污水，但这并不是恒定的，而是取决于有多少工业废物进入城市径流系统。大部分营养物质（N 和 P）来自从车辆上冲下来的或被风吹来的泥土，动物粪便和草坪上的肥料。营养物质的来源将在第 10 章进一步讨论。

　　来自车辆和管道系统腐蚀以及大气排放的金属物质在城市径流中被颗粒物吸附，大部分金属物质与颗粒物络合（结合），并且通常以无毒的形式出现。径流中的铅来自汽油，自 20 世纪 70 年代初无铅汽油问世以来，径流中的铅含量已经下降。

　　雨水径流中大肠菌群的浓度可能很高（$4 \times 10^5$ MPN/100mL），但低于 CSOs 的浓度（$5 \times 10^6$ MPN/100mL；USEPA，1982）。

　　由于天然植被被停车场、房屋和道路等坚硬的地表所替代，因此城市化导致流域总不透水面积（TIA）增加。这些不透水区域降低了雨水的渗透率，增加了流入水体的地表径流量。城市化的影响包括改变自然水文状况、增加污染物负荷和生境退化等，这些都会对河流水质和水生生物产生不利影响。由于径流增加，改变的水文状况通常具有更高和更频繁的峰值流量，而流域湿地的流失则导致基础流量更低。更高的峰值流量也加剧了河床冲刷、河岸侵蚀和支流切割。

　　May 等（1997）在 Puget 湾盆地展开的城市化对 22 条洼地河流（120 个河段）影响的研究中发现，在城市化程度较低的流域（TIA 为 5%～10%），河流质量可测量地显著下降。而在高度城市化的流域（TIA>45%），大的木屑减少、砾石内的溶解氧（DO）降低、产卵砾石中的沉积物增加、水质下降，这些迹象表明鲑鱼养殖生境显著减少。根据对底栖无脊椎动物群落的测量，生物完整性也随着城市化的增加而下降（Kleindl，1995；第 12.10.2 节）。

## 5.3　工业废水

　　工业废水种类繁多且复杂，通常含有自然界中不存在的化合物。不同工业产生的废水不同，通常是高度脱色、混浊、碱性或酸性。下面简要介绍一些常见的工业废水。

### 5.3.1　制浆废水

　　制浆工艺有 3 种：硫酸盐制浆法、亚硫酸盐制浆法和磨木制浆法。制浆产生废水问题的严重性是显而易见的，由于纤维素仅占树木的 1/2，因此是一种理想的商品。树木的结构部分，或称木质素，是通过化学添加剂的消化与纤维素分离出来的。硫酸盐制浆法使用硫酸钠的碱性溶液，而亚硫酸盐制浆法使用亚硫酸氢钠的酸性溶液。纸浆经过蒸煮、洗涤、漂白和压榨，每一个步骤都会产生废水。

亚硫酸盐制浆法会产生非常高的 $BOD_5$，固体含量为 10%～14% 的废水 $BOD_5$ 浓度为 30000mg/L。硫酸盐制浆法产生的废水中 $BOD_5$ 含量较低，但会产生更多的硫化物、硫醇等恶臭气体排放到大气中，且废水中的悬浮固体含量较高。制浆废水的毒性与树脂酸成分有关，但最近在漂白厂的废水中发现了二噁英。

### 5.3.2　炼油厂废水

炼油厂存在多种处理工艺，如石油储存、原油脱盐和分馏、热裂解和催化裂化、溶剂精制、脱蜡、脱沥青以及蜡和氢制造。上述各项工艺均会因有机物溶解产生具有 BOD、毒性和（或）味道（气味）的废物。酚类是炼油废水中的重要成分。此外，海上油轮泄漏的燃料和原油是石油工业产生污染的途径之一。

### 5.3.3　食品加工废水

食品加工业也各不相同，但废水通常由 TSS 和 BOD 组成。水果和蔬菜罐头厂、食品包装厂、鱼罐头厂、乳制品厂和啤酒厂等产生的废水中的 $BOD_5$ 含量非常高，通常是生活污水的 10 倍。

### 5.3.4　采矿废水

酸性矿井排水和废弃疏浚弃渣沥滤产生的"废水"通常含有高浓度的有毒金属离子，如铜、锌和铁。由于煤矿矿脉的采空区充满了水，在缺氧条件下会产生还原铁和硫化合物（FeS），因此酸性矿井排水问题日益严重。当水从矿脉排出时，空气会进入水中，促进铁和硫的生物氧化，产生硫酸。金属离子在酸性水中更容易溶解，因此毒性更强。许多废弃的、不受控制的疏浚弃渣沉积物不断向溪流中沥滤酸性物质和有毒金属物质，其中一种情况在第 12 章进行讨论。

### 5.3.5　酸性降水

从某种意义上来说，酸性降水与酸性矿井排水和城市雨水径流相似，但由于高海拔、偏远地区中和酸性的能力较差，因此酸性降水在高海拔、偏远地区（而不是在城市环境中）造成的影响最为严重。酸性降水是由强酸（硝酸和硫酸）引起的，强酸主要来自二氧化硫和氧化氮，而二氧化硫主要来自燃烧化石燃料的发电厂，氧化氮主要来自汽车尾气，且排出后会在大气云层中氧化。虽然 $NO_3^-$ 与 $SO_4^{2-}$ 在形成低 pH 值的雨水方面具有相同的作用，但由于 $NO_3^-$ 通常是森林地区的限制性营养物质，会被生物吸收和生长中和，因此 $SO_4^{2-}$ 在酸化地表水方面的作用更大。尽管与大气接触的纯水的平衡 pH 值约为 5.6，但由于自然本身存在 $SO_4^{2-}$，除非 pH 值 < 5，否则不认为降水被酸化（Charlson 和 Rodhe，1982）。

### 5.3.6　有毒废水

高毒性、难降解的有机化合物通过固体废物填埋场的沥滤液、直接排放到地表的污水、大面积沉积的大气排放物、用于控制害虫的药物以及意外泄漏进入到环境中。这类有机化合物的代表包括多氯联苯（PCBs）、多溴联苯（PBBs）、氯化烃类杀虫剂和二噁英，它们都属于有机氯化合物。这些化合物的长期有效性使得它们更经济，从而被人们使用。同样的，由于长期有效性，如果这些化合物释放到环境中，也是非常有害的。多氯联苯和一些氯化有机杀虫剂在美国是被禁止使用的，但由于残留的时间很长，它们在垃圾填埋场、湖泊和河流的沉积物以及动物体内的浓度仍然很高。

PCBs 主要用于电力工业，作为变压器和电容器的绝缘材料。它们也被用在油漆溶剂和塑料中，填埋场和沉积物中仍然存在 PCBs 的浓缩残留物（第13.5 节）。PBBs 用作阻燃剂。以 DDT 为代表的氯化烃类杀虫剂在美国被广泛使用（包括异狄氏剂、艾氏剂、七氯和狄氏剂），直到 20 世纪 70 年代才被禁止销售。然而，剩余的库存仍在继续使用。这类化合物仍在发展中国家使用，且常以进口食品含带的形式运往美国（Revelle 和 Revelle，1988）。许多残留时间较短的杀虫剂替代品（如除虫菊酯）已被开发出来。二噁英是一组经燃烧形成的氯化烃类化合物，是越南战争中使用的灌丛防治除草剂 2，4，5 - T 的副产品。

## 5.4　农业污水

农业污水比上述任何类型的废水都更加多样和广泛。种植导致受纳水域侵蚀增强，TSS 负荷增加，用于施肥的营养物和控制昆虫的杀虫剂也随之而来。木材采伐，即某种意义上的农业，也会导致森林地区的废物量增加。来自牲畜围场的 BOD/TSS 废物可以高度浓缩。细沟灌溉（或漫灌）的回流可能携带高浓度的 TSS、肥料和杀虫剂。

通过最佳管理实践（BMPs）控制农业污水负荷的尝试很多，包括通过改进耕作和收割措施减少侵蚀、对牲畜围场进行废水处理、通过土壤测试程序减少化肥施用，以及转换成喷雾灌溉，因为消除了回流沟，所以径流中产生的 TSS 要少得多。

在美国，农业非点源控制主要通过使用 BMPs 的自愿项目来实施。BMPs 的有效性极具变数，可能对其应用的土地或水资源没有直接的益处（Novotny 和 Olem，1994）。农田径流中的污染（沉积物、N、P、杀虫剂、细菌、病原体）以及河岸地区或其附近发生的物理变化，是未达到水质标准和各州报告的相关有益用途的主要原因（USEPA，2002b）。

# 5.5　生物污染

人类将几千年来不会自然出现的物种引入了生态系统，有些是有意的，有些是无意的。如果引入农作物和牲畜，那么引入非本地（也称为外来）物种对人类是有益的，但引入其他物种则会产生负面影响。物种引入的不利后果包括生境破坏、本土物种灭绝、生物多样性丧失、疾病传播、生态系统进程改变以及水资源、作物、牧场和森林退化造成的经济损失。如果引入的物种对环境有负面影响，则可以认为该物种是生物污染。

入侵物种的特征包括高繁殖率、高遗传变异性和表型变异性，并具有广泛膳食需求的生境多样性（Elton，1958；Williamson，1997；Kolar 和 Lodge，2001）。入侵物种通常与人类有关，利用被人类干扰的生境或者物种多样性低以及没有天敌的早期演替生境（Moyle 和 Light，1996 年）。并非所有被引入非本地栖息地的物种都会适应现有环境，并成为入侵物种。Williamson（1997）提出的"十项规则"指出，约有 10％的引进物种能够建立，10％的建立物种会成为害虫。然而，入侵物种一旦建立，就几乎不可能被根除。

生物同质化是指由于外来物种的建立和本土物种的消失，动植物之间的区域差异逐渐减小的过程。由于人类社会流动的加快和国际贸易的增加，以及全球环境变化未得到充分认识，生物入侵和由此导致的地球生物群的同质化正在加速（Vitousek 等，1996）。

与大陆相比，岛屿更容易受到外来物种的入侵（Elton，1958）。由于湖泊类似于岛屿栖息地，它们也极易受到外来物种的入侵（Magnuson，1976）。同时，外来物种入侵大陆的情况也越来越普遍。岛屿上外来物种的比例通常较高（通常高达总数的 50％），而大陆上外来物种可能仅占物种总数的百分之几至 20％以上（Vitousek 等，1996、1997）。美国、加拿大和澳大利亚有 1500 多种外来入侵植物，欧洲国家有数百种外来入侵植物（Vitousek 等，1996）。

在世界范围内，大多数地区含有 10% ~ 30% 的外来物种，仅北美洲的五大湖（Great Lakes）就至少有 139 种外来物种。数百种来自压舱水、水产养殖、水族馆贸易、垂钓和苗圃的外来物种被引入北美的水生系统（Benson，2000）。压舱水可能仍然是未来物种意外引入的主要来源（Benson，2000）。

预防和控制外来物种入侵的举措包括监管、公共教育和监督，以发现和根除新的入侵物种。自 1997 年以来，所有进入美国港口的船只都被要求清空海上压载舱，并向其中注入海水，以阻止水生生物入侵。美国相关的法律框架包括如 1900 年的《莱西法案》（*Lacey Act*）和 1974 年的《联邦有害杂草法》（*Federal Noxious Weed Act*）等法规，前者授权内政部长管理外来鸟类和动物的引入，并防止有害植物或动物的引入，后者旨在防止有害杂草的引入和扩散。最近，1990 年颁布的《外来有害水生生物预防与控制法》（*Non - indigenous Aquatic Nuisance Prevention and Control Act*）授权制定和实施一项综合性国家计划，以预防和应对外来水生物种意外进入美国水域所造成的问题。州和地方有害杂草委员会也制定了应对入侵物种影响的法律法规，并实施了公共教育计划，以提高公众对该问题的认识。成功管理已建立的入侵物种取决于对物种在生态系统中被控制过程的理解（Mooney 和 Drake，1986；Mack 等，2000）。虽然不可能根除，但控制入侵物种的扩散可能会降低其生态和经济成本。

# 第 2 部分

# 静水中污染物的影响

静置的淡水水体，即湖泊、池塘和水库，称为静水环境。尽管它们在自然界中是静置的，但是在其流域内部存在水的运动，由形态测量学（深度、形状等）、太阳能热输入和风能决定。浮游藻类或浮游植物受水运动的支配，通常是静水体中最重要的生产者。水体在垂直方向和水平方向移动（混合）的程度决定了浮游生物的分布和混合浮游生物细胞可用的光量，因此水的移动间接决定了静水体的生产力。

湖泊、水库、河流和溪流之间的等级差很大，物理上的区别有时并不清晰，区分这些环境的主要因素是水的停留时间。从河流、蓄水池到天然湖泊，水的停留时间呈梯度增加，因此水中每单位磷的藻类丰度也随之增加（Soballe 和 Kimmel，1987）。然而，尽管停留时间相对较短，大型缓慢移动的河流以及水库和河口的上端也可能存在大量浮游生物。停留时间对主要生产者生物体的影响见第 11 章。

虽然这里强调的是湖泊中营养物质的生态原理和影响，但这些原理和影响也适用于水库。与湖泊相比，水库通常具有更高的冲刷率（更短的停留时间），因此营养负荷也更高（Walker，1981）。主干水库通常表现出从河流型环境向湖泊型环境的带状转变（Kimmel 和 Groeger，1984）。河口也显示出从淡水到海水的带状转变，但是由于潮汐的影响，边界会不断发生变化。

湖泊（水库）受沉积物、有毒物质和 BOD 废物的影响，通常情况下其稀释（自净）能力满足 DO、pH 值和温度标准要求，除非在废水源附近的封闭堤坝中。鱼类和沉积物的有机氯化物污染和（或）重金属污染是五大湖（见第 13 章）、普吉特湾（华盛顿州）和波罗的海（图 3.13）等水体中存在的严重问题。然而，这类废物的影响和控制通常发生在河流中。整个湖泊（水库）的退化更可能是由富营养化（第 6~10 章强调富营养化的原因、影响和控制）或酸化（第 13 章中的毒性处理）引起的。全球变暖可能会通过人口分布的热量限制和水文变化影响整个流域。

# 第6章

# 浮　游　植　物

　　湖泊、河口和海洋的浮游植物由单细胞藻类组成，浮游藻类的细胞大部分是微观尺寸，最大尺寸从几微米到几百微米不等。物种可能以单个细胞的形式出现，也可能以由许多细胞组成的菌落或菌丝的形式出现。一些物种的菌落（菌丝）通常肉眼可见，例如，蓝藻细针胶刺藻（cyanobacterium *Gloeotrichia*）的球形菌落直径约为 1 mm，肉眼清晰可见。丝状的水华束丝藻（cyanobacterium *Aphanizomenon*）的形状为丝状体，看起来像水中的草屑。浮游植物按大小分为超微型浮游植物、微型浮游植物和可用网捕获的浮游植物，它们之间的尺度差分别约为 10 $\mu$m 和 50 $\mu$m（Wetzel，1983）。由于微型浮游植物极具重要性，所以浮游植物通常通过保存水样的显微分析来定量，而不是通过净样品的显微分析来定量。

　　浮游植物依据分类学可分为绿藻、金藻（硅藻和黄绿藻）、蓝藻（蓝绿细菌）、甲藻、裸藻和隐藻，不同作者对此分类可能不同。关于一般分类特征，见 Prescott（1954），Hutchinson（1967）或 Wetzel（1983）。

　　蓝藻因其对水质和水生生境的影响而受到特别关注。蓝藻是一种微小的单细胞生物，通常以丝状菌落的形式生存于淡水系统中。由于它们具有藻类的某些特征（例如细胞壁结构、光合色素）和进行产氧光合作用，所以通常称为蓝绿藻（blue‐green alga），尽管这种叫法不太恰当。本书统一使用"蓝藻"（cyanobacteria）或者"蓝绿藻"（blue‐greens）表示。许多蓝藻是浮游生物，因此被认为是浮游植物的一部分，还有一部分蓝藻是底栖生物，作为附着生物的一部分附着在沉积物或其他基质上。

　　正如本章后面部分所述，由于营养物质（特别是磷和氮）的富集，在水生系统中会造成蓝藻在水面大量积累（通常称为浮渣或水华）。促进蓝藻积累的环境因素还包括高水温、静置水体、低光照、高 pH 值、低溶解二氧化碳（$CO_2$）、低牧食压力和低总氮与总磷比值（TN：TP）（Reynolds，1987；Paerl，1988；Shapiro，1990；Hyenstrand 等，1998）。高浓度的蓝藻会产生难看的表面浮渣，降低水体透明度，产生不可口的饮用水（即有味道和气味）、有毒化合物和有毒气味等。蓝藻的分解会耗尽溶解氧，导致鱼类死亡。这些问题会对水生生境、娱乐活动、渔业以及将水体用作饮用水的地区造成严重影响。

一些植物是靠风引起的湍流维持在水体中的，因此称为浮游植物。许多浮游植物具有不规则的形状，这增加了它们表面积与体积的比率，从而降低了密度，以防止下沉。然而，除了蓝藻（含有气泡，能使其漂浮）和一些有鞭毛的能动物种外，大多数浮游植物在静止状态下都很容易沉入底部。例如，在塑料水柱内进行的原位试验时，由于与正常的水体湍流分离会导致沉降增加。随着浮游植物细胞的衰老，它们会变得越来越密集，因此增加了下沉而损失的生物量。

在描述静水中浮游植物的特征时，通常需要确定其生产力、生物量和物种组成，即生产了多少、量有多少和它是什么。生产力和生物量可以通过化学程序或物理程序来测定（Vollenweider，1969），并且在不知道生物体的情况下与环境因素有一定关联。虽然生产力和（或）生物量在某些情况下可能足以表征浮游植物，正如本章后面所述，但在许多情况下，组成大部分生物量的种群（物种、属等）对水质同样重要。从某种意义上来说，根据生产力和生物量的测量，可以定量地确定湖泊的营养状态（见第 7 章）。但是，还没有为此目的确定物种组成的定量标准。

虽然对特定湖泊浮游植物种群、生物量和生产力季节性变化的详细描述是具有意义的，但对于水质管理来说，了解湖泊的平均状态如何随着营养物、酸度或沉积物负荷的变化而变化通常更为合适。即根据对大量湖泊的研究，着力于探索物质投入和平均响应之间的发展关系（Vollenweider，1969a，1976；Dillon 和 Rigler，1974a；Jones 和 Bachmann，1976；Chapra 和 Reckhow，1979；Smith，1982，1986，1990a，1990b；Prairie 等，1989），对于湖泊管理来说这比着力于理解特定湖泊内部详细的动态描述更具有价值。此外，全湖操控对湖沼学和湖泊管理的价值是显而易见的。虽然小规模试验（瓶子、袋子等）揭示了湖泊反应的一些指示作用，但它们很大程度上是不够的，因为在整个湖泊生态系统中，许多因素相互作用，会缓冲或放大反应。因此，对整个湖泊系统的有意或无意操控（Edmondson，1972；Bjork，1974；Schindler，1974；Edmondson 和 Litt，1982）在这方面能够提供更加可靠的信息。但小规模的试验还是必要的，可以了解产生整体反应的潜在机制。

# 6.1　季节性模式

北温带海洋的一般季节性模式（图 6.1）与大型温带单循环湖或二次循环

湖的季节模式非常相似。单循环湖的营养物含量在秋季对流后通常很高，并且会一直持续到冬季；二次循环湖的营养物含量在冬季冰层覆盖期间有所下降，但在春季对流期间会上升。这两种情况都在光照增强时为浮游植物提供大量的营养供给。主要原因是冬季光照较弱、温度较低时，几乎或根本不存在生长来消耗营养；在春季光照强度达到一定程度时，总光合作用超过呼吸作用，硅藻就会大量爆发。对温度要求低通常是春季发生水华的原因。

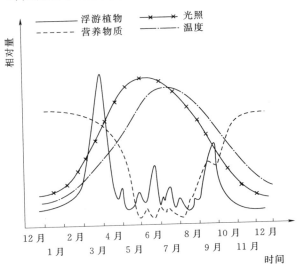

图 6.1　北温带海洋浮游植物的一般季节性周期和生态因素
（修改自 Raymont，1963）

继春季水华后，藻类的生物量和生产力在夏季中期会达到最低水平，主要是因为营养物质达到较低水平，这在一定程度上限制了藻类的繁殖。此时营养物质的控制效果特别明显，因为光照和温度都处于最大值，在工业生产领域具有很大的潜力。食草浮游动物也开始摄食，这可能意味着细胞的大量流失（导致细胞大量流失的另一个原因是沉淀）。

在秋季，营养的重要性再次凸显，因为水面温度降低导致水体混合增加，将再生的营养物质带入滋养层。在夏末，由于混合层的不断加深，湖泊中可能会有更多来自深水区的营养物质。在温带海域，硅藻的秋季爆发会导致这种结果，而在淡水湖泊也是如此。然而，在高度富营养化的温带湖泊中，蓝藻水华的爆发往往在夏末和秋季出现或者可能贯穿整个夏季。这一现象在浅水未分层的湖泊中尤其明显。虽然不如温带湖泊明显，在热带湖泊中也有季节性的分层和藻类循环（Thornton，1987a）。

## 6.2　种群增长动力学和限制概念

如第 2 章所述，如果资源是无限的，那么微生物种群将以指数倍数增长。这种无限制的增长可以用一阶表达式来表示，其中种群增长率 $dX/dt$（即净生产力）取决于种群规模 $X$ 和生长速率常数 $\mu$，由下式表示：

$$dX/dt = \mu X \tag{6.1}$$

图 2.3 所示的种群规模与时间的关系在这里同样适用，只是为了与那些通常用来描述微生物生长的符号一致，把生物量和生长率的符号改变罢了。

生长速率 $\mu$ 受最限制养分的浓度及其他环境因素的控制。限制性营养物质对生长的控制可以用酶动力学规定的米氏-门登关系（Michaelis - Menten relationship）来描述；细菌的生长取决于有机基质的浓度，藻类的生长取决于无机营养物的浓度（Herbert 等，1956；Droop，1973）。受单一营养物限制的微生物的生长速率方程为

$$\mu = \mu_{max} N / (K_N + N) \tag{6.2}$$

式中：$\mu_{max}$ 为该群体在最佳环境条件下可达到的最大生长速率，该参数由基因特性决定；$N$ 为限制性营养物的浓度，若为细菌生长的情况，则由 S 作为下角标；$K_N$（或 $K_S$）为半饱和常数即最大生长速率一半时的营养物（或基质）浓度。

图 6.2 显示了这种关系以及参数的定义。从图中可以看出，在非常高的营养物浓度和相对较低的 $K_N$ 下，生长速率接近最大值。随着 $N$ 的减少，特别是当它降到 $K_N$ 以下时，$\mu$ 对 $N$ 的依赖性越来越强。

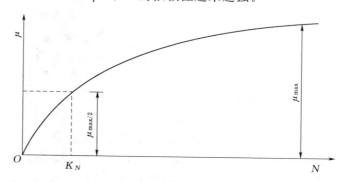

图 6.2　微生物生长速率和限制性营养物浓度之间的米氏-门登型关系

（Michaelis - Menton type relationship）

将式（6.2）代入一阶种群增长方程，得出由限制性营养物控制的种群规模变化的表达式：

$$dX/dt = \mu_{max} XN/(K_N + N) \tag{6.3}$$

## 6.2.1 混合反应器

为了更好地理解如何控制种群增长以及生物量与营养浓度的关系，我们可以观察藻类在连续搅拌釜式反应器（CSTR）或恒化器中的增长状况。如果在这样的混合反应器中繁殖藻类，将会有水和溶解的营养物流入（$N_i$）、营养物流出（$N$）、水和藻类细胞流出（$X$）。反应器中的种群增长见下式：

$$dX/dt = \mu_{max} XN/(K_N + N) - DX \tag{6.4}$$

式中：$D$ 为由水或反应器体积的流入速率确定的稀释速率，在湖泊中，这个参数也称为水体交换率或冲刷率。

当将富营养化的水添加到用于藻类接种的化学恒化器中时，种群增长和损失同时进行，其中损失量是每单位时间替换的反应器体积分数（$D$）乘以反应器中藻类生物量的浓度（$X$）。种群将持续增长且高于反应器出口损失，直到细胞浓度（$X$）足够大，生长与损失达到平衡。在损失等于生长时（$dX/dt = 0$），此时达到稳态。只要水的流入速率和营养物的流入浓度（$N_i$）保持不变，种群将继续增长并保持稳定的生物量。通过进一步考虑恒化器中的稳态生长，逐步了解湖泊中浮游植物生长的动态。

反应器中营养物浓度（$N$）随时间的变化如下：

$$dN/dt = DN_i - DN - [\mu_{max} X/YN/(K_N + N)] \tag{6.5}$$

式中：$Y$ 为收益率，即单位质量营养物的细胞质量。

简单来说，反应器中 $N$ 的变化率等于营养物流入率和藻类吸收率之间的差值。为了说明稳态现象，我们设置了初始条件，即 $N_i = 5.0mg/L$，$X = 5.0mg/L$，$D = 0.5d^{-1}$，$\mu_{max} = 1.0d^{-1}$，$Y = 64$，$K_N = 0.3mg/L$。这时反应器中藻类生物量和营养物浓度的计算响应如图 6.3 所示。从图中可以看出，随着营养物的流入逐渐增加，$N$ 最初会增加，但是随着藻类生物量的增加，氮的消耗率增加，浓度开始下降。大约 12 天后，系统的生物量和营养物达到稳定状态。

当反应器达到稳定状态时，式（6.5）中的 $N$ 为

$$N = K_N D/(\mu_{max} - D) \tag{6.6}$$

该式表明，在非常低的稀释率下，藻类有足够的时间吸收氮，与此同时氮的浓度会降低到一定的水平。然而，随着 $D$ 的增加，藻类利用输入营养物的时间越来越少，反应器中的残余氮便会增加。当 $D = 0.5\mu_{max}$ 时，$N = K_N$；当 $D > \mu_{max}$ 时，损失超过增长，这时会出现冲刷现象，$N = N_i$。

稳态生物量由流入营养物浓度（$N_i$）和反应器营养物浓度（$N$）之差决定：

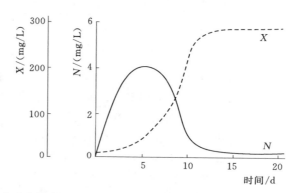

图 6.3 混合反应器中微生物浓度（$X$）对营养物浓度（$N$）随时间的计算响应

$$X = Y[N_i - K_N D/(\mu_{\max} - D)] \tag{6.7}$$

或者，将式（6.6）代入，得

$$X = Y(N_i - N) \tag{6.8}$$

两边同时乘以稀释率，得到稳定状态下的生产力：

$$DX = DY(N_i - N) \tag{6.9}$$

图 6.4 显示了稳态生物量、残余营养物和生产力对稀释率变化的预期响应。利用式（6.6）、式（6.8）和式（6.9），可以很容易地解释图 6.4 中的结果。残余营养物浓度（$N$）与流入浓度无关，但受稀释率控制。这是因为营养物质的不断增加，藻类细胞能迅速吸收增加的营养物质，并将其转化为生物量。当 $D$ 增加到一定浓度时，藻类细胞吸收营养物质的速度达不到 $N_i$ 和 $N$ 之间的差值，这时 $N$ 才会开始增加。根据式（6.6），当 $D > 0.5\mu_{\max}$ 时，出现上述情况的概率将会有所增加。当接近冲刷时，$N_i$ 接近 $N$，这说明了湖泊中限制性营养物的可溶性形式通常浓度很低的原因。

图 6.4 中的生物量在较低稀释率范围内保持较稳定；同样，当稀释速度慢

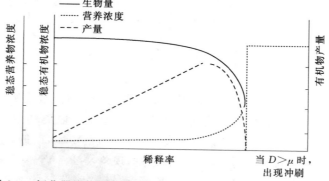

图 6.4 恒化器培养物中稀释率与生物量、产量和营养浓度的关系
（Herbert 等，1956）

到几乎可以完全去除营养物，生物量与流入营养物浓度和反应器内营养物浓度之间的差值成正比 [式 (6.8)]。当 $D > \mu_{max}$ 时，$N$ 的利用不太完全，生物量随着冲刷而下降。如果稀释率保持不变，并随着流入的营养物浓度增加，并且在相同的吸收时间下，添加的营养物简单地转化为生物量，生物量成比例增加。这一过程对湖泊藻类生物量的管理具有重要意义。在其他损失率不变的情况下，生物量应该是可用（可溶性）营养物流入浓度的函数。

见式 (6.9)，藻类细胞的产量只是稀释率和反应器中生物量的乘积。因此，生产力与稀释率成比例地增加，直到稀释的损失率开始接近冲刷。在高稀释率下，系统转化营养物或基质的效率比简单的 $X$ 和 $D$ 的乘积更为有效。

### 案例 6.1

在限制营养物的 3 种流入浓度下（$N_i = 2.0\mathrm{mg/L}$、$4.0\mathrm{mg/L}$ 和 $6.0\mathrm{mg/L}$），针对 3 种稀释率（$D = 0.3\mathrm{d}^{-1}$，$0.6\mathrm{d}^{-1}$，$0.9\mathrm{d}^{-1}$）中的每一种，计算藻类连续流动培养中的稳态生物量。假设 $\mu_{max} = 1.0\mathrm{d}^{-1}$，$K_N = 0.3\mathrm{d}^{-1}$，收益率等于 64。什么时候生物量最依赖于 $N_i$，什么时候最依赖于 $D$？

利用式 (6.7)，因为 $N$ 随 $D$ 变化，并对 $X$ 有一定影响：

$$X = Y[N_i - K_N D / (\mu_{max} - D)]$$

$X$ 值见表 6.1。

表 6.1

|  | $X$ 值 | | |
|---|---|---|---|
| $N_i$ | $D$ | | |
|  | 0.3 | 0.6 | 0.9 |
| 2.0 | 120 | 99 | -45 |
| 4.0 | 248 | 227 | 83 |
| 6.0 | 376 | 355 | 211 |

当 $D$ 值远远低于 $\mu_{max}$，不会发生冲刷，$X$ 与 $N_i$ 呈线性相关。也就是说，在 $D$ 值较低时，$N$ 会降到非常低的水平。随着 $D$ 接近 $\mu_{max}$，这时也接近冲刷，这种线性关系便不复存在，$D$ 对 $X$ 的控制更强。剩余 $N$ 增加，因为时间不够，不能完全吸收。

随着稀释率的增加，其他变量的变化也值得深究。增长率 $\mu$ 也随着 $D$ 的增加而增加。这是因为剩余 $N$ 增加，导致更高的增长率 [式 (6.2)]。$\mu$ 也必须随着 $D$ 的增加而增加，因为在稳定状态下（$dX/dt = 0$），$D = \mu$。从以下恒定生物量（$X$）的表达式中可以明显看出这一点：

$$dX/dt = \mu X - DX \tag{6.10}$$

从米氏-门登关系（Michaelis - Menten relationship）中可以明显看出 $\mu$ 对 $D$ 的依赖。$N$ 随着 $D$ 的增加而增加，特别是在 $D > 0.5\mu_{max}$ 时 [式

（6.6）］，$\Delta\mu/\Delta N$ 减小。在 $D < 0.5\mu_{\max}$ 时，$\Delta\mu/\Delta N$ 较大，代表米氏-门登关系中较陡的斜率。

总之，流入量中限制营养物浓度的增加会增加生物量和产量，而稀释率的增加只会增加产量。稀释率或冲刷率对生物量和可溶性营养控制有很大影响的环境包括带有大流域或大流量支流的小湖泊或海湾、狭窄的河口和污水潟湖。这些生态系统的停留时间约为 10d 或更短。如果用稀释率表示的话，则为 $0.1d^{-1}$ 或更长。例如，Soballe 和 Threlkeld（1985）观察到，在一个平均停留时间为 2.4d（最长为 12d）的小水库中，藻类生物量与停留时间直接相关。对流控制藻类生物量，因为营养物含量高，支持相对较高的增长率。

连续培养动力学的概念已经被用来预测停留时间小于两周的水库中的藻类生物量（Pridmore 和 McBride，1984；McBride 和 Pridmore，1988）。利用基于总磷浓度的叶绿素 $a$（chl $a$）的最大值限制生长速率的连续培养逻辑模型对水库出口停留时间为 1.3d 和 5.6d 稳态和生长期 chl $a$ 浓度进行了非常可靠的预测。在停留时间较短的水库中，流出的 chl $a$ 仅为约 $14\mu g/L$，而 TP 含量为 $48\mu g/L$ 时可以预测出 chl $a$ 为 $39\mu g/L$，这显然是停留时间限制最大的情况。他们的模型预测 chl $a$ 约为 $15\mu g/L$。

### 6.2.2　间歇式反应器

在有较长时间的生态系统中，种群增长更典型地出现在间歇培养或封闭容器中。对于这个系统，生物量的动态方程［式（6.1）～式（6.3）］仍然适用。但是因为没有恒定的生物量损失，所以无法达到稳定状态。间歇式培养更典型的是生物量和营养浓度不断变化的自然系统。如图 6.5 所示，营养浓度随着生物量的增加而下降。随着 $N$ 的逐渐减少，藻类的生长速率下降，导致生

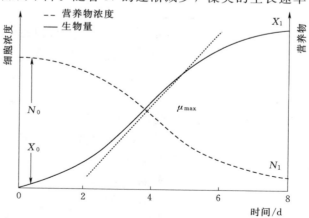

图 6.5　藻类间歇式培养中的营养物浓度和生物量，显示了初始水平和最终水平
（McGauhey 等，1968）

物量增长放缓，随着 N 达到最低浓度，生物量增长停止。有些细胞在死亡和腐烂过程中产生损失，随着生长速度的减慢，细胞损失会增加。如果在所涉及物种的最佳光照和温度下进行间歇式培养，营养物利用速度和生长速度会很快，从而最大生物量或产量将始终与初始营养物浓度成正比。图 6.5 是用月牙藻（*Selenastrum*）或栅藻（*Scenedesmus*）进行藻类生长潜力（AGP）测试的典型结果。

## 6.2.3　其他损失

湖泊中还存在浮游植物的其他损失，例如浮游动物的牧食和沉降造成的沉积。这些损失通常比稀释造成的损失更为重要。式（6.11）是对这些损失如何被频繁考虑的简化形式：

$$dX/dt = \mu X - DX - GX - SX \tag{6.11}$$

式中：G 和 S 分别为捕食率和沉降率。

这些速率可以由功能子模型来表示，例如针对 $\mu$ 的描述［式（6.2）］。为了说明损失率在控制浮游植物生物量中的重要性，计算了 3 种不同组合损失率下的生物量变化，如图 6.6 所示。

在上述例子中，$\mu$、G 和 S 分别在 $1.0\text{d}^{-1}$、$0.5\text{d}^{-1}$ 和 $0.2\text{d}^{-1}$ 时保持恒定。然后分别在 $0.5\text{d}^{-1}$、$0.2\text{d}^{-1}$ 和 $0.4\text{d}^{-1}$ 时测试 D 的效果，得到的生物量变化率分别为 $+0.25\text{d}^{-1}$、$+0.1\text{d}^{-1}$ 和 $-0.1\text{d}^{-1}$。图 6.6 中的生物量变化是用以下积分方程计算所得

$$X_t = X_0 e^{(\mu - D - G - S)t} \tag{6.12}$$

虽然这个例子过于简化，但它给出了相关速率的合理值，显示了浮游植物生物量对损失率的敏感

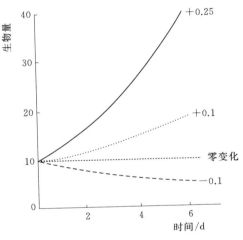

图 6.6　一个假设 $\mu = 1.0\text{d}^{-1}$ 的藻类种群的生物量变化率，综合损失率为 $0.75\text{d}^{-1}$、$0.9\text{d}^{-1}$ 和 $1.1\text{d}^{-1}$

性。实际上，损失率的变化对浮游植物生物量的影响可能与限制性营养浓度的变化对浮游植物生物量的影响一样大甚至更大。例如，图 6.7 为考虑扰动的简化稳态系统。如果损失率保持在较低水平，对繁殖速度较快的种群的营养供给率（$N/t$）的增加应该会导致生产力［营养吸收率（$N_B N_{up}/N_B t$）］的提高，生物量也可能增加，但营养池不会显著增加。可以通过增加循环速率或流入速

率（例如恒化器中的稀释速率）来增加供应速率。营养池的大小可能会因为吸收速率的增加而降低。如果损失率，尤其是捕食率提高，生物量可能不会显著增加。然而，如果摄取率和捕食损失率同时提高，营养池大小和生物量必会增加，因为这些速率取决于浓度。

图 6.7　受氮限制的浮游生物的稳态系统（据 Dugdale，1967）

## 6.3　光照和混合的影响

### 6.3.1　光照质量

由于不同波长的光透射性有差异，湖泊可能呈现出蓝色、绿色、红棕色或黄色等不同的颜色。对于一些波长较长的光，溶解物质和颗粒物质散射、吸收和反射相较于另一些光则更多。在纯水中，蓝光的透射性比绿光更强，紫外线（UV）的透射性能比红光和红外线（IR）更强。而在含有溶解性物质的水中，绿光透射性最强，其次是蓝光、红光、紫外线和红外线（Goldman 和 Horne，1983）。这就是为什么含有极少颗粒物的原始湖泊呈现蓝色或蓝绿色的原因。其他波长的光先被水吸收，而蓝光透射得最多（图 6.8）。此外，短

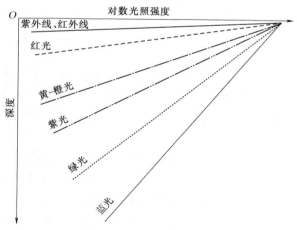

图 6.8　不同波长的光通过湖水的相对透射率

波被反射的最多，因此蓝光被反射回水面，进一步增强了原始湖泊的蓝色。然而，随着溶解物质的增加，湖水会逐渐呈现绿色而非蓝色。对于含有高浓度颗粒物的湖水，这些颗粒物会首先吸收波长较短的蓝光和绿光，因而呈现出棕色或红棕色。

叶绿素 $a$ 是光合作用中的活性色素，它吸收的可见光谱中短波和长波能量，约占 400～700nm 波长范围内入射光能的一半（图 6.8）。虽然叶绿素 $a$ 在红光区域和紫光区域吸收的能量最多，但这些区域的光透射最少（图 6.8 和图 6.9）。然而，来自蓝光和绿光的能量通过其被辅助色素吸收并输送到叶绿素 $a$，也可用于光合作用（Schiff，1964）：

类胡萝卜素→藻蓝蛋白→藻红蛋白→叶绿素

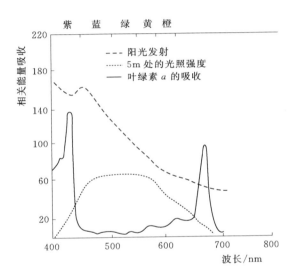

图 6.9　叶绿素的吸收光谱与水中透射和阳光发射的比较（Schif，1964）

水体光合作用强度可以从透射性最强的光的可用量中预测出来，而透射性最强的光通常是绿光（Rodhe，1966），这与观察到的结果一致。在对 12 个具有一系列透光特性的欧洲湖泊的光合速率进行比较时，Rodhe 发现，对于所有深度低于饱和度且光是限制性因素的湖泊来说，它们的光合速率和透射性最强光的强度之间的关系非常相似（图 6.10）。因此，总入射可见光被用作光合有效辐射（PAR），并且通常与光合成速率相关，如图 6.11 所示。这种关系可能会因物种、温度和适应性而异。在这种关系中，3 个区域可以被描述为光限制或直接响应部分、光饱和部分和光抑制部分，在光抑制部分，酶发生光氧化破坏（Wetzel，1983）。

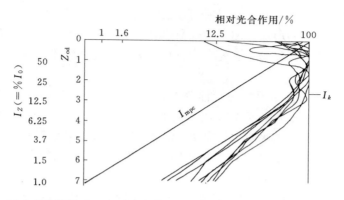

图 6.10　12 个欧洲湖泊中，相对光合作用与光深（$Z_{od}$）和光强 $I_z$（$=100\%Z^{-Z_{od}}$）的关系，与透射性最强光之间的对比（$I_{mpc}$，直线）（改自 Rodhe，1966 年）

$I_k$—饱和度

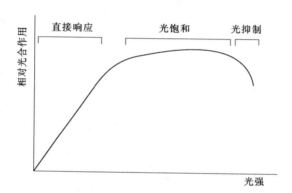

图 6.11　光合作用和光强之间的假设关系

## 6.3.2　光量和光合作用的限制

据下式可得出，任何波长（颜色）的光都会因深度、水、溶解物质和颗粒物质而衰减：

$$I_Z = I_0 e^{-K_t Z} \tag{6.13}$$

式中：$I_0$ 为入射光强度；$Z$ 为深度；$I_Z$ 为深度 $Z$ 处的剩余光强度；$K_t$ 为水、溶解物质和颗粒物质的综合衰减系数。

根据式（6.13）可得出，透过湖面的光强的衰减速度起初非常快，然后随着深度的增加逐渐变慢。此外，溶解的颗粒物质越多，衰减系数就越大，光随深度的增加而减少的速度也就越快。

湖泊中颗粒物质的一个重要来源是浮游藻类，其丰度可以通过测量叶绿素 $a$

的浓度来估算。光的传输可以用塞克盘（Secchi disc）来确定，其深度是颗粒物质（叶绿素 $a$）与由于水本身（$K_w$）和溶解物质（$K_d$）引起的衰减函数。通过将叶绿素 $a$ 作为颗粒物质的量度，并加入水和溶解物质的衰减，用 $K_{wd}$ 来表示，一般衰减方程可以用下式描述：

$$Z_{SD} = (\ln I_0/I_Z)/(K_{wd} + K_p \text{chl } a) \tag{6.14}$$

如果假定塞克盘在表面强度（100%）的 10% 左右消失，那么右边的分子变成 2.3，叶绿素 $a$ 的计量单位为 $mg/m^3$，$K_p$ 的计量单位为 $m^2/mg$ chl $a$，可以取 0.025。文献中有几个经验关系是从湖泊数据集导出的，与上述方程近似。Reckhow 和 Chapra（1983）通过估计不存在 chl $a$ 时（8.7m）的最大透明度（SD）来近似计算方程中的 $K_{wd}$ 效应，而 Carlson 假设非藻类衰减可以忽略略不计：

$$SD = 8.7/(1 + 0.47 \text{chl } a) \quad (\text{Reckhow 和 Chapra}, 1983) \tag{6.15}$$

$$SD = 7.7/\text{chl } a^{0.68} \quad (\text{Carlson}, 1977) \tag{6.16}$$

式中：chl $a$ 的计量单位为 $\mu g/L$；SD 的计量单位为 m。

图 6.12 显示了这些关系，其中一个关系是根据 Green 湖的数据推导出来的。式（6.15）和式（6.16）产生了非常相似的关系，但高度低估了 Green 湖的透明度。对于给定的湖泊，即使只有一两年的数据，也常常可以建立这种特殊的 SD - chl $a$ 关系，而对于其他数据很少的营养状态变量，建立这种特殊的 SD - chl $a$ 关系是不可能的（见 7.3 节）。

光量可以用多种计量单位来表示。可见光通量（PAR）的计量单位为 g cal/（$cm^2 \cdot$ min）或 Ly[1]/min 或 $\mu E$/（$m^2 \cdot s$）（Ly=兰利，E=爱因斯坦[2]）。光饱和点是强度的量度，一般认为低至约 1.7Ly/h，或 100$\mu E$/（$m^2 \cdot s$）或 4800lx（Talling，1957a，1965）。光抑制应在 8.6~12.9Ly/h 或 510~770$\mu E$/（$m^2 \cdot s$）或 25000~37000lx 处开始发生。因此，光饱和点的界限是 6 月日平均可见光光量的 7% 和 35%~50% [25Ly/h，1500$\mu E$/（$m^2 \cdot s$）或 71000lx]。

图 6.13 所示的光合作用曲线是光衰减随深度变化曲线和光合作用-光关系曲线变化的叠加曲线。从图中可以看出，或许是因为水面太强的光强而导致光合速率受到抑制。水面下某一点出现最佳光强，在该点，光合作用在该温度下达到饱和速率。光合作用从该点开始与光强成比例地呈指数级下降，且通常在光强为表面强度的约 1% 处下降到不明显的水平，从水面到该处即为透光区的深度。在许多清澈的湖泊中，显著的光合作用会延伸到光强为表面强度的约

---

[1] Ly 为 $cal/cm^2$，$1Ly = 697.33W/m^2$。

[2] 1mol 光子的能量称为 1 爱因斯坦。

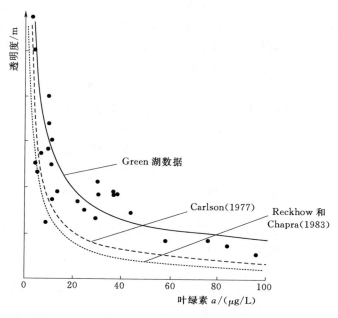

图 6.12　表面叶绿素 $a$ 和透明度之间的关系。数据来源于 1959 年 6—9 月、1965 年和
1981 年的 Green 湖数据（SD＝10.3/chl $a^{0.56}$；$r＝-0.87$）。其他的线条是
基于几个湖泊的数据（Carlson，1977；Reckhow 和 Chapra，1983）

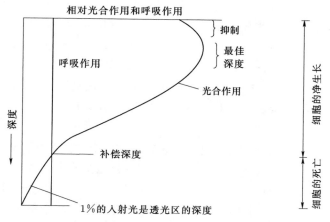

图 6.13　不同湖泊深度处的相对光合作用和呼吸作用，显示水体的各种特征

1％以下。在补偿深度处，呼吸作用等于光合作用，并且在该深度以下不出现
生长。上述模型仅适用于混合良好的透光区，然而混合良好的透光区在湖泊中
并不常见，在海洋中更是如此。完全混合假设是解释这一过程的一个可接受的

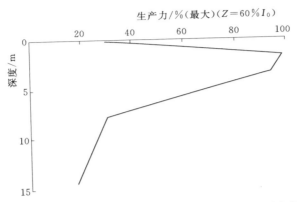

图 6.14　华盛顿州 Chester Morse 湖（相对）生产力随深度的分布。
数值是基于 1.5 年期间的平均值（据 Hendrey，1973）

假设，但是大多数湖泊中营养物和藻类生物量的分层会影响光合特性。然而，在光是控制因素的情况下，这个过程的确会发生。因此，这些类型的曲线通常也会被观察到。Chester Morse 湖是华盛顿州西部的一个贫营养的湖泊，这个过程在该湖很明显（图 6.14）。

### 6.3.3　光合作用的效率

由于海藻太少，光太多，所以实际上只利用了一小部分可用光。从生物圈的平均值来看，光合作用所利用的光只占总入射光的约 1% 或可见光的约 2%，这是因为可见光约占总光能的一半。而在水中，这一效率下降到 1% 以下，Riley 报告称海洋的平均值为 0.18%（Odum，1959）。

通过降低光强以及最大限度地增加细胞在光照中的暴露程度，可以大幅提高效率。栅藻（*Scenedesmus*）和小球藻（*Chlorella*）的培养物在这些条件下对入射光的利用率高达 50%（Brock，1970）。细胞自身可以通过调节其叶绿素含量来提高效率——适应阴影的细胞往往比适应光照的细胞含有更多的叶绿素。例如，在 Chester Morse 湖中，显示光合效率指数（$P/B-I$）随着深度的增加而大幅增加，而叶绿素 $a$ 仅略有增加（图 6.15）。

### 6.3.4　预测光受限的光合作用

通过了解最大生产力 $P_{max}$、最大光合速率以及光强为一半时〔此时 $P_{max}$ 出现，而不达到饱和状态（$I_k$）〕的深度，可以合理地预测光合作用-深度曲线。图 6.16 所示的光照-光合作用关系中对 $I_k$ 和 $0.5I_k$ 进行了定义（Talling，1957b）。在这种情况下，光照强度由入射光的百分比表示。当光合作用随着

97

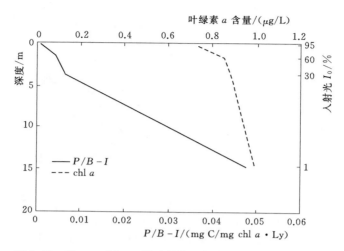

图 6.15　Chester Morse 湖叶绿素 $a$ 的分布和标准化生产力。
数值是 1.5 年期间的平均值（据 Hendrey，1973）

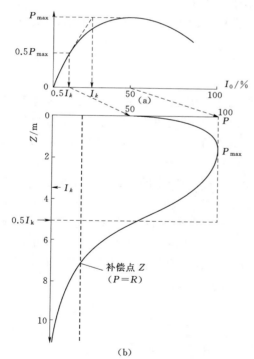

图 6.16　总生产力（$P$）随深度（$Z$）和光强（$I$）
变化的假想曲线图，显示了 $I_k$、$0.5I_k$
和补偿点（据 Talling，1957b）

光强的增加而增加时，开始出现饱和状态。换言之，光照变得比光合作用机制能够利用的更为丰富，并且这种关系偏离线性，即一个单位光合作用利用一个单位光。$I_k$ 定义为如果不存在这种饱和现象，$P_{max}$ 将出现的光照强度。饱和状态不是随着光的增加而突然出现，而是逐渐接近饱和状态的，如图 6.16（a）所示，最终在 50% $I_0$ 时 $P$ 达到 $P_{max}$。超过 50% 时，由于抑制作用，生产力 $P$ 下降，在 100% $I_0$ 时达到 $0.5 P_{max}$。根据该模型，$I_k$ 出现在 16% $I_0$ 处，因此，$0.5 I_k$ 出现在 8% $I_0$ 处。

　　光合作用随深度变化的曲线［图 6.16（b）］仅仅是颠倒的光响应关系。与图 6.16（a）中的曲线相比，光合作用随深度变化的曲线的形状更窄，这是因为光强随深度呈指数级降低。假设 $K_w$ 包括所有非叶绿素衰减材料，通过了解水和叶绿素的消光系数（$K_w + K_c$），可以确定 $I_k$ 和 $0.5 I_k$ 所对应的深度。面积总光合速率可以通过下式估算：

$$面积 P_{gross} = Z_{0.5 I_k} \times P_{max} \tag{6.17}$$

$Z_{0.5 I_k}$ 和 $P_{max}$ 的乘积对应曲线图中矩形的面积，该面积近似等于光合作用曲线下（包括 $Z_{0.5 I_k}$ 下的尾部）的面积 [图 6.16（b）]。例如，如果 $P_{max} = 50 mg/(m^3 \cdot d)$，$K_w + K_c = 0.5 m^{-1}$，则 $Z_{0.5 I_k}$ 将会在 $5.1 m$ [$\ln(I_0/I_{0.5 I_k})/0.5 m^{-1}$] 处出现。因此，总生产力将为 $5.1 m \times 50 mg/(m^3 \cdot d) = 225 mg/(m^2 \cdot d)$。

这一过程导致 12 个欧洲湖泊的预测生产力在观察到的 5% 之内（Rodhe，1966）。将相对光合速率与表面光强百分比在对数尺度上进行比较，这些湖泊显示，在光强小于平均 $I_k$ 时，光合作用倾向于与穿透性最强的波长呈线性相关（图 6.10）。尽管这种方法的生产力和 $P_{max}$ 的面积率差异很大，但是它所表示出来的光合曲线的形状相当一致。从此方法能得出，50% 和 16% 分别是 $P_{max}$ 和 $I_k$ 的合理估计值。

为了预测整个水体深处的光合速率，需要一个模型来表示图 6.16 中关系。斯蒂尔（1962）模型（Steele's model）通常将光合速率与相对光强联系起来，它认为 $P_{max}$ 出现在 50% $I_0$ 处：

$$P = P_{max} 2I/I_0 e^{1-2I/I_0} \tag{6.18}$$

式中：$I$ 为 50% $I_0$；$P$ 为 $P_{max}$；这与之前的模型一致。

其中，$P = 0.5 P_{max}$，$I = 12\% I_0$，这类似于 Talling（1957b）得出的公式中 $0.5 I_k = 8\% I_0$。然而，该模型在 $I = I_0$，$P = 74\% P_{max}$ 时出现了抑制作用，并且该模型还需要 $P_{max}$ 的绝对速率。此外，由于 $P_{max}$ 发生在光饱和条件下，故它的大小取决于温度和营养成分。

混合深度可能会限制浮游生物细胞混合群体的可用光量。混合细胞群体可用的平均光量由下式给出：

$$I = I_0 (l - e^{-kz})/(kz) \tag{6.19}$$

式中：$z$ 为混合层深度。

因此，这个等式通过结合混合层深度和消光，提供了一个在 24 小时内和各种混合情况下比单独测量入射光更好的水体中可用光量的指标。例如，在 $K_t$ 的取值分别为 $0.5 m^{-1}$ 和 $0.2 m^{-1}$ 时，$I$ 分别为 20% $I_0$ 和 43% $I_0$。

大多数浮游藻类的细胞密度大于水的密度，除非不断向上混合，否则它们会在水体中下沉。如果它们返回透光区的次数不够频繁，生长就将会停止，相对于光可用性而言，这也可能发生在混合太强和（或）深度太大的情况下。

藻类细胞的沉降速度（$W_s$）可以通过假设符合斯托克斯定律（Stokes' Law）来估算：

$$W_s = 2gr^2(\rho'-\rho)/(9\eta\phi) \tag{6.20}$$

式中：$g$ 为重力加速度；$\rho$ 为水的密度；$\rho'$ 为浮游生物细胞的密度；$r$ 为与细胞体积相等的球体半径；$\eta$ 为黏度；$\phi$ 为"形状阻力系数"（Reynolds，1984）。

据此可知，不同物种在细胞大小（$r$）、形状（$\phi$）和密度差异（$\rho'-\rho$）上的差异将导致物种间的优势和劣势，这些差异取决于混合的强度和深度，而混合的强度和深度可以决定可用的光量。一些藻类［鞭毛绿藻和沟鞭藻（flagel-lated green algae 和 dinoflagellates）］通过运动和气体液泡［一些蓝绿藻（blue-greens）］来抵抗沉淀，而细胞密度在 $1.003 \mathrm{g/cm^3}$ 数量级的硅藻几乎没有抵抗力，每天会下沉约 1m。

在非限制性营养条件下，即在深的温带湖泊和北海中，在春季混合良好的生长前期，可以相对较好地预测春季硅藻水华的开始时间。预测方法包括临界深度的预测，在临界深度以下，水体中的藻类细胞总量在一天内不会产生净生长。为了描述临界深度概念，不妨先了解 Sverdrup（1953）开发的模型（参见 Murphy，1962）：

$$P = m/k\, I_0(1-\mathrm{e}^{-kz})t - ntz \tag{6.21}$$

式中：$P$ 为与日净产量成比例的因子；$m$ 为与 $O_2$ 产量相关的因子；$n$ 为与 $O_2$ 消耗相关的因子；$k$ 为垂直消光系数；$z$ 为混合深度，m；$I_0$ 为每日通过海面的有效辐射；$t$ 为时间。

在补偿光强（$I_c$）下，$n = mI_c$，则

$$P = I_0(1-\mathrm{e}^{-kz})/k - I_c Z \tag{6.22}$$

在临界深度（$D_{cr}=z$）处，净光合作用为 0，所以 $P=0$，因此

$$D_{cr} = I_0/I_c(1-\mathrm{e}^{-kD_{cr}})/k \tag{6.23}$$

并且如果 $I_c = 4.3 \mathrm{Ly/d}$，那么

$$D_{cr} = I_0/4.3(1-\mathrm{e}^{-kD_{cr}})/k \tag{6.24}$$

因此，为了预测湖泊、河口或海洋区域的 $D_{cr}$，必须要知道的信息是 $k$、$I_0$ 和 $I_c$。从式（6.24）可以清楚地看出，$D_{cr}$ 主要是 $I_0$ 的函数。随着入射光的增加，补偿深度也随之增加，如图 6.17 所示。当 $D_{cr}$ 超过混合深度时，可能产生净生产力，浮游生物也会大量繁殖。

临界深度与补偿深度容易混淆。补偿深度处的光强为光合作用等于呼吸作用，换言之，如果浮游生物细胞在该深度保持静止，则它们接收到的光照刚好能够生存，但不会生长。然而，这是一个不符合实际的条件，因为细胞会下沉，并且会在水体中发生垂直混合，导致有些时候它们低于补偿深度，此时的浮游生物基本上会死亡。而有些时候它们又高于补偿深度，此时的浮游生物将会发生种群增长。问题是，水体每天总体上都发生了什么变化？与混合层相

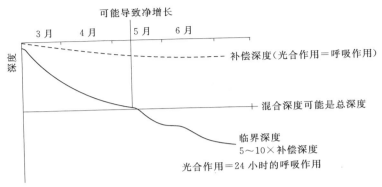

图 6.17　临界深度概念的图解 （Marshall，1958 年修正）

比，补偿深度以上的可用光量有多少？混合层的大部分深度可能低于补偿深度，可以通过什么来满足呼吸作用的需求？式（6.21）右侧的第一项表示总生产力或转换成 $O_2$ 的总可用光，而右侧的最后一项是整个混合层的呼吸作用所需的光能或 $O_2$ 消耗量。因此，从另一个角度来看，临界深度是产生足够的呼吸作用以准确消耗混合深度以上可用光量产生的光合产物所必需的深度。

净效应的概念为，如果混合浮游生物群体接收到的平均光强大于补偿深度光强，就会产生净产量。在许多清澈的水体中，例如海洋，如果细胞被混合到的深度不超过补偿深度的 $5\sim10$ 倍，就可以接收到持续的平均光强。在非常清澈的湖泊中，补偿深度可能为 $50\sim100m$，然而大部分地区的湖泊能达到这个深度。所以在春天，湖泊的混合深度实际上可能就是湖底，随着光照强度的增加，临界深度可能超过最大湖深，最早在 2 月就会出现净生长和一次水华。在其他情况下，例如当浊度较高时，随着热分层的增加，混合深度的减小，可以影响水华时间。下面将举例说明混合深度对生产力的影响。

尽管海洋浮游植物的临界深度的概念可能并不完全适用于某些湖泊，因为湖泊的深度通常比 $Z_{cr}(D_{cr})$ 浅，但 $Z_{eu}$ 与 $Z_m$（透光∶混合）的比值仍然是湖泊生产力的一个重要概念（Talling，1971）。这可以通过以下假设的例子来证明。假设给定两个具有相同混合深度和临界深度，但形态不同的湖泊，在所有其他条件相同的情况下，$Z_{eu}$ 与 $Z_m$ 的比值较大的湖泊将具有较大的生产力（图 6.18）。为了更好地解释形态差异，可以使用更为合适的透光深度和混合深度的平均深度。因此，对于混合深度为 1m 的湖泊，其潜在生产力比率大约为 1.0。

$$\frac{A\,湖生产力}{B\,湖生产力}=\frac{\overline{Z}_{eu}/\overline{Z}_{ml}}{\overline{Z}_{eu}/\overline{Z}_{ml}}=\frac{0.5/1.0}{0.4/0.8}\approx1.0$$

然而，如果将混合深度增加为原来的 2 倍，由于 B 湖浅水面积的增加，B

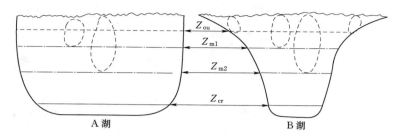

图 6.18 两个形态不同，但透光深度、混合深度和临界深度相似的假设湖泊。
虚线椭圆代表两种混合深度下浮游生物的混合模式

湖的生产力将超过 A 湖。

$$\frac{A\ 湖生产力}{B\ 湖生产力}=\frac{\overline{Z}_{eu}/\overline{Z}_{m2}}{\overline{Z}_{eu}/\overline{Z}_{m2}}=\frac{0.5/2.0}{0.4/1.3}\approx 0.8$$

因此，随着两个湖泊混合深度的增加，B 湖的浮游生物在透光区中的时间将比 A 湖长，该观点在墨西哥 Chapala 湖的湖面海拔下降方面得到了明确的证明（Lind 和 Dávalos-Lind，2002）。当湖面海拔降低到 152m 以下，$Z_{eu}$：$Z_m$ 大于 0.5 的区域成比例地增加，并促进了藻类的大量繁殖。因此，虽然 $Z_{cr}$ 的概念严格来讲可能并不适用，但它可以帮助解释为什么一些湖泊比其他湖泊的生产力更高，尽管它们的富营养化程度相似。

混合深度的影响也可以用奥斯卡姆（1978）的模型（the model of Oskam）来进行检验：

$$P_{net}=P_{max}C[F_i\lambda/(K_w+K_cC)-24rZ_m] \tag{6.25}$$

式中：$P_{net}$ 的计量单位为 mg C/(m² · d)；$P_{max}$ 的计量单位为 mg C/(mg chl $a$ · h)；$C$ 的计量单位为 mg/m³ chl $a$；$K_w$ 为水和非藻类物质（实际上是 $K_{wa}$）的消光系数，m⁻¹；$K_c$ 为藻类的消光系数，m²/mg chl $a$（标称值为 0.025）；$F_i$ 为光强的无量纲函数，用于将 $P_{max}$ 扩展到面生产力（标称值为 2.7）；$\lambda$ 为光合作用时间；$r$ 为光合作用呼吸系数；$Z_m$ 为混合深度；24 为呼吸小时数。

例如，假设 $K_w$ 为 0.5m⁻¹，$P_{max}$ 为 1 mg C/(mg chl $a$ · h)，$C$(chl $a$) 为 5mg/m³，光合作用为 12h/d，$Z_m$ 分别为 10m、20m 和 30m 时，潜在的生产力 $P_{net}$ 将分别约为 139mg/(m² · d)、19mg/(m² · d) 和 −101mg/(m² · d)。该模型除了说明水体中呼吸作用与光合作用（为混合深度的函数）之间的平衡外，还显示了浮游藻类自身吸收的效果。

通过将式（6.25）中的 $P_{net}$ 设为 0，并进行重整，该式还可以预测临界深度（$Z_m=Z_{cr}$）：

$$Z_{cr}=F_i\lambda/(K_w+K_cC)24r \tag{6.26}$$

与表示临界深度的式（6.23）不同，式（6.26）不包含光强。因此，该式不能帮助预测春季水华的时间。但是，如果给出水体的清澈度，利用该式可以估计混合深度势，以便控制生产力。因此，临界深度是消光系数的函数。对于上述示例，$Z_{cr}$ 为 43m。所以，如果湖泊的大部分区域接近这个临界深度，那么对湖泊进行人工混合也可以控制生产力和生物量。

**【案例 6.2】**

如果湖泊的平均深度为 10m，非藻类衰减系数为 $0.5 m^{-1}$，通过完全混合将藻类生物量控制在小于 $10 mg/m^3$ chl $a$ 的水平是否可能？为什么？假设 chl $a$ 的吸收系数为 0.025，日光合作用时间为 10h，呼吸作用与 $P_{max}$ 的商 $r$ 为 0.1。

根据式（6.26）可得

$$Z_{cr} = \frac{2.7 \times \lambda}{24 r (K_w + K_c C)} = \frac{2.7 \times 10}{24 \times 0.1 (0.5 + 0.25)} = 15 (m)$$

生物量可能不会被控制在 $10 mg/m^3$ chl $a$ 以下，因为大部分湖泊比允许产生最大生物量（$10 mg/m^3$）的临界深度要浅。因此，假设营养物不受限制，可用光照下潜在最大生物量可能大于 $10 mg/m^3$。

该模型可以进行重整，以预测在非营养限制条件下，在被自身吸收限制之前可能达到的最大生物量：

$$C_{max} = (1/K_c) [F_i \lambda / (24 r Z_m) - K_w] \tag{6.27}$$

该模型倾向于给出与可能的最大 chl $a$（$250 mg/m^2$）（在 1m 的水体中单位为 $mg/m^3$）相一致的值（Wetzel，1975）。Oskam（1978）表明，对于 $1.0 m^{-1}$ 的 $K_w$，如果混合深度保持在 15m，德国一些高度富营养化水库的生物量应该可以被控制。而实际上，由于浮游动物的摄食，现实的生物量比模型预测的生物量少。作为混合深度函数的潜在最大生物量如图 6.19 所示。

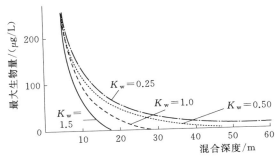

图 6.19　最大浮游植物生物量（chl $a$）与不同非藻类光照衰减水平（$K_w$）下混合深度的关系，其中 $F_i = 2.7$，$\lambda = 12h$，$r = 0.05$（见正文，据 Oskam，1978）

## 6.3.5 　光混合效果的例子

在夏季，大多数水深大于 6～8m 的相对较小的温带湖泊会发生热分层。然而，出现永久分层取决于该湖泊的表面积和深度，其中湖面积代表风程。对 108 个北温带湖泊的分析表明，一个 20hm² 的湖泊永久分层的深度为 7m，而一个 1000hm² 的湖泊永久分层的深度平均可达 19m。分层的平均深度可以用 $Z_{max} = 0.34A_s^{0.25}$ 来估计（Gorham 和 Boyce，1989）。因此，对于面积约 100hm²（1 km²）的相对较小的湖泊来说，如果湖泊的最大深度和平均深度分别小于 10m 和 5m，就不会出现永久分层。有许多平均深度为 3m 左右、面积相对较小的浅水湖泊也可能会出现多分层的情况。不会出现永久分层的湖泊在夏季也可能会出现暂时分层。

温跃层的深度就是混合的深度，这种深度是由向下混合水的风力和由于水的浮力（热交换和密度降低）引起的混合阻力两者平衡产生的。温跃层的位置因湖而异，取决于风速和风区、光强和水的透明度。稳定的温跃层因为会增加混合藻类种群的可用光，并可能刺激藻类的生长，所以一开始有利于生产力的提高，但是因为温跃层通常阻碍环流，如果分层现象持续存在的话，营养物质就会耗尽。

通过单位深度或表面与底部之间的密度变化可以表示分层程度。在淡水中，因为溶解的物质通常不足以影响密度，故密度变化可以用温度来表示。在海水中，使用 $\sigma_t$ 来表示密度变化，$\sigma_t$ 定义为由盐度、温度和压力导致的水密度减 1 再乘以 $10^3$。

淡水分层的另一个重要方面是，随着温度的升高，水的密度变化会更大。因此，表面和底部在高温下相差几度比在低温下相差几度会提供更大的稳定性（抗混合），这可以用术语"相对混合热阻"（RTRM）来说明，它比较了 4℃ 和 5℃ 之间的密度梯度：

$$RTRM = (D_b - D_s)/(D_4 - D_5) \tag{6.28}$$

式中：$D_s$ 为表面密度；$D_b$ 为底部密度；$D_4$ 为 4℃ 处的密度；$D_5$ 为 5℃ 处的密度。

如果湖泊表面至底部的密度梯度数值相同，则高温区域 RTRM 比低温区域 RTRM 更大，这一现象会对浅水分层湖泊造成影响。因为浅水分层湖泊表面和底部之间只有几度的温度差异，可能会形成显著的临时稳定性。俄勒冈州 Upper Klamath 湖 RTRM 的增加导致大气交换减少，湖底溶解氧浓度降低，这被认为是大型鱼类死亡的主要原因（Perkins 等，2000）。

在不列颠哥伦比亚的峡湾区 Indian 湾，生产力与稳定性程度和补偿深度有关，其中补偿深度会随着入射光的增加而增加。这两个因素决定了混合浮游

生物细胞接受的光量，当这两个因素最大时，浮游生物的生产力也最大（图
6.20）。另外稳定性程度低的时期有利于营养补充。

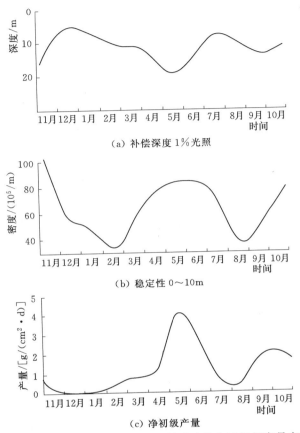

图 6.20　不列颠哥伦比亚峡湾补偿深度、水体稳定性和净初级产量之间的季节关系
（改自 Gilmartin，1964）

　　稳定性程度会对生产力造成影响，故比较 Indian 湾和 Puget 湾的稳定性
程度是很有价值的。其中稳定性程度的单位（$10^5 m^{-1}$）为 $(\rho-1)\times10^5 m^{-1}$。
在 Indian 湾的表层 10m 内，稳定性程度的数值为 $40\sim100$，而在 Puget 湾，
其 50m 以上的稳定性程度仅为 $2\sim6$，生产力受到强烈影响（Winter 等，
1975）。生产力和生物量的峰值通常出现在最小潮量（振幅）处，因此导致在
春季有最大的稳定性和光可用性（图 6.21）。
　　不列颠哥伦比亚省乔治亚海峡 Frazier 河羽流内外混合深度［式（6.19）］
的水体生产力与可用光有关（Parsons 等，1969）。羽流内部的强烈分层导致
混合深度较浅，因此通常导致循环浮游生物细胞可获得的光照比羽流外部多得

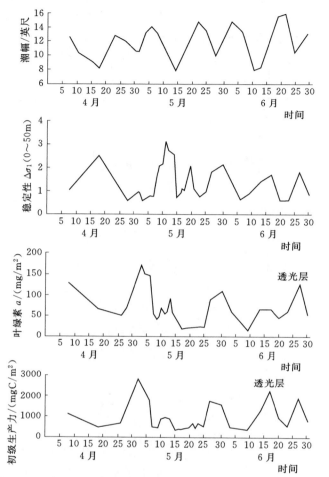

图 6.21　1966 年 Puget 湾的生产力、生物量、叶绿素 $a$、稳定性和潮量
（Winter 等，1975）

多，而羽流外部的光照几乎不足以产生净生产力。

在西雅图的 Duwamish 河口，真正的浮游植物活动出现是在 8 月河水流量低、潮涌作用最小时。这种潮汐条件的特点是低—高潮汐和高—低潮汐。潮汐条件决定湍流和稳定性，除了用河流流量来表示之外，还可以用潮楔厚度来表示，计算方法如下（单位为 m）：

$$不利湍流：TPT=(HH+LH)-(HL+LL)$$
$$=(3.6+3.0)-[1.5+(-0.9)]$$
$$=6.0 \tag{6.29}$$

$$有利稳定性：TPT=(3.0+2.7)-(1.8+0.9)=3.0$$

式中：TPT 为潮楔厚度；HH 为高—高潮汐；LH 为低—高潮汐；HL 为高

一低潮汐；LL 为低一低潮汐。

　　图 6.22 显示了 Duwamish 河口 1965 年和 1966 年某处与淡水流量和潮楔厚度相关的浮游植物爆发的时间。当潮楔厚度（两次日高潮之和与两次日低潮之和的差值）和淡水流量最小时，水体达到最大稳定性，湍流和冲刷最小，并且此时的潮汐偏移也最小，最终导致地表水在河口缓慢上下移动的同时保持热

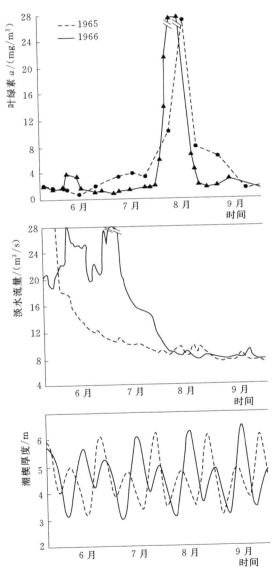

图 6.22　1965 年和 1966 年华盛顿州 Duwamish 河口潮楔厚度、
淡水流量和叶绿素 $a$ 含量

量，由于温度梯度的增加而变得更加稳定。另外河流流量变化的 65％ 都可以用初级生产力与分层程度（从表面到底部的温差）来解释（Welch，1969a）。

另一种检验 Duwamish 河口物理限制和生产力之间关系的方法是使用简单的增长模型。换言之，生物量 $X$ 的变化是生长和损失的结果［式（6.10）］：

$$\frac{dX}{dt} = \mu X - DX$$

式中：$\mu X$ 为增长；$DX$ 为冲刷带来的损失。

由于水华期间营养物含量非常高且是非限制性的（Welch，1969a），对于 $^{14}$C 生产力的测量，可以得出混合深度的变化会影响日最大生长率的假设。因此，在小潮条件下（TPT＝3m），混合深度仅为 1m，浮游生物细胞混合到该深度的平均 $\mu$ 值和平均光照量约为 $0.6d^{-1}$。此外，由于每个细胞的光照量大幅度减少，大潮时通常混合深度为 4m，约为 $\mu$ 值的一半（$0.3d^{-1}$）。在这种情况下没有考虑消光系数的影响，但是混合深度随着河流流量的增加而变大，会对春季径流期造成一定限制。

冲刷造成的损失率可以对河口研究资料中近似得出，其显示在小潮和大潮期间平均冲刷（稀释）速率约为 $0.2d^{-1}$。由于大潮浮游生物损失更多，所以冲刷速率被线性调整，小潮损失速率为 $0.13d^{-1}$，大潮损失速率为 $0.27d^{-1}$。从这些数值可以清楚地看出，在从大潮到小潮的变化过程中，混合深度对种群增长的影响要比冲刷速率对种群损失的影响大得多。种群增长的值更大，为 $0.3d^{-1}$，而种群损失的值较小，为 $0.13d^{-1}$。小潮和大潮情况下的种群净增长率分别为

$$\frac{dX}{dt} = 0.6X - 0.13X = 0.47X$$

和

$$\frac{dX}{dt} = 0.3X - 0.27X = 0.03X$$

显然，当大潮持续存在时，即使河流流量较低，Duwamish 河口也不会出现水华，与所观察到的实际情况相吻合。此外，如果使用 $0.47d^{-1}$ 的 $\mu$ 值和 $3\mu g/L$ chl $a$ 的初始生物量来模拟 1966 年的水华开始时间（图 6.22），水华似乎是可以解释的。根据一级生长方程，生物量达到观察到的最大值 $70\mu g/L$ chl $a$ 所需的时间为 6.7d：

$$70\mu g/L = 3\mu g/L\ e^{(0.47)(6.7)}$$

尽管该河口浮游植物的动态要复杂得多，但这一分析表明，仅仅是物理因素就造成很大影响，尤其是影响浮游植物接收到的光量。

但是如果这种情况持续下去，就会因为表温层中营养物质耗尽而限制产量。

盛夏期间，泰晤士河（Thames River）的一个水库的部分去分层现象说明了分层和营养物耗尽在生产和物种演替中所起的作用（Taylor，1966）。典型的浮游生物演替发生在春季和夏季，首先在春季是硅藻大量繁殖，然后夏季是绿藻和黄绿藻，夏末则是蓝绿藻，深秋又会出现一次小的硅藻水华（图 6.23）。

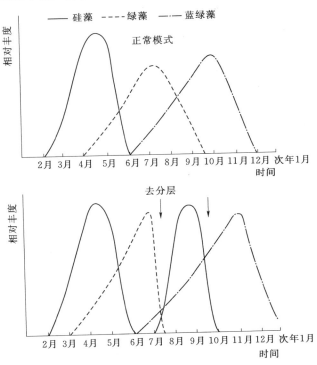

图 6.23　泰晤士河水库硅藻、绿藻和蓝绿藻分别在存在去分层现象和不存在去分层现象的年份中的演替。箭头表示去分层的时间（Taylor，1966）。曲线是理想化的。

　　在七月中旬，部分去分层现象抑制了夏季绿藻的繁殖生长，并且刺激了星杆藻（*Asterionella formosa*）的生长，星杆藻是一种通常在 2—3 月大量繁殖的硅藻。星杆藻从 $SiO_2$ 含量为 2.8mg/L 的 9～12.5m 水深处转移到了 $SiO_2$ 含量仅为 0.5mg/L 的透光区是夏季产生水华的原因，并且已经证明低于该浓度的区域仅适合星杆藻的生存（见第 6.5 节）。
　　营养丰富的水会伴随着第二次去分层现象出现而转移进来，进一步提高营养水平，星杆藻水华便随之衰减。可能是因为蓝绿藻具有浮力所以在去分层的过程中会持续增加。星杆藻种群夏季增长速度比春季快，但夏季增长持续的时间比春季短得多，这可能是因为夏季温度高于维持最佳种群所需的温度（见第 6.4 节）。然而，夏季星杆藻光饱和光合速率较高，如果营养物充足，实际上星杆藻会在夏季长的更多。

因此，分层湖泊中的温跃层通常会阻碍下层水中营养物再循环，由于温跃层具有持久性，因此它对浮游藻类的产量有相当大的影响（见第 4.1 节中的磷循环和第 7.2 节中的总磷双层模型）。

此前 Chapala 湖水位下降的影响已经引起人们注意，说明在不发生永久分层的浅水湖泊中光混合深度效应也很重要。142 个荷兰湖泊的数据支持可以用总磷和光有效性的简单模型来表示深度对光有效性和藻类生物量的影响这一观点（Scheffer，1998）。该模型表明，无论总磷浓度多高，平均深度大于 3m 的湖泊中不会出现叶绿素 a 的浓度大于 $100\mu g/L$ 的情况（即光限制的最大生物量），但在深度小于 3m 时，总磷会强烈限制生物量。爱沙尼亚富营养化湖泊 Võrtsjsärv 湖在 1964—1993 年间湖平面上升了 1.5 m，导致水体光利用率以及藻类产量和生物量降低（Nõges 和 Järvet，1995；Nõges 等，1997）。$270km^2$ 湖泊的平均深度从 2.1m 增加到 3.2m，由于藻类生产力下降，pH 值下降了大约一半。

# 6.4　温度的影响

## 6.4.1　增长率

浮游植物如何对温度做出反应？描述这种反应的合适模型是什么？关于浮游植物和其他微生物的生长反应，最常见的描述是 $Q_{10}$ 规则：

$$Q_{10} = (\mu_2/\mu_1)^{10/t_2 - t_1} \tag{6.30}$$

式中：$\mu_2$ 和 $\mu_1$ 为响应温度从 $t_1$ 升到 $t_2$ 的增长率。

正如 Ahlgre(1987) 所评论的那样，这是 Van't Hof(1884)- Arrhenius（1889）方程的简化形式，也称为 RGT 规则（Reaktidnsgeschwindigkeit - Temperature - Regel）。式（6.30）表明，如果气温上升 10℃，生长率增加一倍，$Q_{10}$ 将为 2。

如图 6.24 所示，温度影响酶促过程的速率，因此光合作用的光饱和速率（曲线的平坦部分）受到温度的限制。在低光强下，光合作用随光照增加成正比增加，但光合作用达到最大值取决于温度。与光化学色素反应相反，这可以用生物体酶系统的温度依赖性极限来解释（Wetzel，1975）。温度为 25～35℃ 时，光合作用增加一倍左右，但 $Q_{10}$ 随着温度的升高而降低，因此 $Q_{10}$ 不是一个真正的常数（Ahlgren，1987）。

Eppley（1972）总结了间歇式培养试验中各种浮游植物的大量数据，根据观察，得到最大生长率随温度升高呈指数增长（图 6.25），温度每升高 10℃，$\mu_{max}$ 大约会增加一倍。这种关系中 $Q_{10}$ 的计算值为 1.88，与 Goldman 和 Carpenter

（1974）通过对多物种的连续培养试验得出的相似关系非常吻合。这些关系可能更有助于描述混合物种的生长率响应，会随季节温度变化出现最佳值。然而，$Q_{10}$ 规则可能不适用于季节性温度范围内的单一物种。

　　Ahlgren（1987）用单藻连续培养试验的数据比较了描述温度-生长率关系的几个等式。她发现 Belehrádek（1926）的线性化的模型更符合试验数据，并且使用线性模型计算的结果与其他研究者的数据的符合度也更高。用速率（$v$）表示增长率的等式如下：

$$v = a(t - \alpha)^b \qquad (6.31)$$

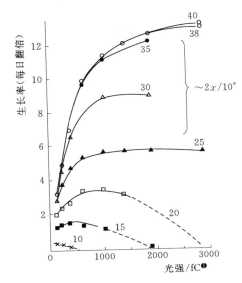

图 6.24　蛋白核小球藻（*Chlorella Pyrenoldosa*）在一定温度范围内的生长率和光强之间的关系（修改自 Sorokin 和 Krauss，1962）

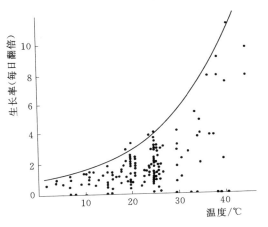

图 6.25　不同物种（点）的各种培养试验的生长率（$\mu_{max}$）与温度的关系（Eppley，1972）

　　式中：$a$ 和 $b$ 为经验常数；$t$ 为温度；$\alpha$ 为生物零点。

　　Belehrádek（1957）认为 $Q_{10}$ 规则不是每个物种耐热性范围内的真实常数，

---

❶　英尺烛光，即 fC，1fC = 10.76lx。

如图 6.25 所示，它基于化学反应速率过程，该过程呈指数形式。他观察到，如果数据以指数方程的形式表达，温度-增长率在一定温度范围内的响应会出现人为的"突变"，但如果以更线性化的形式表达，这些问题就会克服。

Ahlgren 认为，因为生物过程非常复杂，可能受细胞表面物理过程如扩散和黏度的控制，Belehrádek 开发了更线性化的方程 [式（6.31）]。Ahlgren 利用式（6.31）获得了指数 $b$ 在 0.3～2.5 之间很好的相关性。她还发现，四尾栅藻（*Scenedesmus quadricauda*）的半饱和常数 $K_s$ 和产量系数 $Y$ 一般与温度无关。

Streeter - Phelps 溶解氧消耗模型中使用的温度校正见式（6.32）。

$$K_1 = K_2 \theta^{(t_1 - t_2)} \tag{6.32}$$

式中：$K_1$ 和 $K_2$ 分别为 $t_1$ 和 $t_2$ 温度下的反应速率；$\theta$ 为经验系数。

式（6.32）可以从 Arrhenius 方程式推导出来，因此可以模拟化学反应速率。虽然它是指数形式的，但它的成功可能是因为预测的是基于季节温度范围内物种的混合。

### 6.4.2　季节性演替

湖泊中各种浮游植物生长率的温度最佳值相差很大。图 6.26 展示了 Eppley（1972）4 种浮游植物的最大生长率与温度的关系。根据浮游植物群落温度最佳值分布可以得到，温度随季节的变化会使物种之间发生演替。如果也考虑光最佳值，那么这是导致物种之间发生演替的一个更深的维度。例如，可能会出现以下模式（Hutchinson，1967）：①冬季，低光照和低温（无生长）；②春季，强光照和低温（硅藻）；③夏季，强光照和高温（绿藻）；④秋季，低光照和高温（蓝绿藻）。

所观察到的浮游植物藻类演替模式在一定程度上受光和温度变化的影响。例如，Cairns（1956）已经表明，在宾夕法尼亚州 Darby 溪中，藻类在经过一段时间达到种群平衡后，随着周围环境温度的升高和降低而发生以下变化：

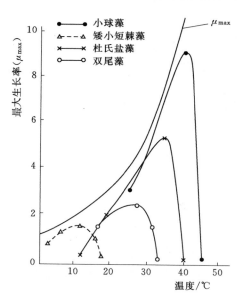

图 6.26　4 种浮游植物的最大生长率（$\mu_{max}$）与温度的关系（修改自 Eppley，1972）

$$20℃ \leftrightarrow 30℃ \leftrightarrow 35\sim40℃$$
硅藻　　绿藻　　蓝绿藻

Rodhe（1948）证实，有足够的证据表明浮游藻类的温度最佳值比较容易定义。他还表明，如果用种群增长持续时间最长的温度来代表这种温度最佳值，那么这个温度就低于增长速度最快时的温度。Rodhe 发现岛黄褐藻（*Melosira islandica*）在温度为 5℃时种群增长持续的时间最长，在 10℃时持续时间稍微较短，在 20℃时生长速度很快，但死亡速度也很快，种群不能持续存活。典型的温度最佳值如下：

岛黄褐藻（*Melosira islandica*）（硅藻）≈5℃；

黄群藻（*Synura uvella*）（黄绿藻）≈5℃；

星杆藻（*Asterionella formosa*）（硅藻）10～20℃（≈15℃）；

巴豆叶脆杆藻（*Fragilaria crotonensis*）≈15℃；

镰形纤维藻（*Ankistrodesmus falcatus*）≈25℃；

栅藻（*Scenedesmus*）、小球藻（*Chlorella*）、盘星藻（*Pediastrum*）、腔肠藻（*Coelenastrum*）20～25℃。

Sammamish 湖浮游藻类演替的典型模式如图 6.27 所示，可以注意到春季硅藻爆发以及夏季和秋季蓝绿藻爆发。硅藻在 5～10℃时增长数量最多，而蓝绿藻在 15～20℃时增长数量最多。硅藻爆发主要是脆杆藻属（*Fragilaria*）和星杆藻属（*Asterionella*）。

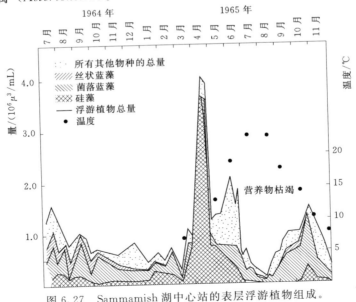

图 6.27　Sammamish 湖中心站的表层浮游植物组成。

（据 Isaac 等，1966 年）

　　温度最佳值低于最大生长率温度的原因是，随着温度的增加，$\mu$ 呈指数（或线性）增加，死亡率也随之增加，但死亡率的增加可能落后于 $\mu$ 值的增加。因为在任何时候生物量都是生长和损失（死亡）之间的差值［式（6.11）］，所以它的最大值所处的温度应该比 $\mu$ 最大值所处温度更低。

　　植物对光和温度的适应有许多异常之处，可以解释浮游植物的这种演替模式。颤藻（*Oscillatoria rubescens*）出现是在 Washington 湖温度超过 20℃时，是最先预示 Washington 湖发生退化的主要水华物种。然而，颤藻更喜欢低光照和低温（温度约为 10℃）（Zevenboom 和 Mur，1980）。巴豆叶脆杆藻（*Fragilaria crotonensis*）温度最佳值为 12～15℃，按理应该在春季和秋季生长最明显，但它通常在 15～29℃时数量达到最大值。Moses 湖夏季的平均温度为 22℃，在这个温度下出现大量鱼腥藻属（*Anabaena*）、束丝藻属（*Aphanizomenon*）和微囊藻属（*Microcystis*）的蓝绿藻水华（通常被称为"Anny""Fanny"和"Mike"）（Bush 等，1972）。加利福尼亚州的 Clear 湖出现了中等温度下相同情况的蓝绿藻水华，图 6.28 显示了秋季无风的一天，束丝藻（*Aphanizomenon*）为主要物种（Goldman 和 Wetzel，1963）。

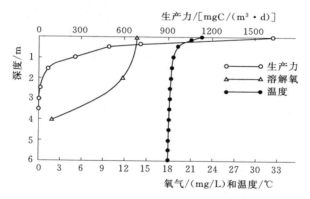

图 6.28　1959 年 10 月 15 日（无风的一天），加利福尼亚 Clear 湖的生产力和温度观测。束丝藻（*Aphanizomenon*）是主要物种（修改自 Goldman 和 Wetzel，1963）

　　在中度富营养化的湖泊中，蓝绿藻最初仅在夏末或秋季出现，但随着富营养化程度的升高，即使春季温度较低，它们也开始在春季大量繁殖。例如，华盛顿州 Pine 湖的束丝藻在早春温度为 8℃时开始大量繁殖。

　　为什么光和温度及其各自的最佳值不足以预测湖泊内部和湖泊之间的演替模式？

### 6.4.3　物种适应

　　藻类能够适应脱离最佳温度值的其他温度状况。例如，温度对小球藻的呼吸速率的影响表明菌株具有适应能力（表 6.2）。如图 6.26 所示，同一物种的一个菌株在 30～35℃下生长状态最好，而另一个菌株却在较低温度下生长状态最好。

**表 6.2　　　　驯化温度对两株蛋白核小球藻呼吸作用的影响**

| 试验温度/℃ | 两种驯化温度下的呼吸作用/[mm³O₂/(mm³cells·h)] | |
|---|---|---|
| | 25℃ | 38℃ |
| 25 | 4.5 | 8 |
| 39 | 1.6 | 18 |

资料来源：Sorokin（1959）。

正如小球藻的生长率也低于最佳温度一样（表 6.2），虽然在冬季颤藻生长率很低，但是仍然可以在湖泊的冰面下观察到颤藻水华。然而，如果损失率也很低，那么也可能产生水华。

因此，藻类应该能够在稍微偏离其最佳温度范围的环境中展开竞争，并且如果提供一些其他接近其最佳温度的因素，在某种程度上补偿生物体的非最佳温度，那么藻类也可能成为群落的主要物种。

### 6.4.4　与其他因素的相互作用

如果提供的营养物更接近某一物种的最佳生长环境，那么营养物供应可能是使该物种在最佳温度之外生长的因素之一。如果营养物的供应量足够大，即使生长率相对较低，也可能导致水华的产生。例如，在相对高强度的光照期间，春季温度为 8℃时产生蓝绿藻（束丝藻属）水华。即使温度是次最佳温度，如果营养供应更符合蓝绿藻的喜好，那么蓝绿藻也可能能够在与硅藻和绿藻的竞争中胜出。颤藻可能也是如此，因为增加了营养供应，它便能够适应 Washington 湖的暖季。表 6.3 显示了丝状蓝绿藻对较高磷浓度和较低光照的选择。

在温暖的静止环境下，浮力机制使得蓝绿藻能够与不具有浮力的硅藻对光照产生竞争（图 6.28）。湍流使硅藻在光照区保持悬浮，因此，在较低的沉降速率下，假设营养物供应充足，当湍流最小时，蓝绿藻能够积累较大质量（见第 6.5.6 节）。

尽管温度和光照有助于物种优势和演替，但它们并不能说明全部情况，因为可用的营养供应和其他因素也是物种适应低于最佳温度与光照，或高于最佳温度与光照的因素。通常喜欢温暖夏季的蓝绿藻可以在夏季与其他藻类竞争可利用营养时取胜。然而，它们也可以适应其他温度低于最佳温度，但营养丰富的季节。所以一年中的大部分时间里蓝绿藻类都能在富营养化的湖泊中占据优势地位。物种演替和蓝绿藻物种优势将在本章的最后进一步讨论。

表 6.3　两周后 Washington 湖中 3 种光强下 5 种磷浓度水平导致的绿藻、
蓝绿藻和硅藻相对丰度的变化

| 添加的磷/(µg/L) | 光强/lx | | | 行平均值 |
|---|---|---|---|---|
| | 4000 | 2000 | 1000 | |
| 绿藻（细胞数量） | | | | |
| 0 | 43 | 58 | 32 | 44 |
| 10 | 132 | 196 | 57 | 128 |
| 20 | 211 | 143 | 65 | 140 |
| 30 | 243 | 285 | 86 | 204 |
| 40 | 334 | 232 | 92 | 219 |
| 列平均值 | 193 | 183 | 60 | |
| 蓝绿藻（µm 单丝长度） | | | | |
| 0 | 1220 | 1749 | 2680 | 1883 |
| 10 | 1860 | 4540 | 4160 | 3520 |
| 20 | 3120 | 5010 | 5620 | 4583 |
| 30 | 1840 | 3980 | 6000 | 3940 |
| 40 | 2840 | 6960 | 5440 | 5080 |
| 列平均值 | 2176 | 4448 | 4780 | |
| 硅藻（细胞数量） | | | | |
| 0 | 5 | 2 | 9 | 5 |
| 10 | 153 | 69 | 30 | 84 |
| 20 | 91 | 35 | 24 | 50 |
| 30 | 168 | 86 | 15 | 90 |
| 40 | 135 | 30 | 13 | 59 |
| 列平均值 | 110 | 44 | 18 | |

资料来源：Hendrey（1959）。

　　尽管给定的温度并不能完全代表不同水域的物种优势，但从硅藻到绿藻再到蓝绿藻的演替，往往可以从一个特定水域（和营养供应）温度状况下温度升高来合理预测。

　　温度升高时，温度和光照对产量的影响可以产生以下两个结果：

　　（1）现有物种可能适应短期温度升高，但如果原始最佳温度和新温度相差太远，就可能导致产量下降。

　　（2）随着时间的推移，一个长期的物种转移可能会发生，在新的温度下具有最佳状态的物种将占据优势地位，产量也将增加，因为光合作用的光饱和速率随着所有物种的可承受范围内的温度升高而上升。

### 6.4.5　发电厂的温排水

没有太多的例子来检验温排水的影响，但是对一些波兰湖泊的研究结果表明，相对较小的温度变化可以导致生产力和物种组成发生相当大的变化（Hawkes，1969）。所研究的湖泊为接纳发电厂温排水的 Lichen 湖：年温度变化范围为 7.4～27.5℃；生物种类（物种、品种和不同形式）为 285 种；优势物种为直链藻属（*Melosira amgibua*）和铜绿微囊藻（*Microcystis aerugino-sa*）；初级产量为 7.3g/（m² · d）。对照湖为未有温排水的 Slesin 湖：年温度变化范围为 0.8～20.7℃；生物种类为 198 种；优势物种为冠盘藻属（*Stephan-odiscus astraea*）（无蓝绿藻）；初级产量为 3.75g/（m² · d）。

全球变暖可能会对浮游植物群落的组成产生影响，水温升高有利于蓝绿藻的生长。在 1975—1994 年间，柏林富营养化湖泊 Heiligensee 环境水温上升了 2.6℃，优势物种从硅藻和隐藻转变为蓝绿藻（Adrian 和 Deneke，1996）。

## 6.5　营养限制

生长动力学一节中定义了营养限制的概念。这里论述特定营养物质的作用（包括微量营养物质和常量营养物质）：它们是否限制生长速度或生物量，营养限制如何确定并预测，以及营养限制如何影响物种的演替，尤其是对蓝绿藻的影响。

### 6.5.1　二氧化硅

二氧化硅是硅藻的一种常量营养素（细胞大量需要的营养元素），硅藻的细胞膜由硅质细胞壁组成，可以作为未离解的硅酸或硅酸盐离子被细胞吸收（Hutchinson，1957），也可以吸附在颗粒物质上。春季水华高发期，水体透光区中二氧化硅能够快速去除，这表明水体中二氧化硅的吸收和沉淀的速度比再生速度快得多。

春季星杆藻（diatom *Asterionella*）的繁殖和环境中的二氧化硅浓度密切相关，这是营养控制的一个典型案例。早期实验室的试验（间歇式培养）表明，维持星杆藻最大生长的二氧化硅最低浓度是 0.5mg/L（Lund，1950），当二氧化硅浓度降至 0.5mg/L 以下，每年的水华中止模式是近乎一致的（图 6.29）。生物量下降的原因可能是沉降造成的损失随着春季分层的增加而增大。氮、磷也是可以限制水华生长和中止的常量营养物质，但是环境浓度和水华中止之间的联系并不能通过这些营养物质显著观察到。

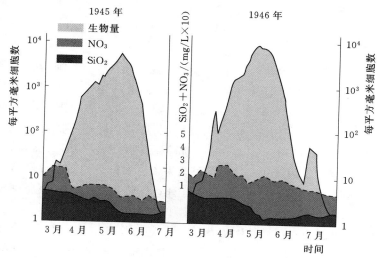

图 6.29　1945 年和 1946 年 Windermere 湖的星杆藻生物量以及硝酸盐和二氧化硅含量
（Lund，1950，获得布莱克韦尔科学出版有限公司的许可）

后来学者进行的星杆藻连续培养试验为 Lund 的早期研究成果提供了支撑。Kilham（1975）证明二氧化硅的吸收速率可以用米氏动力学（Michaelis - Menten kinetics）来描述，占 $\mu_{max}$ 90% 的浓度分别为 0.82mg/L 和 0.39mg/L，与 Lund 的 0.5mg/L 非常接近。

## 6.5.2　氮和磷

氮和磷也是常量营养素，相对于生物体的需求而言通常是最缺乏的，因此也最有可能限制生物生长和生物量。除了在碱度极低的水中，碳的供应一般是充足的，所以在氮和磷充足的情况下，碳对生物生长不存在限制或只存在短期限制，碳限制的特殊条件将在后面进行讨论。微量元素仅在少数情况下限制生长，通常发生在营养贫乏的湖泊中（Goldman，1960a，1960b，1962）。

细胞中缺乏的大量营养物质可以通过测定细胞中的物质比值来确定，其生长和生物量会受到该种营养物质的限制。浮游植物的营养物质水平通常采用雷德菲尔德比值（Redfield ratio）或海洋浮游生物中的平均比值进行判断（Redfield 等，1963；Sverdrup 等，1942）：

$$O : C : N : P = 212 : 106 : 16 : 1（原子）$$
$$= 109 : 41 : 7.2 : 1（重量）$$

将其应用于海洋中的浮游植物，结果表明，氮的供应通常是最为短缺的，如果按照上述比例从水中去除常量营养素，氮营养物将被首先耗尽。Menzel

和 Ryther（1964）发现，生物量中氮和磷的原子比为 5.4～17，碳和磷的原子比为 67～91。根据雷德菲尔德比值（Redfield ratio），这涵盖了从缺氮到刚好满足所有营养需求的不同营养物质水平的细胞。

此外，在淡水中，磷通常是最受限制的营养物。纽约的 Canadarago 湖的颗粒物在夏季以浮游植物为主，夏季氮磷原子比为 17～24，碳磷原子比为 200 左右（Fuhs 等，1972）。对比淡水和海洋环境的结果，细胞营养物含量从含有适当比例的所有营养物到缺磷不等。

上述比较仅考虑细胞中的营养物含量，而不考虑水环境中的营养物含量。Vallentyne（1972）汇编了数据来评估需求比值的生物圈平均值，即植物组织中给定营养物的平均浓度与水中平均浓度的比值。因此，给定营养物的比例越高，该营养物在环境中相对于细胞需求就越稀缺。Vallentyne 的数据总结在表 6.4 中，表明磷在冬季和夏季都是最受限制的营养物。

**表 6.4　世界各地各种淡水生境中植物与水中重要植物营养物的浓度比**

| 营养物 | 冬　天 | 夏　天 |
|---|---|---|
| P | 100000 | 800000 |
| N | 20～25000 | 100～125000 |
| C | 5～6000 | 6～7000 |

资料来源：据 Vallentyne（1972）。

水体中的碳、氮、磷的比值常用来确定潜在的最大限制营养物，即预测可能最先耗尽或达到生长速度限制浓度的营养物。但在实际测量时氮和磷的浓度可能都很高，并没有限制生长，所以确定的只能是"潜在的"限制营养物。在图 6.30（Skulberg，1965）所示的藻类生长潜力（AGP）试验中，两个试验中的初始氮、磷原子比为 33：1（重量比为 15：1），氮、磷浓度足够高，不限制藻类生长，假设氮、磷被藻类细胞以原子比为 16：1（重量比 7.2：1）的比例吸收，磷首先被耗尽。在实际情况中，磷含量检测不到时藻类停止生长，而此时氮浓度仍然相对较高，实验结果与实际情况相符。

在一些低磷和高氮磷比环境下，细胞可能实际上并不缺磷，从理论上讲磷不是限制性营养物。假设环境氮磷比存在明显的限制，但磷的再循环率足够高，其供应率可能足以满足细胞的生长率需求。此外，细胞可能已经摄入大量的磷（超过生长需求），或者正在释放碱性磷酸酶来分解有机形式的磷（常用于测试磷的限制）。在这种情况下虽然生长暂时不受限制，但环境中的比值仍能预测潜在的最大限制营养物。在图 6.30 中，骨条藻（*Skeletonema*）似乎在磷耗尽后发生了生长，这表明细胞可能储存了大量的磷，随后的生长便利用了这些储存的磷。除了使用环境比和细胞中的氮磷比外，还可以使用碱性磷酸酶

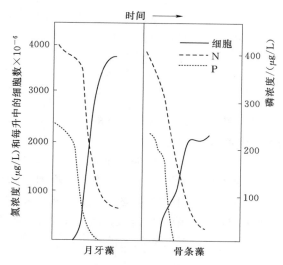

图 6.30　与培养物中氮和磷浓度（可溶性）相关的两种藻类的生长
（Skullberg，1965）

活性进行测试，如果存在相对高浓度的碱性磷酸酶，则表明存在磷限制
（Fitzgerald 和 Nelson，1966；Goldman 和 Horne，1983）。

　　假设细胞中营养物含量的变化与周围环境中营养物含量的变化成比例，那么细胞对氮和磷的响应将与其变化相关，且相关性类似于图 6.31（Sakamoto，1971）。在此案例中，如果试验持续数天，那么 [14]C 的吸收与生物量成比例，当比值低于最优值时，随磷的增加受到限制，标称值由雷德菲尔德比值（Redfield ratio）表示为 7 : 1（重量比），当比值超过最优值时，随着氮的增加而出现限制。

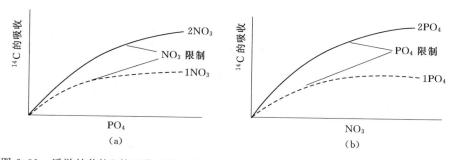

图 6.31　浮游植物 [14]C 的吸收对磷和氮添加的响应，显示了比值概念在确定哪种营养物是限制性营养物方面的重要性（从 Sakamoto 归纳而来，1971）

　　细胞中的其他比值也可能表明营养限制，例如 chl *a* 的量。Healy（1978）提出了 chl *a* 界限与恒化器培养中生物量的比值表明中度营养限制和重度营养

限制。当 C：干重为 0.2 时，chl $a$：C 的边界值在重度和中度营养限制条件下为 1%～2%。图 6.32 显示了氮严重受限（环境中的 $NO_3 - N$：SRP＝0.1）条件下，污水污染的 Moses 湖的鹈鹕角（Pelican Horn）中浮游植物对高 $NO_3 - N$、低 SRP 浓度稀释水的响应。在 7 月用泵送水之前，chl $a$：C＜1%，但送水之后，chl $a$：C＞1%，甚至上升到 2% 以上。

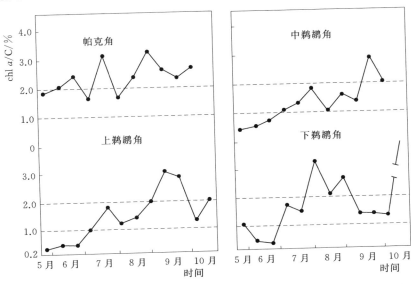

图 6.32　1982 年 5—10 月华盛顿州 Moses 湖浮游植物 chl $a$ 与细胞碳的比值。水平线表示 Healy（1978）的"中度"营养缺乏区（摘自 Carlson，1983）

　　氮或磷对生长的限制可能随环境因素的变化发生季节性变化，如可用光、温度、分层、内部负荷、循环速率等，这些环境因素能够影响细胞对氮和磷的需求及其有效性。无论贫营养还是富营养化的湖泊，生长季节湖上层的 $NO_3$ 比 SRP 消耗得更快，通常 $NO_3$ 大量减少而 SRP 变化很小甚至没有变化（Hendrey 和 Welch，1974）。考虑到环境中的氮磷比，在分层期间，磷限制可以变化为氮限制。在停留时间短且接收可变输入（如雨水）或易受其他事件（温跃层侵蚀）影响的系统中，限制性营养物可能会更频繁地改变。Smayda（1974）用一种海洋硅藻（假微型海链藻）的生物测定表明，在 Narragansett 湾的整个生长季节中，限制性营养物经常发生变化，也可能同时存在多种限制性营养物。限制性营养物通常是氮，小概率下也可能是硅，但这未考虑乙二胺四乙酸（EDTA）作为藻类排泄产物的螯合剂，偶尔也排除了磷和微量金属的影响。

　　随着富营养化程度的增加和湖泊营养状态的变化，限制性营养物也趋于变化。贫营养湖泊通常比富营养化湖泊具有更高的氮磷比（表 6.5）。这些例子表明富营养化的过程中，限制生长的营养物会逐渐从贫营养和中营养状态的磷转变为富营养中期和后期的氮。Washington 湖冬季富营养化程度最高时氮磷比约为 10：1（由污水输入引起），在随后几年的分流和恢复期内氮磷比通常大于 20：1（Edmondson，1978）。该结论于前述的季节性变化一致，氮磷比在生长季节趋于降低。

**表 6.5**    **$NO_3 - N/PO_4 - P$ 的年平均值（按重量计）随着富营养化过程表现出减小的趋势（除特别说明外，数值均为年平均值）**

| 湖泊类型 | 位　　　置 | N/P 比值 |
|---|---|---|
| 超富营养化 | Hjälmaren 湖（瑞典） | 4/1 |
| | Moses 湖（华盛顿州） | 1/1（夏季） |
| 富营养化 | Washington 湖（华盛顿州） | 10/1（1963 冬季） |
| 中度营养化 | Washington 湖 | 20/1（1970 冬季） |
| | Mälaren 湖（瑞典） | 25/1 |
| | Sammamish 湖（华盛顿州） | 27/1 |
| 贫营养 | Vättern 湖（瑞典） | 70/1 |
| | Chester Morse 湖（华盛顿州） | 63/1 |

资料来源：瑞典国家环境保护委员会湖泊。

氮或磷限制模式和营养状态也存在一些异常现象。在贫营养湖泊中利用浮游植物物种的自然组合进行的生物测定，通常对短期暴露中增加的磷没有反应，甚至出现抑制作用（Hamilton 和 Preslan，1970；Hendrey，1973），但随着时间推移，生物生理逐渐开始适应并进行物种选择，这种水域中的生物测定对磷的反应通常是正向的（Hendrey，1973）。对于磷最终会成为贫营养湖泊中的限制因素这一结论也有例外，例如 Tahoe 湖中氮是限制营养物（Goldman 和 Carter，1965；Goldman，1981），春夏的 $NO_3$：SRP 小于 3；在 Crater 湖，春夏的 $NO_3 - N$ 浓度小于 $1\mu g/L$，SRP 浓度为 $14\mu g/L$（Larso 等，1987）。而按照常规标准，这些湖泊都是极度贫营养湖泊。

氮限制在富营养化和过度营养化湖泊中是常见现象，一个典型的例子是利用威斯康星州两个富营养化湖泊中的水和铜绿微囊藻（*Microcystis aeruginosa*）进行的生物测定（Gerloff 和 Skoog，1954）。合成培养基中含有过剩的已知蓝藻需要的所有物质（表 6.6），同时加入氮、磷、铁产生的生长量大致与合成培养基相同。3 种元素单独加入的处理结果显示，$NO_3$ 产生的生物量最多，显然 $NO_3$ 最具限制性。但 3 种营养物结合使用后产生的生物量又有所增加，其中磷是次要营养物，由于铜绿微囊藻是一种不固氮的蓝绿藻，如果使用固氮剂可能会得到不同的结论。

**表 6.6**　　铜绿微囊藻在威斯康星州两个含有各种化学添加剂的湖泊的
消毒表层水中两周的生长情况

| 化学添加剂 | Mendota 湖湖水 /(细胞个数/mm³) | 相对生长 /% | Waubesa 湖湖水 /(细胞个数/mm³) | 相对生长 /% |
|---|---|---|---|---|
| 没有添加剂 | 500 | 6 | 1523 | 14 |
| NO₃ | 5780 | 64 | 7737 | 73 |
| PO₄ | 500 | 6 | 1101 | 10 |
| Fe | 495 | 6 | 1139 | 11 |
| PO₄＋Fe | 400 | 4 | 874 | 8 |
| NO₃＋Fe | 4310 | 48 | 9675 | 92 |
| NO₃＋PO₄＋Fe | 9030 | 100 | 10575 | 100 |
| 合成营养液 | 10235 | 113 | 10235 | 97 |

资料来源：Gerloff 和 Skoog（1954）。

如果有足够的时间固氮，固氮蓝绿藻生物量的增加最终应由磷控制。随着 SRP 的增加，$NO_3$ 会逐渐耗尽并刺激固氮反应来产生氮，这将使生物量持续增加并满足磷供应的需求（Hutchinson，1970a）。Smith（1990a）已经表明，对于温带和热带湖泊，除了在总磷浓度极高情况下，固氮率随着总磷浓度的增加而增加。Schindler 和 Fee（1974）观察到，在原位塑料袋试验中，仅向低 $NO_3$ 的富营养化湖水中添加磷，通过固定氮就导致了生物量增加，这需要 2～3 周的时间。Horne 和 Goldman（1972）发现，加利福尼亚州 Clear 湖固定氮约占氮供应量的一半。虽然固氮蓝绿藻的生长速度相对较慢（生长速度为 $0.05d^{-1}$），但固氮植物可以供应氮并最终满足磷供应的需求。

然而，固氮作用不仅仅是通过提供氮的方式来满足磷的最终供应需求。在夏季过度营养化的 Moses 湖中（原位塑料瓶生物测定），当 $NO_3$ 浓度降至很低甚至检测不到时添加 $NO_3$，蓝绿藻生物量和叶绿素 $a$ 随之增加。正如所预期的那样，束丝藻和微囊藻的生物量都有所增加，但微囊藻的生物量增加最大，因为它不是固氮藻（Welch 等，1972）。然而在后期试验中（9 月），磷的添加对蓝绿藻没有影响反而使之大幅减少，此时硅藻成为优势物种，这可能是因为湖水温度大幅下降。同时加入氮和磷的结合物的额外原位生物测定中，生物量和磷持续缓慢增加（图 6.33），而氮需要一定的时间通过固氮作用来供应。随后用大量低营养的水稀释湖泊，试验表明氮是控制性营养物，夏季叶绿素 $a$ 与流入的 $NO_3$ 浓度直接相关（Welch 等，1984）。虽然固氮束丝藻是主要的蓝绿藻，但其固氮速率显然不够快，不足以在相对较高的稀释冲刷率（平均 $0.1d^{-1}$）下充分利用有效的磷。Horne 和 Goldman（1972）曾表明，由固氮作用而产生的最大增长率为 $0.05d^{-1}$。

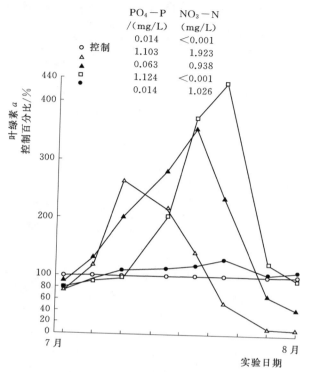

图 6.33 经处理的污水对 Moses 湖自然浮游植物种群生物量的影响
（Welch 等，1973）

Miller 等利用美国 49 个湖泊中的月芽藻属绿藻 （AGPs） 进行了生物测定，研究发现磷限制随着富营养化过程的进行（营养状态增加）而降低。把磷作为湖泊营养状态指标，磷限制随着月芽藻产量的增加逐渐下降（图 6.34）。对北美 127 个湖泊原位收集的总磷、总氮和叶绿素 a 数据进行多元回归分析，分析结果显示出类似模式（Smith，1982）。回归分析和氮磷比表明磷在大多数湖泊中是限制性的，但考虑总氮时数据的拟合度更好。从叶绿素 a - TP 图中可以看出，叶绿素 $a \approx 20$ 时的观测值明显偏向预测线的右侧，它们表示总氮：总磷小于 10 的湖泊，即氮限制。然而全球范围内的湖泊数据集并没有显示氮限制湖泊和磷限制湖泊的区别，如图 6.35 所示（Nirnberg，1996，个人沟通）。尽管许多总氮与总磷比值低的湖泊向右倾斜，而且叶绿素 a 与总磷的比值（直线的斜率）相当低，但不论总氮与总磷之比大小如何，叶绿素 a 似乎在高达 $900\mu g/L$ TP 和 $110\mu g/L$ 叶绿素 a 的范围内都依赖于磷。其他研究表明，叶绿素 a 在浓度低于 $200\mu g/L$ 时依赖于总磷（Seip，1994；Scheffer，1998）。由此可见，尽管随着富营养状态的推进，氮更有可能受到限制，但磷仍可以作为富营养过程中的控制性营养物，这对于降低营养状态时选择控制营养物的种类尤其重要。

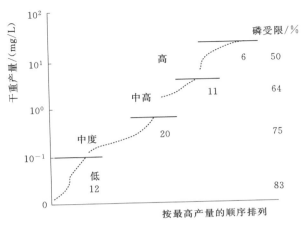

图 6.34　美国 49 个湖泊藻类生长潜力实验（AGP）中藻类生物量的产量显示，随着产量（和生产率）的增加，磷限制湖泊的百分比下降（修改自 Miller 等，1974）

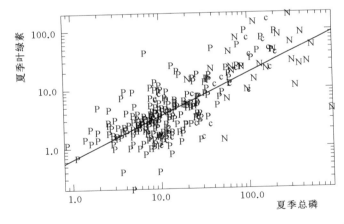

图 6.35　全球湖泊夏季叶绿素 $a$ 和总磷浓度的平均值。符号根据氮磷重量比表示营养限制，P—磷限制超过比率 17；N—比率小于 7 时的氮限制；c—这些比率之间的共同限制。根据 Nurnberg（1996）的数据，用符号进行重新绘制，以显示氮磷比预示的可能营养限制（Nurnberg，个人交流）

湖泊富营养化进程中磷限制为什么会转变为氮限制，这需要考虑氮和磷的循环过程和输入特征。Thomas（1969）表示，$NO_3$ 在贫营养湖中总是可以观察到，但是随着 $PO_4$ 的添加，储存的 $NO_3$ 会被耗尽。这可能是因为废水源中的氮磷比较低，例如污水中的氮磷比为 2：1～4：1，这些污水会降低湖泊中的氮磷比。此外，随着富营养化程度的升高，由于有机物的增加，光的利用率会衰减降低，剩余营养物的浓度也会越来越高，增加了湖泊中的氮通过反硝化作用而流失的可能性。而反硝化是一个厌氧过程，随着富营养化的加剧，氧气消耗（特别是沉积物—水界面）变得更加明显（见磷循环一节），这会提高反硝化效率。由于光照限制的增加，越来越多的养分未被利用，而氮在反硝化作用下提前流失，氮磷比将会下降（尤其是可溶性部分）。此外，沉积物—水界面更广泛的缺氧条件导致磷的内部负荷变得更高，而氮的释放量不会因缺氧条件而增加，这将导致氮磷比的进一步降低。固氮过程倾向于将氮磷比恢复到相等的限制水平，即不需要额外的氮供给。然而与那些贡献高浓度磷的过程相比，固氮过程是一个相当缓慢且需要能量的过程，在某些总磷浓度下（$\approx 200\mu g/L$），固氮过程供给的氮量显然不能满足需求，所以超富营养化湖泊中总氮与总磷的比值始终较低。

磷在贫营养湖泊和中营养湖泊中最容易受到限制，因为沉积物通常是好氧的，并且由于由金属形成的不溶性络合物具有吸附颗粒物的性质，因此对于磷来说沉积物是一个相对有效和持久的吸收汇。此外，可溶性无机氮对这种络合和吸附不敏感，因此其物理过程更加缓慢。尽管雨水中含有一些磷（主要与灰尘有关），并且已经被证明是缺磷流域中较为重要的源头（Schindler，1974），但降水是一个更大、更稳定的氮源，闪电将大气中的 $N_2$ 转化为雨水中的 $NO_3$，这是一种相当常见的现象。

因此，磷的来源比氮少，并且在水体中使用沉淀法除磷比除氮更有效。除少数情况外，氮通常仅在富营养化或超富营养化的湖泊中受到限制，即便如此，蓝藻的固氮过程也能提供氮源。随着这些过程的进行，即使总氮与总磷的比值表明氮目前在富营养化的系统中受到限制，在大多数湖泊中，限制磷可以比限制氮更有效地减少营养负荷，并以此将浮游植物的生物量限制在相对较低的水平。此外，尽管蓝藻的比例已经被证明随着总磷浓度的降低而降低（Sas，1989；Jeppesen 等，1991；Seip 等，1992；Seip，1994），这可能是因为总氮与总磷比例的降低也可能是其他机制（Shapiro，1990），但是在磷的自然输入量高的湖泊中，例如新西兰的多数湖泊（White，1983），氮控制可能更切合实际。

上述结论在海洋系统中是不成立的，因为在海洋系统中，无论是贫营养还是富营养，限制性营养物质通常都是氮（Ryther 和 Dunstan，1971；Smayda，1974）。形成这种现象的原因尚不完全清楚，部分原因可能与水体中磷的再循环有关，磷的循环显然比氮更快。随着海洋深度的增加，颗粒物质中的氮含量比磷更高（Ryther 和 Dunstan，1971），而湖泊中的情况正好相反（Schindler，1974；Birch，1976；Gachter 和 Mares，1985）。在浅水湖泊中，高磷颗粒物往往再循环之前就被底部沉积物吸附，所以当海洋中颗粒物质下沉至更深的混合层时，可溶性氮磷比会始终低于浅水湖泊。Ryther 和 Dunstan（1971）研究表明，如果氮固定在局部区域或者短时期内发挥作用较小，氮磷比则会更低。Smith（1984）认为，就营养限制而言，海洋环境和淡水环境之间并没有太大区别，确定限制性营养物应基于整个生态系统的预算信息，而不仅仅基于室内试验。他认为在海洋中氮含量有限的区域，高水文交换率导致固氮过程缺乏足够的时间来弥补氮的流失量。北海（Baden 等，1990）和密西西比河三角洲（Rabalais 等，2002）大量溶解氧耗尽是由于废水、农业和近海区域的氮负荷。

上述关于氮和磷限制的讨论已经考虑了生物量受限的条件，如果环境中的氮磷比表明氮最终受到限制，那么当氮耗尽时便会停止生长，最终产量将与初始氮浓度成比例。这一结论可以在生长动力学的动态系统中证明，即稳态生物量浓度与限制性营养物的流入浓度成正比。此外，根据米氏动力学原理，环境营养物浓度决定摄取率，细胞营养物浓度决定生长率。如果细胞储存营养物较多，细胞浓度可能高于环境浓度，生长率将高于摄取率，反之摄取率将会高于生长率。假设细胞浓度等于配额量，那么可以基于环境浓度预测生长率。

假设氮、磷之间的限制变化依赖于环境浓度，可以通过以下这些方法预测浮游植物的生长率。第一个公式是"乘法"模型（Chen，1970）：

$$\mu = \mu_{\max}[P/(K_P + P)][N/(K_N + N)] \qquad (6.33)$$

当两种营养物的浓度都接近极限水平时，模型得出的浮游植物生长率很低。如果 $K_P = K_N = 0.05\text{mg/L}$，$P = 0.05\text{mg/L}$，$N = 0.25\text{mg/L}$，那么 $\mu = 0.42\mu_{\max}$。

第二个公式是加法模型（Patten 等，1975）：

$$\mu = \mu_{\max}/2[P/(K_P + P) + N(K_N + N)] \qquad (6.34)$$

使用相同的氮和磷浓度值以及半饱和常数，$\mu = 0.67\mu_{\max}$。通过对减少的比值进行平均来考虑营养限制可能产生的变化，这种计算模式下 $\mu$ 会增加。

另一个求平均值的方式是处理约简项的倒数（Bloomfield 等，1973）：

$$\mu = \mu_{\max}2/[1/(P/(K_P + P)) + 1/(N/(K_N + N))] \qquad (6.35)$$

在这种情况下，$\mu$ 的估值为 $0.62\mu_{\max}$。

最后一个公式是更具支持性的"阈值"模型（Bierman 和 Dolan，个人交流，1976）：

$$\mu = \mu_{\max}P/(K_P + P)\cdots \quad \text{if N}:P > 13.5:1(重量) \qquad (6.36)$$

$$\mu = \mu_{\max}N/(K_N + N)\cdots \quad \text{if N}:P < 13.5:1(重量) \qquad (6.37)$$

在半饱和浓度相同的情况下，这种方法预测的 $\mu$ 值为 $0.83\mu_{\max}$，因为氮磷比为 5:1，所以氮是有限制的。Bierman 和 Dolan（个人沟通）发现，与使用栅藻的恒化培养数据相比，阈值模型预测的 $\mu$ 值比乘法模型更接近观察值。

在恒化器试验的细胞中测定的 $\mu/\mu_{max}=0.44\pm0.02$，而乘法模型预测的 $\mu/\mu_{max}=0.29\pm0.3$，阈值模型 $\mu/\mu_{max}=0.43\pm0.07$，所以阈值模型更可靠。数据和阈值氮磷比（原子比为 30∶1；重量比为 13.5∶1）取自 Rhee（1978）。

通常将 Steele 的光照模型和 Eppley 或 Bělehrádek 的温度模型（见 Ahlgren，1987）与多重营养模型进行耦合，用来预测生长率随深度和时间的变化。但是光照、温度和其他营养物质可能与氮和磷相互作用，生长反应发生变化，从而改变氮磷的半饱和系数。例如，Young 和 King（1980）认为，随着光照和磷含量的同时增加，低 $CO_2$ 浓度下组囊藻（*Anacystis nidulans*）的生长率趋于饱和。Hughes 和 Lund（1962）也表明，星杆藻的 $SiO_2$ 临界水平（0.5mg/L）可以随着磷的增加而有效降低。

### 6.5.3　微量元素和有机生长因子

藻类生长需要许多微量元素作为酶的辅因子，而理论上，缺乏微量元素将影响藻类生长速度（Dugdale，1967）。然而，自然系统中微量元素限制显然并不经常出现，因为氮和磷的添加几乎总能获得充分的响应。Washington 湖流域的 4 个湖泊（其中两个是贫营养湖泊）的试验表明，仅添加微量元素并不会促进生长，尽管在某些情况下，添加完整培养基比单独添加氮和磷能获得额外的增加（Hendrey，1973）。鉴于这些结果，微量元素似乎通常都有充足的自然供应，特别是在富营养化的水体中。然而也存在例外，一个显著的例子是在加利福尼亚州的贫营养湖泊 Castle 湖（Goldman，1960a）和阿拉斯加的一些湖泊（Goldman，1960b）添加钼（Mo）后对生产率的影响。尽管许多生物体需要维生素，并且可能对溶解的有机化合物产生反应（例如乙醇酸，Fogg，1965），但这些因素很少被证明是自然条件下限制生长的重要因素。

### 6.5.4　化学络合剂

有机络合剂可以去除溶液中的微量元素，减少抑制作用，也可以使它们更易溶解和生长。络合剂的作用，例如乙二胺四乙酸，已经得到了几个工作者的证明（Wetzel，1975）。

与生产力控制有关的另一个因素是单价离子与二价离子的比值，随着这一比值的增加，生产力也随之提高（Wetzel，1972）。

### 6.5.5　碳

碳是浮游生物需求量最大的常量营养素，但直到 1969—1970 年，碳才被认为是导致富营养化加剧的主要原因。当有机碳通过细菌分解以 $CO_2$ 的形式释放时，废水中的有机碳可能在许多碳限制的情况下导致富营养化，从本质上说争论的焦点在这一现象发生的可能性上（Kuentzel，1969；Kerr 等，1970）。尽管在某些情况下有机碳是潜在的限制，但一些人强烈认为污水或其他废水中的有机碳不是富营养化的主要原因。从这场争论和相关试验中可以学到很多东西，这两个学派在 1970 年提出的观点和反对观点见表 6.7。

表 6.7　　关于碳或磷是否是富营养化控制的关键因素，
两个学派在许多问题上有冲突

| 学派：碳是关键因素 | 学派：磷是关键因素 |
| --- | --- |
| 碳控制藻类生长 | 磷控制藻类生长 |
| 磷在每次水华期间和水华之后被循环利用 | 磷的循环效率低下：一些磷流失到底部沉积物中 |
| 沉积物中储存有大量的磷，总是可以用来刺激生长 | 沉积物是磷的汇，而不是源 |
| 即使溶解的磷浓度很低，也会出现大量的水华 | 大规模水华期间磷浓度较低，因为磷存在于藻类细胞中，而不是水中 |
| 当大量 $CO_2$ 和碳酸氢盐存在时，浓度很低的磷便可以促进藻类生长 | 不管有多少 $CO_2$，藻类生长都需要少量的磷 |
| 有机物细菌分解提供的 $CO_2$ 是藻类生长的关键碳源 | 细菌产生的 $CO_2$ 可能用于藻类生长，但并不是 $CO_2$ 的主要来源，其主要来源应是碳酸氢盐的分解 |
| 总的来说，磷排放的大量减少不会导致藻类生长的减少 | 磷排放的减少极大地抑制了藻类的生长 |

资料来源：Great Phosphorus Controversy（1970）。

为了更好地阐释这个问题，追溯这场争论的过程具有很好的启发性，这场争论起源于 1969 年 Kuentzel 的文章，他在文章中提出了以下几点：

（1）碱性系统中的无机碳不足以形成大型藻类水华，大型藻类水华经常发生在富营养化的湖泊中。在 pH 值为 7.5～9 时，$CO_2$ 经过几天运输后的大气输入量最多为 1mg/L。

（2）缅因州 Sebasticook 湖水华中观察到的 56mg/L（干重）的水藻需要 110mg/L 的 $CO_2$，这只能来自由细菌分解有机物而形成的 $CO_2$ 源。大约 30mg/L 有机碳就足够获得上述的量。

（3）污水中的有机碳提供了形成大型藻华所需的营养物（碳），因为如此低浓度的溶解 $PO_4$ - P（＜10μg/L）与大型藻华相关。显而易见，即使如此低浓度的 $PO_4$ 也是足够的。

Shapiro（1970）对这篇文章的回应如下：

（1）$PO_4^{3-}$ 通常是导致富营养化的原因，但并不总是如此。

（2）藻类对磷有一定的需求；水华时溶解的 10μg/L 并不表示供给，仅仅表示吸收和供给之间的差异。

（3）沉积物通常不是磷的来源，而是磷的汇。

Kerr 等的一份报告（1970）是争议的下一个内容，该报告表明在试验条件下，碳可以限制天然软水中藻类的产生，并且来自有机物的细菌来源的 $CO_2$ 是这种环境中碳的有效来源。更具体地说，Kerr 的发现简要归纳如下：

（1）以专性光合自养生物组囊藻（*Anacystis nidulans*）为试验生物，其细胞浓度达到 $60 \times 10^6$ 个/mL。

（2）从含有细菌和有机物的透析袋中获得 $CO_2$ 的藻类数量比在没有 $CO_2$ 源的烧瓶中的藻类的多一倍，分别为 $6.5 \times 10^7$ 个/mL 和 $3.7 \times 10^7$ 个/mL。分别将不含 $CO_2$ 的空气和含 5% $CO_2$ 空的空气鼓入水中，产生的结果相同。

（3）为了确定这种细菌来源的 $CO_2$ 在自然系统中是否重要，即从添加到自然系统的有机物中获得的碳是否对于水华的生产非常重要。因此，用营养贫乏的塘水（$<5\mu g/L$ P 和 N）对各种富集度进行了测试，并在培养 30h 后记录种群增长情况（表 6.8）。

表 6.8　　　　　　　　　　不同条件下生长的组囊藻的相对反应

| 条　件 | 自　然　种　群 | | 大肠杆菌的作用 | |
|---|---|---|---|---|
| | 细菌 | 水藻 | $CO_2 + HCO_3$ 增加 /(mg/L 72h) | 产生的 $CO_2$ （收集的 mg） |
| 塘水 | 减少 | 无变化 | 3.6 | 0 |
| +N 和 P | 大量增加 | 3 倍增长 | 10.0 | 0.003 |
| +葡萄糖 | 2 倍增长 | 2.5 倍增长 | 9.2 | 0.005 |
| +葡萄糖 | 大量增加 | 6 倍增长 | 12.0 | |
| +N 和 P | | | | 0.030 |

资料来源：Kerr 等（1970）。

Kerr 表明，因为向这种天然贫瘠的水中添加有机碳与添加氮和磷具有同样显著的效果，所以 $CO_2$ 可能限制了测试水中的生长速度，测试水是软水〔碱度只有 14mg/L $CaCO_3$；溶解无机碳（DIC）$=5mg/L$〕。异养生物和自养生物都受氮、磷和葡萄糖的刺激，同时添加这 3 种营养物质可使刺激达到最大化。很明显，这些水域中的生长速率受碳的限制大于受磷和氮的限制，但仍存在一个问题，因为添加葡萄糖的效果最小，所以在这种贫瘠的水中，添加葡萄糖在一年或更长的时间里能产生最大的长期效果吗？也就是说，从长远来看，哪种营养素最为缺乏（可控）？

Schindler（1971b，1974）在加拿大安大略省的一个低碱度（15mg/L $CaCO_3$）湖泊（湖泊 227）进行施肥试验，从湖泊管理的角度回答了后者也是最重要的一个问题。在该系统中，连续 3 个夏季每周添加氮和磷，添加量达到

10μg/L P。水中总无机碳没有发生变化，湖泊藻类含量的最大变化直到第 3 年才出现（图 6.36）。

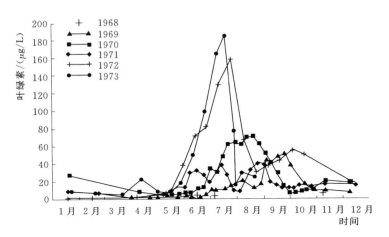

图 6.36  从 1969 年开始，每年向湖泊 227 的表层水中施加 0.48g/m² 磷和 6.29g/m² 氮，
湖中浮游植物现存量的响应。其他 6 个未施肥湖泊的叶绿素浓度从未超过 10μg/L。
所有的湖泊深度都不到 13m。注意，在施肥之前，湖泊 227 的现存量很低（＋），
与其他湖泊相似。无论碳浓度有多低，磷和氮的大量输入都会导致富营养化问题，
因为必需的碳是从大气中提取的（摘自 Schindler 和 Fee，1974）

土壤中溶解磷浓度对施肥的反应变化非常小，表明供应速率是重要因素。即使在这个低碳湖泊中，短期（数小时）原位光合作用试验显示碳是有限的（Schindler，1971b），如果氮和磷的输入保持足够长的时间，也可以产生大量的蓝藻（*Lyngbya* 和 *Oscilatoria*）。

Schindler（1971b；1974）通过用镭追踪 $CO_2$ 的扩散模式，表明碳的供应来源于大气，通过添加氮和磷，$CO_2$ 在短期内便会受到限制（正如 Kuentzel 假设、Kerr 证明的那样）。夏季施肥湖泊和未施肥湖泊中 $CO_2$ 浓度的模式如图 6.37 所示。

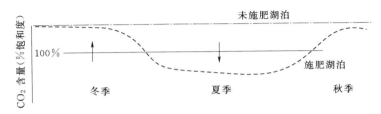

图 6.37  施肥湖泊和未施肥湖泊中 $CO_2$ 水平与 100％的空气饱和水平相比
（Schindler 的理想化，1971b）

箭头指示了施肥湖泊中 $CO_2$ 转移的确切方向，显示了额外的氮和磷增加了大气中 $CO_2$ 的供应，最终导致了藻类的大量繁殖。在碱度较高的湖泊中，藻类大量繁殖的问题可能会出现得更快，因为碳不会在短期内将生长率限制在该程度。

在另一个湖泊中（湖泊 304），产生了同样的结果，即随着磷、氮和碳的富集，藻类生物量逐渐增加。在这种情况下，尽管不断加入氮和碳，但当磷的输入停止时，生物量迅速下降（图 6.38），这表明磷是关键的营养物质。

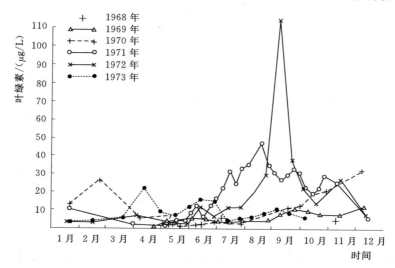

图 6.38　湖泊 304 表层浮游植物现存量（以叶绿素 $a$ 计）分别在施肥前（1968 年、1969 年和 1970 年），施加磷、氮、碳期间（1971 年和 1972 年）以及磷消除后，继续施加和氮和碳时（1973 年）的变化。结果表明磷控制在富营养化管理中的有效性
（Schindler 和 Fee，1974）

关于碳、磷和氮在富营养化中的作用，结论是，从长期来看，磷通常比氮或碳更重要，因为相对于生长需要，磷的供应通常少于氮或碳的供应，这是由于磷的来源更有限（没有大气来源），并且 $PO_4$ 更容易发生化学结合，所以相比于氮或碳，沉积物通常是磷的汇。生物量的长期影响会更明显（图 6.38）。

然而，在短期内，任何营养物质（通常是碳、氮或磷）都可能限制生长速度，在这种情况下，最具限制性（控制性）的营养物质通常可以用一种浓度与另一种浓度的比值来表示，如前所述。

### 6.5.6　物种演替和优势（为什么是蓝绿藻？）

湖沼学中最有趣、最具挑战性的课题之一是了解浮游植物物种的演替。虽然这本身就是一个问题，但它也是水质管理中的一个问题。如前所述的与温度和光照有关的一般情况，湖泊的演替是季节性的。通常在春季硅藻占优势，在夏季则是绿藻，在夏末是蓝绿藻（蓝细菌），秋季可能又是硅藻占优势。但这种模式有很大的可变性。其中最有趣的变化是随着富营养化的推进，磷的含量和藻类生物量随之提高，蓝绿藻在生长季节占据主导地位的趋势越来越明显（Smith，1990a；1990b）。蓝绿藻的害处很多，尤其是以下几点：①由于它们漂浮并聚集在一起，形成浮渣，导致湖泊的外观不雅；②导致海滩周围的恶臭以及饮用水的味道（气味）变坏；③造成捕食者—猎物食物链的效率降低，因为蓝绿藻是丝状的、群体性的，阻碍了滤食浮游动物的有效捕食；④当水华爆发时，蓝绿藻的毒性将直接影响哺乳动物和鱼类（有关毒性的更多信息，请参见第 6.6 节和第 7 章）。

　　水质管理面临的挑战是了解富营养化加剧时蓝绿藻占主导地位的原因。总磷浓度或负载量与水华百分比组成或水平概率之间的关系已得到了研究，并且对水质管理十分有益（Walker，1985；Sas，1989；Lathrop 等，1998）。然而，这些关系并不能解释蓝绿藻在浮游植物中获得和失去优势地位的机制。如果可以通过生物或化学方法更有效地利用添加到系统中的营养物质，那么富营养化（令人讨厌的蓝绿藻水华）带来的影响就可以减轻。这在由于实际或经济原因不能减少外部营养供应的情况下尤其具有价值（Shapiro 等，1975）。

　　前面讨论了光照和温度在浮游植物演替中的作用，得出的结论是，这些因素虽然重要，但不能解释无论是季节性还是随富营养化增加而出现的蓝绿藻优势现象。Shapiro（1990）得出的结论与此相同。

　　人们认为某些营养物质的不同需求有助于演替。在英国湖泊中，随着春季磷含量的下降，星杆藻（*Asterionella formosa*）和分歧锥囊藻（*Dinobryon divergens*）对磷的不同需求相继得到了满足，从而星杆藻向分歧锥囊藻演替（Lund，1950）。Rodhe（1948）提出了下列最佳细胞生长的溶解磷浓度（μg/L）范围：低磷，分歧锥囊藻和美洲尾藻（*Urogena americana*），下限小于 20，上限小于 20；中磷，星杆藻，下限小于 20，上限大于 20；高磷，四尾栅藻（*Scenedesmus quadricauda*），下限大于 20，上限大于 20。

　　绿球藻（如小球藻、栅藻）显然需要高浓度的胞外磷才能以最快速度生长（见上文），可能还需要氮和 $CO_2$。此外，蓝藻（至少是有害物种）在低可溶性浓度下生长良好，但需要高供应速率（即总浓度）才能产生高有害生物量。这些观点在接下来一些部分或完全解释蓝绿藻优势地位的假设的讨论中会十分明显。

　　假设 1 是基于蓝绿藻能够在低 $CO_2$ 浓度和高 pH 值下占据主导地位，这种情况会随着湖泊的富营养化而更加频繁地发生。如果通过添加 $CO_2$ 或 HCl 来增加 $CO_2$ 浓度并降低 pH 值，那么浮游植物群落应该从蓝绿藻转变为绿藻。

此外，通过再次提高 pH 值（和降低 $CO_2$ 浓度），蓝绿藻应该再次占据主导地位。这一假设首先由 King（1970；1972）提出，并由 Shapiro（1973；1984；1990）进一步证实。

King（1970；1972）通过对污水池的实验室和现场作业，提出了蓝绿藻（绿藻）优势受 $CO_2$ 控制的假设。该假设很容易用图 6.39 进行解释。在一定的碱度条件下，随着高光合速率和 $CO_2$ 消耗（由高氮和高磷刺激）提高 pH 值并降低 $CO_2$ 浓度，藻类群落将从以衣藻（*Chlamydamonas*）为主的群落发展到绿藻混合群落，最后发展为以蓝绿藻为主的群落。此外，King 认为，群落转变与特定水平的 $CO_2$ 有关，蓝绿藻优势地位的临界水平是 $7.5\mu mol/L$（0.33mg/L）。图 6.39 还表明，当水的碱度较低时，临界 $CO_2$ 浓度会在较低的 pH 值下达到。

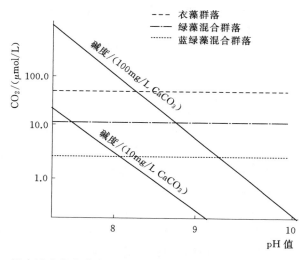

图 6.39　污水池中指定藻类群落的边界与碱度、pH 值和游离 $CO_2$ 的关系
（摘自 King，1970）

图 6.40 和图 6.41 进一步阐明了这一概念。图 6.40 显示了提供临界 $CO_2$ 水平的 pH 值和水的碱度之间的关系。蓝绿藻在高于曲线的 pH 值下占优势，绿藻在低于曲线的 pH 值下占优势。图 6.41 以化学计量的方式描述了去除足够的 $CO_2$ 以将 pH 值提高到提供临界浓度水平并从绿藻向蓝绿藻转换所需磷的量，所需磷的量随着水的碱度而变化。理论上，与高碱度水相比，低碱度水需要更少的磷富集来提高 pH 值，从而将 $CO_2$ 浓度降低到临界水平，这是因为较高的碱度提供了更多的缓冲，即对于去除一定量的 $CO_2$ 而言，pH 值的变化更小。

在华盛顿州 Moses 湖的 1m 深的袋子里进行了一项原位试验，该试验倾向

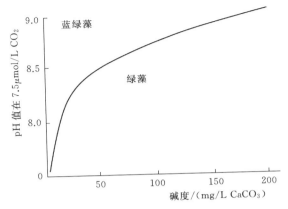

图 6.40 达到临界 $CO_2$ 浓度的 pH 值作为碱度的函数将绿藻和蓝绿藻分开
(King，1972)

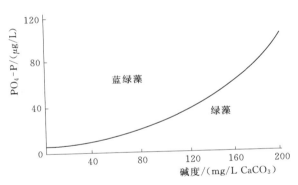

图 6.41 通过光合作用提取足够 $CO_2$ 所必须添加的假设磷量，从而将 pH 值提高到
能够提供作为碱度函数的临界 $CO_2$ 浓度的水平（King，1972）

于支持 King 的假设（Buckley，1971）。进行该试验是为了确定低营养稀释水对湖泊中藻类生物量和物种组成的影响，并通过添加氮和磷来确定哪种营养物是造成生物量随稀释水增加而成比例减少的原因。当氮（以 $NO_3$ 的形式）被替换时，随着氮的增加，pH 值增大，$CO_2$ 减小（表 6.9）。预计氮的增加会有利于绿藻的生长，因为绿藻在湖泊有污水进入，且所有常量营养物的浓度都很高的另一部分占主导地位。然而，蓝绿藻（主要是束丝藻）与绿藻的比例随氮的增加而增加（表 6.9）。注意，在 3 种处理方法中，$CO_2$ 的浓度都低于 King 的临界水平。当 $CO_2$ 浓度较低时，氮含量增加对束丝藻的益处在 Shapiro 后来的试验中可以得到解释。

**表 6.9**　　**在华盛顿州 Moses 湖持续 1.5 周的 1m 深塑料袋试验中，**

**蓝绿藻细胞数与绿藻细胞数的比值、最大 pH 值和最小 $CO_2$ 浓度**

| $NO_3 N/(mg/L)$ | 最大 pH 值 | 最小 $CO_2$ 浓度/(mg/L) | 蓝绿藻：绿藻 |
|---|---|---|---|
| 0.74 | 10.1 | 0.02 | 1.9：1 |
| 0.5 | 9.8 | 0.07 | 1.4：1 |
| 0.23 | 9.6 | 0.1 | 0.9：1 |

资料来源：Buckley (1971)。

　　Shapiro 的试验最初是利用明尼苏达州富营养化的 Emily 湖中蓝绿藻为主的浮游植物群落，在直径为 1m、深为 1.5m 的聚乙烯圆柱体中原位进行的（图 6.41）。在氮含量为 $700\mu g/L$、磷含量为 $100\mu g/L$ 的地方添加营养物质，一开始 pH 值降至 5.5，但之后降至不同水平。在添加氮、磷和 $CO_2$ 以使 pH 值为 5.5 的 20 个原位试验中，除了一个以外，所有试验都发生了向绿藻的转变。在另外 10 个湖泊中，通常是在加入 HCl 降低 pH 值时观察到了一致的转变。然而，如果不添加氮和磷，通常不会发生这种转变，而且如果 pH 值在高于 5.5 的水平时停止下降，这种转变则不一致。在通过降低 pH 值实现向绿藻的转变后，添加 KOH，在一定程度上也可实现由绿藻变回蓝绿藻的转变（图 6.42 的最右边）。

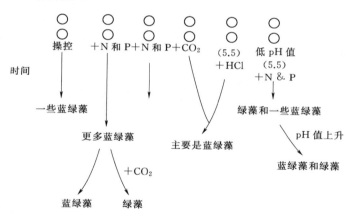

图 6.42　Shapiro（1973）的试验显示了 $CO_2$ 在导致绿藻和蓝绿藻优势的
转变中的重要性（示意图来自个人交流）

　　总的结论似乎已经十分清楚：取决于达到的 $CO_2$ 水平的氮和磷的富营养化加剧（或任何一种受限）会导致绿藻（绿藻更容易在食物网中被消耗）和蓝绿藻（蓝绿藻不太容易被消耗且对环境有害）中的一种占据主导地位。这种转变机制被认为是由于蓝绿藻的半饱和吸收常数通常比绿藻的低，因此，随着 $CO_2$ 的减少，蓝绿藻比绿藻更有竞争力。然而，Shapiro（1984）对此表示怀疑，尽管 Long（1976）已经确定了这种吸收动力学，原因是这种转变不是随着优势地位的逐渐变化而发生的，而是蓝绿藻突然崩溃，随后水中的氮和磷增加，这可能是由于噬藻体导致细胞裂解的结果。然而，Shapiro（1997）证明，以蓝绿藻为主的浮游植物群落比以绿藻为主的浮游植物群落表现出更有利的 $CO_2$ 吸收动力学。

Goldman（1973）对游离 $CO_2$ 浓度是导致蓝绿藻或绿藻优势地位的关键因素这一观点提出了质疑，他认为游离 $CO_2$ 浓度对生长率并不重要，相反，藻类生长与 $C_T$ 有关。King 和 Novak（1974）也对这一论点提出了质疑，虽然争论非常激烈，但没有达成共识。然而，根据 Shapiro 的试验（Shapiro，1973；Shapiro 等，1975），藻类生长确实对游离 $CO_2$ 有反应，因为 $CO_2$ 是通过用酸降低 pH 值而增加的，这在短期内不应该导致 $C_T$ 的减少。

为了大规模检验金-夏皮罗假说（King - Shapiro hypothesis），1993 年夏天，在威斯康星州高营养、低碱度的 Squaw 湖的两个流域进行了一项试验（Shapiro，1997）。对南部流域（9.1hm$^2$；平均深度 2.55m）进行人工 $CO_2$ 循环富集，而北部流域（16.8hm$^2$；平均深度 2.92m）未经任何处理。北部流域的 pH 值超过 10，而富营养化的南部流域整个夏季 pH 值都保持在 7 左右。尽管 pH 值/$CO_2$ 条件形成鲜明对比，但在两个流域中，大量束丝藻和鱼腥藻的生长情况相似，叶绿素 $a$ 浓度超过 $300\mu g/L$。虽然蓝绿藻水华的初始生长不依赖于 pH 值/$CO_2$ 条件，但蓝绿藻更有利的 $CO_2$ 动力学使它们在夏季继续占据优势地位。

假设 2 与蓝绿藻拥有的浮力机制有关，也与刚刚描述的 $CO_2$/pH 值/N 和 P 现象相互关联。Reynolds 等（1987）回顾了关于这一现象的研究状况。蓝绿藻有气泡，气泡由蛋白质气囊堆组成，为气泡提供刚性。气囊的产生可以使蓝绿藻在水体中垂直迁移，而气囊的破裂便使蓝绿藻下沉。颤藻和鞘丝藻便是例子，它们倾向于保持中等浮力以占据深的中营养湖泊的中间深度，该深度处的营养物比营养物相对缺乏但光照和混合充足的表层更易获得。它们的细丝很小，为下沉提供了很高的"形状阻力系数"。随着营养含量的增加，气囊的产生将增加，细胞将上升到光照区（Klemer 等，1982；Booker 和 Walsby，1981）。随着碳水化合物（光合成酶）（Grant 和 Walsby，1977）和钾（Reynolds，1975；Allison 和 Walsby，1981；Reynold，1987）在细胞内积聚，光合作用加强，细胞膨压增加，导致细胞密度加大，进一步导致气囊破裂。通过作为压载物的多糖在细胞内的积累，细胞密度的增加也会导致下沉（Klemer 等，1988；Klemer 和 Konopka，1989）。

在 $CO_2$ 和（或）光照限制光合作用但氮和磷充足的深度处，之前积累的光合产物可以同化为蛋白质并导致细胞分裂。细胞分裂时光合产物的"稀释"，

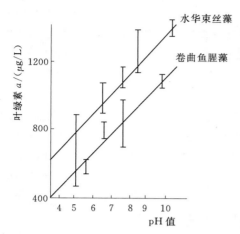

图 6.43　两种蓝绿藻暴露于不断增加的 pH 值和随后的低 $CO_2$ 浓度时的浮力响应（Paerl 和 Ustach，1982）。叶绿素 $a$ 含量来自 2h 后 100mL 量筒的上部 10mL

或者多糖的利用和压载物的耗尽，都会降低膨压。这种对 $CO_2$ 限制和氮富集的浮力响应已经在颤藻中得到了证明（Klemer 等，1982），对氮和磷富集的浮力响应已经在鱼腥藻中得到了证明（Booker 和 Wallsby，1981），对 $CO_2$ 限制（通过调节 pH 值）的浮力响应已经在鱼腥藻和束丝藻中得到了证明（Paerl 和 Ustach，1982）。后一个试验清楚地显示了增加 pH 值（从而降低游离 $CO_2$ 含量）对蓝绿藻浮力的影响（图 6.43）。最近，Klemer 和 Konopka（1989）认为，只有当其他常量营养素受到限制时，低 $CO_2$ 含量才能增加浮力。在他们的试验中，如果氮和磷不受限制，那么浮力与无机碳的增加直接相关，也就是说，同时添加氮、磷和碳比仅添加氮和磷而不添加碳能够提升更多的浮力。

大型微囊藻群体在 15m 深的水体中完成下沉或漂浮的时间仅需几个小时，而颤藻细丝却需要许多天（Reynolds，1987）。因此，像微囊藻这样的物种（典型是鱼腥藻和束丝藻）最适合于相当混浊、稳定（或混合/稳定交替）的水体，在这种水体中它们可以对养分和光照进行相当快速的垂直偏移，而颤藻则更适合于较深、较清澈的水域，在这种水域中即使混合良好，它们也可以在低光照条件下保持在混合层之下，并抵抗营养物从有营养的深处运输。随着湖泊营养变得更加丰富，颗粒物质的增加限制了光线的穿透，蓝绿藻及其浮力调节机制在强烈分层或一昼夜部分混合的条件下更有利。这些条件不利于硅藻和绿藻，因为它们都生长得更快，需要比蓝绿藻更强的光照水平，并且缺乏浮力机制（Reynolds，1987）。Spencer 和 King（1987）表明，即使在 1.8m 的池塘中，光梯度也足以促进鱼腥藻的强大漂浮（下沉）行为，从而导致其优势地位。

Knoechel 和 Kalff（1975）利用浮力调节解释了为什么蓝绿藻（鱼腥藻）会在夏末取代硅藻（平板藻）成为主导物种。由于这两个物种的特定生长率没有差异，作者得出结论，随着热分层的发展和湖上层的加深，混合减少，这是物种转变的主要原因，也就是说，这种条件有利于蓝绿藻，因为它的下沉速度小于需要依靠混合来保持悬浮的硅藻。蓝绿藻下沉或漂浮的减少可能是由

$CO_2/pH$ 值的变化引起的，但是作者没有调查这一方面。

　　浮力机制显然未能在因高浓度非藻类颗粒物质而混浊的湖泊和水库中帮助蓝绿藻获得优势。黏土颗粒能够特别有效地附着在黏性覆盖物上，从而絮凝在蓝绿藻上，并有利于绿藻和硅藻（Cuker 等，1990）。有几种说法认为，蓝绿藻丰度或分数在混浊系统中远低于预期（Cuker，1987；Sballe 和 Kimmel，1988；Smith，1990b），这被认为是绿藻继续占据 Moses Lake 富含污水的分支的一个可能的解释，即使污水已经被改道（Welch 等，1992）。

　　假设 3 涉及浮游动物及其提升不可食用群体和丝状蓝绿藻优势地位的能力。它们通过摄食小型可食用物种，让不可食用物种占据主导地位，或者在食用这些可食用物种后回收营养物，这对于不可食用的大型蓝绿藻十分有利（Porter，1972；1977）。一些蓝绿藻对动物的毒性也是防止被摄食的一种保护措施。对于涉及这些假设的检验文献，Burns（1987）和 Lampert（1987）分别通过原位围隔试验和实验室试验进行了回顾。

　　即使是大型高效牧食动物（例如水蚤）通常也会避免食用大多数蓝绿藻，因为这些蓝绿藻要么太大而无法消化（微囊藻、束丝藻和鱼腥藻），要么是细丝（颤藻属和鞘丝藻），会干扰滤食机制，从而影响浮游动物的生长和存活。此外，一些蓝绿藻可能会产生毒素，抑制浮游动物（尤其是滤食性动物）的生长和繁殖（Arnold，1971；Lampert，1981）。所有这些机制都导致蓝绿藻占据更大的优势地位。虽然原位围隔试验中蓝绿藻（尤其是小群落）的减少与大型浮游动物的摄食有关（Lynch 和 Shapiro，1981；Ganf，1983），但是其他结果表明浮游动物对蓝绿藻丰度几乎没有或没有直接影响（Porter，1977；Reynolds 等，1987）。大型滤食性浮游动物消耗蓝绿藻的程度取决于群落的大小，并且蓝绿藻的毒性是否有不利影响取决于蓝绿藻的生长阶段。虽然已经观察到许多浮游动物和蓝绿藻之间的相互作用，但没有一致的反应模式，因此这一假设不能被视为一般情况。浮游动物不喜摄食蓝绿藻，相反，它们对硅藻和绿藻的摄食被证明可以阻碍鱼腥藻（*Anabaena elenkinii*）在富营养化池塘中产生水华。摄食清除了水中高密度的硅藻和绿藻，从而避免出现低光照和低 $CO_2$ 条件，这通常会通过浮力刺激而有利于蓝绿藻（Spencer 和 King，1987）。

　　假设 4 涉及氮和磷的需求。一方面，有一些证据表明，低浓度的磷可能对蓝绿藻有利，而且低浓度的碳也可能对蓝绿藻有利。据 Shapiro（1973）的报告，蓝绿藻对 $^{32}PO_4 - P$ 的吸收速率低于绿藻。此外，Ahlgren（1977）发现，在连续流培养试验中，颤藻（*Oscillatoria agardii*）生长的 $K_s$ 仅为约 $1\mu g/L$，而其最大生长速率需要的 $K_s$ 约为 $10\mu g/L$。

　　另一方面，Smith（1982，1983，1986）提出了低氮磷比对蓝绿藻有利的假设，这意味着高磷浓度是有益的。Smith 在 17 个湖泊的研究中显示，在总氮与总磷比大于 29：1 的湖泊中，浮游植物中蓝绿藻的百分比小于 10％，但在总氮与总磷比较低时，会观察到不同的百分比。其基本原理是，蓝绿藻所需的细胞氮磷比较其他藻类低，随着环境氮磷比的降低（随着富营养化的进行），蓝绿藻能够更好地利用现有的营养资源。一些蓝绿藻具有的固氮功能也可能是产生观察结果的原因。他还提出了一些证据，表明低透明度以及低总氮总磷比促进了蓝绿藻的优势地位。

微量金属（生长所需）的缺乏或低浓度也被认为会影响浮游植物的优势地位。在人工施肥的华盛顿州 Fern 湖中（Olson，个人交流），完全培养基施肥（包括所有微量元素）导致硅藻水华，浮游动物增多，而磷酸铵施肥则导致鱼腥藻水华，浮游动物相对较少。

假设 5 涉及蓝绿藻的化感排泄产物，这些排泄产物抑制其他藻类，因此有利于蓝绿藻的优势地位。Vance（1965）已经证明了这一点，他发现只有微囊藻在以其为主体的池塘中生长良好。Keating（1977）发现康涅狄格州的 Linsley 池塘夏季出现大量蓝绿藻水华，冬季冲刷率低，随后春季硅藻生长较差，反之亦然。

假设 6 是二氧化硅耗尽的概念。氮和磷的增加会耗尽在水体中再生十分缓慢的二氧化硅，从而限制硅藻的生长，这为蓝绿藻留下更多的营养物。Schelske 和 Stoermer（1971）认为，Michigan 湖南部逐渐转变为以蓝绿藻为主，是因为二氧化硅正在枯竭。Schelske 等（1986）表明，在分层期之后剩余的硅储量与总磷含量成反比。

假设 7 表明蓝绿藻水华可能源自沉积物（Fitzgerald，1964；Silvey 等，1972；Osgood，1988b），并可能通过之前讨论过的浮力机制上升到水体中。沉积物中可能全年都存在蓝绿藻的存活种群（Roelofs 和 Ogelsby，1970；Kappers，1976；Fallon 和 Brock，1984；Reynolds 等，1981；Ahlgren 等，1988 a）。当条件有利时，一部分有生存能力的种群会上升到水体中，尽管目前还不清楚产生这种现象的诱发因素。

Trimbee 和 Harris（1984）捕获了从沉积物中上升的铜绿微囊藻、湖生束球藻（*Gomphosphaeria lacustris*）和盘氏鞘丝藻（*Lyngbya birgei*），其数量相当于水体最大生物量的 2％～4％。沉积物中微囊藻种群上升到水体中的诱发因素可能与春季低溶解氧和光照增强的开始有关，沉积物种群的增长响应可以表明这一点（Reynolds 等，1981）。更直接地说，Trimbee 和 Prepas（1988）已表明，在 39 个北温带湖泊的浮游植物中，蓝绿藻的分解与 OXYD 指数成反比，OXYD 指数是平均深度和有氧沉积物比例的乘积。该观点支持沉积物中蓝绿藻的补充更容易发生在浅水湖泊，并且缺氧条件对此有利的假设。此外，缺氧条件可能表明磷的高内部负荷，这可能是增加蓝绿藻的有利因素。

其他物种，如束丝藻和水华鱼腥藻，虽然在营养形态上不如微囊藻持久，但它们有休眠孢子（厚壁孢子 akinetes），可能在越冬和随后的水华过程中起着重要作用。然而，厚壁孢子在诱发蓝绿藻水华中的作用尚未确定（Wildman等，1975；Rother 和 Fay，1977；Jones，1979）。Barbiero（1991）和 Welch（1992）观察到，沉积物中胶刺藻种群（存水湾捕获的）的迁移对水体水华的贡献远远超过 50%。

在华盛顿州西部的 Sammamish 湖，微囊藻占捕获迁移蓝藻的 89% ～ 99%，鱼腥藻是另一个迁移分类群（Johnston 和 Jacoby，2003）。浅水站（9m）的迁移率是深水站（19 m）的两倍多，较浅地点的迁移率较高，这与其他研究一致（例如，威斯康星州的 Mendota 湖，Hansson 等，1994；密歇根州的 Long 湖，Hansson，1995；华盛顿州的 Green 湖，Barbiero 和 Welch，1992；Perakis 等，1996）。

温度和光照的增加可以解释为什么较浅区域的迁移率较高。Green 湖的迁移率增加与其水温升高相对应（Barbiero 和 Welch，1992；Perakis 等，1996；Sonnichsen 等，1997）。同样，据 Thomas 和 Walsby（1986）记录，随着水温降低，微囊藻的迁移率减少。光对厚壁孢子生长的刺激作用也可以解释为什么浅水区迁移率较高（Singh 和 Sunita，1974）。或者，Hansson 等（1994）假设一种化学物质可能与分层条件有关，从而阻碍迁移，抑或与分层有关的明显温跃层可能成为从较深沉积物迁移的物理屏障。我们对控制蓝藻迁移的机制知之甚少，需要进一步研究。

正如上述假设所证明的，许多因素与促进蓝绿藻优势地位有关，例如氮的固定、低可溶性磷浓度、低 $CO_2$ 浓度（高 pH 值）、低氮磷比、水体稳定性、低透明度、浮力、摄食的减少、高温、二氧化硅的耗尽和化感作用。在特定试验或测试地点条件下，可以对每一个因素进行案例分析。然而，在富营养化的湖泊中，其中一些因素彼此高度相关。例如，夏季高度富营养化的湖泊通常具有以下条件：表水层温度高；水体稳定；表层沉积物中 $CO_2$ 含量低（pH 值高）；由于藻类生物量高，透明度低；由于磷的内部负荷和脱氮造成的氮损失，氮磷比低；由于春季硅藻水华期间的高产率和损失，二氧化硅含量可能较低。每种因素的情况主要是通过相关性和实验室或原位袋试验得出的，这些试验并不能证明整个湖泊条件下的因果关系，因为在整个湖泊条件下有多种因素同时作用。因果关系只有通过试验证明才最具说服力，因为在整个湖泊环境中，诱发因素会发生变化，藻类优势地位也会随着条件的改变而变化。例如，Stockner 和 Shortreed（1988）给某个湖泊的一个分支进行低氮磷比肥料处理，促进鱼腥藻繁殖，与另一分支形成对比。随后，受影响分支的氮磷比升高，鱼腥藻减少。我们还从 Shapiro 的 Squaw 湖试验中知道，高 $CO_2$ 浓度和低 pH 值并不能阻止蓝绿藻水华的生长。

其中一些因素对蓝绿藻优势的排他性影响可能会引起怀疑。大多数蓝绿藻具有相对较高的温度最佳值，这是通过试验确定的，但水华在低温下产生过，并且许多绿藻具有与蓝绿藻一样高或更高的温度最佳值（见第 6.4 节）。如果低可溶性磷和高温对蓝绿藻有利，那么贫营养湖泊和富营养湖泊中都存在这些条件。Tahoe 湖和 Crater 湖的氮磷比非常低，但是蓝绿藻在这两个湖泊中并不具有优势地位。浮游动物的摄食效率、生长和繁殖通常随着大型藻类群体和丝状蓝绿藻的增加而降低。这应该有助于蓝绿藻占优势地位，但是如果大型浮游动物的摄食得到加强，从而清除水中的可食用藻类（这种藻类比大型块状蓝绿藻的削光能力更强），那么蓝绿藻的浮力机制就不那么有效了。

因此，这些因素的某种组合（可能因时间和地点而异），似乎是对蓝绿藻优势地位的最可能的解释。以下一般情况被认为是在某些条件下蓝绿藻优势地位的解释。氮和磷的增加导致生产率提高，从而导致表层水中的 pH 值升高、$CO_2$ 含量降低以及透光率降低，仅仅这些条件就有利于蓝绿藻，因为它们能够在低 $CO_2$ 下生长，并通过浮力机制获得光照。此外，水体的稳定性促使缺氧条件的产生，缺氧会导致磷含量增加，尤其是在湖下层和浅水湖泊中。湖水表面温度高（直接有利于蓝绿藻），也符合稳定性。蓝绿藻可以通过浮力调节来利用这种物理化学分层的环境。在光照不受限制的湖水表面，高光合作用以及氮和（或）磷对生长的限制，会使多糖压载物的积累超过生长需求，从而导致浮力损失。然后蓝绿藻便可以利用深处的高营养成分，一旦压载物通过生长被消耗掉，浮力就会增加。这种表层水营养含量低、混合少的环境对于不具有浮力机制的物种是不利的，它们往往会从透光区永久下沉。这种情况倾向于符合浅水湖泊中交替稳定状态的概念（见第 9.7 节）。

# 6.6　蓝藻毒性

在世界各地的报道中，部分蓝藻物种产生的有毒化合物（"蓝藻毒素"）会直接导致当地的牲畜、野生动物和宠物出现中毒症状（见评述，Carmichael，1994；Chorus 和 Bartram，1999；Chorus，2001）。虽然人类在 100 多年前就已经发现了这种现象（Francis，1878），但直到最近几年人类才开始对蓝藻产生毒性的原因及其后果进行深入的研究调查。究其原因，Chorus（2001）指出，在过去 20 年中，有两个因素引发了对蓝藻毒性的深入研究。其中一个因素是，全球许多水体富营养化加速，蓝藻水华发生率增加；另一个因素是分析技术的发展，可以确定蓝藻毒素的结构和浓度。在此之前，检测蓝藻毒素的主要方法是小鼠生物测定法，这种方法的敏感度相对较低，只能提供毒素存在的阳性或阴性指示。而现在发明了多种快速且灵敏地蓝藻毒素检测技术，包括酶联免疫吸附测定法（ELISA）（Chu 等，1990）、蛋白磷酸酶抑制试验法（PPIA）和高效液相层析法（HPLC）（Chorus，2001）。

## 6.6.1　蓝藻毒素的出现

蓝藻毒素的成分较为复杂，包括的化学物质和毒性机制也是五花八门（见评述，Carmichael，1994；Sivonen 和 Jones，1999）。蓝藻毒素的主要类别包括：环肽，主要是肝毒素（微囊藻毒素和球化蛋白）；生物碱和有机磷酸酯，它们是强神经毒素［anatoxin – a、anatoxin – a（S）和 saxitoxins］；环胍生物碱，它会抑制蛋白质的合成（cylin – drospermopsin）；脂多糖，具有高热特性；皮肤毒性生物碱（aplysiatoxins 和 lyngbyatoxins）（Chorus，2001）。

其中，肝毒素和神经毒素是最受关注的两种蓝藻毒素，因为它们分布十分普遍，并且对动物具有致死作用。肝毒素的毒性机制顾名思义，主要体现在损害肝组织，导致肝功能衰竭甚至死亡（Carmichael，1994），除此之外，它也能够抑制所有真核细胞中特定蛋白磷酸酶的抗体识别（Falconer，1993）。肝毒素分为两种，一种是含有 7 种氨基酸的肝毒素，它被称为微囊藻毒素（由微囊藻、阿氏浮丝藻、红色浮丝藻和鱼腥藻产生），另一种是含有 5 种氨基酸的肝毒素，也被称为节球藻毒素（由泡沫节球藻产生）。此外，微囊藻毒素被认为是肿瘤促进剂和致畸剂（Falconer 等，1983；Falconer 和 Humpage，1996）。

神经毒素主要由鱼腥藻属菌株产生，其中之一的蛤蚌毒素（saxitoxins）可以由鱼腥藻和束丝藻的某些菌株产生，几种能导致麻痹性贝类中毒（PSP）的海洋甲藻（marine dinoflagellate）也产生这种毒素。神经毒素可以模拟神经递质乙酰胆（anatoxin – a）的工作机制并替代它，从而破坏正常的神经信息传导，也可以抑制乙酰胆碱酯酶［anatoxin – a（S）］的正常催化效率，造成肌肉细胞的过度刺激（Carmichael，1994），被神经毒素毒害的动物所表现出来的症状为过多的流涎、蹒跚、肌肉收缩、呕吐、腹泻、呼吸衰竭，甚至死亡。

Chorus（2001）在对不同国家的进行调查比较时发现微囊藻毒素的检出频率高于蓝藻神经毒素。并且在丹麦、德国、葡萄牙和韩国的研究中发现，微囊藻毒素至少存在于 60% 的样本中（捷克研究中 90% 的样本检测到微胱氨酸）。在这些调查研究的案例中，仅有 1/4 或更少的案例记录了神经毒性水华（Chorus，2001）。因此，由于微囊藻毒素的广泛存在性和潜在的慢性毒性，微囊藻毒素已俨然成为蓝藻毒性调查和公共卫生指南制定的重点关注对象。

微囊藻毒素主要存在于蓝藻细胞内，而不是以溶解形式存在于细胞外。尽管存在地理差异，但仍为常见的蓝藻类群建立了胞内微囊藻毒素的特征范围。在德国、捷克和韩国汇总的数据集中，对于微囊藻占主导地位的样本，微囊藻毒素含量的中值范围为 $800 \sim 900 \mu g/g$，最大值范围为 $1500 \sim 5800 \mu g/g$（Chorus，2001）。在丹麦的数据集中发现了较低的含量（平均值为 $160 \mu g/g$；最大值为 $1280 \mu g/g$），而在葡萄牙的数据中观察到更高的含量（平均值为 $4100 \mu g/g$；最大值为 $7100 \mu g/g$）。美国也测量到类似含量水平的微囊藻毒素，在华盛顿州西部，Steilacoom 湖中的微囊藻毒素浓度水平为 $200 \sim 1400 \mu g/g$（Jacoby 等，2000），Sammamish 湖中的微囊藻毒素浓度水平（物质干重）为 $300 \sim 500 \mu g/g$（Johnston 和 Jacoby，2003）。

为便于人类健康风险的评估，科学家们将每升水中细胞内微囊藻毒素的浓度水平作为评判标准。在 Chorus（2001）对不同国家水体的分析报告中，浮游生物浓度一般不超过几微克每升，但偶尔也达到几百微克每升。然而，在水体表面浮渣较为密集的情况下，微囊藻毒素的浓度可能要高得多（大于 $10 mg/L$）（Chorus，2001）。在美国华盛顿州西部的几个湖泊中，微囊藻毒素的浓度与这些欧洲国家的研究结果相差无几（Johnston 和 Jacoby，2003）。在 Waughop 湖和 Steilacoom 湖分别测得的微囊藻毒素浓度为 $0.8 \mu g/L$ 和 $13 \mu g/L$。在 Sammamish 湖，整个湖泊所有深度的微囊藻毒素浓度范围为 $0.19 \sim 3.8 \mu g/L$，只有湖岸线上的一个微小浮渣样本除外，其浓度为 $43 \mu g/L$。在华盛顿州西雅图的 Green 湖中测量到的微囊藻毒素浓度竟高达 $32 \mu g/L$（Johnston 和 Jacoby，2003）。

### 6.6.2　环境因素

如第 6.5.6 节所述，蓝藻在水生态系统中的广泛存在性可以归因于许多因素。比如，它们具有通过气泡来调节浮力的能力，因为其体积大并且适食性低，对浮游动物的摄食具有有效的抑制力，同时在一些恶劣条件下，如低 $CO_2$ 浓度、高 pH 值、低氮磷比（通常伴随富营养化）等不适合其他水生植物生长的情况下，它们仍具有顽强的生命力（Reynolds，1987；Paerl，1988，1996；Shapiro，1990；Hyenstrand 等，1998）。蓝藻能够在水生态环境中广泛存在并且数量占优是上述原因综合作用的结果。这种优势一旦建立，蓝藻可能会进一步改变环境条件以利于它们的生长（例如，由于 $CO_2$ 耗尽而提高了 pH 值，由于表面浮渣的形成而降低了对其他浮游植物的光透明度）。

天然爆发的水华中，蓝藻所含毒性的形成和变化会随着环境的变化而变化。由于湖泊形态、营养物含量、天气和其他影响生长、积累和扩散的环境条件不同，蓝藻的毒性可能在不同湖泊之间，湖泊内部的不同部分，同一湖泊不同年份以及一年内的不同时间段都会有很大差异，有毒菌株和无毒菌株在水华中的数量占比也决定了毒性的强弱。

目前，针对哪些是有毒蓝藻快速发育的关键性因素以及哪些环境变量对它会产生较大影响等方面的研究非常少。1994 年和 1995 年的夏季，在华盛顿州的 Steilacoom 湖展开了一项上述研究（Jacoby 等，2000）。铜绿微囊藻在 1994 年夏季产生有毒水华，但在 1995 年夏季没有出现，专家猜测 1994 年促进有毒水华产生的湖泊特征是水体透明度低、水体稳定性强、表层水温度高、pH 值高以及湖水冲刷少。1994 年期间，银鲑鱼的大量增加以及微囊藻对浮游动物摄食的抑制，致使浮游动物丰度较低，因此 1994 年期间水体透明度较低可能是由于浮游动物丰度显著下降而造成的，从而导致浮游动物对浮游植物的摄食量减少。Jacoby 等（2000）推测微囊藻在 1994 年比其他蓝藻生长更快更好的原因是当年水中氮磷比低，硝态氮含量低，且铵态氮含量充足（Hyenstrand 等，1998）。

还有一项类似的研究，1997 年 9 月以及 1999 年 8 月底和 9 月初，Sammamish 湖爆发了密集的铜绿微囊藻水华，在此期间检测到了微囊藻毒素，而蓝藻丰度较低（Johnston 和 Jacoby，2003）。在 1997 年和 1999 年爆发的毒性水华中，微囊藻的出现与水体的稳定、表面总磷浓度的增加（$>10\mu g/L$）、表面温度的升高（$>22℃$）以及水体透明度的提高（高达约 5.5m）等因素密切相关。1997 年毒性水华爆发之前的强降雨造成了水中营养物质的超量，这可能是导致水华爆发以及存在较长时间的主要原因。而在 1999 年，尽管缺少雨水，但随后发生外部径流，所以还是出现了有毒微囊藻。1999 年检测到了有毒微囊藻，是因为在湖泊的深处和浅处都存在微囊藻的迁移。

毒素浓度和蓝藻生物量之间的内在联系在不同的研究中具有很大的差异。在一些研究中，蓝藻生物量和微囊藻毒素浓度之间没有直接关系（Watanabe 等，1994；Jacoby 等，2000）。而在另一些研究中，微囊藻毒素浓度与蓝藻生物量呈正相关（Kotak 等，1995，1996）。菌株组成（即有毒菌株和无毒菌株的百分比组成）似乎是天然蓝藻种群中微囊藻毒素浓度的一个关键决定因素，它能够解释大多数情况下微囊藻毒素和生物量之间的可变关系（Chorus，2001）。

在德国 55 个水体中测得的微囊藻毒素：叶绿素 $a$（$\mu g：\mu g$）比值大多为 0.1~0.5，最大值为 1~2（Fastner 等，1999）。在 1999 年毒性水华期间，在 Sammamish 湖所测得的微囊藻毒素叶绿素 $a$ 比率略高（0.4~6.4），滞温层的比率最高（平均值为 3.2）（Johnston 和 Jacoby，2003）。可以看出 Sammamish 湖微囊藻株的毒素含量相对较高，表明湖泊在娱乐用途方面，特别是在水华期间，对健康产生不利影响的可能性增加。

在蓝藻毒性研究中，因为可以普遍地检测到微囊藻毒素，也检测到神经毒素，所以导致动物急性中毒。华盛顿州西部第一个有记载的蓝藻中毒案例发生在 1989 年冬季的美国湖 （塔科马附近），该事件造成 11 只动物中毒，包括 5 只猫中毒身亡，据推测罪魁祸首是由于鱼腥藻毒素 （anatoxin‑a），该毒素是从水华鱼腥藻中分离出来的 （Jacoby 等，1994）。这种有毒水华是不同寻常的，因为它发生在贫营养—中营养湖泊的低光照和低温条件下的冬季。雅各比等 （1994）将冬季水华的出现归因于冬季更替后磷的可利用性增高，由于湖水中铁含量极低，所以整个冬季磷的可利用性一直很高。

### 6.6.3 人类健康影响

人们关于蓝藻毒素对人类的影响知之甚少。人类一般情况下通过饮用水源或者娱乐时使用含有蓝藻水华的水体而接触到蓝藻毒素，接触蓝藻毒素会引起多种不适症状和疾病，包括肝中毒、神经中毒、胃肠和呼吸病症以及过敏反应和皮肤毒性反应。尽管与接触蓝藻有关的人类疾病已报道多年，但很少进行临床研究。可以在 Chorus 和 Bartram （1999）和 Chorus （2001）中找到相关论述。

铜绿微囊藻中产生的微囊藻毒素，人们发现它会大大增加人类患肿瘤的风险 （Falconer 和 Humpage，1996）。中国部分地区肝癌发病率的上升可能与当地饮用水中的蓝藻毒素有关 （Yu，1989；Carmichael，1994；Falconer 和 Humpage，1996）。此外，反复接触低浓度的此类毒素可能导致慢性胃肠和肝脏疾病的发生 （Falconer，1996）。据悉，巴西血液透析中心接触蓝藻毒素直接或间接导致 60 名肾透析患者死亡 （Jochimsen 等，1998），迄今为止，这是唯一一起已知的因接触蓝藻毒素而导致人类死亡的事件。

在娱乐性水上活动中，如游泳和滑水，也会接触到蓝藻毒素。特别需要注意的是，儿童在浮渣积聚的浅水区玩耍时，可能会摄入大量蓝藻细胞，除摄入外，还可能通过呼吸和皮肤接触蓝藻细胞而对身体健康造成伤害。许多病例报告中显示通过娱乐活动接触到蓝藻毒素而引起的疾病，具体症状表现为头痛、恶心、腹泻、皮肤和眼睛刺痛、喉咙痛、呕吐和口腔溃疡等 （Chorus 和 Bartram，1999；Chorus，2001）。Pilotto 等 （1997）在对 852 名游泳时接触到蓝藻毒素的人进行的流行病学调查中发现，这些症状与接触蓝藻有关，但令人惊讶的是，这些症状与微囊藻毒素或神经毒素的浓度没有直接关系。

因为在全球饮用水和娱乐水域中越来越频繁地检测到蓝藻毒素，所以这对水资源管理人员提出了更严峻的挑战。世界卫生组织 （WHO）颁布了一项准则，规定饮用水中微囊藻毒素浓度不得超过 $1\mu g/L$ （WHO，1998；Chorus 和

Bartram，1999）。一些国家还制定了娱乐活动用水中有关微囊藻毒素浓度的准则，例如，德国联邦环境署建议，如果叶绿素 $a$ 的浓度超过 $40\mu g/L$ 且蓝藻占水体中的主导地位，则应张贴警告标志并进行补救调查（Chorus 等，2000；Chorus，2001）。如果叶绿素 $a$ 的浓度超过 $150\mu g/L$ 或微囊藻毒素总浓度超过 $100\mu g/L$，则建议关闭游泳海滩，直到水华消退。世界卫生组织的指南根据蓝藻丰度划分了 3 个级别的危害，蓝藻丰度通过叶绿素 $a$ 浓度或细胞密度来测量（Falconer 等，1999）。然而，微囊藻毒素的叶绿素 $a$ 比值具有很大的可变性，迄今为止仅在少数研究中有记录（Fastner 等，1999；Johnston 和 Jacoby，2003），这表明微囊藻毒素的直接测量是确定蓝藻毒性强弱较为准确的指标。

### 6.6.4　湖泊和水库中有毒蓝藻的控制

迄今为止，人类已经采取过多种措施来杀死或清除湖泊和水库中的蓝藻，然而，蓝藻的长期控制需要同时减少外部和内部两个方向来源的磷输入（见第 10 章）。对于有毒蓝藻引起的公共健康问题，相关部门应该立即采取积极的控制措施，既要有效控制蓝藻的爆发，还要尽可能地减少其环境毒性。就这一点而言，不建议使用铜除藻剂（如硫酸铜）来处理蓝藻水华。因为这些化学物质会导致蓝藻细胞溶解，将毒素释放到水中（Kennefick 等，1993；Jones 和 Orr，1994；Lam 等，1995），而胞外可溶性毒素更难通过常规水处理工艺（如凝结、氯化和砂滤）去除（Hitzfeld 等，2000），所以使用杀藻剂实际上可能会大大增加人类直接接触到饮用水中蓝藻毒素的可能性。例如澳大利亚阿米代尔的居民饮用硫酸铜处理过的水（为控制有毒微囊藻水华），其急性肝病状况愈加糟糕（Falconer 等，1983）。

使用化学物质如碳酸钙、明矾或氢氧化钙可以有效地使蓝藻细胞发生沉淀，并不会导致细胞溶解（Kennefick 等，1993；Lam 等，1995；Hitzfeld 等，2000）。活性炭也能有效去除饮用水中的微囊藻毒素（Chu 和 Wedepohl，1994）。臭氧化可以裂解细胞并导致毒素释放，然而，这种处理过程仅在高剂量下才能有效地破坏蓝藻毒素（Hitzfeld 等，2000），所以使用浓度足够高的臭氧来氧化有机物和毒素才是关键。此外，有毒臭氧分解产生的副产物也需要进一步研究（Hitzfeld 等，2000）。

## 6.7　蓝藻和供水

供水系统中的蓝藻除了产生对人类健康造成巨大潜在风险的毒素外，对饮用水供应也有其他不良影响（Cooke 和 Carlson，1989；Cooke 和 Kennedy，

2001）。蓝藻是引起不良味道和气味的化合物的主要来源之一，降低成品水的适口性，并增加消费者投诉率。此外，蓝藻在富营养化过程中产生的一些化合物也是消毒副产物（DBPs）的前体，消毒副产物也与危害人类健康的潜在风险息息相关。

### 6.7.1　味道和气味

供水中令人难以忍受的味道和气味问题也与富营养化脱不了干系，具体而言，与水华爆发中的高密度的蓝藻有关（Bierman，1984；Arruda 和 Fromm，1989；Seligman 等，1992；Smith 等，2002）。虽然其他水生微生物（如真菌、放线菌、绿藻）也产生引起不良味道和气味的化合物，但在蓝藻水华衰退期间会变得更加丰富（Kennefick 等，1993）。造成不良味道和气味的挥发性有机化合物包括土臭素（trans - 1，10 - dimethyl - trans - 9 - decalol）、MIB（2 - 甲基异冰片）和 β - 环柠檬醛。如果土臭素和 MIB 的气味阈值浓度分别达到 4～5ng/L 和 9ng/L（AWWA，1987b），那么对气味敏感的人来说就会有不适症状。而从水源中去除这些化合物既困难又昂贵，因此，控制蓝藻对于防止具有不良味道和气味化合物的产生至关重要。

为堪萨斯州威奇托市提供饮用水的 Cheney 水库，土臭素的水体浓度与藻类（特别是蓝藻）的生长密切相关（$r^2 = 0.72$）（Smith 等，2002）。仲夏鱼腥藻和束丝藻水华爆发的时刻与土臭素浓度达到高峰的时间段恰好重合，与此同时，威奇托市收到的饮用水味觉和气味投诉的数量也激增。随后政府部门迅速采取控制措施来解决该水库的不良味道和气味问题，该措施使整个系统的总磷浓度降低至 110μg/L 以下，浮游植物生物量（<10μg/L 叶绿素 a）也随之骤降，不良味道和气味问题也得到完美解决。

Youngs 湖是一个市政饮用水水库，该水库为华盛顿州西雅图和金县的 100 多万人提供饮用水。尽管该水库长期处于营养贫乏的状态（6μg/L TP），但近年来还是有市民向西雅图水务局投诉水的土腥味令人难以忍受（Zisette 等，1994；Herrera Environmental Consultants，1996）。在分析 Youngs 湖水中味道和气味问题的主要根源时，因为没有观察到浮游蓝藻，专家便推断是生长在湖泊沉积物上的水中蓝藻或其附近的附生蓝藻造成的。同时，试验的检测结果也支持了这一结论。1990 年期间，水库底部样品中的土臭素浓度（5～51ng/L）比水体和入水口样品的土臭素浓度（<2～3ng/L）高出了许多（Entranco Engineers，1993）。此外，水库底部样品的取水口位于蓝藻最丰富的深度。1992 年，在所有底部水样中都检测到了土臭素（4.9～17ng/L），但在入口水样中并没有检测到（Zisette 等，1994）。在任何附生植物或沉积物样本中均没有检测到放线菌，这表明它们不是味道和气味的主要来源。1992 年 7 月，

在水样中也检测到了 MIB，36 个样本（10～16ng/L）中 6 个样本的 MIB 浓度均超过了气味阈值。颤藻是一种已知的土臭素和 MIB 的生产者，在测得土臭素最高浓度的两个站点，颤藻的数量占总生物量的 30％以上（Zisette 等，1994）。味道和气味仪表板对土腥味的评级与土臭素浓度之间有很强的正相关关系（$r^2 = 0.63$），这进一步证明土臭素是 Youngs 湖中引起不良味道和气味的主要化合物。

1995 年的土臭素浓度水平相较于前几年发生了显著提高（Herrera Environmental Consultants，1996）。在 Youngs 湖附着生物样本中，发现通常与味道和气味问题有关的蓝藻属生物包括颤藻（15 种）、鞘丝藻（6 种）和席藻（3种）。对浮游植物样本的详细分析揭示了湖沼颤藻（*Oscillatoria limnetica*）的存在，并且知道了这是一种土臭素生产者，由于它的体形非常小，在以前的浮游植物分析中可能被忽略。气味分析表明，在硅藻春季水华期间，令人反感的青草味和鱼腥味是处于中等强烈水平的，这表明蓝藻可能不是导致 Youngs 湖有异味的唯一原因（Herrera Environmental Consultants，1996）。此外，最近的监测结果表明，附生蓝藻种群的变化使水库中的 MIB 浓度有所增加（Joubert，2003 年 6 月 17 日，个人交流）。

## 6.7.2 消毒副产物

消毒副产物（DBPs）是氯、二氧化氯、氯胺和臭氧消毒水等消毒剂在发挥消毒作用的过程中所产生的，原水中天然存在的有机物与消毒剂相互作用，产生 DBPs。三卤甲烷（THMs）（如氯仿，通常是最常见的三卤甲烷）和卤乙酸（HAA）由氯化形成，而臭氧消毒产生溴化副产物，但不产生氯化副产物。DBPs 与对生命体产生的各种不良健康危害有关，包括自然流产（Waller 等，1998）、人类死产（USEPA/ILSI，1993；King 等，2000）以及动物癌症（Krasner 等，1994；Boorman 等，1999）。DBPs 是全世界公认的潜伏在供水系统中的健康杀手（WHO，2000）。

由于这些潜在的危害健康的因素，美国环保局根据《安全饮水法》（Rule of the Safe Drinking Water Act）中的消毒剂/消毒副产物规则，将水中 DBPs 允许的残余含量调节到越来越低的水平，进一步加强对饮水群众生命安全的保障力度。在新的管理条例中，THMs 总量的最大允许浓度为 $80\mu g/L$，5 种 HAAs 在成品水供应中的最大允许浓度为 $60\mu g/L$（USEPA，2001b）。这些新要求意味着，60％的大型饮用水处理厂和 70％的小型饮用水处理厂需要对其运营做出一些改变，以保证在规定期限内，生产的水能够符合最新的规范要求。这些修订将会增加饮用水处理厂的运行成本，并进一步促使水务公司提高向日益增长的人口提供高质量饮用水的能力。

DBPs 的前体是原水中的有机碳分子，尤其是溶解的有机碳（DOC）物质。由于水生腐殖物质（即腐殖酸和富里酸）约占天然有机物的 50%，含量较大，因此被视为是潜在的前体。这些有机化合物有多种来源，包括水生植物、藻类和其他微生物以及非生物有机物（Cooke 和 Kennedy，2001），这些来源可能源自湖泊（即自源），也可能来自流域（即他源）（Stepczuk 等，1998b）。陆地植被的有机化合物通过河流和湿地向水库的输入最有可能是 DBP 前体的主要来源，城市废水处理设施和农业活动中的有机物可能是 THM 前体的主要来源（Amy 等，1990）。在纽约州的 Cannonsville 水库，发现 THM 前体的自源因素与初级生产力有关（Stepczuk 等，1998 a），从外界向水库输入的有机物也是该水库中 THM 前体的潜在重要来源（Stepczuk 等，1998b）。

蓝藻和其他藻类的存活和分解，是 THM 前体化合物的重要来源（Hoehn 等，1980；Oliver 和 Shindler，1980）。蓝绿色铜绿微囊藻是 THM 前体的重要生产者（van Steenderen 等，1988），也是毒素的重要生产者（第 6.6 节）。其他蓝藻，包括普通种类的水华束丝藻，也与溶解的有机化合物的产生有关，这些化合物是潜在的 DBP 前体，会造成水源中引起不良味道和气味的化合物的释放。

因此，DBPs（以及味觉和气味问题与蓝藻毒素）与水库的富营养化程度密切相关（Palmstrom 等，1988）。存在富营养化问题的供水很有可能存在与上述化合物相关的问题，使其处理成本更高，水质更难以达到 DBP 标准（Cooke 和 Kennedy，2001）。此外，确定有机前体内部来源和外部来源两者之间的相对贡献关系，对制定如何减少供水中 DBPs 的管理措施发挥着至关重要的作用。加强对湖中流域和外部流域的管控，可减少水库中的磷输入，减慢磷循环的效率，由此减少藻类生物量，从而减少 DBPs 的产生。我们还应该尽量不使用铜除藻剂，因为已经明确知道，铜除藻剂会导致藻类和蓝藻细胞溶解，并增加溶解有机化合物的释放量（Peterson 等，1995），和细胞内毒素的释放量（第 6.6 节）。因此，在供水领域，实施对富营养化成因（尤其是磷）的有效控制至关重要。

# 第 7 章

# 富 营 养 化

## 7.1 定义

富营养化是指水体由于无机营养物输入的增加而变得生产力更强的过程。从严格意义上说，该术语仅指营养物质，不一定是生产中的反应（Beeton 和 Edmondson，1972）。因此，即使生产力没有提高，湖泊也可能因营养物质的增加而富营养化。例如，由于悬浮固体含量高，藻类的生长会受到光照的限制。然而，通常情况下，植物生产力和生物量的提高被认为是富营养化过程的一部分。沉积物输入的增加会使湖泊深度减小，也会引起富营养化，因为这可以扩大适合大型植物生长的面积，并促进沉积物和水之间进行更有效的营养物交换。沉积物可以是外来的有机物或无机物，也可以是自源的有机物。

根据营养供应增加的来源，可以将富营养化划分为自然富营养化和人为富营养化。由于森林火灾、地震或降雨量急剧增加后侵蚀加剧，营养供应会自然增加，在这些情况下，当营养物输入（富营养化）的速度恢复到早期水平时，流域和湖泊便可以稳定下来。湖泊也会自然老化，从而富营养化加剧。在正常的沉降率下，湖泊最终会变浅，通常是每年几毫米的量级。假设沉降率为 4mm/a，那么需要 250 年才能使湖泊深度减少 1m。随着湖泊变浅，沉积物面积与湖泊体积之比增加，为沉积物中营养物的再循环（见内部负荷）提供了更多机会，同时也为光合作用提供了更多的光照。然而，这一老化过程可能需要数千年，许多湖泊可能永远不会富营养化，这取决于营养物质的输入。

从水质的角度来看，对富营养化的关注通常是由于人为的富营养化。营养物输入的增加可能源于人为因素，比如：直接排放已处理或未处理的生活污水（包括磷酸盐洗涤剂）；工业废水，如食品加工厂和牛奶场的废水，施用于森林、草坪、牧场或耕地的肥料中的沥滤液，以及污水处理系统中的沥滤液；城市化土地的暴雨径流。水体的富营养化程度在仅仅 10～50 年的时间内增加，这通常是人为过程，而不是自然过程。

## 7.2　磷质量平衡模型

在第 6 章中，磷被确定为淡水中最具限制性的营养物，因此验证一些用于估算湖泊中磷浓度的模型是研究富营养化恰当的起点。自从 Vollenweider 的研究以来（Vollenweider，1969a），许多描述湖泊中磷的质量平衡的模型已经被开发出来，其中代表性的是 Dillon 和 Rigler（1974a）、Vollenweider（1975，1976）、Chapra（1975），Nürnberg（1984）和 Walker（1977）。Walker（1977a）修改了水库磷质量平衡模型。所有磷质量平衡模型都是基于化学工程中常用的连续搅拌釜式反应器（CSTR）的动力学，通过在反应器中持续混合水体，保持水体体积恒定，并保持入流流量等于出流流量，适用以下质量平衡方程（单位为质量/时间）：

$$\mathrm{d}CV/\mathrm{d}t = C_i Q - CQ - KCV \tag{7.1}$$

式中：$C$ 为反应器中的物质浓度；$C_i$ 为流入物的浓度；$Q$ 为流量；$V$ 为反应器体积；$K$ 为反应速率系数。

如果把 $K$ 看作一级耗尽反应，两边同时除以 $Q$，那么 $V/Q = \tau$，即水力停留时间，单位为 $\mathrm{t}^{-1}$，那么方程变换为

$$\mathrm{d}C/\mathrm{d}t = C_i - C + K\tau \tag{7.2}$$

在稳定状态下，方程变换为

$$C = \frac{C_i}{1 + K\tau} \tag{7.3}$$

这在数学上与 Vollenweider（1969a）提出的湖泊总磷（TP）质量平衡模型相同：

$$\mathrm{dTP}/\mathrm{d}t = L/\bar{z} - \rho\mathrm{TP} - \sigma\mathrm{TP} \tag{7.4}$$

式中：$L$ 为 TP 的面负荷，$\mathrm{mg}/(\mathrm{m}^2 \cdot$ 时间$)$［式（7.3）中 $L/\bar{z}\rho = C_i$］；$\bar{z}$ 为平均深度，m；$\rho$ 为冲刷率（$Q/V$），$\mathrm{a}^{-1}$；TP 为湖泊总磷浓度（假设等于流出浓度）；$\sigma$ 为沉降率系数，单位为时间的倒数。

负荷是质量平衡模型中使用的基本数据，由流量×浓度决定，并以湖泊面积单位［式（7.4）］、体积单位［$\mathrm{mg}/(\mathrm{m}^3 \cdot \mathrm{t})$］或单位质量输入（kg/t）表示。在一段时间内（通常为一年）处于稳定状态时，等式变换为

$$\mathrm{TP} = L/[\bar{z}(\rho + \sigma)] \tag{7.5}$$

这个质量平衡、稳定状态的公式可能会令人困惑，因为它意味着总磷面负荷和平均湖泊深度用于确定预测的湖泊总磷浓度。然而，形态计量实际上并不影响湖泊浓度，因为这两个术语的分母中都包含湖泊表面积，两者相互抵消。该公式的分子和分母中还包含流动项（$Q$），当表面积和流动项被抵消后，该

等式简化为

$$TP = \frac{TP_i}{1 + \sigma\tau} \tag{7.6}$$

式中：$TP_i$ 为平均流量加权输入总磷浓度；$\tau$ 为湖泊的水力停留时间（即 $V/Q$ 或 $\rho$ 的倒数）。

式（7.6）与式（7.3）相同。据式（7.6）预测，如果湖泊的流入浓度上升、沉降率下降和（或）水力停留时间减少，那么湖泊中的总磷浓度将会上升。

式（7.6）表明，从长期来看，湖泊将平衡给定的输入浓度、总磷沉降率和湖泊水力停留时间。如果输入总磷浓度发生变化，则需要一段时间才能与新的输入浓度达到平衡，若假设发生一级反应，则达到 50% 和 90% 平衡所需的时间将分别为

$$t_{50} = \frac{\ln 2}{\rho + \sigma} \text{ 和 } t_{90} = \frac{\ln 10}{\rho + \sigma} \tag{7.7}$$

该模型的难点在于确定沉降率系数，因为所有其他参数都很容易直接确定，这意味着，对于具有已知输入浓度、已知湖内浓度和已知水力停留时间的湖泊，可以估算相应的 $\sigma$ 值：

$$\sigma = \frac{(TP_i/TP) - 1}{\tau} \tag{7.8}$$

这种方法对于确定单个湖泊的实际沉降率是有用的，它并没有揭示全球湖泊调节总磷沉降损失的过程。一些学者将湖泊总磷损失概念化的方法是使用无单位滞留系数 $R_{tp}$（Vollenweider 和 Dillon，1974；Dillon 和 Rigler，1974a），$R_{tp}$ 可以直接确定为

$$R_{tp} = 1 - \frac{TP}{TP_i} \tag{7.9}$$

确定估算沉降的通用方法对于开发描述大量湖泊中这些损失的模型而言是很有效的。许多湖沼学家付出了大量努力，提出了一种基于湖泊形态计量学和水力学来估算 $\sigma$ 的全球通用方法。这项研究的目的是确定湖泊捕获磷（因此湖中磷的浓度相对于输入浓度而言较低）是否可能与湖泊的基本物理特征有系统性联系。式（7.3）和式（7.6）表明，水力停留时间较长的湖泊应该具有较低的湖内相对浓度，这一点已在大量研究中得到证实。通过对大量数据集的统计分析，不同的学者得出结论：沉降率系数与冲刷速率呈正相关，相应地 $\sigma \approx \rho^{0.5}$ 或 $\tau^{-0.5}$（Larsen 和 Mercer，1976；Vollenweider，1976），或者与之相近（Canfield 和 Bachman，1981）。因为这种关联是基于单元不匹配的最佳拟合（即相关性）。$\sigma$ 和 $\rho$ 之间的这种直接关系可能看似不合逻辑，因为之前已

经指出，停留时间较长的湖泊会捕获更多的磷（即较低的湖泊总磷），$\rho$ 与 $\tau$ 成反比。但是，需要注意，由于式（7.6）中的水滞留项的指数（$\tau$）大于沉降项的指数（估计为 $\rho^{0.5}$ 或 $\tau^{-0.5}$），所以湖泊的停留时间对预测总磷浓度的影响将比 $\sigma$ 估计为 $\rho^{0.5}$（$\tau^{-0.5}$）时的更大。如果 $\tau^{-0.5}$（$\rho^{0.5}$）用于估算 $\sigma$，那么式（7.6）可以改写为

$$TP = \frac{TP_i}{1 + \tau^{0.5}} \tag{7.10}$$

本质上，这种经验关系告诉我们，湖泊停留时间对湖泊捕获总磷的潜在影响最大，但停留时间长的湖泊（即大于 10 年）捕获的磷往往比单纯基于水力停留时间所预期捕获的磷更少（假设所有湖泊的沉降率恒定）。这种关系还表明，停留时间短的湖泊（即小于 1 年）捕获的磷比基于水力停留时间所预期捕获的磷更多。目前尚未有学者提供沉降率明显依赖于湖泊停留时间的机制，然而，可以想象，停留时间长的湖泊（水力负荷率低）对在食物网中高效循环利用营养物的微生物群落（尤其是细菌和浮游植物）有利，因为这些湖泊的外部营养供应有限。类似地，停留时间短的湖泊对在循环利用营养物方面效率不高的微生物群落有利，因为相对而言，这些湖泊的外部营养供应很高。

对大量湖泊进行的实证研究表明，流量加权总磷输入浓度对湖泊总磷浓度具有一级效应，湖泊停留时间对湖泊总磷浓度具有二级效应，沉降率对湖泊总磷浓度具有三级效应。仅使用输入的总磷浓度，便可以解释包括约 300 个湖泊的数据库中总磷浓度整体可变性的 71%（M. T. Brett，未公布的数据），若将湖泊的实际水力停留时间纳入这些预测中，则该百分比提高到 77%，若将湖泊水力停留时间和估计沉降率之间的反比关系纳入，则该百分比提高到 84%（M. T. Brett，未公布的数据）。然而，因为这些预测是基于对数转换的观测和预测数据，所以对任意给定湖泊中总磷含量的预测误差可能非常大。在上述情况下，最佳模型的总磷估值仍不确定，为真实值的 $-41\% \sim +68\%$（$\pm 1$ S. D.）（图 7.1）。例如，式（7.10）很好地预测了 Washington 湖分流前和分流后的总磷，但对 Sammamish 湖和 Shagawa 湖分流后水平的拟合度较差（表 7.1）。Shagawa 湖所有具有后处理值的模型拟合度较差可能主要是由于降低内部负荷的时间不够，Sammamish 湖需要几年时间降低内部负荷。Nürnberg（1984）和 OECD（1982）的模型显示了不同的结果，后者更适合 Sammamish 湖（更多关于这些湖泊的反应，见第 10 章）。这种对比提供了一种将模型校准到特定湖泊数据集的替代方案，即比较几个模型并选择最佳拟合的模型。

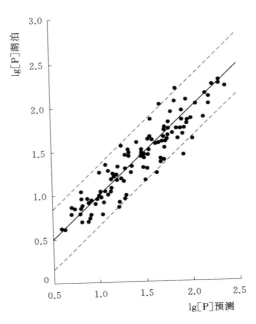

图 7.1　根据稍加修改的版本，将湖泊 TP［P］与 Vollenweider 改进的负荷标准模型
　　　预测的 TP 进行比较：lg［P］湖泊＝lg［P］$_i$/(1＋1.17$\tau^{0.45}$)
（改自 Chapra 和 Reckhow，1979）。虚线是 95% 的置信区间

表 7.1　用 3 种模型预测磷控制前后的年平均总磷并与观测值比较，Washington
湖和 Shagawa 湖的数据来自 Edmondson 和 Lehman（1981）以及 Larsen 等（1979）

| 湖　泊 | 处理 | | TP/(μg/L) | | | |
| --- | --- | --- | --- | --- | --- | --- |
| | | | 观测值 | Vollenweider | Nurnberg | OECD |
| Washington 湖 | 分流 | 前 | 64 | 67 | 84 | 49 |
| | | 后 | 17 | 17 | 21 | 16 |
| Sammamish 湖 | 分流 | 前 | 33 | 43 | 55 | 34 |
| | | 后 | 19 | 29 | 33 | 25 |
| Shagawa 湖 | 去磷 | 前 | 51 | 50 | 54 | 39 |
| | | 后 | 30 | 7 | 8 | 11 |

　　湖泊的营养物含量各不相同，但大部分差异是由于营养物的输入，而不是湖泊的形态，如面积、海岸线长度、深度和深度/面积等。湖泊之间营养物浓度的大部分差异，尤其是未受开发影响的湖泊，可以通过外部营养负荷来解释。或者更确切地说，可以通过流入浓度（由流入量负荷换算而来）和湖泊冲刷速率来解释（见上文）。Vollenweider 模型［式（7.10）］的最简化版本证

明了这一点，该模型已被证明能够解释大量湖泊之间的磷含量差异。湖泊间总磷的大部分剩余差异可以通过内部负荷解释，而内部负荷在这些模型中被忽略了，并且已经证明，内部负荷更多的是富营养化的函数，而不是湖泊类型的函数。Nürnberg（1996）发现，在世界范围内的一组湖泊中，湖泊形态计量几乎不影响总磷含量的差异。此外，营养物质的影响也不依赖于湖泊类型。无论分类方案如何，湖泊营养状态的阈值都不包括湖泊类型的规定（表 7.3），也就是说，无论水体类型如何，给定的总磷浓度预期都会产生给定的叶绿素浓度和透明度。回归方程表明阈值通常是相互关联的，这支持了上述论点（Nürnberg，1996）。因此，在预测总磷浓度时，似乎无须考虑湖泊类型。

然而，湖泊形态是湖泊富营养化管理中的一个重要考虑因素。浅水湖泊的夏季总磷浓度可能比深水湖泊表层水的夏季总磷浓度高 2～3 倍（Scheffer，1998），这是因为将沉积磷（内部负荷）再循环到混合层中的效率更高，并且内部负荷通量集中到较浅的水体中（见第 4 章）。但是，如果没有富营养化，无论湖泊深度如何，内部负荷都可能不存在（沉积物总是有氧的，酸碱度接近中性），因此不会有浅水的集中效应，而湖泊总磷严格来说是由于外部负荷和湖泊冲刷率，以及受 $\rho$ 影响的沉积作用造成的。但是，湖泊冲刷率可能在湖泊之间存在差异，深水湖泊中的冲刷率较低，浅水湖泊中的冲刷率较高。由于深水湖泊的流域面积与湖泊面积之比相似，且总磷的流域产出率相同，因此深水湖泊的总磷浓度（由于沉降损失较大）往往低于浅水湖泊。

一般的质量平衡输入/输出总磷模型，如 Vollenweider 模型和其他模型，在沉降项中纳入了内部负荷，即内部负荷较大的湖泊（见第 4.1.3 节）沉降较小。因此，仅利用外部负荷的一般模型会低估湖泊的总磷含量，这类湖泊代表了图 7.1 中的一些变化。

通过每月一次或每月两次建立质量平衡方程可以确定湖泊内部负荷是否重要，每月必须至少对所有的磷输入源（包括溪流、地下水、降水、废水等）以及磷输出监测两次流量和浓度，并建议连续测量其主要输入流（Cooke 等，1993）。可以根据以下方程通过求解沉降（S）估算净内部负荷：

$$S = I - O - \Delta(TP_1) \tag{7.11}$$

式中：$I$ 为输入量；$O$ 为输出量；$\Delta(TP_1)$ 为选定时间段内（如每月）全湖总磷的变化。

如果 $S$ 为负，由于输出的增加量和（或）湖泊的总磷变化量超过输入量，则存在净内部负荷。与式（7.4）相同，单位为 kg/时间或 mg/($m^2$·时间)。内部负荷通常在夏季最大，可以代表主要来源（Welch 和 Jacoby，2001），因此时间间隔应为每月或更短。如果按年度计算，内部负荷作为夏季藻类大量繁殖的原因的重要性将被低估，这种情况经常发生。

如果内部负荷很重要，比如在无分层有氧湖泊或分层缺氧湖泊中（见第4.1 节），那么该模型可能需要修改，以解释两个来源。Nürnberg（1984）建议使用以下模型来计算内部负荷（$L_{int}$）：

$$TP = TP_i(1 - R_{pred}) + L_{int}/\overline{z}\rho \tag{7.12}$$

式中：$R_{pred}$为预测总磷滞留系数，是在 54 个有氧湖泊中发现的，其最佳表达式为

$$R_{pred} = 15/(18 + \overline{z}\rho) \tag{7.13}$$

在其他几个公式中，沉降率的范围为 $10 \sim 16m/a$（Chapra，1975；Kirchner 和 Dillon，1975；Vollenweider，1975）。此外，内部负荷也可以添加到之前的模型中［式（7.9）和式（7.10）］。然而，在这些估算沉降的方法开发过程中都没有将有氧湖泊和缺氧湖泊区别处理。

使用观察到的总磷，并求解式（7.12）中的 $L_{int}$，便可以校准 Nürnberg 的特定分层缺氧湖泊模型。如此计算出的 $L_{int}$ 可与相关湖泊的其他内部负荷估算值进行比较，如实验室沉积物岩芯中的磷释放速率或观察到的滞温层磷浓度增加速率。Nürnberg（1987b）表明，这两种估算缺氧湖泊内部负荷的方法具有相当好的一致性。如果某一特定湖泊的内部负荷的不同估计值之间具有很好的一致性，则该模型适用于该湖泊，如果不具有一致性，那么沉降估计可能存在误差，应采取不同的建模方法。此外，湖泊可能与其外部负荷不平衡。

**【案例 7.1】**

给定一个平均深度为 15m、冲刷率为 $1.5a^{-1}$（流出率/湖泊体积）、平均流入总磷浓度为 $80\mu g/L$ 的湖泊，计算该湖泊的预期外部总磷负荷，单位为 $mg/(m^2 \cdot a)$。

由式（7.5）和式（7.6）得出 $L/\overline{z}\rho = TP_i$，所以

$$L = TP_i \overline{z}\rho = 80mg/m^3 \times 15m \times 1.5a^{-1} = 1800mg/(m^2 \cdot a)$$

如果湖泊的浓度实际为 $70\mu g/L$，计算其预计的总磷内部负荷。

使用修正的式（7.10）和式（7.12），得出

$$L_{int} = \overline{z}\rho[TP - TP_i/(1 + 1/\rho^{0.5})]$$
$$= 15 \times 1.5 \times (70 - 80 \times 0.55) = 585mg/(m^2 \cdot a)$$

或使用式（7.12），得出

$$L_{int} = 15 \times 1.5 \times \{70 - 80 \times [1 - 15/(18 + \overline{z}\rho)]\} = 441mg/(m^2 \cdot a)$$

因此，Vollenweider 和 Nürnberg 沉降项的内部荷载之间的差异为 $144mg/(m^2 \cdot a)$。以这种方式计算，$L_{int}$ 是净内部负荷，因为 $L_{int}$ 没有因沉降而损失。作为净内部负荷，$L_{int}$ 应该与观察到的滞温层总磷的增加量相当（Nürnberg，1984），这是合理的，因为 $L_{int}$ 导致滞温层中总磷的积累，这基本上是净内部负荷。释放到滞温层的磷的沉积速率不应与表温层的磷的沉积速率相同，因为滞温层的磷在黑暗中不会被藻类吸收下沉。试验岩芯中测得的

沉积磷释放和滞温层磷积累的现场观测结果之间的相似性支持了这一点（Nürnberg，1987b）。

即使可以验证湖泊的一个特定的稳态模型，使用稳态模型本身也存在问题。首先，通常很难确定湖泊平均总磷代表稳定状态的适当时间间隔（最常见的是一年），尤其是当冲刷速率超过每年一次时。其次，内部负荷通常发生在生产期（无论分层湖泊还是非分层湖泊），因此与外部负荷相比，内部负荷对生长季总磷和生物量的贡献比例可能更大，尤其是如果外部负荷主要发生在非生产期（例如西北太平洋的冬季）。校准和验证质量平衡模型的非稳态版本［式（7.4）］可以解决这些问题，但需纳入 $L_{int}$：

$$dTP/dt = L_{ext}/\overline{z} - \rho TP - \sigma TP + L_{int}/\overline{z} \qquad (7.14)$$

需要注意，式（7.14）中由 $L_{ext}$ 和 $L_{int}$ 产生的总磷会发生沉降，因此 $L_{int}$ 是总比率，在这种情况下，式（7.5）中的分子为 $L_{ext} + L_{int}$。

非稳态模型通常不需要更多的数据，因为通常至少每月收集一次总磷负荷和湖泊浓度数据。然而，对于稳态模型，虽然数据通常被简化为年平均值（或与 $\rho$ 一致的某个时间间隔），但需计算非稳态下每个时间间隔的总磷。在实际中，即使数据收集频率较低，也推荐每周收集一次，以获得更真实的平滑曲线。该模型可以通过确定沉降率系数（$\sigma$）来校准，该系数在湖泊有氧期的预测数据和实际观察到的数据之间的拟合度最佳。虽然 Larsen 等（1979）在 Shagawa 湖成功应用了年均常数 $\sigma$，并取得了成功，但只有当 $\sigma$ 作为冲刷速率的函数而变化，即 $\sigma = \rho^x$ 时（其中 $0 < x < 1$；图 7.2 中 $x = 0.78$，Welch 等，1986），该模型才能在 Sammamish 湖逐年得到验证。这类似于式（7.10），其中 $x = 0.5$。在沉降率较低的情况下，可能需要 $\sigma = y\rho^x$ 这类公式，因为当 $x$ 接近于 0 时，无论冲刷速率如何，沉降率都保持在 1.0 左右。

即使观测到的全湖总磷与预测的全湖总磷吻合良好，分层湖泊中的非稳态模型仍然存在问题。叶绿素 $a$ 和透明度是生产区（可能是表温层）总磷的函数，而不是全湖总

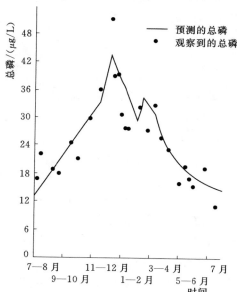

图 7.2　华盛顿州 Sammamish 湖预测的与观察到的总磷（全湖）的对比

磷的函数。表温层的总磷在分层期间通常会下降，而滞温层的总磷在分层期间通常会上升，因此，表温层和滞温层必须分别建模，并包含解释两者之间总磷交换的函数，或者平均滞温层总磷必须根据滞温层总磷和全湖总磷之间的关系进行估算。两层（表温层和滞温层）总磷模型是为 Onondaga 湖和 Sammamish 湖建立的，在湖泊管理中经常使用（Auer 等，1997；Perkins 等，1997）。表温层和滞温层之间的交换是通过分层期间的湍流涡旋扩散和温跃层下沉或上升时的夹带来实现的。在夏季风暴期间和周转期，表温层可以捕获高总磷的滞温层水（Larson 等，1981）。夹带可以通过观察到的表温层和滞温层的体积变化来估计，而这两层的体积变化通过温跃层的深度显示。扩散可以通过垂直热交换系数（m/周）来估算，该系数由温度梯度以及表温层和滞温层的总磷浓度计算得出。对于两层模型，内部负荷对表温层总磷浓度以及湖泊水质的影响不如此前全湖总磷浓度模型中的重要。

有几种方法可以处理单个湖泊总磷预测的不确定性，例如，在使用式（7.14）预测 Sammamish 湖未来因流域开发而产生的总磷浓度时，通过选择总磷产量系数（不同土地利用的面积损失率）的范围和主要输入流的 5% 和 95% 的流动概率，便包含了不确定性（Shuster 等，1986）。总磷沉降是 $\rho$ 的函数，流量的增加（减少）导致估算总磷负荷的稀释（浓缩）。在这个过程中，到 2000 年 $31\mu g/L$ 总磷的预测有 $\pm 10\%$ 由总磷产量造成的误差，有 $\pm 20\%$ 由流量造成的误差。据发现，大部分年与年之间的负荷变化是由流量造成的。

另一种方法是使用一阶误差分析，通过利用产量系数的低、高和最可能的负荷估计来计算模型和负荷的不确定性（Reckhow 和 Chapra，1983）。对于式（7.13）类型的模型，Reckhow 和 Chapra（1983）确定了 $\pm 30\%$ 的误差，这增加了负荷的不确定性。将这些不确定性相加，就可以计算总磷的单个模型估计的置信区间。为了评估总磷的微小变化（根据相对较小的负荷变化预测），不确定性可应用于总磷浓度变化，而不是前后浓度的变化。

# 7.3　营养状态标准

在描述湖泊质量及其营养状态的标准时，包括营养物的浓度和负荷率，以及生物指标和物理指标，营养物的浓度和负荷率是原因，生物指标和物理指标是结果。数值标准的价值是使湖泊的质量能够被定义，或者使湖泊能够被分类。标准可用于准确绘制湖泊富营养化程度上升或下降的图表，或者判断湖泊质量是否适合娱乐用途或供水用途，以及评估有待量化的管理备选方案的结果。

与贫营养湖泊相比，富营养化湖泊的一些定性特征见表 7.2。浅水湖泊比深水湖泊更有可能富营养化，因为浅水湖泊从沉积物中回收营养物的潜力更大，但是如果浅水湖泊的营养物输入自始至终都很低，并且受到低营养的水以相当高的速度自然冲刷，那么浅水湖泊也可能是贫营养湖泊。作为深度的必然结果，浅水湖泊的滞温层尺寸往往更小，因此更容易缺氧，从而促进磷的内部负荷。浮游生物的数量、生产力、水华的频率以及由此导致的水体低透明度都是富营养化湖泊的典型特征，也是贫营养化湖泊的非典型特征。

表 7.2　　　　　　　　　贫营养湖泊和富营养湖泊的定性特征

| | 贫营养湖泊 | 富营养湖泊 |
|---|---|---|
| 深度 | 深 | 浅 |
| 滞温层∶表温层 | >1 | <1 |
| 初级生产力 | 低 | 高 |
| 有根的大型植物 | 少 | 丰富 |
| 浮游藻类密度 | 低 | 高 |
| 浮游藻类物种的数量 | 多 | 少 |
| 浮游生物水华的频率 | 稀少 | 常见 |
| 滞温层氧气耗尽 | 否 | 是 |
| 鱼类 | 冷水，生长缓慢，仅限于湖下层 | 温水，生长迅速，耐滞温层的低氧和表温层的高温 |
| 营养供应 | 低 | 高 |

　　蓝藻通常是富营养化湖泊中的主要浮游植物，它们会在水面形成浮渣，非常难看，并散发难闻气味。此外，它们的霉臭气味或味道会污染鱼肉，这个问题可能比人们想象的要普遍得多，还会在供水中引起难闻味道和气味。最后，一些蓝绿藻有时具有毒性，经常会导致家畜中毒死亡。蓝绿藻的毒素（蓝细菌毒素）被归为神经毒素、肝毒素和接触刺激物（Carmichael，1986，1994；Chorus，2001）。神经毒素主要由鱼腥藻产生；而微囊藻几乎是全世界肝毒素的主要生产者；几种藻属产生接触刺激物：胶刺藻，鱼腥藻，束丝藻和浮游蓝丝藻（前身是颤藻）（Carmichael，1986）。对蓝绿藻水华湖泊的调查表明，蓝绿藻毒性是相当常见的（Chorus，2001）。Repavich 等（1990）在美国威斯康星州的 102 个地点取样，发现 25% 含有由小鼠生物测定确定的有毒藻类。Sivonen 等（1990）在芬兰的 125 个地点采样 188 份，其中有 44% 显示出相同的毒性，在瑞典的采样中，结果显示毒性出现率超过 50%。使用新的、更灵敏的技术（例如酶联免疫吸附试验、蛋白磷酸酶抑制试验）来分析蓝细菌毒素，使得在欧洲、亚洲、澳大利亚和北美的研究中分析的大多数水华样品中检测到微囊藻毒素成为可能（Chorus，2001）。蓝细菌毒性已在第 6.6 节详细讨论。

有根大型植物也是浅水湖泊的典型特征，浅水湖泊（<3m）更易具有更大的沿岸面积和更丰富的沉积物。控制大型植物分布和丰度的因素将在第 9 章讨论。

若湖泊的生产率较高，且滞温层相对较小，那么随着滞温层体积的减小，会导致更高的耗氧率和更低的氧浓度。鱼类的种类和数量主要受氧气和温度的综合影响，随着湖泊富营养化程度的上升，滞温层（见第 7.3.3 节）的氧气逐渐枯竭，适合鱼类生存的栖息地仅限于表温层和变温层。湖泊越浅，则滞温层越小，对表温层的冷却作用越小。如果表温层对冷水鱼来说温度太高（>20℃），那么它们将随着温度更为合适的滞温层变得缺氧而消失。

许多指数已经被用来对营养状态和湖泊质量进行分类。Porcella 等（1980）列出了 30 种不同的营养状态标准，还存在其他的来源。湖泊质量存在许多目标，其中一些可能存在冲突。营养过度贫瘠的湖泊湖水清澈美丽，呈蓝色，但不会产生大量的鱼，可能需要在更有利于鱼类生产的湖泊质量（中度富营养化）和更适合游泳、划船和观赏的湖泊质量之间做出妥协。然而，对于冷水鱼类，适合发展渔业的营养状态和适合娱乐用途的营养状态之间可能没有什么区别（见第 7.3.3 节）。

## 7.3.1  营养物质、生产力、生物量和透明度

从 Sakamoto 的叶绿素 $a$ 与总磷的关系（Sakamoto，1971）和 Edmondson 观察到 Washington 湖从污水分流中恢复（叶绿素 $a$ 与磷浓度密切相关）（Edmondson，1970）开始，总磷和叶绿素 $a$ 已成为 3 个最广泛使用的营养状态指标中的两个。如果水的颜色较浅，且无机悬浮沉积物浓度较低，那么由黑白塞克盘（SD）确定的透明度通常与叶绿素 $a$ 和总磷具有经验关系（见第 6.3 节塞克盘）。

叶绿素 $a$ 和总磷之间具有几个经验关系（Ahlgren 等，1988b），但最早和经常使用的两个分别由 Dillon 和 Rigler （1974b）［式（7.15）］以及 Jones 和 Bachmann （1976）［图 7.3，式（7.16）］提出，它们分别是

$$\lg \text{chl } a = 1.449 \lg \text{TP} - 1.136 \tag{7.15}$$

$$\lg \text{chl } a = 1.46 \lg \text{TP} - 1.09 \tag{7.16}$$

Dillon 和 Rigler 使用的数据来自 46 个湖泊，这些湖泊大部分在加拿大东部，Jones 和 Bachmann 使用的数据来自 143 个湖泊，涵盖了广泛的营养状态范围。前者的数据包含春季周转的总磷值和夏季平均叶绿素 $a$ 浓度，后者的数据由夏季平均值组成。这些等式高度一致，不存在数据平均时间的差异。叶绿素 $a$ 和总磷的夏季平均值最常用来定义湖泊的营养状态，因此，仅仅为了确定湖泊的营养状态在整个非生长季节集中取样可能是不合理的。当冬季和春

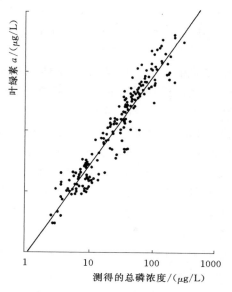

图 7.3　夏季叶绿素 a 水平与 143 个湖泊测得的总磷浓度之间的关系（Jones 和 Bachmann，1976）

季的入流量较大时，总磷可能较高，而夏季的平均表温层浓度代表沉积后的残余物，因此，应与藻类细胞中的磷密切相关。

因为大多数使用大数据集的叶绿素 a - 总磷关系都是对数关系，所以对任何单一湖泊的预测精度都不是很高。例如，在式（7.15）中，对于 95% 和 50% 的置信限，叶绿素 a 浓度为 5.6μg/L （10μg/L TP）的预测误差分别为 ±60%～170% 和 ±30%～40%。高相关系数（0.95）往往掩盖了准确性问题，这可能是由于湖泊之间细胞叶绿素 a、浮游动物摄食和（或）光和氮等其他限制因素的差异（Ahlgren 等，1988b）。有时可以为单个湖泊建立关系，从而提供更高的预测精度（Smith 和 Shapiro，1981），例如，来自俄勒冈州 Upper Klamath 湖（平均深度 2m）的 9 年数据显示，夏季总磷和叶绿素 a 之间具有很强的关系，可以有效地用于该湖的管理（图 7.4）。然

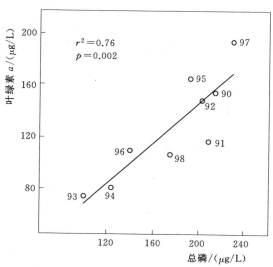

图 7.4　1990—1998 年 Upper Klamath 湖 6—9 月总磷的体积加权全湖平均值和叶绿素 a 的体积加权全湖平均值之间的关系（Welch 和 Burke，2001）

而，这通常需要大量数据，而且必须依赖于与单个湖泊数据提供最佳一致性的关系。

Carlson（1977）利用叶绿素 $a$–总磷关系建立了数值营养状态指数（TSI），该指数可能是最常用的指数，然而，这3个指标在营养状态指标的范围内相当狭窄。而 Carlson 的 TSI 和 Porcella 的 LEI（湖泊评价指数，Porcella 等，1980）将湖泊营养状态约简为一个或多个数字，试图消除"贫营养""中营养"和"富营养"等术语固有的主观性，而在关于湖泊质量的交流中仍然有必要使用这些术语。与数值依赖于特定数据集回归分析的指数相反，Carlson 的 TSIs（和 LEIs）代表叶绿素 $a$、总磷和 SD 的绝对值，$\log_2$ 转换被用来关联这3个指数，因此总磷的加倍与 SD 的减半相关。根据以下公式，TSI 分别为40和50时，总磷、叶绿素 $a$ 和 SD 的值分别为：12，24；2.6，6.4 和 4，2。

$$TSI = 10(6 - \log_2 SD) \tag{7.17}$$
$$= 10[6 - \log_2(7.7/\mathrm{chl}\ a^{0.68})] \tag{7.18}$$
$$= 10[6 - \log_2(48/TP)] \tag{7.19}$$

如果式（7.19）中的总磷使用年平均值，则分子为64.9，而不是48。SD 和叶绿素 $a$ 之间的非线性关系如图 7.5 所示（也见图 6.12）。需要注意，SD 的最大变化发生在叶绿素 $a$ 浓度低于 $30\mu g/L$ 时，在 $30\mu g/L$ 以上，随着叶绿素 $a$ 的增加，SD 变化相对较小，这一点的重要性将在后面讨论，与水质改善的预期相对于总磷的各种降低成本有关。

营养状态的阈值见表 7.3，这些平均值通常被认为是表示符合要求的娱乐用水质量的数值，并且具有几个来源（Chapra 和 Tarapchak，1976；Porcella 等，1980；Nürnberg，1996），但主要基于回归方程。SD

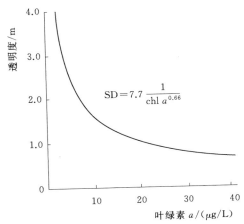

图 7.5　根据 Carlson（1977）的公式，透明度与叶绿素 $a$ 的关系

阈值类似于使用式（7.17）～式（7.19）（即 o—m 为 3.6m，m—e 为 1.9m）从总磷和叶绿素 $a$ 阈值预测的值。绝对阈值对于沟通湖泊状况非常有效，此外，这些值相互关联，对娱乐用途和供水都具有意义。例如，Walker（1985）的研究发现，达到富营养化状态的平均叶绿素 $a$ 阈值为 $9\mu g/L$，他使用了3个总磷–叶绿素 $a$ 模型来表明水华（定义为叶绿素 $a$ 浓度大于 $30\mu g/L$）频率只有

在夏季叶绿素 $a$ 平均值达到约 $10\mu g/L$ 后才开始增加（图 7.6）。根据 Carlson 方程［式（7.18）～式（7.19）］和式（7.15）［式（7.16）给出 $27\mu g/L$］，叶绿素 $a$ 水平与总磷浓度 $30\mu g/L$ 有关。LEI 图上绘制的绝对贫营养阈值和绝对富营养阈值（叶绿素 $a$ 和 SD 与表 7.3 略有不同）显示出非常高的一致性（图 7.7），中间值的狭窄范围反映了指数的对数性质，这是由 Calson 最初推导的 SD 与总磷和叶绿素 $a$ 的非线性关系得出的［式（7.17）～式（7.19）］。尽管这些阈值之间存在逻辑和一致性，但它们是平均值（或中间值），并且在应用于单一湖泊时并不总是一致。

表 7.3　贫营养—中营养（o—m）、中营养—富营养（m—e）和富营养—
超营养（e—h）界限的营养状态值（大部分来自 Nürnberg，1996）。
AHOD 为面积湖下层氧亏，AF 为缺氧因素（见第 7.3.3 节）

| 变 量 | o—m | m—e | e—h |
|---|---|---|---|
| TP[a]/$(\mu g/L)$ | 10 | 25[b] | 100 |
| chl $a$[a]/$(\mu g/L)$ | 3.5 | 9.0 | 25 |
| 透明度/m | 4.0 | 2.0 | 1.0 |
| AHOD/[mg/(m² · d)] | 250 | 400 | 550 |
| 净 DO/(mg/L)[b] | 4.5 | 5 | — |
| 最小 DO/(mg/L)[b] | 7.2 | 6.2 | — |
| AF/d | 20 | 40 | 60 |
| TN[a]/$(\mu g/L)$ | 350 | 650 | 1200 |

a. 夏季平均值或中位数。

b. Porcella 等（1980）。

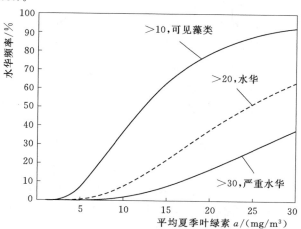

图 7.6　叶绿素 $a$ 浓度在大于 $10\mu g/L$、$20\mu g/L$ 和 $30\mu g/L$ 时的百分比。
（水华频率）与 3 个数据集的平均夏季叶绿素 $a$ 浓度的关系

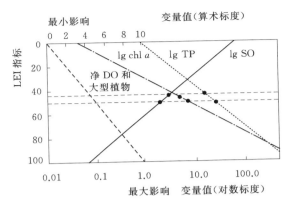

图 7.7　湖泊评价指数（LEI）值与营养状态指标的关系，其中 0 代表最小影响，
100 代表最大影响（Porcella 等，1980）。叶绿素 a、总磷和 SD 以
对数标度绘制，而净溶解氧和大型植物以算术标度绘制

在概率基础上表达湖泊营养状态存在一些优势（Chapra 和 Reckhow，
1979；OECD，1982），这种方法表明营养状态判据存在高度的不确定性。例
如，根据 OECD 模型，年平均总磷为 $40\mu g/L$，代表富营养化的概率为 38%，
中营养化的概率为 56%，贫营养化的概率为 6%。阈值为 $25\mu g/L$ 的湖泊（表
7.3）代表其中营养化的可能性很高，但同样有可能是富营养化和贫营养化的，
且二者的可能性相等。此外，一个富营养化可能性和中营养化可能性相等的湖
泊（可能代表中营养化阈值），其总磷浓度接近 $50\mu g/L$。虽然营养状态的重叠
和不确定性是现实情况，但从娱乐用途的角度来看，$50\mu g/L$ 的阈值代表一种
过于退化的状态，不能解释为中间营养状态，这将使富营养化阈值的叶绿素 a
增加一倍以上，并且如图 7.6 所示，会在 20% 以上的时间产生水华（$>30\mu g/$
L）。相比于温带湖泊，OECD 标准（即 $50\mu g/L$ 总磷作为中营养阈值）可能更
适合热带湖泊。Thornton（1987a）曾建议将 $50\sim60\mu g/L$ 作为热带湖泊中营
养状态的上限。非洲南部的水库对磷富集具有更大的耐受力，这可能是由于其
温度比温带湖泊高，因此代谢率较高，且冲刷率也比温带湖泊高（Thornton，
1987b）。即使生产率较高，较高的代谢率也会导致较低的藻类生物量，这与
较高的总磷浓度有关。对磷具有更大耐受力的原因可能不是氮的限制，
Thornton（1987a）引用了几项研究表明，尽管存在一些可变性，但大多数研
究发现非洲湖泊通常磷含量有限。

**【案例 7.2】**

（1）根据［案例 7.1］计算湖泊中预期的平均夏季叶绿素 a 浓度和透
明度。

使用式（7.15），其产生的结果与式（7.18）和式（7.19）结合产生的结果几乎相同，得出

$$\lg \text{chl } a = 1.449\lg 70 - 1.13$$
$$= 1.54$$
$$\text{chl } a = 35.5\mu\text{g/L}$$

结合式（7.17）和式（7.18），得出

$$SD = 7.7/35.5^{0.68}$$
$$= 0.68(\text{m})$$

（2）为了将夏季透明度提高到 2.0m，内部负荷必须减少多少百分比？

将同样的等式反向使用，得出

$$\lg \text{chl } a = \lg(7.7/SD)/0.68$$
$$= \lg(7.7/2.0)/0.68$$
$$= 0.86$$
$$\text{chl } a = 7.3\mu\text{g/L}$$
$$\lg TP = (\lg \text{chl } a + 1.136)/1.449$$
$$= (\lg 7.3 + 1.136)/1.449$$
$$= 1.37$$
$$TP = 24\mu\text{g/L}$$
$$L_{\text{int}} = 15 \times 1.5 \times (24 - 40 \times 0.55)$$
$$= 45[\text{mg/(m}^2 \cdot \text{a)}]$$
$$\text{减少} = (585 - 45)/585 \times 100$$
$$= 92\%$$

总氮（TN）列于表 7.3 中，但很少被用作指标，除了特殊情况外（例如 Tahoe 湖，Goldman，1981）。总氮通常只有在高度富营养化的湖泊中才是一个恰当的指标，在高度富营养化的湖泊中它可以控制生产力（见第 6.5.2 节）。Smith（1982）提出了一个叶绿素 $a$ 预测公式，该公式包括总氮，在富营养化系统中可能比单独的总磷-叶绿素 $a$ 关系更实用。

$$\lg \text{chl } a = 0.653\lg TP + 0.548\lg TN - 1.517 \qquad (7.20)$$

式（7.20）预测华盛顿州 Moses 湖的叶绿素 $a$ 浓度为 $21 \pm 9\mu\text{g/L}$，而式（7.14）仅基于总磷浓度，预测 Moses 湖的叶绿素 $a$ 浓度为 $50 \pm 23\mu\text{g/L}$，而 Moses 湖（氮限制系统）叶绿素 $a$ 浓度的观测值为 $23 \pm 11\mu\text{g/L}$。Prarie 等（1989）提出了在不同总氮/总磷比下从总氮和总磷浓度预测叶绿素 $a$ 的方程，此方法提高了预测的准确性。

### 7.3.2　初级生产力

Rodhe（1969）提出了通过放射性碳同化测量的光合速率的变化范围，其指示了营养状态。适当修改后的限值见表7.4，Grandberg（1973）引用了其他两位作者的类似值。虽然这些范围是温带湖泊确定的，但最近对不同纬度湖泊的生产力比较表明，这些数值可能具有一定普遍性。

**表7.4**　　　　　**通过总碳吸收量测量的初级生产力范围，**
**总碳吸收量归因于湖泊营养状态**

| 时　　　期 | 贫营养湖泊 | 富营养湖泊 |
|---|---|---|
| 生长季节的平均日增长率/[mgC/(m² · d)] | 30～100 | 300～3000 |
| 年总速率/[gC/(m² · a)] | 7～25 | 75～700 |

资料来源：经美国国家科学院许可，修改自 Rodhe（1969）。

尽管表 7.4 显示富营养化的范围相当大，Rodhe（1969）和其他人（Grandberg，1973）已经在大约 40% 的范围内将富营养化和超营养化区分开[250 g C/(m² · a) 和 1000mg C/(m² · d)]。表 7.4 中贫营养和富营养之间的间隔被认为是中营养状态。

将生产力用作营养状态指标的主要困难在于，面积生产力不仅依赖于营养物，还依赖于光的可用性。贫营养湖泊中对透光区生产力积分得到的速率几乎与富营养湖泊中的速率一致（图 7.8）。此外，对湖泊质量最重要的是透明度，它是水中颗粒浓度（即藻类生物量）的函数，而不是单位面积生产力的函数。

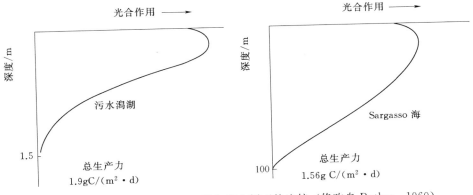

图 7.8　污水潟湖和 Sargasso 海生产力剖面的比较（修改自 Ryther，1960）

### 7.3.3　氧气

藻类生物量作为一种有机物来源，其最终需氧量或生化需氧量（BOD）与污水没有区别。营养物与生化需氧量的化学计量可以从光合方程中推测出来（Stumm，1963）。$CO_2$ 与光和营养物固定在有机碳中，其中 $C : N : P =$ 106 : 16 : 1，如前所述：

$$106CO_2 + 90H_2O + 16NO_3 + 1PO_4 + 光能 \rightarrow$$
$$C_{106}H_{180}O_{45}N_{16}P_1 + 154.5O_2 \tag{7.21}$$

光合商（PQ）= 154/106 = 1.45；试验上，这一比例平均为 1.2。在反向反应（呼吸作用）中，$O_2$ 随后被用于将 $C_{106}$ 转化为 106 $CO_2$，这导致河流湖泊中的 $O_2$ 不足。从理论上可以相应地估计污水处理后的二级 BOD 潜在影响：在二次处理中，从污水中去除的约 75% 的可同化碳，很容易被未有效去除的氮和磷利用，并以浮游生物的形式（固定在光合作用中）返回到可分解有机物和 BOD 中。假设可以完全利用 $BOD_P$ 的能量，则可以按下式估算：

$$\frac{154.5 \times 32}{1 \times 31} = \frac{4950}{31} = 160mg\ O_2/(mg\ P)$$

因此，如果所有处理剩余的磷都通过光合作用转化为有机碳，那么 1mg P = 160mg $O_2$。当然，这一情况必须是磷限制浮游生物的生长。

为了说明二次 BOD 效应，Antia 等（1963）做了一个试验（图 7.9）。他

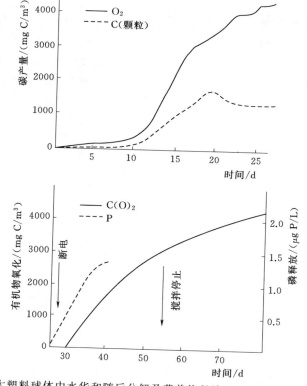

图 7.9　大塑料球体中水华和随后分解及营养物释放的结果（Antia 等，1963）

们将一个直径为 6m 的塑料球体沉入海水中，球体中产生了浮游植物水华，并在此期间和之后进行了测量。图 7.9 上图显示了用氧气法和颗粒碳测量法测得的碳产量，下图显示了生成的有机碳的分解，所用的氧以碳的形式来表示。注意断电后磷的释放，这导致了光合作用的停止和浮游生物的死亡。碳的氧化程度大于颗粒碳的生成，这是由于溶解有机物的细菌分解作用（颗粒碳和 $O_2$ 的产生之间的差异）。作者认为，耗氧量很大是由于排出的溶解碳的细菌分解和颗粒物质更多地用作细菌基质的结果。

可以观察到，这一过程会在过度施肥的水域中造成缺氧问题，例如，Baalsrud（1967）指出，挪威 Oslo 峡湾（Oslo Fjord）的缺氧问题主要是由向流入的淡水（这也提供所需的铁）中添加污水的施肥效应造成。其优势生物是中肋骨条藻（*Skeletonema costatum*），它是一种海洋硅藻，经常在近岸水域占据优势。出现这一问题的原因是，对于每克从处理过或未处理过的污水中固定到藻类组织中的磷，至少有 50g 的可氧化碳从自然产生的 $CO_2$ 中被固定（图7.10）。

溶解氧指数包括：氧亏率、单位面积滞温层氧亏（AHOD）［单位为 $mg/(m^2 \cdot d)$］；净溶解氧；最低溶解氧；和缺氧因素（AF）（单位为 d）（表7.3）。最小溶解氧和净溶解氧都与总磷负荷和浓度无关，但 AHOD 与总磷滞留量（Cornett 和 Rigler，1979）、总磷浓度（Nürnberg，1996）和总磷负荷（Welch 和 Perkins，1979）有关：

$$\lg ODR = 1.51 + 0.39 \lg L/\rho \quad (r = 0.73) \tag{7.22}$$

AHOD 通常计算为滞温层溶解氧随时间变化的线性曲线的斜率，乘以滞温层的平均深度。在一些高浓度的湖泊中，即使每月取样两次，溶解氧也可能很快消失，以至于无法准确估计 AHOD。在这种情况下，有必要每周取样两次。

AHOD 显示了 Washington 湖富营养化加剧（Edmondson，1966）（图7.11）。在湖泊富营养化早期，AHOD 达到了 $500 \sim 800 mg/(m^2 \cdot d)$ 的水平，但在 1955 年和 1962 年也有所下降。该速率的下降被认为是由于蓝绿藻的数量增加，而蓝绿藻往往会漂浮在表温层，并在表温层被分解。

$$AF(d) = \sum_{i=1}^{n} t_i a_i / A_o$$

式中：$t$ 为可检测缺氧条件（$\leqslant 1mg/L$ DO）的天数；$a_i$ 为缺氧沉积物面积，$m^2$；$A_o$ 为湖泊表面积，$m^2$（Nürnberg，1995a，1995b）。

该指数是对不大于 1mg/L 溶解氧覆盖的湖底面积的度量，在确定适合磷内部负荷的条件范围和鱼类无法到达的湖底区域方面，它比 AHOD 作用更大。如下所述，富营养化通过溶解氧的消耗对鱼类种群产生了巨大的不利影响。

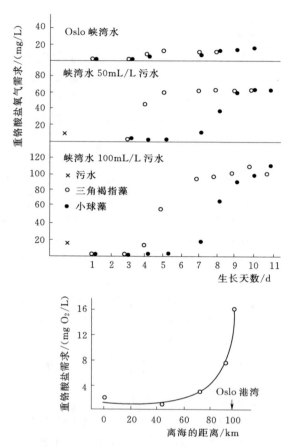

图 7.10　藻类生长潜力试验，显示污水中无机营养物质转化为需氧有机物。
上图显示了在离海不同距离的 Oslo 峡湾水中污水的潜力（Baalsrud，1967）

### 7.3.4　溶解氧、富营养化和鱼类

富营养化对鱼类的主要影响是溶解氧的耗尽，浮游生物产量上升到中营养状态可能对合适的鱼类产量产生有益影响，即冷水和温水猎用鱼。然而，一旦达到富营养状态，特别是如果该湖泊在夏季产生分层，那么滞温层中的溶解氧极有可能在夏末达到鱼类生存的临界水平。

随着富营养化程度的提高，达到的最小溶解氧将继续减少，且最小溶解氧将更早出现，这种情况对冷水鱼类尤其不利，但也可能对温水鱼类产生不利影响，因为活性和生长将随着溶解氧的减少而逐渐减少（见第 13 章）。当温度超过它们适宜的水平时，这两种鱼类都倾向于逃离表温层，尽管冷水鱼类会更加频繁地遇到这个问题。如果滞温层中存在足够的溶解氧，那么在温暖的夏季，

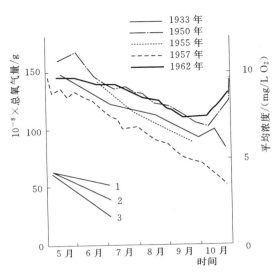

图 7.11　1933 年、1950 年、1955 年、1957 年和 1962 年 Washington 湖 20m 以下的
滞温层氧亏。为了进行速率比较，显示了氧亏速率为 1 mg $O_2$/($cm^2$·月)、
2mg $O_2$/($cm^2$·月) 和 3mg $O_2$/($cm^2$·月) 的恒定斜率 (Edmondson, 1966)

它可以成为一个完美的避难所，而如果滞温层中的溶解氧不足，那么鱼类会在此环境中受到溶解氧的胁迫影响，或者如果鱼类逃离温度较低但缺氧的滞温层环境，同样将在表温层受到温度的胁迫影响。

　　系统的营养负荷越高，氧亏（这取决于滞温层的深度），溶解氧的浓度就越低，因此整个湖泊更不适宜鱼类生存。即使是没有分层的浅水湖泊，如果在冬天被冰覆盖，也会受到低溶解氧的影响。浅水湖泊的"冬季死亡"是温带地区长期存在的问题 (Halsey, 1968；Barica, 1984)。此外，夏季藻类水华消亡后的低溶解氧会导致鱼类死亡 (Ayles 等, 1976)。在藻类水华消亡后的平静期，溶解氧浓度会下降到非常低的水平 (<1mg/L) (Barica, 1984)。

　　富营养化的长期影响将成为物种组成的变化之一，主要是由于溶解氧状态的改变 (Nürnberg, 1996)。食物供应以碎屑形式增加，这往往导致浮游动物变小，以蠕虫（蠓）为主的底栖动物种类减少，这有利于以碎屑为食的鱼类或底层鱼类，如吸盘鱼 (suckers) 和鲤鱼。Haines (1973) 的研究表明，与未施肥的试验池塘相比，鲤鱼在施肥后的试验池塘生长速度要快得多（几乎 4 倍），而小嘴鲈鱼的生长速度要慢得多（2~6 倍）。施肥池塘以 2g/($m^2$·a) 的较高速度吸收磷，溶解氧可能是对鲈鱼有害的主要因素，因为施肥池塘溶解氧的日变化范围为 18mg/L 到 <2mg/L，而未施肥池塘溶解氧的日变化范围很少超过 3.5mg/L。（溶解氧的日变化范围的影响见第 13 章）。

溶解氧和食物供应的变化，无论哪个因素更为重要，结果都是相似的。以Erie湖为例，加拿大白鲑（cisco）、白鱼（whitefish）、碧古鱼（walleye）、加拿大鲬鲈（sauger）和大眼鲈（blue pike）的数量在40年间急剧下降，湖泊中营养物的负荷持续增加，主要离子的增加就表明了这一点（Beeton，1965）。这些鱼类数量减少的主要原因是无法繁殖。然而，鱼的总捕获量并没有下降；相反，捕获的物种变为鲤鱼、鲈鱼、水牛、鼓鱼和胡瓜鱼等（表7.5）。尽管其他因素，如捕鱼压力和七鳃鳗的捕食，也与五大湖鱼类产量的变化有关，但是Beeton和Edmondson（1972）认为Erie湖的变化，特别是加拿大白鲑的变化，与污染环境的向东运动密切相关。

表 7.5　　　　　　　　　Erie 湖 40 年间商业鱼类的年渔获量对比　　　　　　　　单位：t

| 种　类 | 早　年 | 近　年 |
| --- | --- | --- |
| 加拿大白鲑 | 9000（1925 年之前） | 3.2（1962 年） |
| 加拿大鲬鲈 | 500（1946 年之前） | 0.45～1.8 |
| 大眼鲈 | 6800 | 0.45（1962 年） |
| 白鱼 | 1000 | 6.0（1962 年） |
| 碧古鱼 | 7000（1956 年） | 450 |
| 总计 | 24300 | |
| 鼓鱼，鲤鱼，鲈鱼和胡瓜鱼 | | ≈22240 渔获量增长 |
| 总计 | | 22700 |

资料来源：Beeton 的数据（1965）。

这种模式在大多数富营养化的湖泊中都有可能发生，这取决于氧资源，而氧资源是深度的函数。即使在浅水湖泊中，深度也很重要。Miranda 等（2001）表明，对于 1870hm$^2$ 的湖泊（平均深度 3m），在水体深度 0.1m 处，黎明时溶解氧浓度小于 1.5mg/L 的概率为 0.91，但在水体深度 3.5m 处，这一概率小于 0.05。随着深度的增加，低溶解氧的概率呈指数下降，其原因是上覆水中有更多的溶解氧可用于满足底栖生物的需求。藻类水华的消亡是消耗溶解氧的另一个因素。俄勒冈州 Upper Klamath 湖上游浅水区（平均深度 2m）数千只吸盘鱼（suckers）的死亡，与蓝绿藻（束丝藻）水华的消亡是一致的（Perkins 等，2000）。富营养化被认为是限制欧洲亚高山带湖泊鲑科渔业的主要因素（Nüman，1972）。

富营养化湖泊鱼类生产力变化的一般模式如图 7.12 所示。"理想"鱼类物种的丰度和生产力的增加应该发生在中营养阶段，随着富营养化的临近，这类物种趋于减少，取而代之的是更耐溶解氧和（或）更耐温度的"不良"物种产量的急剧增加。

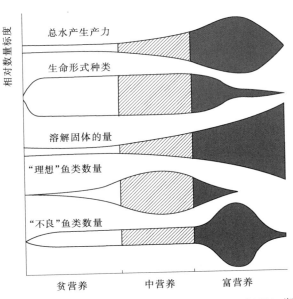

图 7.12 富营养化湖泊各种特征的建议变化（根据 1968 年 Erie 湖报告修改）

毋庸置疑，富营养化状态对溶解氧（温度）敏感性更高的物种生产是不利的，问题是怎样的富集程度才是不利的。先前描述的与再生水相关的营养状态标准是否也与鱼类繁殖相关？显然，从藻类生物量和透明度的角度来看，容易导致富营养化状态的磷负荷率也类似于将导致氧亏率（ODR）（代表富营养化）的负荷率（表 7.4），而从渔业的角度来看，这反过来又可能消耗氧气资源。Dillon 和 Rigler（1975）就磷负荷增加和浮游藻类提出了针对 Ontario 湖鲑科渔业的保护指导方针。

为了评估再生水的富营养化阈值标准和对冷水鱼类影响之间的联系，可以将阈值为 $25\mu g/L$ 的总磷负荷与在分层一段时间后该负荷应产生的最终滞温层溶解氧浓度进行比较。使用式（7.10）和 $25\mu g/L$ 的平衡总磷，得出湖泊的临界负荷（富营养化阈值）为 $1145mg/(m^2 \cdot a)$，总平均深度和滞温层平均深度分别为 12m 和 5m，冲刷率为 $2.3a^{-1}$（美国 OECD 26 个湖泊的平均值，Welch 和 Perkins，1979）。经过 60 天的分层后，利用式（7.22），平均滞温层的溶解氧含量将从饱和降至 $5.5mg/L$；利用 Cornett 和 Rigler 的 $R_{tp}$ - AHOD 模型，假设温度为 $10℃$，$R_{tp}=1/(1+\rho^{0.5})$，平均滞温层的溶解氧含量将降至 $4.4mg/L$。这些溶解氧水平会给夏季需要生活在滞温层凉爽水域的鱼类（如鳟鱼、银花鲈鱼和白鱼）带来压力，如果分层持续的时间越长，那么给鱼类带来的压力则越大。理论上，达到富营养化阈值的平均分层湖泊（表 7.3）代表了再生水的不利条件，也会对一些鱼类产生不利的溶解氧条件。

即使是水生植物密度很高的非分层湖泊，其杂草床中的溶解氧也会严重耗尽（Frodge 等，1987）。大型植物床底中溶解氧的耗尽可能与观察到的浅水富营养化湖泊中温水鱼类的死亡有关。由于 ODR 只适用于分层湖泊，因此净溶解氧可能解决了适用于非分层湖泊溶解氧指数的难题。Porcella 等（1980）提出了净溶解氧，同时适用于分层湖泊和非分层湖泊，其值的范围为 0～10。净溶解氧是与平衡条件（饱和度）的绝对差值，计算方法是将这些差值（平衡溶解氧－测量溶解氧）在深度区间上累加，从而综合了过饱和的增长趋势以及对富营养化的响应不足。

## 7.3.5 指示生物

虽然透明度（以及代表透明度的藻类丰富度）和氧资源受损是湖水是否适合再生水和城市供水的重要指标，但还存在其他同样相关的特征。蓝藻的丰富是很容易观察到的，因为大部分蓝藻是漂浮的，会形成表面浮渣（关于原因的讨论见第 6.5.6 节）。因此，总生物量中的蓝绿藻组分往往随着富营养化过程而增加，并且已被证明是一个非常有用的指标，其对富集的响应时间不同于透明度。Smith（1986）试图用蓝绿藻来开发营养状态指数，他把浮游植物中蓝绿藻的比例与总氮：总磷和 $SD/Z_{mix}$ 的比例联系起来。例如，假设混合深度为 10m，总氮：总磷为 10，富营养化阈值 SD 为 2m，Smith 的模型预测蓝绿藻占 27%。

**表 7.6** 污水处理前后浮游植物浓度

| 湖 泊 | 水处理 | 蓝绿藻/% | |
| --- | --- | --- | --- |
| | | 处理前 | 处理后 |
| Moses 湖帕克角 | 稀释 | 96 | 55 |
| Moses 湖鹈鹕角 | 分流 | 27 | 47 |
| Washington 湖[a] | 分流 | 95 | 20 |
| Sammamish 湖 | 分流 | 68 | 30 |
| Long 湖 | 明矾 | 85 | 20 |
| Norrviken 湖[b] | 分流 | 95 | 92 |

a. Edmondson 和 Litt（1982）。

b. Ahlgren（1978）。

如表 7.6 所列，蓝绿藻比例对营养物的减少反应灵敏。在污水分流之前，美国 Moses 湖鹈鹕角的主要物种是代表污水潟湖的小绿藻，分流后蓝绿藻的比例有所增加，实际上与湖水质量提高有关。此外，帕克角（Parker Horn）最初的主要物种是蓝绿藻，在稀释后逐渐减少（Welch 和 Patmont，1980）。

但是，Norrviken 湖的蓝绿藻比例在处理后仍然很高，因为总磷仍然很高，但至少该湖不再只包含颤藻的一种（Ahlgren，1978）。在 Washington 湖，蓝绿藻比例在污水分流后反应缓慢，大约七年后才达到表 7.6 中的低水平（Edmondson 和 Litt，1982）。Sas（1989）和 Lathrop 等（1998）分别提出了蓝绿藻比例和总磷浓度之间、蓝绿藻生物量和总磷负荷之间的关系。

蓝绿藻水华仅在淡水和有些情况下的微咸水中具有重要性，比如波罗的海。硅藻和鞭毛藻（dino - flagellates）是河口水华和近岸海域水华中最常见的优势物种。

沉积硅藻或浮游羽状（狭长细胞- Araphidinae）物种与浮游中心（圆形细胞－辐射硅藻目）物种的比例（A/C），也是营养状态的有效指标。沉积物核心数据的优势在于，如果沉积物年代能够测定，则可以确定营养状态的历史。硅藻指数的缺点在于它主要局限于分层湖泊，这是因为受到沿岸羽状物种的干扰（Stockner，1972）。例如，来自 Washington 湖的结果显示了一幅相当清晰的画面，在最大富集期间，A/C 上升到富营养化阈值 2 以上，然后在分流后迅速恢复（Stockner，1972），其他湖泊也具有同样有趣的结果。底栖无脊椎动物的富营养化指标将在第 12 章讨论。

## 7.3.6　营养负荷

尽管湖泊的营养状态取决于总磷、叶绿素 $a$ 等的浓度，但了解产生营养状态的负荷率也很重要。这是因为：①营养物输入被评定为质量平衡，以评估来源和质量平衡模型的相对贡献；②为了改善湖泊质量，必须控制负荷（外部或内部），这一点在上文的［案例 7.2］中有所说明。因此，与湖泊的当前状态或恶化状态相比，产生中营养或富营养状态的临界负荷（$L_c$）通常被用作恢复目标。

在营养物负荷标准的发展过程中，有一个有趣的年表值得回顾，因为它说明了对湖泊行为的思考演变。最初尝试定义 $L_c$ 时只涉及两个变量：测得的面积负荷和平均深度（Vollenweider，1968），这种关系如图 7.13 所示。根据对营养状态的判断，我们对代表阈值或极限的负荷准则进行了估算。由于稀释作用，较深的湖泊可以承受较高的面积负荷，将面积负荷转换为体积负荷［$g/(m^3 \cdot a)$］。在安大略试验湖泊中，深度对面积/体积指数的响应（藻类生物量和生产力）也有同样明显的影响（图 7.14），虽然指数中有湖泊体积的稀释效应，但也有与流域面积成比例的质量负荷效应。

然而，在冲刷率变化很大的情况下，这种负荷-平均深度关系是不可靠的。Dillon（1975）在两个安大略湖泊［Cameron 湖和 Four Mile 湖］中清楚地展示了冲刷效果，虽然这两个湖泊的营养状态大致相同，但 Cameron 湖的冲水

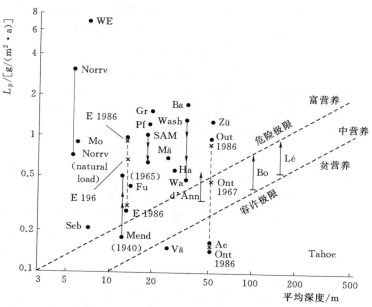

图 7.13 不同湖泊磷的负荷图。对于 Erie 湖和 Ontario 湖，虚线显示了 1986 年
（根据 1967 年的估计）没有磷控制的磷负荷；虚线显示，到 1986 年
（根据 1967 年的估计），洗涤剂中不含磷，所有城市和工业废水中 95%
的磷被去除（Vollenweider，1968）

Ae—Aegerisee（瑞士）；Ba—Baldeggersee（瑞士）；Bo—Bodensee，Constance 湖（奥地利、
德国、瑞士）；d'Ann—d'Annecy 湖（法国）；E—Erie 湖（美国）；Fu—Fureso 湖（丹麦）；
Gr—Greifensee（瑞士）；Ha—Hallwilersee（瑞士）；Lé—Léman 湖，Geneva 湖（法国，瑞士）；
Mä—Mälaren 湖（瑞典）；Mend—Mendota 湖（美国）；Mo—Moses 湖（美国）；Norrv—Norrviken 湖
（瑞典）；Ont—Ontario 湖（美国）；Pf—Pfäffikersee（瑞士）；Sam—Sammamish 湖（美国）；
Seb—Sebasticook 湖（美国）；Tahoe—Tahoe 湖（美国）；Wa—Washington 湖（美国）；
WE—西 Erie 湖（美国）；Vä—Vänern 湖（Sweden）；Zü—Zürichsee（瑞士）

量是 Four Mile 湖的 70 倍，而 Cameron 湖的总磷负荷是 Four Mile 湖的 20
倍。冲刷率负荷的修正解释了明显的异常。考虑停留时间 $\tau$（1/冲刷率），这
使负荷图得以改进（Vollenweider 和 Dillon，1974；Vollenweider，1975），如
图 7.15 所示。图中直线的方程式为

$$L_c = 100 \text{ 或 } 200 \, \overline{z}\tau^{0.5} \tag{7.23}$$

通过修正，负荷-平均深度图上的一些具有疑惑的点便可以得到解释。例
如，超贫营养的 Tahoe 湖由于其深度非常大，似乎对负荷的增加完全不敏感，
然而，冲刷率的修正将 Tahoe 湖移到了图的另一边，在此处它对负荷的增加
变得更加敏感。而其他原本位于图表左侧较高位置的湖泊情况则正好相反（高
冲刷率和浅水湖泊），它们向右移动到一个与其观察到的营养状态更为一致的

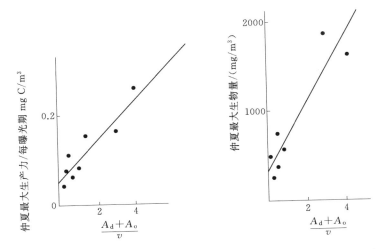

图 7.14　湖泊响应与流域（$A_d$）加湖泊面积（$A_o$）除以体积（$v$）的关系
（Schindler，1971a）

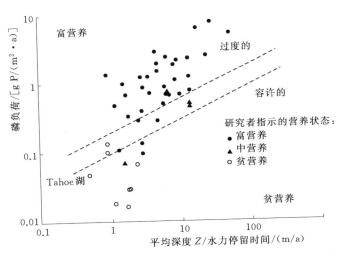

图 7.15　美国 OECD 的数据应用于初始 Vollenweider 磷负荷和平均深度/
水力停留时间关系（Rast 和 Lee，1978）

位置。改进后的图表基本上将负荷转化为流入浓度，根据连续流动培养动力学，预计这将与可能形成的单位体积最大藻类生物量更加直接相关。

下一步是将沉降损失纳入负荷关系中，得到临界负荷方程：

$$L_c = TP_{e/m,m/o} \overline{z} (\rho + \rho^{0.5}) \tag{7.24}$$

式中：$TP_{e/m}$ 为 20mg/m³ 或 $TP_{m/o}$ 为 10mg/m³，分别为富营养化—中营养化阈

值或中营养化—贫营养化阈值（Vollenweider，1976）。

根据式（7.10），考虑沉降的影响，随 $\tau$ 或 $1/\rho$ 变化的临界湖泊总磷浓度线如图 7.16 所示；将式（7.10）竖式形式转化为：

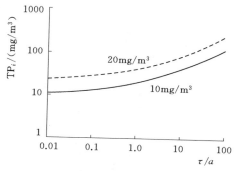

图 7.16　两个湖泊浓度（TP＝10mg/m³ 和 20mg/m³）的流入浓度（$TP_i$）与水力停留时间（$\tau$）的关系（经湖泊和水库管理部门的许可复制）

$$TP_i = TP(1+\tau^{0.5}) \quad (7.25)$$

在 $\tau$ 值较低时，湖泊浓度为 10mg/m³ 和 20mg/m³ 的线与横坐标平行，这表明在停留时间（高冲刷率）短时沉降最小，且湖泊浓度等于流入浓度。随着 $\tau$ 的增加，沉降的重要性上升，从而允许更高的 $TP_i$，但不超过临界湖泊浓度。换言之，随着 $\tau$ 的增加，湖泊对 $TP_i$ 增加的耐受性变强。有关负荷关系的更详细讨论，请参阅 Reckhow 和 Chapra（1983）。

### 7.3.7　磷的来源

磷和氮进入水体的外部来源包括：岩石的溶解；废水排放（包括各种废水类型，如经过处理或未经处理的污水、乳制厂污水、屠宰场污水、海鲜罐头厂污水和其他食品加工厂污水）；城市雨水径流；施肥或未施肥牧场和农田的农业径流；森林径流；降水；水禽。只有岩石溶解和森林径流被认为是自然来源，其他所有的来源都受到人类的影响（实际上，如果施肥，森林径流也受到人类的影响）。降水（即使在偏远地区）和水禽（被食物吸引）的输入经常受到人类的影响。只有废水排放被视为点源，即它们直接通过某个输送系统进入水体，其他所有的来源都被认为是非点源或扩散源。点源通常很容易直接估算或确定，而非点源则很难估算，非点源通常是通过了解流域土地利用类型的分布和应用基于各种数据集的产量系数来进行估算。例如，总磷的一套估算值（Reckhow 和 Chapra，1983）为：森林，2～45mg/(m² · a)；降水，15～60mg/(m² · a)；农业，10～300mg/(m² · a)；城市，50～500mg/(m² · a)；化粪池排水场渗滤液，人均 0.3～1.8kg/a。据估计，非点源营养物对 51% 的美国湖泊和 57% 的河口造成了损害（USEPA，1996）。

当范围很大时，通常很难为特定流域选择合适的值，一种方法是根据有关流域的测量负荷和土地利用信息选择恰当的部分范围。假设以上给出的各土地利用类型之间的比值适用于所述流域，可以通过保持比值恒定并按比例调整系数以符合实际负荷和土地利用面积来选择产量系数。此方法已应用于华盛顿州的 Sammamish 湖，该湖的总磷和连续流量的日测量值可用于计算实际负荷。图 7.17 显示了根据标定为实际流量的土地利用总磷产量系数进行观测和模拟的湖泊总磷浓度之间的年间一致性，总磷的减少是由于 1968 年废水的分流造成的（Shuster 等，1986；Perkins 等，1997）。一种表达不确定性的方法建议应用于预测，例如产量可能的范围（见 Reckhow 和 Chapra，1983）。

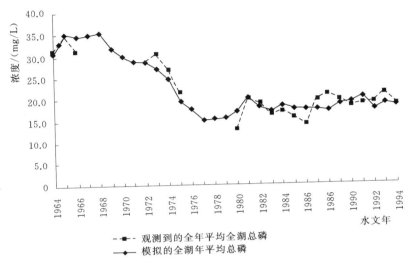

图 7.17　Sammamish 湖全年观测到的总磷浓度与使用总磷产量系数的质量平衡模型
模拟的总磷浓度之间的比较，根据流域的土地利用类型进行校准
（来自 Perkins 等，1997 年，经湖泊和水库管理局的许可复制）

　　显然，来自化粪池排水场的负荷可以代表流域中最集中的非点源污染。假设 4000m²，每个家庭有 2.5 位成员，如果排水场没有充分渗透和去除磷，则产量为 188～1125mg/(m² · a)。实际上正常工作的排水场（"现场污水处理"）在除磷方面非常有效。尽管如此，化粪池排水场的非点源在流域中也十分显著。此外，排水场去除的磷大部分是可溶性磷和容易去除的状态。

　　已有数据表明，城市径流可能是总磷的一个重要来源。然而，大部分总磷会以颗粒磷形态进入湖泊，被雨水中的高含量悬浮物吸收，并在进入湖泊不久后沉淀下来。如果发生这种情况，即使负荷很高，对生产率的贡献也可能不大。如果在非生长季节就产生了负荷，则上述情况会尤其明显，比如在冬季高度潮湿、夏季高度干燥的地区，如太平洋西北部（Stockner 和 Shortreed，1985）。太平洋西北部的 Sammamish 湖在冬季高径流期具有最高比例的总磷（Butkus 等，1988）。

## 7.4　沿海海水的富营养化

沿海水域的富营养化也是一个日益严重的全球环境问题，近三十年来，沿海海域富营养化的生态效应日益明显。通过增加浮游植物和大型藻类生物量、浊度、低氧（DO<2mg/L）和缺氧面积，向浅水海岸和河口水域增加营养负荷（尤其是氮），从而降低了水质。浮游植物群落的变化包括有害藻华（HABs）的出现频率增加以及毒素物种的产生。栖息地的丧失和食物网的改变也属于沿海水体富营养化带来的后果。

分层的沿海水域与海水的交换率太低，无法快速稀释表面的营养物质，停滞的底层水的再氧化特别容易受到富营养化的不利影响，位于瑞典西海岸的卡特加特海（Kattegat Sea）便是这样的一个系统。1980 年首次记录了富营养化的影响，富营养化促进了初级生产、增加了有害藻华的发生率以及随后有机物的沉淀和降解，导致该海域底层水体溶解氧枯竭。在 20 世纪 80 年代，每年夏末和秋季都能在此海域观测到缺氧的情况（Baden，1990），这导致鱼类、龙虾和双壳类生物的死亡，并改变了群落组成和食物网，这些都对瑞典和丹麦的渔业造成了严重影响。波罗的海沿海地区的富营养化也导致了整个区域出现了广泛的缺氧区。

类似的情况在世界许多地区都有报道，包括亚得里亚海、纽约湾、北海和墨西哥湾。墨西哥湾仲夏底层缺氧带的面积约为 20000km²，是世界上第二大受此影响的区域（波罗的海流域缺氧带面积约为 70000km²）（Rabalais 等，2002），墨西哥湾的缺氧带通常延伸到整个水体的 20%～50%。Mississippi 河的营养负荷消耗了美国邻近地区 41% 的氧气，这是浮游植物生物量增加的主要原因，浮游植物会分解，并导致缺氧。正如波罗的海流域的情况所示，溶解氧的补充受到水体物理分层的抑制（分层是由于较高、较暖、含盐量较低的水和深度较低、含盐量较高的水之间存在密度梯度），从而促进了缺氧条件（Rabalais 等，2002）。

Mississippi 河流域对海湾的氮输入主要来自化肥的使用，在 1955—1970 年间增加了 2 倍，1980—1996 年间又增加了 2 倍，160 万 t 的年平均氮输入有 61% 是以硝酸盐的形式输入的。非点源输入占海湾 $NO_3^-$ 输入的 90%，其中 74% 源于农业活动（Rabalais 等，2002）。缓解墨西哥湾的低氧条件需要大幅度减少氮负荷，尤其是中西部上游的非点源氮负荷。

# 第 8 章

# 浮 游 动 物

浮游动物是湖泊、海洋和缓慢流动的较深河流中浮游植物的主要消费者，在这些水域中，主要的能量流动是通过捕食者—猎物导向的食物网实现的。在高度富营养化或有机污染的水域中，能量通过碎屑途径转移，浮游动物也可能通过消耗细菌和碎屑来输送能量。假设温度是最佳温度，且浮游动物几乎不受低溶解氧和水体中有毒物质的抑制，则影响浮游动物消费效率和生产效率的主要因素为食物（浮游植物）的大小、质量和丰度以及食浮游生物动物（食浮游动物的鱼类），这些因素大小、结构的变化通常会对浮游动物消费效率和生产效率产生影响。可以通过增加食浮游植物的消费者生物量来操控浮游植物生物量，提高水体的透明度和降低水体富营养化。第 10 章介绍了这种"生物操控"的尝试结果，但支持该技术的生态学原理将在本章进行讨论。

浮游动物，特别是蚤类等大型物种，如大型蚤（*D. magna*），对有毒物质十分敏感，在毒性生物测定中经常被用作试验生物。这种毒性试验的结果见第 13.5 节。

## 8.1 种群特征

浮游动物主要由轮虫（rotifers 或 wheeled organisms）以及枝角类（Cladocera）和桡足类（Copepoda）的微观或近微观生物群组成。轮虫和枝角类（如水蚤）动物通常通过孤雌生殖繁殖。孤雌生殖是一种生殖形式，其中由雌性组成的种群只产生自身的二倍体副本。在拥挤或压力条件下，二倍体卵子发育成雄性枝角类动物并产生单倍体精子（染色体数目减半），与单倍体卵子结合，这种结合产生一个受精的二倍体卵子，作为休息阶段，等待更理想的环境条件来促进种群增长。这种适应能力可导致种群的快速增长，也是浮游动物能有效控制浮游植物数量的原因之一。枝角类动物的世代时间可以少至 2～5 天，也可以长达一个月或更长。桡足类动物［如螺水蚤（*Diaptomus*）］没有孤雌生殖阶段，但也能快速繁殖，因为雌性能储存精子进行多次受精。

成年枝角类动物如水蚤［如大型蚤、蚤状溞（$D. pulex$）］的背甲长度可达 3mm，而其他枝角类动物［裸腹溞（$Moina$）、大眼溞（$Polyphemus$）和网纹溞（$Ceriodaphnia$）］的背甲长度可达 1.5mm。小型枝角类动物（如水虱）的背甲长度约为 0.4mm。水蚤一般都很大，可摄食的食物尺寸分布相当大，但小型枝角类动物（水虱）在食物尺寸上有较大的限制（Sarnelle，1986）。在浮游动物和浮游植物的相互作用中，尺寸是一个非常重要的因素，因为它不仅决定了可被食用的食物颗粒的大小，同样的，更大的浮游动物的摄食速度也更快（Burns，1968，1969），而食浮游生物动物选择摄食尺寸较大的浮游动物，如水蚤。

# 8.2　种群动态

想要了解浮游动物的物种动态，可将这些动态分为对捕食和资源可用性的种群（和群落）反应。正如在 8.1 节介绍过的，因为枝角类动物和轮虫是单性生殖，且这些生物体通常是半透明的（因此它们的卵很容易统计），可以将其种群动态分为出生和死亡两个部分。枝角类或轮虫浮游动物孤雌生殖种群的瞬时出生率（$b$）可以使用经典的埃德蒙森-帕洛赫摩方程（Edmondson – Paloheimo equation）（Paloheimo，1974）进行相应的计算：

$$b = \frac{\ln(E+1)}{D} \tag{8.1}$$

式中：$E$ 为群体中卵子与个体（包括幼体和成年体）的比例；$D$ 为卵子的发育时间，天。

卵子的发育时间严格依赖于水温，在 20℃时，卵子发育正常时间是两天，而在 4℃时，卵子发育可能需要长达两周的时间。卵子比例（$E$）与种群的繁殖力密切相关，相当于种群中每个成年雌性的卵数。种群的繁殖力是种群营养状况的一个非常敏感的指标，食物的数量和质量都会影响繁殖力。

相应地，种群瞬时死亡率（$d$）可以计算为种群出生率和种群增长率之间的差值：

$$d = b - r \tag{8.2}$$

式中：$r$ 为种群数目的瞬时增长率。

$r$ 根据经典的逻辑增长率公式计算：

$$r = \frac{\ln(N_t/N_0)}{t} \tag{8.3}$$

式中：$N_t$ 为采样间隔结束时的种群大小；$N_0$ 为采样间隔开始时的种群大小；$t$ 为该采样间隔的天数。

也可以将这一增长率相应地表示为种群出生率和死亡率之间的简单差值：

$$r = b - d \qquad (8.4)$$

Hrbacek 等（1961）最先描述了捕食对浮游动物群落组成的影响，他们指出，遭受鱼类强烈捕食的浮游动物群落，组成类群的主要特点是小型和逃避度高，或兼而有之，如轮虫、小型枝角类动物和环状桡足类动物。在没有鱼类捕食的情况下，湖泊中的浮游动物群落通常主要是大型类群，尤其是大型蚤类，这种模式在 Brooks 和 Dodson（1965）的经典研究中也有所体现。特定的浮游动物物种是否容易受到鱼类捕食的影响取决于 3 个关键因素：能见度、躲避性和栖息地重叠。浮游动物对食浮游鱼类的能见度是尺寸大小、色素沉着和有无卵子的函数。食浮游动物鱼类具有很高的选择性，它们的饮食通常仅由特定时间内出现的最大浮游动物决定。为了最大限度地降低被捕食的风险，在有鱼的湖泊中发现的浮游动物通常是半透明的，而在无鱼的湖泊中，相同或相近物种的浮游动物可能是高度着色的。相对于身体的其他部分，孤雌生殖枝角类动物的卵也是高度着色的。食浮游动物鱼类的胃中所含物质主要是产卵的水蚤，这种情况十分常见，即使产卵的水蚤只占所有甲壳类浮游动物的一小部分。

无论浮游动物的大小和颜色如何，它们都可以通过逃避和减少栖息地与捕食者的重叠方法来避免被视觉导向的捕食者捕食。浮游动物类群在躲避鱼类捕食动物者的能力上差异很大，一些类群，如环状桡足类，有非常发达的跳跃能力，使它们能够逃离捕食者，而另一些浮游动物，如水蚤，游速很慢，无法逃离大多数食浮游鱼类（Drenner 等，1978）（图 8.1）。轮虫也普遍具有这种"跳跃能力"，用来逃离类似于环状桡足类的食肉浮游动物。浮游动物行为最有趣的一个方面是一种叫作昼夜垂直迁移（DVM）的现象（Lampert，1989），许多大型甲壳动物类群利用昼夜垂直迁移来避免被鱼类捕食，它们白天待在更深、更暗的滞温层中，只在夜间视觉捕食者看不到它们时才迁徙到表温层。无鱼湖泊不会发生昼夜垂直迁移，因为进行昼夜垂直迁移的浮游动物要承受两个重要的生理代价：①表温层可食用的浮游植物通常要多得多，所以如果一天的大部分时间在黑暗的滞温层度过，获取的食物可能会大幅度减少；②因为浮游动物的生长和卵子的发育强烈依赖于温度，所以与那

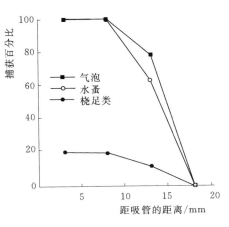

图 8.1　水蚤和桡足类浮游动物对模拟鱼类捕食的抽吸装置的逃逸反应
（改编自 Drenner 等，1978）

些一直生活在温暖、食物丰富的表温层的浮游动物相比，进行昼夜垂直迁移的浮游动物的生长和卵子的产生会更慢。由于这些生理限制，较小的浮游动物类群不太可能进行昼夜垂直迁移。

　　食物的可获得量和质量会影响浮游动物的生长率和成年雌性的繁殖力。食草性浮游动物消耗悬浮物（或悬浮颗粒有机物），悬浮物是浮游植物、细菌和碎屑的混合物。当颗粒尺寸允许时，许多食草性浮游动物也会摄取微型浮游动物（如轮虫和纤毛原生动物）。对于水蚤来说，这个尺寸范围被认为是直径为 $1\sim30\mu m$ 的颗粒（Burns，1968）。浮游动物利用悬浮物作为食物资源的能力取决于它们是否能够摄取悬浮物、是否能够消化摄取的食物，以及消化的食物是否营养充足。尺寸非常大的浮游植物细胞（例如某些甲藻）和浮游植物群落（尤其是蓝绿藻），连最大的浮游动物类群也无法摄取。摄入的某些浮游植物可能具有坚硬的或凝胶状的细胞壁，因此它们具有抗消化能力，从而毫发无损地通过浮游动物的消化系统（Porter，1977）。当浮游动物处于食物丰富的状态时，它们会更早地到达初产期（第一次繁殖活动），且个体体积和种群数目较大。在 20℃ 下，一只摄食良好的水蚤会在大约 1 周内达到初产期。浮游动物对悬浮物供应量增加的生长响应与典型的米式（Michaelis - Menton）增长率对浮游植物营养物供应的响应相同，在悬浮物含量较低（<0.5mg/L）时，水蚤的生长几乎与食物供应呈线性关系，而在悬浮物含量高于这一浓度时，水蚤的摄食率达到饱和，其生长达到与该食物资源的最大潜在增长率相对应的渐近线（Lampert 和 Sommer，1997）。

　　众所周知，对食草性浮游动物而言，不同的浮游植物群的食物质量差异很大（Brett 和 Miller - Navarra，1997）。最近，大量研究探索了浮游植物作为食物时，质量大幅变化的生化和元素基础（表 8.1）。硅藻和隐藻等浮游植物类群作为食物的质量非常高，而蓝绿藻作为食物的质量非常低。蓝绿藻最初被认为是不良的食物资源，因为它们通常形成大型群落，使得许多浮游动物难以摄取，或部分蓝绿藻产生有毒的代谢物，从而阻止了浮游动物的摄食，也可能兼而有之（Lampert，1981，1987）。不可摄入性和毒性显著限制了浮游动物食用蓝绿藻的能力，但最近发现，即使是无毒的小型蓝绿藻物种，其作为食草性浮游动物的食物质量也非常低。Ahlgren 等（1990）将常见浮游植物类群的食物质量差异归因于其在 ω-3 脂肪酸含量上的本质差异。硅藻和隐藻等高食物质量的浮游植物群往往含有非常高浓度的必需脂肪酸：二十碳五烯酸（ei-cosapentaenoic acid，EPA），而这种脂肪酸和相关的必需脂肪酸在蓝绿藻中含量通常很少甚至为 0。普通绿藻通常含有很少的二十碳五烯酸，但它们通常含有高浓度的相关必需脂肪酸，如 α-亚麻酸和十八碳四烯酸，许多食草浮游动物可以将其转化为二十碳五烯酸。必需脂肪酸对所有动物（包括人类）都很重要，因为它们有助于调节细胞膜流动性、脂质代谢、基因表达和免疫系统功能，并且它们是许多生殖激素和生长激素的前体（Sargent 等，1995）。原位试验表明，天然悬浮物群落中的 EPA 含量与以该悬浮物为食的水蚤的生长速度密切相关（Miller‑Navarra，1995；Miller‑Navarra 等，2000）。最近的研究表明，在高食物质量的隐藻混合物和低食物质量的蓝绿藻混合物之间观察到的大多数食物质量差异可直接归因于它们在必需脂肪酸含量上的差异（Ravet 等，2003）。对藻类单一养殖的实验室研究也表明，水蚤的生长速度与其饮食中的元素磷含量相关，水蚤富含磷，且元素组成几乎一致，碳磷摩尔比约为 93：1（Brett 等，2000）。由于悬浮物的元素碳磷比可能存在很大差异，特别是在实验室单一养殖的藻类中，所以水蚤的磷含量和它们的食物之间的磷含量可能存在严重的不平衡（Sterner 和 Hessen，1994）。许多研究表明，使用碳磷比非常高（＞1000）的单一养殖的绿藻作为食物，对水蚤而言食物质量很差。

表 8.1　浮游植物单一养殖的标准化食物质量。分类群数据按碳磷比标准化，
碳磷比数据按分类群标准化，参照系是碳磷比低于 300 的绿藻纲植物

| 浮游植物群 | 标准化食物质量/% | 浮游植物碳磷比 | 标准化食物质量/% |
|---|---|---|---|
| 硅藻纲 | 124 | 136（10th）* | 103 |
| 隐藻 | 122 | 180（25th）* | 101 |
| 绿藻纲 | 100 | 258（50th）* | 96 |
| 蓝藻 | 56 | 368（75th）* | 88 |
|  |  | 486（90th）* | 83 |

资料来源：改编自 Brett 等人的数据（2000）。

注　＊表示自然湖泊悬浮物碳磷比的百分位数。

如前所述，关于淡水浮游动物生态学的许多知识都是基于对水蚤的研究（Lampert 和 Sommer，1997）。水蚤在浮游动物生态学中发挥着特殊的作用，因为它们体形非常大，生长速度非常快，而且是非常有效的食草动物。由于它们具有很高的颗粒过滤速率，所以它们能够摄取的颗粒的尺寸范围很大，并且由于水蚤能够在短时间内形成非常大的种群，所以蚤属（尤其是蚤属中较大的物种）是最能抑制浮游植物生物量的浮游动物群。水蚤也是许多浮游动物的首选猎物，因为它们体形大，游速慢。同时，水蚤也是许多浮游动物生态学实验室研究的焦点，因为它们易于在实验室中生存，这使得它们成为浮游动物生态学中众所周知的"小白鼠"。

# 8.3　过滤和摄食

浮游动物通过移动时过滤水来进食，当水经过触角水流运动时，位于其上颌骨上的刚毛用于收集浮游植物（参见 Russell – Hunter，1970）。可以根据下面等式记录的食物颗粒浓度随时间的变化来确定过滤或清除速率：

$$\text{mL/(animal} \cdot \text{d)} = \text{mL/animal}(\ln C_0 - \ln C_t)/\text{d} \tag{8.5}$$

式中：$C_0$ 和 $C_t$ 分别为食物颗粒的初始浓度和最终浓度。

在低食物浓度下，通过用放射性同位素标记藻类并测量浮游动物本身的运动，可以在更短的时间内更准确地确定过滤速率。桡足类蟏水蚤和枝角类水蚤的过滤速率为 $0.1 \sim 5.5 \text{mL/(animal} \cdot \text{d)}$，较大水蚤的过滤速率较高（参见 Jorgensen 等，1979）。继而，摄食率可以通过过滤速率和可用浮游植物浓度的乘积来确定：

$$L/(\text{animal} \cdot \text{d}) \times \text{mg C}_{\text{phyto}}/L = \text{mg/(animal} \cdot \text{d)} \tag{8.6}$$

浮游动物摄食造成的浮游植物损失率可以通过将摄食率乘以浮游动物浓度与初级生产力的比值进行比较：

$$\text{mg C}_{\text{phyto}}/(\text{animal} \cdot \text{d}) \times \text{animal/m}^3 = \text{mg C/(m}^3 \cdot \text{d)} \tag{8.7}$$

这是浮游动物消耗（摄食）浮游植物的速率，与初级生产力单位相同。如果一个生长季节的摄食率与初级生产力的比值平均约为 1.0，则表明所有产生的浮游植物都被食草动物清除。两种速率相等的情况已被发现（Wright，1958；Green 和 Hargrave，1966），这种情况通常出现在典型的贫营养环境中。在富营养化程度较高的环境中，由于存在更多不太容易被消耗的大型浮游植物，该比例往往会低于 1.0，这将在后面进行讨论。

如前所述（图 2.2），只有一部分被消耗的食物被吸收用于生长和活动。Uhlmann（1971）引用了几位学者的结论，即生产一个单位的水蚤需要大约 5 个单位的浮游植物，这表示生产力为 0.2；在大型蚤的连续培养中，该值为 $0.15 \sim 0.4$（Uhlmann，1971）。

式（8.6）表明，在恒定的过滤速率下，摄食率将随着浮游植物浓度的增加而持续增加。然而，在某些时间点，过滤速率会降低，摄食率也会降低（Uhlmann，1971）。因此，摄食率与浮游植物生物量的关系将呈现米氏（Michaelis – Menten）双曲线形状（图 7.14），摄食率在某个浮游植物浓度下变得饱和（Uhlmann，1971）。

以大型蚤和小球藻（作为食物）进行连续培养得到的试验结果，对于理解浮游动物摄食控制浮游植物生物量的潜力具有指导意义。摄食率（$G$）也可以以 $\text{d}^{-1}$ 为单位，如果乘以藻类的生物量，将得到与式（8.7）中相同的单位：

$$GX_{phyto} = \mu_D X_D / Y \tag{8.8}$$

式中：$X$ 为浮游植物和水蚤的生物量；$Y$ 为生产力系数，取值为 0.25（见上文）；$\mu_D$ 是水蚤的最大生长率，在连续培养中观察到为 0.3（Uhlmann，1971）。

假设 $X_D$ 和 $X_{phyto}$ 具有相同的数量级，则等式变为

$$G = \mu_D / Y \tag{8.9}$$

如果使用上面给出的值，则 $G$ 为 1.2，这意味着如果水蚤生物量和藻类生物量具有相同的量级，则水蚤每天能够消耗 1.2 倍的藻类生物量。摄食率会随着浮游植物的增多而减少，反之亦然。

一个类似但不太具体的例子是假设浮游动物的摄食率等于浮游植物的生长率，如果摄食率从该稳定状态增加一倍，那么浮游植物的生物量将在 5 天内从 $1 \times 10^6$ 个细胞的初始水平下降到 $27 \times 10^3$ 个细胞的水平，如果摄食率增加两倍，那么浮游植物生物量将在 5 天内被消除（Sverdrup 等，1942）。

## 8.4　浮游动物摄食和富营养化

如上所述，相比于富营养水域，浮游动物的摄食对贫营养水域中浮游植物生物量的控制效果更加明显，因此，捕食者—猎物之间的转化效率会随着富营养化过程而降低。不同营养梯度浮游动物—浮游植物之间的相互关系表明，随着浮游动物消费量和生产力与浮游植物生产力之间的比值降低，浮游动物的尺寸将会减小（Hillbricht - Ilkowska，1972；Gliwicz 和 Hillbricht - Ilkowska，1973；Gliwicz，1975；Pederson 等，1976）（表 8.2 和表 8.3）。伴随着活动和能量转移的变化，浮游动物尺寸减小的同时，浮游植物的尺寸随之增加，并转化为更多的群体状和丝状形式。Gliwicz 进一步表明，从超贫营养状态到中营养状态再到富营养状态，过滤速率先上升后下降。在整个中营养状态浮游动物生物量不断增加，但到了富营养状态生物量不再增加。净浮游植物量和净细菌（碎屑量）的增加导致了富营养化湖泊中浮游植物的去除效率降低。

**表 8.2　浮游植物—浮游动物关系在不同营养状态下的预期特征**

| 变　　量 | 贫营养—中营养<br>适度施肥，远洋 | 富营养，大量<br>施肥，近海 |
| --- | --- | --- |
| 浮游动物消费/初级生产的比率 | ≈100% | ≈30% |
| 能量转换效率 | ≈20% | ≈10% |
| 浮游动物的大小 | 大 | 小，不控制浮游植物 |
| 浮游植物的大小 | <50 $\mu$m 微型浮游生物 | 微型浮游生物未被利用<br>细菌和碎屑<br>消费者占主导地位 |

资料来源：Hillbricht - llkowska（1972）。

**表 8.3**　　　浮游动物与浮游植物生产力的比率，作为实验池塘和

3 个湖泊中食物网效率的量度

| | 营养状态 | 浮游动物/浮游植物生产力 |
|---|---|---|
| 池塘 | | |
| | 高 | 0.07～0.05 |
| | 中 | 0.41～0.08 |
| | 低 | 0.56～0.20 |
| 湖泊（2 年） | | |
| Sammamish 湖 | 中营养 | 0.04～0.04 |
| Chester Morse 湖 | 贫营养 | 0.09～0.08 |
| Findley 湖 | 贫营养 | 0.18～0.08 |

资料来源：Hall 等（1970）；Pederson 等（1976）。

近年来，众多研究可以解释这一现象。正如浮游植物那一章（第 6 章）所述，浮游动物捕食大型群体状和丝状物种（例如有害水华的蓝绿藻）的效率相对较低。群体状和丝状蓝绿藻的大小和形状影响了滤食性食草动物的捕食，蓝绿藻的细丝要么太大而不能被食草动物消耗，要么通过干扰食草动物的过滤机制产生额外的能量消耗抑制其生长和存活（Porter，1972，1977；Porter 和 McDonough，1984；Infante 和 Abella，1985；Burns，1987），甚至连大型群体状硅藻也不受食草动物青睐（Infante 和 Litt，1985）。另外，蓝绿藻产生的毒性能够抑制浮游动物的生长和繁殖（Arnold，1971；Lampert，1981）。随着富营养化程度的升高，并不是浮游动物的捕食造成较大群体状和丝状藻类（尤其是蓝绿藻）的增加，证据显示一些影响浮力，沉降和光可用性的物理化学条件的变化（$CO_2$/pH 值、N：P、稳定性等）（第 6 章），更可能导致浮游植物优势种的变化。浮游动物尺寸的减小伴随着相应的摄食浮游植物能力的降低，这与相对未被摄食的浮游植物量造成更高的细菌（碎屑）可用性相对应。

此外，相比于贫营养湖泊，水蚤在富营养化湖泊中更具代表性（Patalas，1972；McNaught，1975）。一种解释是，水蚤物种体形很大，因此可以进食更大尺寸范围的食物颗粒（见上文），所以其比桡足类镖水蚤更具多样性。除非蓝绿藻的毒性和丝状形式干扰其过滤（Edmondson 和 Litt，1982；Porter 和 McDonough，1984），否则摄食效率高的大型水蚤丰度应该很高，并且能够控制富营养化湖泊中大多数浮游植物的数量。然而，另一个重要的过程也会减少大型食草浮游动物的数量，即捕食浮游生物的动物捕食过程。黄鲈（*Perca flavescens*）和蓝鳃太阳鱼（*Lepomis macrochirus*）等小型鱼类的捕食活动具

有尺寸选择性，能有效减少大型枝角类种群数量（Brooks and Dodson，1965；Hall 等，1970；Shapiro 等，1975；O'Brien，1979；Mills 和 Forney，1983；McQueen 等，1986）。

有许多关于尺寸选择性鱼类的例子。Hall 等（1970）一系列池塘中的试验显示，无论氮和磷的富集程度如何，蓝鳃太阳鱼的存在决定了浮游动物的组成；在无鱼的池塘中，平均 53％ 的生物量是由相对较大的网纹蚤贡献的，而在有鱼的池塘中，该比例仅为 3％。在纽约的 Oneida 湖，蚤状潘的年间和季节波动在很大程度上受到幼期黄鲈鱼丰度的控制（Mills 和 Forney，1983）。鱼类移除试验也清楚地表明食浮游生物动物对大型枝角类浮游动物具有不利影响（Lynch 和 Shapiro，1981；Shapiro 和 Wright，1984；Spencer 和 King，1984；Raess 和 Maly，1986；Post 和 McQueen，1987）。通过放养食鱼鱼类，如大型鳟鱼或鲈鱼，也可以保护大型的、摄食效率高的浮游动物，这也是另一种清除食浮游生物动物的方法（Benndorf 等，1984；Wagner，1986；Carpenter 等，1987）。无一例外，这些方法都可以促使枝角类动物的丰度上升、尺寸增大。

## 8.5　营养级联

随着大型浮游动物丰度的增加，浮游植物的损失率预计也会增加，从而导致生物量的减少。上文引用的大多数试验便是很好的例子。Hrbacek 等（1961）最初记录了食浮游动物鱼类对浮游植物生物量的积极影响，但是通过人为改变鱼类种群，以保护大型、摄食效率高的浮游动物，从而控制浮游植物生物量，这种过程最初被 Shapiro 等（1975）称为"生物操控"，后来 Carpenter 等（1985）把这个过程称为"营养级联相互作用"。该过程也被称为"自上而下的效应"，与控制浮游植物的"自下而上的效应"（即通过营养物）相反。该过程的本质可以用 3 种关系来说明：食鱼鱼类和食浮游生物鱼类之间的间接关系、食鱼鱼类生物量和大型浮游动物生物量之间的直接关系以及由此产生的食鱼鱼类生物量与浮游植物生物量之间的反比关系（图 8.2）。例如，Shapiro 等（1975）表明，无论水体是否富营养化，只要没有鲈鱼，围场中的浮游植物生物量最终（50 天）会由于水蚤的摄食而降低到较低水平。然而，营养级联并不总是延续到浮游植物，特别是在高度富营养化的水域中（Post 和 McQueen，1987），其原因尚不清楚，可能是由于以丝状蓝绿藻为食的水蚤的过滤能力降低，因为蓝绿藻的生长受到与富营养化程度相关的物理化学条件的促进，或者营养物质循环增加带来的刺激促进了其生长（Post 和 McQueen，1987），又或者由于该过程无法将高富营养化湖泊中的磷含量降低到控制水平

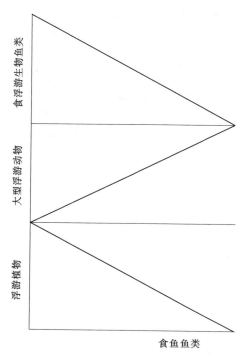

图 8.2　食鱼鱼类、食浮游生物鱼类和浮游植物生物量之间的假设关系

从而促进了蓝绿藻的生长。（Benndorf，1990）。

食物网对浮游植物生物量影响的性质和程度一直是一个激烈争论的话题（DeMelo 等，1992；Harris，1994；Sarnelle，1996）。Brett 和 Goldman（1996）在对 54 个营养级联试验的定量评估中表明，食浮游动物鱼类控制组平均将浮游动物生物量降低到无鱼类对照组水平的 25%（图 8.3）。然而，浮游植物群落对这些处理的反应存在很大差异。在这些试验中，大约 2/3 的浮游植物生物量对鱼类（浮游动物生物量的减少）的反应程度非常小（藻类生物量增加约 40%）。而在另一些情况下，浮游植物生物量对鱼类的反应程度相当大（藻类生物量增加约 700%）。有 趣 的 是，Brett 和 Goldman（1996）发现对于鱼类控制过程，浮游动物群落的反应与浮游植物的反应无关。这些结果表明，在大部分湖泊中，减少或去除食浮游动物鱼类只能稍微提高水的清澈度（可能是察觉不到的），而在某些情况下，去除食浮游动物鱼类可能会显著提高湖水的清澈度。这一结果支持了湖泊中普遍存在营养级联的假设，但是很少有人支持以下观点：持续地应用食物网过程可以抑制湖泊中浮游植物过高的生物量。文献中关于食物网相互作用的另一个争论领域是自上而下（即鱼类控制）和自下而上（营养物控制）过程在调节湖泊浮游动物，尤其是浮游植物生物量方面的相对重要性。Brett 和 Goldman（1997）通过研究有（无）鱼和有（无）营养物添加控制的试验，结果表明鱼类捕食可以很大程度调节浮游动物的生物量，但在这些试验中，营养物的添加与浮游动物生物量无关。分析还表明，在鱼类添加后浮游植物生物量平均增加约 100%，而在营养物添加后增加约 200%。这些结果与 McQueen 等（1986）的自上而下和自下而上的假说非常相似，这些学者认为浮游动物的生物量受鱼类捕食的调节程度最高，浮游植物的生物量受营养物供应的调节程度最高。

McQuee 等（1986）还指出"营养解耦"可能是浮游生物食物网相互作用

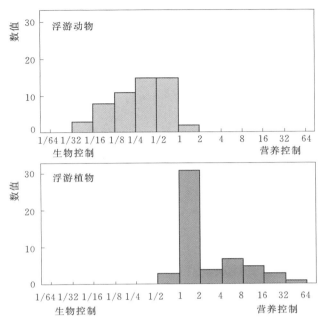

图 8.3　在 54 个围隔试验中浮游动物和浮游植物生物量对食浮游动物鱼类控制的反应。
［改编自 Brett 和 Goldman（1996）］

的一个共同特征。营养解耦意味着浮游动物—浮游植物界面的相互作用要么微弱，要么可变性强，难以预测。在 Brett 和 Goldman（1996）的研究中可以找到营养解耦的证据，他们发现浮游动物和鱼类对鱼类控制的反应之间没有关联。在 Brett 和 Goldman（1997）的研究中，他们指出尽管添加营养物导致藻类生物量增加了 2 倍，但从统计学上来说，浮游动物生物量对营养物添加的反应不显著。在一项对沿海和海洋浮游生物食物网的研究中也发现了类似的营养解耦现象（Micheli，1999）。一些实地研究表明，这种解耦可能是由于物理摄食干扰以及以蓝绿藻为主的浮游植物群落的极低食物质量（Miller - Navarra 等，2000）。最近，Danielsdottir 和 Brett（未发表的数据）开发了一种机理模型，来测试浮游植物食物质量、营养物可用性和鱼类捕食对浮游生物食物网潜在的动态影响。根据该模型的结果，当食草性浮游动物的浮游植物食物质量较高时，强营养级联作用抑制了浮游植物生物量，浮游动物受到捕食浮游动物种群的高强度捕食，能量通过食物网有效流动从而维持了较高的营养级生产。Danielsdottir 和 Brett 还发现，低食物质量导致动植物界面的营养解耦，浮游植物的生物量主要由营养物质的可获得性决定，浮游动物很容易由于鱼类的捕食和食物网的不良能量流动而灭绝。有趣的是，这些模型结果与 Vollenweider（1976）的预测非常相似，即"浮游植物—浮游动物的相互关系似乎特别依赖于浮游植物的物种组成，如果浮游植物主要由可被浮游动物食用的物种组成，那么浮游植物的现存量可能相对较低"。第 10 章将讨论生物操控法对于恢复湖泊的可行性。

## 8.6　温度和氧气

大多数甲壳类浮游动物的致死温度（$LT_{50}$）相当高，为 $28\sim35℃$，适应温度对致死温度几乎没有调节影响（Welch 和 Wojtalik，1968）。例如，真宽水蚤（*Eurytemora affinis*）——河口桡足类，无论适应温度是 15℃、20℃ 还是 25℃，其致死温度都为 $28\sim32℃$（Heinle，1969a）。该试验中的驯化时间是两个月或大约一代时间。将在第 10 章中再次阐述浮游动物致死温度的自然性质，并讨论无脊椎动物在发电厂冷却系统期间的生存情况。然而，也存在狭温性物种，如下面讨论的哲水蚤（*Limnocalanus*）。

考虑到与湖泊中典型的最高温度相比，浮游动物具有明显的高耐热性，所以大多数温带湖泊中的浮游动物似乎都具有一定的热同化能力。因此，人们可能会认为，热水排放造成的温度适度升高会增加浮游动物的生产力，因为只要不超过生物体的最佳温度，代谢活动会随着温度的升高而增加。

一个波兰湖泊（Lichenskie）出现了这种生产力的增加，该湖从一个发电厂接收热水，在夏季的温暖时期，该湖的平均温度达到 27.1℃，而在未受热的对照湖（Mikorzynskie）温度为 21.6℃。与未受热的湖泊相比，受热的湖泊中浮游动物的生产力和周转率（$P:B$）增加了一倍（表 8.4）。尽管水蚤在受热湖泊中的重要性不高，但两个湖泊都是富营养化湖泊，且生物量和物种组成相似。因此，平均 $5\sim6℃$ 的差异导致食草浮游动物的生产力翻了一倍。虽然浮游植物主要是颗粒直链藻（*Melosira granulata*）和铜绿微囊藻（*Microcystis aeruginosa*），但它们不容易被消耗掉（见第 6 章）。尽管在整个营养系列中浮游动物的生产力和周转率有所增加，而且当升高温度与富营养化状态相结合时甚至会增加更多，但如上所述，浮游动物的大小仍可能发生变化，摄食效率也可能下降。水蚤在热湖泊中的重要性的确降低了，并且桡足类是这两类湖泊的主要生产者。见表 8.4，即使碎屑（细菌）这一能量途径在整个营养系列中越来越多地被较小的浮游动物利用，也会出现生产力的增加。然而，浮游植物的生产力也随着热量的增加而增加，从 $3.7 g\ O_2/(m^2 \cdot d)$ 增加到 $7.3 g\ O_2/(m^2 \cdot d)$，这表明能量途径的变化与温度效应无关。然而，尽管生产力增加，湖泊的质量也可能随着富营养化（例如微囊藻优势）和热量的增加而下降。此外，其他物种，如许多鱼类，对温度升高的耐受力不如浮游动物，在判断富营养化和（或）热水输入是否有益时，将优先考虑这些物种。

**表 8.4 浮游动物（食草动物）在一系列营养湖泊中的生产力和周转率（$P:B$）**

| 湖泊 | 营养状态 | 生产力/[kcal/(m³·d)] | $P:B$ |
|---|---|---|---|
| Naroch | 中营养 | 0.12 | 0.06 |
| Miastro | 中营养-富营养 | 0.30 | 0.08 |
| Batorin | 富营养 | 0.71 | 0.18 |
| Mikorzynskie | 富营养，未受热 | 0.62 | 0.11 |
| Lichenskie | 富营养，受热 | 1.38 | 0.24 |

数据来源：Patalas（1970）。

低溶解氧对浮游动物产生不利影响。随着富营养化程度的加剧，Erie 湖中的大型桡足类生物，哲水蚤（*Limnocalanus*）几乎完全灭绝，原因更多地与食浮游生物动物相关，而不是富营养化本身。Gannon 和 Beeton（1971）认为，滞温层溶解氧的减少迫使通常嗜冷的生物从滞温层进入溶解氧丰富的表温层，但它们更易被数量增加的黄鲈捕食。有人建议逆转这一过程，以此来加强对大型浮游动物的保护，因为它们容易受到食浮游生物动物的捕食。通过给缺氧、相对黑暗的滞温层环境充氧，浮游动物可以在白天迁徙到滞温层以躲避视觉摄食食浮游生物动物的捕食。这种现象已经在围隔试验中得到了证实（McQueen 和 Post，1988）。

通常，生活在低溶解氧水体中的枝角类动物会产生血红蛋白而变成红色（Fox，1950）。在低溶解氧条件下，红色水蚤的存活时间更长，摄食小球藻的速率更高，而且比淡色生物产卵更多。高富集环境（如污水池）表面的红色斑块通常是血红蛋白含量高的枝角类动物群集的结果。

# 8.7 外来入侵浮游动物

具有显著生态效应的非本地浮游动物物种已被引入到美国，这些例子包括蒙大拿州的糠虾（*Mysis relicata*）（Spencer 等，1991）、东南部和中南部地区的翼弧蚤（*Daphnia Lumholtzi*）（Havel 和 Hebert，1993；Kolar 和 Wahl，1998）以及东北部的尾突水蚤（*Bythrotrephes cederstroemi*）（National Research Council，1996）。后两个物种具有竞争优势是由于它们可能比本地浮游动物更能抵抗浮游鱼类的捕食。尾突水蚤是通过船舶压舱水从欧洲传入美国的，而翼弧蚤水蚤的来源不明，但可能是人为造成的。

糠虾被刻意引入到蒙大拿州的 Flathead 湖。1968—1975 年，鱼类管理者将糠虾引入北美西部的 100 多个湖泊，为红鲑鱼（*Oncoryhychus nerka*）提供了额外的食物（Spencer 等，1991）。糠虾于 1981 年引入 Flathead 湖，导致当地浮游动物的种群发生剧烈变化，对食物网产生了深远的影响。糠虾清除了本地浮游动物（它们是鲑鱼食物的主要组成部分），并通过在白天迁移到黑暗的湖底来躲避鱼类的捕食。Flathead 湖中糠虾的出现导致红大麻花鱼数量急剧下降，进而造成秃头鹰（*Haliaeetus leucocephalus*）和灰熊（*Ursus horribilus*）捕食不到在该湖支流产卵的红大麻花鱼（Spencer 等，1991）。

# 第 9 章

# 大 型 水 生 植 物

　　水生环境中具有坚硬细胞壁的高等植物，既可以进行无性繁殖（如分裂、块茎），又可以进行有性繁殖（花和种子），无性繁殖可以非常有效地扩大植物在水系中的分布。沉水植物是本章介绍的重点，它们通常扎根并布满湖泊的沿岸地带和水流缓慢或静水的河段。挺水植物主要分布在沿岸非常浅的边缘和沼泽湿地地区，它们通常不会和沉水植物一样造成一些环境问题。

　　大型植物对水质的影响十分有趣，例如通过衰亡进行的营养循环，以及对沉水物种生长和分布的控制，特别是有害的沉水物种，如狐尾藻（water milfoil）和黑藻（hydrilla）。在过去的 30 年里，人们对这些方面有了很丰富的了解。众所周知，有根的大型沉水植物主要依靠沉积物获取营养，它们通过分泌向周围的水中释放的营养很少，主要通过衰亡和腐烂对湖泊内部贡献大量的营养负荷。尽管已被证明沉积物结构、有机物含量和营养物含量对有根大型植物的分布和生长具有影响，但利用沉积物特征预测植物的分布和生长的效果不理想。然而，如果给定足够的基质，便可以预测最大定植深度。

## 9.1　生存环境

### 9.1.1　活水

　　大多数有根的大型植物不能承受太大的水流，必须有足够的沉积物才能生根。因为河流通常很浅，所以光照通常是充足的，但在某些情况下浊度可能限制光照。Butcher 基于水流和沉积物类型，列出了 5 种类型的活水，它们对植物的营养物利用产生不同的效果，且水的浊度影响光渗透的效果不同（Butcher，1933；Hynes，1960）。

　　活水具体类型及其代表性植物如下：

　　（1）岩石或鹅卵石上的激流——生存在这种环境的植物主要是苔藓（Fontinalis）；大型水生植物在高水速下不能生存下来。

（2）鹅卵石上的非淤水——缓慢流动的溪流；狐尾藻（*Myriophyllum*）和水毛茛（*Ranunculus*）。

（3）砾石和沙子上的半淤水——根据底部类型和浑浊条件，这种生境的植物有水毛茛、眼子菜（*Potamogeton*）和慈姑（*Sagittaria*）。

（4）淤泥上的淤水——沉积的底部和较高的浊度有利于眼子菜、睡莲（*Nuphar*）和水族植物（伊乐藻、水蕴草）的生长。

（5）湖滨带——水流非常小，带泥基质。挺水植物很常见，例如芦苇。

### 9.1.2　静水

湖滨带大型植物的分布取决于坡度，坡度越平缓，沉积物就越容易堆积，光穿透的面积也就越大，从而达到最佳生长效果。Spence（1967）在苏格兰的海湾中观察到，褐色泥浆和大于 50 mg/L $CaCO_3$ 的碱度有利于大型植物的多样性和丰富性，而岩石或沙滩上通常没有植被。

湖滨带的特征如下：

（1）挺水植物区。草、灯心草和莎草，它们依靠湖泊沉积物获取养分，在具有 $CO_2$ 的大气中进行光合作用。

（2）浮叶植物区。睡莲、一些眼子菜和浮萍（*Lemna*），它们主要从沉积物中获取营养，在与大气直接接触的环境中进行一些光合作用。

（3）沉水植物区。眼子菜、金鱼藻（*Ceratophyllum*）、茨藻（*Najas*）、狐尾藻、慈姑和轮藻（*Chara*），它们从土壤和水中获取营养，并依靠水中的 $CO_2$ 进行光合作用。

## 9.2　大型植物的重要性

有根的大型植物在湖泊中至少具有 4 个方面的重要性。针对沿海区域的沉水生长形式而言，大型植物具有以下影响：自养型生物，并为周丛生物和昆虫提供附着基质；通过回收营养和积累沉积物来促进湖泊老化；保护幼鱼免受捕食；造成生物量失衡，干扰水中的生态系统，尤其是外来物种入侵。

由于沉水植物的可生长区域受到湖底光线渗透的限制，所以大型深湖中的大型植物只能为湖泊提供一小部分物质能量，也就是说，湖滨带的生产力远远小于深水区域的生产力。然而，Wetzel 和 Hough（1973）认为，世界上大多数湖泊都小而浅，因此湖泊中的大部分物质能量是由大型植物和附属的周丛生物提供的。因此，大型植物必定为淡水提供了很大一部分的初级物质能力，虽然实际上它们控制生产力的情况很少（Wetzel，1975）。

大型植物还从沉积物中吸收营养，这些营养物有助于浮游植物的生长，浮游植物的生长反过来又会产生更多的沉积物，以及大型植物自身死亡产生的有机物，这些有机物又被大型植物捕获，导致大型植物在湖滨带的分布不断扩张。这样，大型植物加速了湖泊老化。Carpenter（1981）对威斯康星州Wingra 湖的这一过程进行了定量分析，并得出结论，即老化对根状大型植物（狐尾藻）的内部磷循环比外部沉积物和营养输入更为敏感。

大型沉水植物不仅为鱼卵孵化提供了一个附着面，例如黄鲈；还能保护幼鱼免受捕食，例如白斑狗鱼（*Esox lucious*）。因为白斑狗鱼是同类相食的，若没有大量的大型植物覆盖，它们的存活率很低。然而如果大型植物过于密集和广泛，则对幼鱼的保护会导致其发育迟缓，特别是翻车鱼（sunfishes）和黄鲈（*Perca flavens*），导致鱼数量增加，但生物量没有增加（Nichols 和 Shaw，1986）。通过降低华盛顿州 Long 湖的水位来减少大型植物的生长区域（在夏季捕集鱼类并统计），这就导致黑斑太阳鱼的数量减少，尺寸增大，说明该条件促进了大嘴鲈鱼的生长（Gross，1983）。因此，可以通过优化大型植物的密度和分布来实现鱼类产量和个体大小的最大值。目前已经提出了大型植物表面覆盖的临界限值，不同湖泊具有不同的临界限值，这取决于鱼类种类和大型植物的密度（即 g 或茎/m²）。

大型植物过多会影响水上娱乐活动，比如游泳、钓鱼、划船和滑水。湖滨居民和用水者通常认为大型植物的密度和分布会持续增加 10～20 年，Carpenter（1981）认为这种增加可能是营养输入和循环增加导致的沉积物增加，并涉及本地物种。然而，大型沉水植物的许多问题是由外来物种引起的，例如穗花狐尾藻（*Myriophyllum spicatum*）、菹草（*Potamogeton crispus*）、伊乐藻［加拿大伊乐藻（*Elodea canadensis*）和水蕴草（*Egeria densa*）］和黑藻（*Hydrilla verticillata*）。狐尾藻、水蕴草、黑藻和菹草对美国来说是外来物种，加拿大伊乐藻对欧洲来说也是外来物种。下面简要回顾一下美国狐尾藻入侵的情况。

狐尾藻自 1881 年以来就存在于 Chesapeake 湾地区，但直到 20 世纪 50 年代和 60 年代才达到有害的程度，这可能与飓风、盐度以及沉积物输入的增加有关（Nichols 和 Shaw，1986）。随后，该物种蔓延到美国中西部和西北部，分别在 20 世纪 60 年代和 70 年代达到了有害的程度。但在一些地区，该物种莫名其妙地下降到早期爆发性水平的 10%～20%（Elser，1967；Wile，1975；Carpenter 和 Adams，1977，1980b），并在这些地区以类似本地物种的方式逐年波动（Nichols 和 Shaw，1986）。

狐尾藻的成功入侵很大程度上与植物繁殖方式有关，这种植物很容易分裂，其分裂部分漂浮很长一段距离，然后沉淀到沉积物上，在新的区域生存下来。尽管这种植物对美国来说是外来物种，但环境因素被认为是它成功入侵的原因。Coffey 和 McNabb（1974）观察到，在低光照强度下，狐尾藻在冰下比其他物种生长得更好。因此，在生长季开始时，它的生物量比其他物种多，可以遮蔽其他物种。在 Washington 湖的部分地区，尤其是 Union 湾，浮游植物的生物量减少（从富营养状态恢复到贫营养状态），没有冰层覆盖，透明度提高，这些条件使狐尾藻上升到优势地位。虽然这个案例不支持弱光照的解释，但狐尾藻入侵了许多浊度很高的田纳西流域水库（Tennessee Valley reservoirs），以前这些水库中大型植物很少，这一现象与上述观点是一致的。狐尾藻能够在深至 3m 的水中到达水面，然后水平延伸，在水面形成一团缠结的茎和叶，这使得它能够在混浊的环境中与其他物种有效地竞争光照。

水的硬度和酸碱度也可能对狐尾藻有利（Hutchinson，1970b）。瑞典湖泊的结果显示，狐尾藻（*Myriophyllum verticillatum*）与狐尾藻属的其他两种物种相比，似乎更喜欢高酸碱度和钙含量的环境（图 9.1）。Hutchinson 假设狐尾藻的成功入侵与其利用 $HCO_3$ 的能力有关。Spence（1967）也注意到穗花狐尾藻（*M. spicatum*）存在于 $HCO_3$ 浓度大于 60mg/L 的湖泊中。然而，Nichols 和 Shaw（1986）引用证据表明狐尾藻耐受高达 2％ 的盐度，并在盐度为 1％ 时生长旺盛，同时认为这样的解释可能过于简单。狐尾藻在华盛顿州的 Washington 湖和 Sammamish 湖的爆发和优势表明，它也可以成功入侵软水湖。一方面，浮游植物对 $CO_2$ 的需求较高，然而富营养化使得 pH 值提高，并使碳平衡状态转向 $HCO_3$ 更多而 $CO_2$ 更少的状态；另一方面，狐尾藻在贫营养系统中上升到优势地位（Newroth，1975）。这可能就是狐尾藻成功爆发的原因。

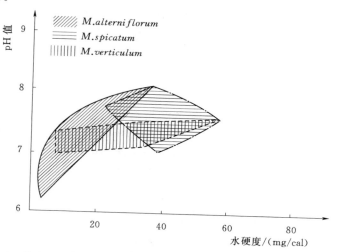

图 9.1　作为酸碱度和水硬度的函数的 3 种狐尾藻属植物在瑞典的分布
（改编自 Hutchinson，1970b）

控制大型植物的替代方案将在第 10 章中讨论。

## 9.3 光照的影响

大型沉水植物适应强光,因此它们可以在不到 1m 深的水中大量生长。

例如,根据[14]C 同化的原位测量结果,加拿大伊乐藻(*E. canadensis*)的最佳光强为全日照 75%～100%(图 9.2)。请注意,暴露在全日照 12.5% 的光强下,植物的生长率非常低。Nichols 和 Shaw(1986)引用的研究表明,伊乐藻的最适生长光强为 15%～100% 全日照,而且在某些情况下,它比其他物种的生长深度更深,因此伊乐藻耐受的光照强度范围很大,从而研究它对高光照强度的利用具有意义。相比之下,浮游植物通常被认为在全日照的 30%～50% 的光强下达到饱和状态(见第 6 章)。

高光照强度对大型沉水植物的明显益处与 Canfield 等(1985)为 108 个湖泊和 Chambers 与 Kalff 为 90 个湖泊开发的回归模型一致,其中植物定植的最大深度(MDC)是透明度的函数,在表面光照强度 10%～15% 处消失。MDC 可以根据存在的物种而变

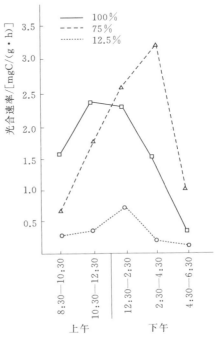

图 9.2 悬浮在泡菜坛中的水蕴草在入射光为浅池塘的指定百分比下的光合速率
(改编自 Hartman 和 Brown,1967)

化。从以下模型来看,实际定植深度略大于透明度:$\lg MDC = 0.62\lg SD + 0.26$(Canfield 等,1985);$Z_c^{0.5} = 1.33\lg SD + 1.4$(Chambers 和 Kalff,1985)。

定植深度对相对较高的光照强度的高度敏感性,可能标志着受浊度变化影响的水库植物丰度和分布具有显著的逐年影响。例如,阿拉巴马州匹克威克水库(Pickwick Reservoir)植物丰度的逐年变化与春季生长期间的光照和降雨量密切相关(图 9.3),在植物(主要是茨藻属)达到有害比例的两年里,春天阳光明媚,降雨量少。有害比例指的是 20000hm² 的水库中有 2400hm² 被植物覆盖,大型沉水植物到达水面,使大量附着生物得以生长繁殖。在匹克威克

水库的两个阳光充足且干燥的春天，入射光更多，降雨更少，导致水质更清澈，这是由于降雨越少，径流越少，浑浊度越低。结果表明在 1～2m 深度的光照强度为表面光照强度的 10%，这代表植物定植在不同水库区域存在巨大差异。Robel（1961）也展示了浊度对犹他州沼泽中篦齿眼子菜（sago pond-weed）丰度的影响（图 9.4）。

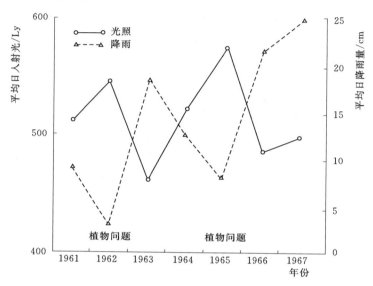

图 9.3　1961—1967 年 4 月 15 日—5 月 31 日匹克威克水库植物生长的"关键"时期，阿拉巴马州佛罗伦萨的平均日入射光和平均月降雨量记录（Peltier 和 Welch，1970）

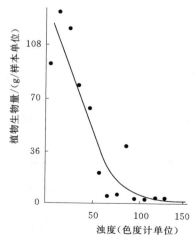

图 9.4　一个犹他州沼泽中篦齿眼子菜生物量与浊度的关系（Robel，1961）

被定植的湖泊区域同样会随着浮游植物的浓度和富营养化水平而发生很大变化。透明度是浮游植物和无机沉积物的函数（如在匹克威克水库中）。在选择湖泊恢复的方案时，必须考虑浮游植物和大型植物之间的潜在反比关系，例如，西雅图 Green 湖的研究表明，夏季平均总磷含量减半会使叶绿素 $a$ 含量减少 3 倍，水生植物可定植的面积也增加 3 倍。水体透明度对大型植物可生长区域有显著的影响，因此要长期控制营养的浓度，进而控制浮游植物。沉积物类型和营养含量也很重要，如下所述。

## 9.4　温度的影响

在一定范围内，温度对光合作用的光饱和速率起着控制作用，并可以预期接近 $Q_{10}$ 规则，正如浮游生物和附生藻类所示。篦齿眼子菜的野外观察表明，其最大生长率出现在春季，与光照的最大增长同时出现，此时温度仍然相当低（10℃）。Hodgson 和 Otto（1963）指出，眼子菜可以在 10～28℃ 的温度下生长，这是因为其最大的生长速度出现在幼苗时期，且这个速度会随着温度的升高而增加，直到达到它的最佳温度。光合作用的光饱和速率随着温度的升高而增加，因此如果河水在春天光照增加时升温，生长会比观察到的还要快。

温排水引起的水温升高很可能使得那些能够适应新环境温度的选择性物种存活下来，就像藻类一样。Hynes（1960）观察到苦草（wild celery）通常是英国的温水水族馆植物，仅在有温排水的自然环境中出现。但目前与温排水相关的有害大型植物的生长还不是一个公认的问题。

## 9.5　营养物的影响

虽然大型沉水植物的分布和生长取决于水体透明度的年间变化和季节变化，但其长期的分布和生长变化通常归因于富营养化的增加。氮、磷和碳（可能还有钾）是大型沉水植物以及藻类的重要常量营养物质，但试验研究表明，大型植物可能不会像浮游藻类一样受到周围水中浓度相对较高的氮和磷（500μg/L 和 50μg/L）影响。例如，在流水水族箱中对篦齿眼子菜（sago pondweed）进行的模拟河流生长条件的试验显示，在 10 倍梯度的 SRP 中，生长没有显著差异，而 SRP 本应是限制性营养物（表 9.1）。如果植物扎根于河流沉积物中，生长似乎会略微增强，这表明生长要么在低水体浓度（<20μg/L，这是测试的最低浓度）下达到饱和，要么水体浓度相对不重要，植物更依赖于沉积物获取营养。根在沙子里的植物与上覆水隔绝，生长不良，这表明在营养吸收方面根比芽更为重要。

表 9.1　篦齿眼子菜在水流连续流动的水族箱中的生长（茎生长）

| | NO$_3$ - N/(mg/L) | PO$_4$ - P/(mg/L) | 22 天生长/mm | |
| --- | --- | --- | --- | --- |
| | | | 沉积物 | 沙子 |
| 全营养 | 1.71 | 0.26 | 359 | 310 |
| 半营养 | 0.89 | 0.11 | 303 | 264 |
| 自来水 | 0.44 | 0.03 | 351 | 288 |
| 根隔绝、自来水 | 0.58 | 0.02 | 303 | 84 |

资料来源：Peltier 和 Welch（1969）。

表9.2 显示了沉积物营养对狐尾藻的主要影响和水中高营养浓度对狐尾藻的次要影响（表9.2）。狐尾藻的根在营养物浓度非常低（5μg/L SRP）的沙子中存在一些限制，但其在水体营养物浓度较高的全沉积物（未经沙子稀释）中生长时，几乎是在全沙中生长的5倍。同样，虽然可能存在生物对钾的消耗，但是茨藻的增长与湖泊沉积物（与沙子混合）的比例成正比，与水的浓度无关（图9.5）。Gessner（1959）引用了与伊乐藻和狐尾藻类似的结果，且Chambers 等（1989）表明，无论周围水的营养含量如何，菹草在污水富集的沉积物中生长得更好。

表9.2 不同的沉积物类型和水体营养物浓度处理下穗花狐尾藻的生长
（生物量干重）

| 水体营养物浓度/(mg/L) | 沙子/沉积物/(%/%) | | | |
|---|---|---|---|---|
| | 100/0 | 67/33 | 33/67 | 0/100 |
| 0.5P；5.0N | 1.43 | — | — | — |
| 0.05P；0.5N | 1.26 | — | — | — |
| 0.005P；0.05N | 0.68 | 3.78 | 4.51 | 5.63 |

资料来源：改自 Mulligan 和 Barnowski（1969）。

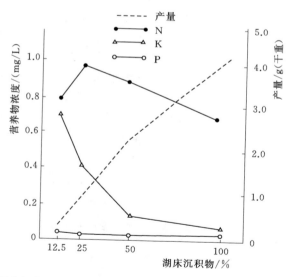

图9.5 增加湖床沉积物（与沙子混合）比例或茨藻产量以及试验容器中测量到的营养物浓度的影响（Martin 等，1969）

[32]P 的试验对评估沉积物与周围水体作为营养来源的相对作用更明确。Carignan 和 Kalff（1980）表明，狐尾藻、异蕊花（*Heteranthera*）和苦

草（*Vallisneria*）吸收的大部分磷来自沉积物，贫营养湖泊中为 $95\% \sim 103\%$，中营养湖泊中为 $86\% \sim 96\%$，富营养湖泊中为 $70\% \sim 74\%$。Gabrielson 等（1984）发现，水蕴草叶对磷的需求量 $85\%$ 来自沉积物，其他植物也是如此（见 Nichols 和 Shaw，1986），磷没有净分泌到周围的水中。其他研究人员证明，当环境水体营养物浓度相对较低时，沉积物是植物营养的主要来源，其中，Bristow 和 Whitcombe（1971）证明磷是粉绿狐尾藻（*M. brasiliense*）、穗花狐尾藻和水蕴草的主要营养物；Nichols 和 Keeney（1976a，1976b）证明氮是狐尾藻的主要营养物；Bole 和 Allan（1978）证明磷是狐尾藻和黑藻的主要营养物；Best 和 Mantai（1978）证明氮和磷是西伯利亚狐尾藻（*M. exalbescens*）的主要营养物。虽然，Schultz 和 Malueg（1971）确实表明，伊乐藻（*P. amplifolias*）和美洲苦草（*V. americana*）从水中吸收的磷比从沉积物中吸收的磷多。但是，绝大多数结果表明，几种大型沉水植物的根从沉积物中获得了大部分的营养物质。如果周围水体的溶解营养物含量相对较高，叶子的营养吸收可能会满足植物的大部分营养需求。

尽管上述试验结果表明沉积物是比周围水体更重要的植物营养来源，但这并不能表明沉积物中促进生长的因素。如果沉积物中的磷是湖泊中磷的主要来源，那么可以估算沉积物中的磷含量（例如孔隙水 SRP＋氢氧化物可交换磷）与湖泊内植物生长之间的关系。然而，目前尚未发现这种关系，这表明虽然大多数湖泊的沉积物中存在磷，但沉积物中的一些其他因素对生长和分布影响更大。为了支持这一点，将植物组织含量与暴露于完整元素培养基中的植物的生长（产量）建立联系，试验确定了几个物种的临界组织浓度（图 9.6）。对自然产生的种群组织分析表明，它们很少具有营养限制（Gerloff 和 Krombholz，1966），而威斯康星州 Wingra 湖的情况是一个例外，Gerloff（1975）指出该湖中钾限制了狐尾藻的生长（产量），Schmitt 和 Adams（1981）发现，在磷的组织水平（$0.28\%$）远远高于限制短期产量的组织水平（$0.13\%$）时，狐尾藻的净光合作用减小了。

有机含量被认为是一个关键因素，并且含量在中等水平时有利于植物生长，例如干物质为 $10\% \sim 25\%$（Nichols 和 Shaw，1986）。为了支持这一点，Misra（1938）在 Pearsall（1920，1929）的工作（植物的分布由底层控制）之后，观察到英国 Windemere 湖中具有不同腐殖质含量的沉积物对物种的选择。在该湖中发现了 3 种类型的沉积物，每种沉积物都有一种特有的植物组合（表 9.3）。实验室试验表明，穿叶眼子菜（*P. perfoliatus*）在湖泊中的沉积物（中等腐殖质含量）上生长最好。随后的试验表明，所有优势物种都更喜欢自然出现的沉积物类型。Spencer（1990）最近发现，篦齿眼子菜

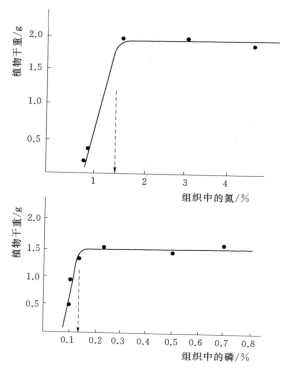

图 9.6 几种大型植物的无藻类培养物中氮和磷的临界组织浓度
（虚线为允许最大生长的浓度）始终在 1.3％氮和 0.13％磷左右，
以上结果与美洲苦草的结果一致（改自 Gerloff 和 Krombholz，1966）

（*P. pectinatus*）的生物量和块茎产量随着沉积物中腐殖质添加量的增加而增加，并认为植物可能更喜欢中等沉积物密度，即既不过于絮凝，也不过于稠密（砂质）。腐殖质的作用是降低沉积物密度和添加不稳定的有机物，如葡萄糖（Spencer，1990）或植物残留物（Barko，1983），它们分别对植物的生长产生中性影响和负面影响。显然，在某些情况下，过多的有机物可能会造成有机酸积累、pH 值降低、金属利用率增加以及气体被抑制，这些因素共同抑制植物的生长。在沉积物密度中等水平时，有机物可能会最有利于生长，因为此时的营养利用率更高（Barko 和 Smart，1986）。

表 9.3　　英国 Windermere 湖植物和沉积物类型的关联以及
穿叶眼子菜的月生长量

| 泥浆类型 | 优势植物物种 | 腐殖质/％ | 干重/mg |
|---|---|---|---|
| 无机粗棕色淤泥 | 水韭 | 8.04 | 467 |
| 适度有机 | 穿叶眼子菜 | 12.26 | 778 |

续表

| 泥浆类型 | 优势植物物种 | 腐殖质/% | 干重/mg |
|---|---|---|---|
| 黑色絮状泥浆 | | | |
| 高度有机棕色泥浆 | 矮黑三棱，高山眼子菜 | 24.00 | 298 |

资料来源：Misra（1938），经 Blackwell Scientific Publications Ltd. 许可。

富营养化引起有根大型沉水植物的生长和分布增加是湖水富集的间接影响。湖水的富集将导致浮游植物产量增加，而浮游植物产量的增加又会导致有机物沉积的增加。水的富集可能不会直接导致大型植物生物量的增加和减少，如果在湖泊中浅水区足够多，坡度足够平缓，就可以积累由浮游植物产生的低密度有机沉积物，因此大型植物生根和生长的条件就会得到改善。Duarte 和 Kalff（1986）已经证明了坡度在这方面的重要性，他们表明，在浊度和光照不限制生长（SD>2m）的 17 个湖泊中，大型植物 72％的生物量变化是由于坡度，这种关系在 2.24％的临界坡度以下急剧反转，如果包括有机含量，则上述比例增加到 88％。他们认为在坡度较大的地方，高含水量、低密度的沉积物往往不稳定。

因为水透明度的降低限制了光的可用性，所以随着湖水富集度的增加，最大定植深度应该会减小。因此，控制沉积物分布的坡度和有效光照是控制大型沉水植物生长和分布的主要因素。在富营养化过程中，大型植物的生物量增加，当在有机物沉积增加和光照减弱时生物量减少，然而有机物沉积为根提供更适合生长的低密度沉积物。Wetzel 和 Hough（1973）提出了不同类型的初级生产者和富营养化增加之间的一个普遍序列（图 9.7）。随着富营养化的增加，浮游植物和附着生物（附着藻类）占据主导地位，其次是大型沉水植物。因为附着生物在营养源附近的附着使它能够对增加的营养浓度作出反应，所以它可能是富营养化增加的第一个指标，而稀释会避免浮游植物作出反应，这已经在极度营养贫乏的 Tahoe 湖（Loeb，1986）和 Chelan 湖（Jacoby 等，1990）得到了证明。如图 9.7 所示，随着富营养化的增加，附着生物比浮游植物的增长更块，这可能与大型植物提供的附着表面积增加有关。本例中附着生物和大型植物优势表明，在湖泊相对较浅，底部坡度较小的大部分

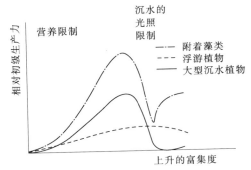

图 9.7　静水环境中大型沉水植物、附着藻类和浮游植物变化的概括图

（改自 Wetzel 和 Hough，1973 年）

205

区域可以积累适合大型植物生长的沉积物。在具有较大沿岸底坡的较深湖泊中，为了形成合适的沉积物，浮游植物（附着生物）和大型植物的序列可能会出现较大的时间间隔。正如 Carpenter（1981）所认为的那样，沉积物和大型植物的发展过程包括大型植物通过磷的再循环向浮游植物的反馈回路。

附着生物对大型植物的遮蔽也可能是附着生物增加的主要原因，并且，正如 Phillips 等人（1978）对英国诺福克湖区（Norfolk Broads）所证明的那样，这也是大型沉水植物减少的最重要原因，如图 9.7 所示。

## 9.6　营养循环

由于有根大型植物的大部分营养需求从沉积物中获得，如果植物覆盖范围很广，那么它们的组织磷和氮含量的最终去向显著影响湖泊的营养经济。如上所述，大多数研究表明植物不会向周围的水中分泌大量的溶解磷或氮（Nichols 和 Shaw，1986）。然而它们可以通过衰亡和腐烂提供大量的营养物质，有些物种在整个夏季（生长季节）都会衰亡和腐烂。因为狐尾藻在水体中的大部分植物体接近水面，所以在夏季会衰亡和分裂并且不断地落叶。对于白茎眼子菜（$P.$ $praelongus$）也观察到了类似的模式，其大部分枯萎发生在 7 月下旬。

Landers（1982）表明，在印第安纳州水库中，SRP 在有狐尾藻围隔比没有狐尾藻围隔或开放水域中含量更多，且叶绿素 $a$ 的含量在有狐尾藻围隔是在没有狐尾藻围隔中的 4 倍多。虽然磷的内部负荷来源是重要的，但是只有在威斯康星州 Wingra 湖的狐尾藻中存在来自大型植物的全湖的磷贡献。Smith 和 Adams（1986）在实验室的试验中测定了植物对 $^{32}P$ 的芽吸收和根吸收，并测定了湖中植物全年的磷组织含量。通过结合实验室数据和湖泊数据，他们为湖泊杂草床中的磷构建了以下估算：单位为 g P/（m² · a），根吸收（从沉积物中）为 2.2，芽吸收（从水中）为 0.8，两者相加为 3.0；健康的嫩枝损失到水中的磷为 0.0，衰亡（腐烂）损失到水中的磷为 2.8，从水中吸收的磷含量为 0.8，0.0＋2.8－0.8＝2.0，所以磷损失（内部负荷）为 2.0，或者单位为 mg P/（m² · d），则全年每日为 5.5，夏季每日为 17.0。

1977 年狐尾藻的生长开始下降，最终在 20 世纪 60 年代和 70 年代约降至水平的 10％左右。Carpenter（1980a）估计，在 1975 年狐尾藻更丰富时，杂草床的磷贡献量为 3.0g/（m² · d）。狐尾藻的衰老产生磷，使得磷成为狐尾藻衰老的一个重要性标志，17mg/（m² · d）的夏季杂草床磷释放量处于缺氧湖下层沉积物中测量到的磷释放率范围的中间位置：1.5～34mg/（m² · d）（Nürnberg，1984）。

相比之下，在 1976 年，加拿大伊乐藻对挪威一个湖泊（Steinfjord）的入侵，导致该湖浮游植物在夏季枯萎，仅在 20 世纪 80 年代的少数时候发生增长（Rorslett 等，1986）。虽然该植物的入侵将湖泊的磷储量（水＋植物）从 2t 提高到 6t，但水中的磷含量没有显著变化，湖泊仍保持中营养状态。华盛顿州萨普郡 Long 湖水蕴草（*E. densa*）的逐年大幅波动也对水中的磷含量产生了相反的影响（Welch 和 Kelly，1990）。1985 年和 1986 年植物的衰亡导致湖泊大型植物生物量减少了 75%，并导致湖水磷含量显著增加。植物通常通过"厚地毯"的形式来保护沉积物—水界面免受风混合的影响，从而减少湖泊的内部负荷，而不是通过衰亡和腐烂增加其内部负荷。大型植物在影响浅水湖泊营养循环和生产力方面的重要性将在下一节进一步讨论。

# 9.7　稳态转换理论

人们越来越认识到水生大型植物对浅水湖泊营养循环和浮游植物丰度的相互作用和影响（Jeppesen 等，1998；Scheffer，1998）。大多数浅水湖泊的原始状态可能是清澈的，水生植被丰富。然而，水中营养负荷的增加会导致湖泊由清澈状态转变为浑浊状态。稳态转换（Alternative Stable States）理论解释了浅水湖泊在大型水生植物为主的清水状态和藻类为主的浊水状态交替转换的现象（Scheffer 等，1993），为理解浅水系统中大型植物和浮游植物之间的动态关系提供了一个框架。在低营养负荷时，水生植物以大型植物为主；在高营养负荷时，浮游植物会降低湖水的透光度，使光照强度不能满足大型植物的需要，限制了大型植物的生长，水生植物转变为以藻类为主；在中等营养负荷时，湖泊的状态取决于湖泊的历史和环境背景（Moss 等，1996；Scheffer，1998）（图 9.8）。

暴风雨、除草剂的施用及食草鱼类或水禽的摄食可导致低中营养负荷湖泊中大型植物的消失。位于佛罗里达州中部的 Apopka 湖富营养化就很好地说明了稳态转换的概念。它是一个面积广阔的浅水湖泊（占地 124km²，平均水深 1.7m），1974 年的一场飓风导致了湖水的浑浊，沉水植物和浮叶植物等大型植物群落的消失以及水华的产生，至今仍未恢复（Bachmann 等，1999）。大型植物消失后，风力驱动着波浪会将沉积物定期地重新悬浮起来。在飓风发生前，沉积物受到根系密集的大型植物床的保护，不会受到水流的影响（Bachmann 等，2000）。飓风过后，悬浮的沉积物发生氧化，导致了大量鱼类死亡（Bachmann 等，2000）。

如 Apopka 湖案例所示，浅水湖泊可能处于一系列营养浓度范围内（一定营养水平上）的两种稳态中的一种：以水生大型植物为主导的清澈状态和以高

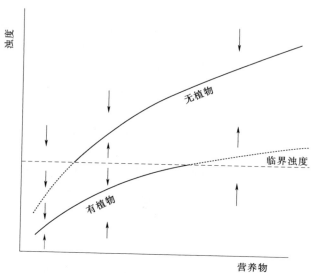

图 9.8　以藻类为主的浅水湖和以大型水生植物为主的浅水湖中营养物与浊度关系
（源自 Scheffer 等，1993）。浊度随着营养物增加而增加，但是两类湖泊的差别
显示以水生植物为主的湖泊浊度较低。临界浊度表示受不充分的光照影响水生植物
失去优势地位。两条线的延长线表示在高浓度和低浓度时的非稳定状态。稳态转换
发生于营养物的中间浓度。箭头表示非平衡态时浊度趋向方向（摘自 Scheffer 等，
Trends in Ecological Evolution，Vol. 8，Alternative equilibria in
shallow lakes，1993，pp. 275 - 279，Elsevier 许可）

藻类生物量为特征的浑浊状态（Scheffer 等，1993），该现象取决于大型植物
和浊度之间的相互作用。较高的浮游植物生物量会导致高浊度，降低光的穿透
效果，进而抑制大型植物的生长。或者，与具有稀疏水生植物的同一营养水平
湖泊相比，具有高沉水植物覆盖率的湖泊往往具有较低的浊度和较高的水体透
明度。已有数种生态机制可以解释大型植物对水体透明度的积极影响，包括大
型植物对湖底沉积物的稳定作用（阻止再悬浮）、对以浮游植物为食的浮游动
物的保护作用、磷吸收以及对浮游植物释放的有毒物质的化感作用（Scheffer
等，1993）。因此，尽管随着营养的增加，初级生产者总体上从底栖生物转变
为浮游生物，浅水湖泊也可能存在稳态转换，尤其是那些中等营养水平的湖
泊。上述正反馈机制可以促进清澈水体条件的产生，一旦大型植物得到生长，
水就会变得清澈，且持续改善的光照条件有利于大型植物的持久存在
（Scheffer 等，1993；Scheffer，1998）。然而，如果有毒化学物质的使用没有
得到严格的管理，在没有大型水生植物覆盖的情况下，清澈（藻类很少）的浅
水湖泊在生态上是不可能存在的。

　　大型植物生物量和浮游植物丰度之间的反比关系已在许多浅水湖泊中得到

了证实。比如在华盛顿州西部的一个河道型湖泊 Long 湖中，平均夏季总磷和全湖大型植物（主要是水蕴草）的生物量成反比（Welch 和 Kelly，1990；Jacoby 等，2001）。人们认为，水蕴草通过保护沉积物免受风力驱动所引起的再悬浮以及稳定沉积物来减少磷的内部负荷，而磷的内部负荷是引起湖中浮游植物水华的主要原因。为了支持这一假设，人们发现相对于风速高的年份，在风速较低时（此时沉水植物少）湖泊的内部磷负荷更大（Welch 和 Kelly，1990）。此外，Long 湖的平均夏季透明度和夏末大型植物生物量在 19 年间呈正相关（$r=0.53$，$p<0.05$）（图 9.9）（Jacoby 等，2001）。湖泊从低总磷、高大型植物生物量的清水状态转化为高总磷、低大型植物生物量的浊水状态需

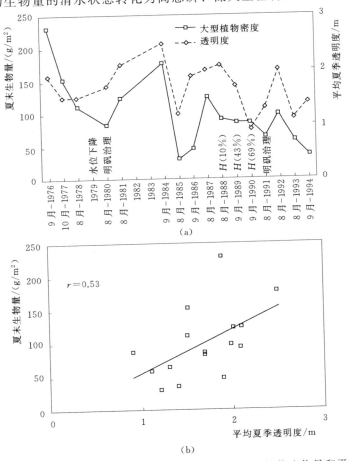

图 9.9　1976—1994 年华盛顿州 Long 湖全湖夏末大型植物生物量和平均夏季（6—8 月）透明度（a），全湖夏末大型植物生物量与平均夏季透明度的关系（b）
(Jacoby 等，2001，经 E. Schweizer Bart'sche Verlagbuchhandlung
许可转载，http://www.schweizerbart.de)

要较长的年限，这表明 Long 湖正处于稳态转换中间的过渡阶段。同时，这种状态的双峰性也已经在其他湖泊得到证实（Mitchell，1989；Moss 等，1990；Blindow 等，1993；McKinnon 和 Mitchell，1994）。

尽管大型植物对浮游植物生物量的负面影响（抑制作用）已经在许多浅水湖泊中得到了证实，但是对于特定的湖泊来说，造成这种影响（作用）的具体机制却难以得到验证。此外，其中部分机制可能是直接发挥作用的，并与大型植物本身有关（例如沉积物再悬浮的减少、光照的遮蔽、化感物质的分泌），还有部分机制可能是间接发挥作用的（例如为摄食的浮游动物提供庇护所、通过植物代谢改变营养循环、水动力效应）（Sondergaard 和 Moss，1998）。同时，所有这些机制的相互作用使得对于特定湖泊中大型植物—浮游植物相互作用的解释变得更为复杂。

另有研究表明，大型植物的密度必须达到 $15\% \sim 30\%$ 体积百分比（PVI）的阈值水平，才能对浮游植物产生显著影响（Canfield 等，1984；Schriver 等，1995；Jeppesen 等，1998；Sondergaard 和 Moss，1998）。此外，该阈值效应可能会随鱼类丰度的变化而改变（例如，在以浮游生物为食的鱼类含量非常高的情况下，大型植物可能无法为摄食的无脊椎动物提供足够的避难所）。从管理角度来看，这种非线性阈值关系很重要（这种非线性阈值关系在群落/生物管理方面具有重要意义）。

通常情况下，人们更希望湖泊处于以大型植物为主的清水稳定状态，而不是以藻类为主且大型植物稀疏的浊水稳定状态（Scheffer 等，1993）。然而，湖泊从以藻类为主的浊水状态转变为以大型植物为主的清水状态是极其困难的（Moss 等，1996）。减少外部营养负荷不能作为净化浅水湖泊的有效手段，主要是因为内源性营养负荷发挥着更重要的作用，该作用在上述一种或几种机理中都有提到。湖泊稳态转换的关键是改变湖中鱼的种类和数量（Scheffer 等，1993；Moss 等，1996）。减少食浮游动物鱼类的数量可以减小大型浮游动物捕食藻类的压力，促进其数量的增加，有助于湖水向更清澈的状态转变（Meijer 等，1990；Sendergaard 等，1990；Van Donk 等，1990）。这种方法以"营养级联效应"为基础，并在湖泊管理上获得了不同程度的成功（Shapiro 和 Wright，1984；Gulati 等，1990；Carpenter 和 Kitchell，1992）。经过对鱼类种类和数量的调节，湖水的透明度提高了，大型沉水植物得到进一步生长，这些植物已存活多年，维持了清澈的水体条件（Meiier 等，1994）。虽然鱼类群落生物操控法取得了初步成功，但水禽对重新形成的大型植物的摄食会导致湖泊重新浑浊及藻类增加（Van Donk 和 Gulati，1995）。清除底栖鱼类如鲤鱼（*Cyprinius carpio*）也可以增加水体透明度和促进大型植物的生长，因为这种鱼类会卷起湖底沉积物导致浊度的增加（Meijer 等，1990）。降低水位，增加临界消光系数，也可以提高大型植物的光利用率，从而促进它们的生长。同时，以内源性负荷机制为对象的湖泊管理方法（例如明矾的应用、人工循环）（Welch 和 Cooke，1995）可与生物操控法配合使用，以达到更好的效果。

## 9.8　外来入侵大型植物

美国有 20 多种入侵的水生植物物种，包括穗花狐尾藻（*Myriophyllum spicatum*）（之前在第 9.2 节讨论过），蟛蜞菊（*Alternanthera philoxeroides*）、水葫芦（*Eichornia crassipes*）和黑藻（*Hydrilla verticillata*）（Benson，2000）。黑藻原产于亚洲和非洲，作为一种常见的水族馆植物被引入北美，并于 1960 年首次在佛罗里达州野外发现黑藻，如今它已经向北蔓延到康涅狄格州，向西蔓延到华盛顿州和加利福尼亚州。黑藻能耐受包括低光照强度在内的各种不利环境条件。黑藻同其他许多入侵的水生植物一样，拥有一些典型特征，比如拥有多种繁殖方式，包括分裂、具鳞根出条（在叶腋形成芽）和块茎（地下具鳞根出条）。与穗花狐尾藻相似，黑藻的分枝会在水面附近形成较厚的覆盖层，进而抑制其他植物的生存。

在美国受关注的湿地入侵植物包括千屈菜（*Lythrum salicaria*）和白千层（*Melaleuca quinquenervia*）。为了促进湿地排水，白千层于 1906 年被有意引入佛罗里达州。这种植物凭借生长迅速，需水量大的特点成功降低了水位。但它强大的入侵性导致了 19000hm$^2$ 内的栽培林较为单一，使其失去了野生生物价值，同时白千层的生长蔓延区（轻度至中度生长）高达 600000hm$^2$（Bush，2003）。白千层的引入成为美国植物生长控制的失败案例之一。

在欧洲受关注的外来入侵植物包括加拿大伊乐藻、漂浮积雪草（*Hydrocotyle ranunculoides*；也来自北美）和沼泽轮藻（*Crassula helmsii*）（Leach 和 Dawson，1999）。此外，水葫芦在五大洲至少 50 个国家造成了水质管理问题，槐叶萍（*Salvinia molesta*）的泛滥在全球热带地区是一个问题，软骨草（*Lagrasiphon*）已经成为新西兰许多湖泊和河流的入侵物种。

非本地大型植物的生物量水平过高是因为在当地生态系统中缺少天敌的存在。大型植物过多不仅会影响水上娱乐活动，还会堵塞灌溉渠道、水力发电系统和航道，并阻碍排水造成洪水泛滥（Barrett，1989）。大型植物的过度生长会改变水的化学性质（例如溶解氧、pH 值、营养物），导致无脊椎动物和鱼类群落发生变化（Frodge 等，1990）。如第 9.6 节所述，大型植物“遗体”的微生物分解也是水体中沉积物营养和有机物的来源，它会影响水体营养循环。由于一些外来植物（如千屈菜和水葫芦）具有较低的营养价值，它们也会参与到食物链中。

# 第 10 章

# 湖泊和水库生态修复

通过恢复退化的湖泊和水库来控制富营养化是一门相对较新的科学，虽然在 20 世纪 60 年代就开展了一些湖泊和水库生态修复项目，但直到 20 世纪 70 年代才开始形成关于提升淡水质量的处理技术。美国环境保护署（USEPA）于 1976 年开始资助湖泊生态修复项目，并于 1980 年制定了一项清洁湖泊计划，随后湖泊和水库生态修复项目开始大幅度增加。Dunst 等（1974）采用了一些技术对美国 81 个修复项目作了报告，这些项目均在 1974 年之前就已开始或完成。1976—1987 年，美国环保局通过"清洁湖泊计划"对 362 个项目进行了资助（USEPA，1987）。同时，其余一些项目也通过各州的"清洁湖泊计划"获得资助。但在 20 世纪 90 年代中期，随着联邦和州级政府对清洁湖泊项目的资助明显下降，湖泊生态修复项目也逐渐减少。

几项调查表明，湖泊和水库生态修复项目需要得到进一步的加强。北美湖泊管理学会（NALMS）在 1983 年的报告表示，美国 38 个州的 12000 个湖泊一定程度上受到大型植物和藻类的不利（或破坏）影响。美国水行业协会（AWWA，1987a）报告称，美国和加拿大 61％的地表饮用水供应存在异味，这些味道和气味问题是由以浮游蓝绿藻为主的藻类造成的，影响人数共达 3800 万人。为了满足湖泊和水库生态修复技术需求，出版了许多关于湖泊和水库修复技术的书籍和手册（Cooke 等，1986，1993；Moore 和 Thornton，1988；Cooke 和 Carlson，1989；NALMS，2001）。尽管美国湖泊生态修复项目的资金大幅下降，但这种需求仍然存在，有报告表明，人为导致的水体富营养化仍是地表水水质的主要问题之一（USEPA，1996）。此外，在 90 年代中期，旨在制定湖泊、溪流、河口和湿地营养物数量标准的项目得到开展（USEPA，1998b）。

富营养化引起的水质问题曾在第 7 章中简要提及，在此将进行进一步的讨论。湖泊和水库数量的增多会产生以下直接和间接的影响：水体中浮游藻类生物增加，通常以蓝绿藻为主，其中部分藻类还会产生表面浮渣，影响环境美观；一些以蓝藻为主的藻类的分泌物在水体中会产生异味，同时还会污染饮用水供应和降低鱼肉肉质；沉积物微生物分解有机沉淀物和下沉的浮游植物会消耗水中的溶解氧，当下层水体中溶解氧浓度过低或处于缺氧状态时，冷水鱼类的生存及繁殖就会受到限制，以及导致非分层湖泊间歇性的鱼类死亡；水体透明度会降低；持续增长的藻类及食腐物蜗牛会为寄生虫提供更多的宿主，使游泳者更容易出现皮肤瘙痒的症状；有机物增加导致三卤甲烷前体增加；有毒蓝藻水华的出现率增加。

湖泊水体质量下降是由于浮游植物或大型植物丰度的增加。海藻或蓝藻丰度的增加是限制性营养物（通常是磷）浓度增加的直接结果，所以可以通过减少营养物质浓度来减少它们的数量。然而，如第 9 章所述，大型植物丰度的增加并不是由富营养化直接造成的结果，所以不会对营养物质控制做出快速反应。因此，大多数对磷的外部控制和湖内控制会减少浮游植物的生物量并改变其物种组成。然而，许多情况下湖泊的磷控制并没有使磷浓度显著降低，因此浮游植物的减少和物种组成的变化往往低于预期。所以，湖泊生态修复的结果具有很大差异，可能会取得显著成功，可能水质变化会很小，也可能没有变化。虽然减少外部营养负荷通常被认为是改善湖泊水质的主要手段，但可能还需要同时减少内部营养负荷才能达到预期效果。

# 10.1　生态修复前的数据

评估湖泊生态修复的功效，如降低磷负荷等措施，需要一些重要的数据支撑，以及基于这些数据的评估湖泊响应的方法，同时还需考虑处理的效益和成本。其中最重要的是水和磷的预估，合理准确地估算水资源量对于制定正确的磷含量是必不可少的。第 5 章描述了磷来源，包括点源水体和各种非点源水体，其中最难评估的是地下水。如果地下水这一磷源很重要，那么就有必要对地下水进行更精细的评估，而不是简单地对预估中未知的残留量进行计算（Winter，1981）。除了估算流量，我们还需要评估地下水中营养物质含量。根据实测的磷输入和输出，可以计算沉积物—水界面交换的磷残留量，其中负剩余量是净内部负荷的估值（见第 4 章）。在水体营养物质的评估中，通常不包括氮负荷的计算，原因是氮控制的案例少且成功率低；相比于磷，氮预估还包括氮增益（氮固定）和氮损失（反硝化）的计算，模型构建难度大；通常磷更容易控制，因为磷汇更多，且与氮比较磷源更少（见第 4 章）。

数据收集的下一步是磷模型的开发，并对所讨论的湖泊进行校准和验证，目前有多种方案，但通常选择瓦伦韦德型（Vollenweider - type）质量平衡模型（见第 7 章）。然而，动态磷模型有时比稳态模型更有效，利用动态模型可以分离外部和（或）内部来源输入的季节性效应，进而可以选择与藻类生物量相关的平均磷值作为替代对象，并且更具体地定义问题的来源（Welch 等，1986；Ahlgren 等，1988）。分层湖泊的两层模型将进一步定义内部负荷的相对重要性（见第 7 章）。藻类生物量，如叶绿素 $a$，以及相关的透明度，通常可以选择多种磷浓度回归模型来预测（见第 7 章和 Ahlgren 等，1988）。同时，根据相关湖泊的数据建立的预测方程是更有效的（Smith 和 Shapiro，1981）。虽然物种组成的预测（例如蓝绿藻的百分比）尚不十分可靠，但是物种组成与磷的关系已经得到了观察（见第 7 章）。

沉积物岩芯可用于估算磷的净沉降率，进而与当前磷的净年滞留率以及过去的沉降率或滞留率进行比较。磷的年净沉降率和测得的磷流出率之和可以代表当前外部负荷率的额外估值。沉降率可以通过稳定的铅测量来确定（假设自1930 年起含铅汽油的使用导致了铅的增加），或者通过岩芯的铅-210 的年代测定来确定（Schell，1976），其中后者测得的是最近的沉降率，而不是 1930年后的平均沉降率。1972 年后含铅汽油的使用开始减少，进而通过稳定的铅也可以得出最近沉降率的估计值。另外，磷的净沉降率也可以通过校准动态质量平衡模型来确定，即求解未知的 $\sigma$（见第 7 章）。

湖泊和水库生态修复、改善或保持技术大约有 20 种，可以分为外部控制和湖内控制。外部控制主要用于磷的控制，包括雨水或废水（污水）点源的分流、废水的深度处理（明矾、石灰或氯化铁）以及雨水的滞留（保留）、渗透或抛光（明矾）。湖内控制包括磷钝化（用明矾、铁或石灰）、稀释（冲洗）、疏浚、人工循环、滞温层曝气、滞温层取水、加氮、生物操控法（浮游动物捕食/去除）、机械收割（包括旋耕）、底部覆盖、生物收割（草鱼）和水位下降（湖平面下降）。其中有几种技术是可以预测的，而且成本效益高。然而，在大多数情况下很多技术的可控性不够充分，且缺乏足够全面的湖泊监测数据，无法得到完全可靠的成本效益。

# 10.2　磷的外部控制

## 10.2.1　分流和废水处理

分流和废水处理最常用于恢复或保持湖泊和水库的水质，污水的分流通常包括建造截水沟和其他管道系统，经处理的污水通过这些管道系统从退化的湖泊输送到具有更大同化能力的水体。废水深度处理通常包括明矾（硫酸铝）除磷、石灰（碳酸钙）除磷或铁（氯化铁）除磷，经处理后的污水中磷去除率通常超过 90%，残留量至 0.1mg P/L，通常可以达到 0.5～1.0mg P/L。废水深度处理会产生大量的污泥，这些污泥通常通过土地填埋的方式进行处置和处理。但随着时间的推移，会存在磷从污泥中浸出的问题（Ryding，1996）。

外部磷负荷减少后，湖泊并不总是能迅速、完全地恢复到之前的状态。Cullen 和 Forsberg（1988）整理和分析了 46 个湖泊在外部磷负荷减少后的状态，结果显示，经过点源分流或深度处理后，有 13 个湖泊的营养状态得到充分的改善，6 个没有变化，其余 27 个湖泊的"磷或藻类减少而营养状态不变"或"磷减少而藻类含量不变"。湖泊之所以在外部磷控制后未能迅速恢复（与冲刷率成比例），通常是因为沉积物中营养物质的循环率较高，称为内部负荷（见第 4 章）。在众多的湖泊中，浅水湖泊是最难改善的（Ryding 和 Forsberg，1976）。事实上，一项对 18 个欧洲湖泊生态修复的研究表明，内部负荷在外部磷负荷减少后会出现平均增加的现象（Sas，1989）。

在大多数情况下，尽管存在内部负荷，湖泊总磷的浓度仍会下降（Ahlgren，1977；Welch 等，1986；Sas，1989）。虽然欧洲 9 个浅水湖泊和 9 个深水湖泊中有部分湖泊的内部负荷会向水体中释放磷，但湖内总磷平均下降了 73%，这是因为外部流入总磷浓度平均下降了 81%（Sas，1989）。根据 Sas（1989）观察到的 3 个瑞典大型湖泊 20 年来的湖泊总磷与流入总磷比，总磷水平降低，与预测结果一致，但在第 4 个湖泊（很浅）中，由于内部负荷作用，总磷仍然处于较高水平（Wirander 和 Persson，2001）。虽然湖泊磷预测取得了不错的进展，但在预测内部负荷的持久性方面几乎没有取得过成功。下面将对营养输入减少的 5 个对比案例进行简要描述。

Washington 湖生态修复项目是世界上最常引用的湖泊恢复案例之一，该项目为期 3 年，将 10 个污水处理厂的二级出水进行分流，并在项目完成前（分流 88% 的磷负荷）就已经开始迅速恢复（Edmondson，1970，1972；Edmondson 和 Lehman，1981；Edmondson，1994）。污水的分流是在 1964—1967 年间完成的，湖泊总磷从分流前的年均 64μg/L 下降到 1969 年的 25μg/L 左右，再到 1972 年，即分流完成 5 年后，总磷下降到约 21μg/L，接近平衡状态（图 10.1）。根据一阶衰减方程 $[\ln 10/(\rho + \rho^{0.5})]$（$\rho = 0.4a^{-1}$），湖泊总磷浓度应该在 2.2 年内达到其总下降量的 90%。1990—2001 年湖泊平均总磷为 15μg/L 且保持稳定，这在很大程度上是因为输入水量占 50% 的主要支流的流量加权平均总磷浓度为 17μg/L（King County，2003）。因此，Washington 湖的生态修复情况与瓦伦韦德模型的预测结果一致，而与 Nürnberg（1984）和 OECD（1982）模型的预测结果相差较大（见第 7 章）。

由图 10.1 可知，以叶绿素 a 代表藻类生物量，Washington 湖分流前叶绿素 a 4 年夏季平均值为 36μg/L，分流后 7 年夏季平均值为 6μg/L，下降趋势与磷成正比，第一次直接证实藻类生物量受磷的控制。然而，蓝绿藻在藻类生物量中的比例直到 20 世纪 70 年代中期才下降，随后 1976 年水蚤数量急剧增

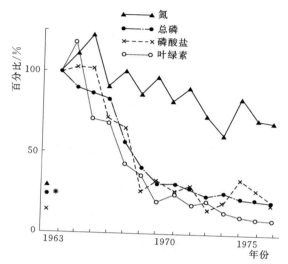

图 10.1　Washington 湖表层水（表 10m）磷酸盐-磷、硝态氮（1—3 月）、
总磷（全年）和夏季（7—8 月）叶绿素 $a$ 的相对值。1963 年的平均值，
标为 100%，单位为 $\mu g/L$；总磷，65.7；磷酸盐-磷，55.3，硝酸盐-氮，
425；chl $a$，34.8，1933 个样本数据（Edmondson，1978）

加（Edmondson 和 Litt，1982）。水蚤的出现使湖内叶绿素 $a$ 减少了一半，使湖泊透明度大约提升了一倍，再加上分流作用，Washington 湖的夏季平均透明度从分流前的 1m 提高到了 20 世纪 70 年代中期的 3.1m。因此，20 世纪 70 年代后期，经过化学和生物修复控制后，Washington 湖的 TP 为 17$\mu g/L$ TP、叶绿素 $a$ 为 3$\mu g/L$ 以及透明度约为 7m。其中叶绿素 $a$ 和透明度在 20 世纪 90 年代继续保持相似的水平，分别为 2.7$\mu g/L$ 和 7.1m（King County，2003）。

　　然而，正如 Cullen 和 Forsberg（1988）、Sas（1989）等分析的那样，Washington 湖并不属于典型案例。Washington 湖之所以修复得如此迅速和彻底，主要是因为其深度相对较大（最深 64m，平均 37m）、更新速度快（0.4$a^{-1}$）、含氧的滞温层以及富营养化历史相对较短。同时，该湖较大的滞温层和短期富营养化（最初的迹象是在 20 世纪 50 年代初观察到的，Edmondson等，1956）阻止了滞温层缺氧状态的发生。因此，湖泊的内部负荷是微不足道的，在湖泊达到高度富营养化状态之前对湖泊进行控制是具有较大优势的。

　　与 Washington 湖形成对比的是位于 Washington 湖以东约 12km 处的Sammamish 湖，其深度是 Washington 湖的一半（平均深度为 18m），更新率大致相同（0.55$a^{-1}$）。在 1968 年污水和乳品废水分流后，该湖的响应却非常迟缓（Welch，1980，1986）：全湖总磷仅略有下降，从 33$\mu g/L$ 降至 27$\mu g/L$，分流后湖内磷负荷约为 35％，直到 7 年后，总磷才达到最终平衡水平，约为 (18±2)μg/L（图 10.2），且该浓度在 20 世纪 80 年代也保持稳定。虽然 OECD 模型对总磷响应的预测最为准确，但所有模型都高估了分流后的总磷水平（表 10.1）。叶绿素 a 和透明度的变化与总磷的变化持平，叶绿素 a 下降 50％，透明度增加到平均 4.9m，透明度在 20 世纪 70 年代初分流后保持在夏季平均 3.3m。

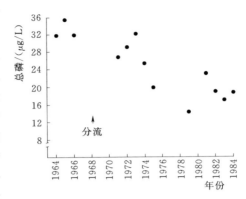

图 10.2　废水分流前后华盛顿州 Sammamish 湖的全湖总磷（Welch 等，1986）

Sammamish 湖生态修复的延迟是缺氧层沉积物的内部负荷造成的，虽然湖泊在富营养化期间没有超过中营养状态，但由于其滞温层相对较小，所以具有典型的富营养氧亏率，并在夏末达到缺氧状态。湖泊的最终改善与沉积物磷释放率的降低有关，而这又与氧亏率的降低有关（图 10.3）。在整个 20 世纪 90 年代中期沉积物磷释放量一直保持在分流前的 20％左右（Perkins 等，1997）。

表 10.1　　　　　　　　　　麦迪逊一些湖泊的营养负荷

| 湖　泊 | 负荷/[g/(m² · a)] | |
|---|---|---|
| | N | P |
| Mendota | 2.2 | 0.07 |
| Monona | 8.8 | 0.90 |
| Waubesa | 47.0 | 7.0 |
| Kegonsa | 6.8 | 3.9 |
| Koshkonong | 9.8 | 4.3 |

数据来源：Lawton（1961）。

　　瑞典 Norrviken 湖也发生了类似的污水分流的延滞效应。然而，与 Sammamish 湖和 Washington 湖不同的是，由于工业和生活废水近 100 年的污染，Norrviken 湖在分流前就处于超富营养状态（Ahlgren，I.，1977）。随着分流后低磷浓度水的流入，87％的磷被分流，湖水磷含量可预见地下降（见第 7 章），从最初 1969 年的 450μg/L 下降至 1975 年的 150μg/L，但这仍远高于超富营养阈值。

　　夏季总磷从之前的 263μg/L 下降到 1974 年后的 100μg/L 或更低，内部负

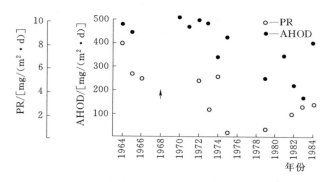

图 10.3 污水分流前后 Sammamish 湖沉积物磷释放和单位面积
氧亏（AHOD）（Welch 等，1986）

荷也在 1977 年有所下降，但之后又再次增加（图 10.4）。夏季叶绿素 a 浓度从 $100\mu g/L$ 稳步下降到 1980 年的 $36\mu g/L$，湖泊中无机氮的含量也从大于 $1000\mu g/L$ 下降到 $100\mu g/L$（常规水平）或更低。由此推测，藻类生物量的减少可能与氮的减少更密切相关（Ahlgren, I., 1978）。另外，夏季浮游植物不再限于颤藻（*Oscillatoria*）这单一种物种（Ahlgren, G., 1978）。

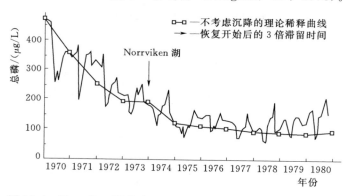

图 10.4 Norrviken 湖总磷的平均浓度（修改自 Ahlgren，1988）

1958 年美国将威斯康星州麦迪逊市的污水进行分流，以减少麦迪逊湖泊链的最后两个湖，即 Waubesa 湖和 Kegonsa 湖的营养输入，这是世界上最早减少外部营养和减缓藻类大量繁殖的措施之一。分流前，污水对 Waubesa 湖磷的贡献为 88%，并且使表 10.1 中下面几个湖泊的营养负荷增加了 4～7 倍。分流后，通过简单水力冲刷模型的预测，冬季 SRP 从大于 $500\mu g/L$ 可下降到约 $100\mu g/L$（Sonzogn 和 Lee，1974）。尽管分流对藻类生物量的影响很小，但由于分流前长期的高磷环境，藻类优势发生了改变，从 99% 的微囊藻（*Microcystis*）变为更多样的藻类种群（Fitzgerald，1964）。在 20 世纪 70 年代早期，Stewarn（1976）发现溶解氧或透明度未发生超过正常的年际波动的显著变化。自 1975 年以来，表 10.1 中下面几个湖泊春季的 SRP 浓度从 $50\sim90\mu g/L$ 降至几乎无法检测的水平（Lathrop，1988，1990），这进一步的减少是由于麦迪逊上游的污水被截流，并排入 Mendota 湖，以及 1977 年后春季径流也开始减少，导致下游湖泊的入流磷含量降低，透明度和叶绿素 $a$ 也随之改善（Lathrop，1988，1990）。

最后，在美国明尼苏达州 Shagawa 湖，有一个案例对湖泊的高级废水处理（AWT）响应做了充分的研究案例。从 1973 年开始，该案例通过石灰对污水中的磷进行化学沉淀，减少了湖泊 85% 的磷流入（Larsen 等，1975）。该湖泊响应迅速，年平均总磷浓度从 $51\mu g/L$ 下降到 $30\mu g/L$，春季叶绿素 $a$ 也下降了 50%。然而，由于滞温层处于缺氧状态，以及夏季风暴期间表温层高磷浓度水的流入，该湖在夏季仍保持富营养化状态（见第 4 章）。尽管处理后夏季总磷水平有所下降，但仍然处于较高水平，不能促使夏季叶绿素 $a$ 水平大幅下降。如图 10.5 所示，与预测的预处理水平相比，1973—1976 年间湖内总磷水平呈下降趋势（Larsen 等，1979）。尽管如在其他湖泊中观察到的那样，Shagawa 湖的内部负荷持续存在，但是预计该湖将继续恢复，只是恢复速度会比不存在内部负荷的情况更慢（Sas，1989）。

Shagawa 湖最近的结果表明，夏季的增加总磷从之前的 $35\sim50\mu g/L$ 下降到 $20\sim30\mu g/L$（图 10.5），表明废水处理后的 16 年内滞温层仍有内部负荷产生（Wilson 和 Musick，1989）。湖泊流出总磷仍超过流入总磷，表明内部负荷持续存在，且内部负荷约占年负荷的 30%。夏季叶绿素 $a$ 浓度峰值从 20 世纪 70 年代初的 $50\sim60\mu g/L$ 减少至 1988 年的 $30\sim45\mu g/L$。虽然，湖泊恢复到贫营养状态需要很长时间，因为湖内磷的缓慢沉积会导致湖泊内部负荷的减少，但两者达到平衡可能需要 80 年（Chapra 和 Canale，1991）。到目前为止，该湖年平均总磷浓度保持在 $35\mu g/L$ 左右，远远高于最终的平衡浓度值 $12\mu g/L$（Wilson，1994，个人交流）。

这些分层湖泊的案例说明了内部负荷对湖泊恢复速度和程度的影响。尽管所有湖泊对总磷负荷的降低都有响应，但长期处于富营养化状态的湖泊，会积累大量的内部负荷，进而恢复到平衡水平的时间会延迟。尽管 Sammamish 湖仍然存在内部负荷，但其下降速度相对较快，而 Norrviken 湖和 Shagawa 湖的内部负荷高，导致其总磷浓度一直保持在远远高于富营养化阈值的水平。同时，Norrviken 湖和 Shagawa 湖的表温层磷输入大于内部负荷的磷释放，因此它们的恢复过程会更加缓慢。

内部负荷较高的未分层湖泊显示出的恢复速度通常更慢，因为未分层湖泊中沉积物释放的磷比分层湖泊中沉积物释放的磷更容易被藻类吸收。因沉积物

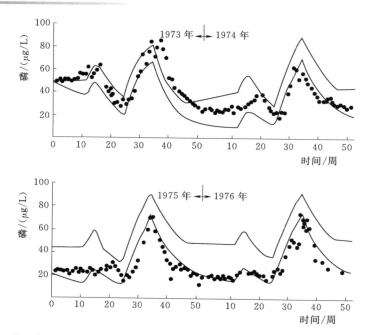

图 10.5　明尼苏达州 Shagawa 湖在污水除磷制度之前（上方的线）和之后（底部的线）
预测的（—）和观测到的（•）总磷浓度的比较（改自 Larson 等，1979）

磷的释放，分层湖泊的滞温层总磷浓度很高（100μg/L），但其中只有一小部分会转移到表温层，而未分层湖泊沉积物中释放的所有磷会立即进入混合水体并被藻类获得。鉴于内部负荷率与富营养化有关，而与湖泊深度或分层程度无关（Nürnberg，1996），富营养化浅水湖泊的表层水总磷通常比富营养化分层湖泊高得多（Scheffer，1998），这意味着浅水湖泊不仅对富营养化更敏感，而且更难从富营养化状态中恢复。

## 10.2.2　流域处理

在任何污水被分流或进行了深度处理之后，引起富营养化的下一个最重要的富集来源是雨水径流和个别化粪池系统故障。尽管雨水径流的磷含量不及污水的磷含量，前者是后者的 1/10 或更少，而 SRP 的含量通常要低得更多，但它仍然是湖泊富集的重要来源（请参见第 7.3.7 节）。有几种去除雨水中磷的技术，但其效果差异很大，而且很少有通过雨水处理改善湖泊的成功案例。如果时间足够，将池塘中的雨水存留会导致有效的磷沉降，但这主要是颗粒部分。如果水与土壤（植被）表面之间的接触时间足够长，则通过植被下渗雨水可以去除大部分磷。如果是高渗透能力的地区，雨水能够渗入。渗透会导致水与土壤之间长期有效的接触。使用湿地滞留磷也是有效的（去除率高达

90％），特别是在人工湿地中，尽管它们比其他技术需要更大的面积（Cooke
等，1993；Kadlec 和 Knight，1996）。最大的磷负荷量约为 1g/（m² · a），在
此之后，磷的滞留量将下降，而流出的总磷则高于平均 40µg/L（Richardson
和 Qian，1999）。景观效果的湿地滞留池［用明矾或铁去除磷］是十分有效
的，但成本也很高。

在 2～15 天的水力停留时间范围内，湿地滞留池中磷去除效率为 35％～
60％（Walker，1987b；Benndorf 和 Putz，1987）。停留时间越长意味着池塘
面积和（或）体积越大，从而达到期望的去除效果。但由于城市化流域的可用
面积有限，滞留湿地的大小受到限制，故无法充分发挥去除效率来有效保护湖
泊或水库。这导致另一项磷截留技术已成为成功的替代方案。"前置库"滞留
池的流量达 5m³/s，采用氯化铁处理，以沉淀出磷（Bernhardt，1981 年）。德
国的 Wahnbach 水库和 Schlachten 湖就是富营养化湖泊经过湿地滞留处理技术
恢复到高质量状态的案例（Sas，1989）。还有采用磷截留保护湖泊水体的例
子（Cooke 和 Carlson，1986；Walker 等，1989；Van Duin 等，1998）。

渗滤不充分或发生故障的化粪池排水区的渗滤液可能是另一个重要的富营
养来源。只有在排水区运行正常的情况下，大量的磷被有效地吸附在土壤中可
能无法到达湖泊。如果在地下水位上方有一个非饱和区，磷滞留则是有效的；
随着地下水位的升高，排水区的有效性降低。

### 10.2.3　稀释/冲刷

湖泊中的营养成分可以通过引调低营养水来减少或稀释，引调水能否实施
是该技术的最大局限。当采用这种方法时，湖泊水质将明显改善；例如美国华
盛顿州的 Green 湖和 Moses 湖（Welch 和 Patmont，1980；Welch 等，1992；
Cooke 等，1993）。如果没有低营养的水，可以通过增加冲刷率至相对于细胞生
长速度而言显著增加细胞损失速度的水平来减少藻类生物量。该临界水平约是
每日 10％，除小湖泊外，每天都将需要供应大量的水。而使用高营养水提高冲
刷率时，效果并不理想。例如，1921—1922 年卢塞恩（瑞士）附近的 Rotsee
湖，日冲刷率从 0.1％提高到 0.7％（Stadelman，1980；Cooke，等，1993）。

最为人熟知的稀释项目是 Moses 湖，自 1977 年春夏以来，低营养的 Go-
lumbia 河水（25µg/L TP）已在不同时期流过 2700hm² Moses 湖。以时间加
权平均值计，稀释水在 12 年春夏季期间，流入湖泊的平均水量为 8.2m³/
s（128×10⁶ m³），更换了邻近湖湾入流水域每天 5.8％的水体，但该比例仅为
整个湖泊每天 0.27％。在处理的前几年，总磷和叶绿素 a 降低了 50％以上，
并且邻近湖湾的透明度增加了一倍（Welch 等，1992）。风生流增强了水的运
输，湖泊其他水域水体质量也有所改善。藻类生物量得到控制最初是由于流入

水中的 $NO_3$ 减少，即使在湖泊中该变量的变化很小（Welch 等，1984）。

1984 年污水分流以及消减了 50％入湖河流中未稀释磷浓度，Moses 湖的水质得到了进一步的改善。磷已经成为最限制性的营养物质，进一步的控制取决于较大的、可变的（±100％）磷的内部负荷，平均内部负荷约占总负荷的 30％（Jones 和 Welch，1990）。此外，虽然稀释有效地减少了湖水磷的含量，但由于磷的内部负荷增加，增加的输水带来的好处却减少了，这是由于水体磷浓度的降低导致沉积物和上覆水之间扩散梯度增加。尽管简单的稀释使湖泊水体总磷减少了 2/3，但对内部负荷的影响仅减少了 1/3（Welch 等，1989a；Welch 和 Jones，1990）。

在 20 世纪 90 年代，引水量持续增长，在 11 年期间的平均引水量为 $204 \times 10^6\,m^3$，增加了 1/3。尽管在 20 世纪 90 年代很少进行监测，但是除 1997 年（引水量较低的年份）外，水质被认为是良好的。在 2001 年期间（高引水量年）进行的密集监测显示，平均总磷浓度非常低（$20\mu g/L$），叶绿素 a 含量也很低，且基本没有出现蓝绿藻（Carroll，2003）。此外，春夏季期间没有净内部负荷。

## 10.3　湖内磷控制

控制磷的内部负荷最合适的技术包括磷钝化，三价铁盐除磷和硝酸盐增氮技术（Riplox），滞温层曝气，滞温层取水和疏浚。这 5 种技术中的 3 种主要用于控制受铁氧化还原机理影响的沉积物中的活性磷（参见第 4 章）。明矾 $[Al_2(SO_4)_3 \cdot (H_2O)_{18}]$，将其添加到湖水中，形成氢氧化物絮凝物，该絮凝物很快沉降到湖底，通过将流动的磷与 Al-P 结合成为进一步阻碍沉积物磷释放的屏障。铝的持续有效性是由于其溶解度独立于氧化还原反应，而氧化还原反应对铁具有控制性。滞温层曝气产生有氧的滞温层，这将增加铁对磷的控制并减少沉积物的释放。Riplox 技术旨在通过氧化沉积物中的有机物来减少孔隙中的 SRP，从而降低磷从沉积物中的扩散。通过在碱性条件下添加 $Ca(NO_3)_2$ 进行反硝化来完成氧化。如果碱性条件低或硫铁比高，则添加铁。想法是使铁保持在氧化铁态，而磷保持与铁羟基复合物络合。

明矾在美国已被广泛使用，有 100 多个经过处理的湖泊，其中一些得到了美国环保局（USEPA）的支持，另外的项目也得到了各个州或地方实体的唯一支持。使用压缩空气进行水力曝气的方法也很普遍，该技术可以在不破坏湖泊的情况下增加滞温层氧气含量，虽然记录良好，但在控制沉积物磷释放方面远不及明矾有效。沉积物中低的铁磷比可能是造成某些失效的原因。Riplox 是一种有效的技术，但仅在 3 个湖中使用过，两个在瑞典，一个在美国明尼苏达州（Cooke 等，1993）。

　　表 10.2 给出了明矾、Riplox 和滞温层曝气处理效果的代表性示例。对比这 3 种技术减缓沉积物磷释放效果，明矾是最有效和持久的，处理结果也是典型的（Cooke 等，1993；Welch 和 Cooke，1999）。表 10.2 列出的前 3 个湖泊在夏季是热分层的。Long 湖是浅水未分层的（平均深度为 2m），有人质疑浅水湖的处理能否成功，因为之前的三项浅水湖处理均未成功（Welch 等，1988b）。但是，Long 湖处理在 4 年内非常有效（表 10.2）。此外，处理后 9 年里有 8 年的总磷平均水平比预处理水平低 40%。前 3 个浅水湖失败案例中的两个是由于持续高的外部磷负荷引起的。毫无疑问，对分层湖泊的处理一直非常有效且持久。但是，无论分层还是非分层，除非首先控制外部磷负荷，否则明矾处理可能无法产生预期的改进效果。

**表 10.2　减少富营养湖泊沉积物内部负荷的湖内恢复技术的代表性结果。数值是夏季平均值，如果有一年以上的数据，则取的平均值（Welch，1988；Welch 和 Cooke，1999）**

| 处理方法 | 湖　泊 | 全湖总磷 /(µg/L) | | 减少 /% | 内部负荷减少 /% | 参考文献 |
|---|---|---|---|---|---|---|
| | | 前 | 后 | | | |
| 明矾 | Dollar 湖，俄亥俄州 | 240 | 52 | 78 | — | Cooke 等（1986） |
| | W. Twin 湖，俄亥俄州 | 97 | 32 | 67 | 62 | Cooke 等（1978） |
| | Annabessacook 湖，缅因州 | 72 | 34 | 53 | 65 | Dominie（1980） |
| | Long 湖，华盛顿州 | 65 | 30 | 54 | 100 | Jacoby 等（1982）；Welch 等（1982） |
| Ripiox | 6 个未分层湖泊[a] | 55 | 26 | 48 | 68 | Welch 和 Cooke（1999） |
| | 7 个未分层湖泊[b,c] | 37 | 19 | 42 | 80 | Welch 和 Cooke（1999） |
| | Lillesjon 湖，瑞典 | 3000 | 50[c] | 97 | — | Ripl（1986） |
| | Long 湖，明尼苏达州 | 87 | 85[c] | 2 | 80 | Noonan（1986） |
| 滞温层曝气 | Sodra Horken 湖，瑞典 | 400 | 25[c] | 91 | — | Bjork（1985） |
| | Kolbotvatn 湖，挪威 | 900 | 600[d] | 33 | — | Holton（1981） |
| 滞温层取水 | Ballinger 湖，华盛顿州 | — | — | — | 86 | USEPA（1987） |
| | Mauensee 湖，瑞士 | 100 | 40[c] | — | 98 | Gachter（1976） |
| | Reither See 湖，奥地利 | 41 | 21 | 49 | — | Pechlaner（1978） |
| 疏浚 | Lilly 湖，威斯康星州 | 40 | 18 | 55 | — | Dunst（1981） |
| | Trummen 湖，瑞典 | 1000 | 100 | 90 | — | Bjork（1985） |

　　a. 包括 Long 湖。

　　b. 包括 W. Twin，Dollar，Annabessacook 湖。

　　c. 仅表温层。

　　d. 滞温层。

在美国的 19 个湖泊中评估了明矾处理的有效性和寿命，并提供了足够的数据，自处理以来至少已有 3 年的时间（Welch 和 Cooke，1999）。无法评估 5 个湖泊明矾处理的有效性，其中一个的外部负荷仍然很高，因此湖泊水质没有改善，其他 4 个湖泊的废水分流效果也无法与明矾的处理效果区分开。在其余的 14 个湖泊中，有 7 个是分层的，另外 7 个是未分层的（其中有两个湖泊属于两个流域）。在 9 个未分层的湖泊（流域）中，有 6 个湖泊（流域）的总磷和内部负荷平均分别降低了约 1/2 和 2/3，影响持续至少 8 年（表 10.2）。在有密集沉水植被的未分层湖泊（流域）中，这种处理方法无效或持续时间短，这显然是由于腐烂过程中释放的磷絮凝分布不佳而干扰了明矾的有效性。分层湖泊的总磷和内部负荷也同样降低，有效期至少持续 13 年（表 10.2）。

在分层湖泊中处理的效果与表温层水域的湖水质量最相关，因为表温层水和藻类在很大程度上无法获得滞温层的磷（见第 4 章）。West Twin 湖就是这种情况，尽管明矾大大减少了内部负荷和全湖总磷（表 10.3），但与未经处理的对照（East Twin 湖）相对，明矾处理没有降低表温层总磷（Cooke 等，1993；Welch 和 Cooke，1999）。处理后的分层湖泊的表温层和非分层湖泊中的叶绿素 a 下降程度与总磷大致相同（Welch 和 Cooke，1999）。

铁和钙也已用于钝化湖泊沉积物中的磷。铁在沉积铁磷比低的湖泊中有望发挥有益作用。Jensen 等（1992）发现，如果 TFe 与 TP 重量比小于 15，则内部负荷受铁控制。然而，铁对氧化还原敏感，其作用不像明矾一样有效或持久（Cooke 等，1993）。作为熟石灰添加的钙可以有效减少硬水湖中的磷（Babine 等，1994）。虽然用钙处理可以改善湖泊质量，但尚未评估单一处理的持久性（Cooke 等，1993）。

Riplox 技术比明矾具有更强的持久性。当明矾絮状层被新的沉积物覆盖并向下分散以降低其有效性时，Riplox 技术能够去除有机物，消除导致铁还原的因素。Lillesjon 湖的沉积物需氧量甚至在 10 年后仍持续下降，滞温层磷仍然很低（Ripl，1986）。不幸的是，即使控制了沉积物磷的释放，其他两个处理过的湖泊（明尼苏达州的 Long 湖和瑞典的 Trekanten 湖）的外部磷负荷仍然足以抵消水质的任何改善（见 Long 湖，表 10.2）。Trekanten 湖再次出现内部负荷，这显然是因为新沉积的藻类有机物将硫酸盐还原为硫化物，从而与铁结合使磷释放出来。Trekanten 湖没有加入过量的铁。对明矾和 Riplox 处理效果比较显示，经过 64 天的岩芯培养实验，Green 湖（美国西雅图）沉积物中释放的磷均降低了 90% 以上（Cooke 等，1993；DeGasperi 等，1993）。

滞温层曝气已被广泛使用，但在控制沉积物中磷的释放方面却具有不同的效果（Cooke 等，1993）。该技术可有效控制瑞典 Sodra Horken 湖中的滞温层磷，但挪威 Kolbotvatn 湖常得到不一样的结果（表 10.2）。效果差的原因之一

表 10.3　　假设 100hm² 湖泊在 20 年内湖内处理的成本投入和处理次数

| 控制 | 处理 | 全湖 | 仅滞温层 | 处理次数 | 总成本/($\times 10^{-3}$) |
|------|------|------|----------|----------|--------------------------|
| 磷 | 明矾 | ×（未分层） | | 4 | 280 |
| | | | × | 1 | 68 |
| | Riplox | × | | 1 | 530[a] |
| | | | × | 1 | 265 |
| 生物量 | 滞温层曝气 | | × | 6 个月/年 | 350 |
| | 滞温层取水 | | × | 6 个月/年 | 320[a] |
| | 疏浚 | × | | 1 | 2240 |
| | 全域循环 | × | | 6 个月/年 | 280 |
| | 生物操控 | | | | |
| | 移除鱼 | | | | |
| | 网捞[b] | 30%（沿湖区） | | 2 | 68[a] |
| | 下毒[c] | × | | 2 | 38 |
| | 放养食鱼动物[c] | × | | 4 | 198 |
| | 收割大型植物 | 30%（沿湖区） | | 每年 | 350 |
| | 捕食大型植物[d] | 30%（沿湖区） | | 2 | 60[a] |

a. 成本是由 Cooke 等（1986）转换而来的 2002 年的中间值（美元）（或单个例子），除非另有说明（来自 Welch，1988）。

b. Wagner，个人交流。

c. Mongello，个人交流（放养 0.5kg 鳟鱼，50kg/hm²）。

d. Devils L，Oregon；Bonar，个人交流。

注　×仅限整个湖泊或滞温层。

是低的铁磷比使得内部负荷不受铁控制（Walker 等，1989）。该技术似乎持久性不佳，进行曝气时，通常能降低局部区域沉积物磷的释放，但一旦减少曝气量，磷将很快释放。

明矾的优点是氢氧化物絮凝物形成了物理化学屏障，可捕获在缺氧条件下从沉积物释放扩散到上覆水的溶解态磷。此外，它也可能成为其他释放机制的障碍，例如微生物矿化，微生物细胞排泄和蓝绿藻迁移。此外，Riplox 和低滞温层曝气只有在有氧条件下才有效。但是，Riplox 确实去除了造成沉积物中缺氧的有机物，因此，从长远来看，它可以恢复有氧条件。

滞温层取水法已在多个湖泊中成功应用（表 10.2）。Nürnburg（1987b）回顾了 17 个案例的数据，发现 11 个湖泊中有 10 个湖泊的滞温层总磷浓度下降，而 11 个中有 8 个湖泊的表温层总磷浓度下降。表温层的总磷浓度下降与湖中总磷的输出量有关。但是，该技术未能成功改善半对流湖的水质，在半对流湖中，滞温层仍然是缺氧的（Pechlaner，1978 年）或外部负荷较高，例如

Ballinger 湖。

　　Trummen 湖是疏浚的经典案例，通过简单地去除沉积物中的富磷层（表 10.2）就几乎可以永久控制磷的内部负荷。富磷层延伸至 0.5m，因此移除了 1m 的沉积物。Lilly 湖的疏浚深度更大，为 1.8～6m，因为主要目的是控制大型植物的生长并增加鱼类的栖息地。但是，即使大型植物的生物量减少 70%～85%，在一定程度上，由于磷的控制，提高的透明度也可使大型植物集聚到更大的深度（Dunst，1981）。除去 $0.4 \times 10^5 m^3$ 的富磷沉积物后，丹麦的 Braband 湖的内部负荷也减少了（Sondergaai 等，2000 年）。

　　表 10.3 列出了上述处理技术的成本比较，仅考虑实施费用。假定处项处理技术可以维持 20 年，其中只有明矾能在不分层湖泊中有效。显然，明矾可能是控制沉积物磷释放的 5 种方法中成本效益最优的。尽管实际证据尚不能令人信服，并且成本要高出 4 倍以上，但 Riplox 应该同样有效且更持久。尽管滞温层曝气的成本效益通常不如用于沉积物磷控制的明矾，但其可能存在其他优点，如为鱼类和底栖生物创造了有氧环境。疏浚显然是最昂贵的，不存在大型植物问题的深水湖泊可能更适合该方法。

# 10.4　湖内生物量控制

　　在无法控制外部养分来源的情况下，控制藻类和水生植物生物量的技术也可能实现。近年来，人们对蓝绿藻有害水华的原因有了很好的理解，其中一些重要因素可能会受到人工循环的影响。改善湖泊质量的最常用技术之一是人工循环（全湖曝气），但该技术的目标并不唯一。这导致蓝绿藻生物量在某些情况下减少了，但在另一些情况下却增加了（Pastorak 等，1982）。在小规模试验和全湖处理中，都可以通过操纵食草动物的食物链来控制藻类生物量（Shapiro 等，1975；Andersson 等，1978；Shapiro，1979；Lynch 和 Shapiro，1981；Benndorf 等，1984 Shapiro 和 Wright，1984；Wagner，1986；Sondergaard 等，2000）。三倍体草鱼（*Ctenopharyngodonu idella*）是一种用于控制大型水生植物高效且受欢迎的生物技术（在美国）。但是，还有一些尚未解决的问题，例如适当的放养率、养分循环利用以及与其他鱼类种群的相互作用（Cooke 等，1993）。

　　关于蓝绿藻水华的浮力调节机制（Reynolds 等，1987；Spencer 和 King，1987）和 $CO_2/pH$ 值变化的理解（King，1970；Shapiro，1973；Paerl 和 Ustach，1982；Shapiro，1984，1990）直接影响通过人工循环控制这种水华的可行性。可以想象，如果蓝绿藻液泡中的膨胀压力很高，那么如束丝藻、微囊藻和鱼腥藻可以在短短几个小时内上升 10m 水深，而二氧化碳或光限制抑制了碳水化合物在细胞中的积累，就会发生这种情况。先前积累的碳水化合物可以在深处被同化为蛋白质，其中 N 和 P 可用于生长（和碳水化合物稀释），并且光合作用受到光的限制。这导致气体囊泡的产生和液泡中的膨胀增加。当细胞进入表层水，对光和二氧化碳的利用率更高，但氮和磷含量受到限制时，细胞的光合产物（碳水化合物）就会积累。液泡塌陷或碳水化合物压载物增加都会导致细胞下沉。颤藻、添加了氮和磷（Booker 和 Walsby，1981）且拥有光照（Spencer 和 King，1987）的鱼腥藻、进行了 pH 值调节（$CO_2$ 限制）的束丝藻和鱼腥藻，都显示了对 $CO_2$ 限制和 N 添加的浮力响应（Paerl 和 Ustach，1982）。

　　蓝绿藻占主导地位的情况可能发生在强烈分层或罕见的昼夜混合的情况下，因为它们的浮力机制使它们能够利用水体中的养分和光线，随着养分的进行，湖泊变得越来越浑浊。尽管硅藻和绿藻的生长速度通常快于蓝绿藻（Reynolds 等，1987），但它们在这种相对静态，光限制的条件下将不太受欢迎。尽管营养浓度很高，但增加的循环量可能会导致藻类群落恢复为硅藻和绿藻的主导地位。之所以会发生这种情况，是因为循环增加会降低 pH 值并增加 $CO_2$，从而导致液泡塌陷/碳水化合物稀释并增加混合浮游生物细胞的光利用率。在分层湖中 7m 深的围隔试验表明，在降低 pH 值、增加 $CO_2$ 和降低蓝绿藻优势方面，快速深层混合比慢速深层混合更成功（Shapiro 等，1982）。人工循环后的观察表明，在大约一半的案例中，发生了从蓝绿藻到绿藻的转变（Pastorak 等，1982）。在发生转变的大多数情况下，pH 值也会降低。但是，在另一半没有变化的情况下，蓝绿藻增加了。因此，尽管有证据表明，由于循环而引起的 $CO_2$/pH 值变化会导致偏移，但也有中等程度的可能性不会发生偏移，甚至可能增加蓝绿藻的丰度。为了隔离 $CO_2$/pH 值对蓝绿藻优势转移的影响，在一个双流域湖泊中进行了一个试验，一个流域富含 $CO_2$，而另一个流域未经处理（Shapiro，1997）。尽管已处理的湖泊中的 $CO_2$ 浓度较高，但两个流域的蓝绿藻优势仍在继续。尽管蓝绿藻在试验中显示出较低的 $CO_2$ 半饱和常数，但结果表明，除了 $CO_2$/pH 值以外，其他一些循环因素也必须起作用以切换优势。在围隔试验中，如 Shapiro（1982）等所述，是否发生移位取决于混合速率。为了获得足够的混合效果，建议的临界空气流速为 $9.2m^3/(km^2 \cdot min)$（Lorenzen 和 Fast，1977），结果表明，临界空气流速还可能取决于其他因素，例如混合速度、$CO_2$ 引入率、水的缓冲能力和向光合作用区的养分输入速率（Shapiro，1984）。尽管如此，临界空气流速在荷兰的 Nieuwe Meer 湖（132hm²，平均深度 18m）中得到了证明（Visser 等，1996）。空气流速为 $9.9m^3/(km^2 \cdot min)$ 时，对微囊藻浮力状态（％沉没群体）的直接测量表明，与该空气流的混合速率足以充分抵消其浮力机制并显著减少藻类生物量和水华并将优势转移到硅藻和绿藻。空气流速不足以是造成人工循环效果差的主要原因（Cooke，1993）。

　　还可以通过增加浮游动物的摄食率，从而增加藻类的损失率来控制藻类生物量。虽然食浮游鱼类对藻类丰度的影响已为人所知（Hrbacek 等，1961），但作为一种恢复技术，在 20 世纪 70 年代开始尝试改进生物操纵（Shapiro 等，1975；Shapiro，1979）。欧洲已经进行了很多努力，通过去除食底栖动物和食浮游植物鱼类（斜齿鳊和鲷鱼）或放养食鱼性鱼类（梭鱼）来改善浅水湖的水质。Sondergaard 等（2000）报告了丹麦的 30 种全湖处理方法，在荷兰也进行了广泛的处理（Meijer 等，1999）。保护大型浮游动物，特别是水蚤，可以增加藻类的摄食损失率。这可以通过以下方式实现：通过投毒完全去除鱼类或通过网捕部分清除鱼类，并用有利的食浮游植物鱼类与食鱼性鱼类比率来替代；通过培养食鱼动物来提高这一比例；或安装滞温层曝气系统，为水蚤提供躲避捕食的避难所。据报道，在不培养食鱼性鱼类的情况下，产生了积极的结果（Sondergaard 等，2000）。该技术在围隔试验（例如 Andersson 等，1978；Lynch 和 Shapiro，1981；McQueen 等，1986）以及全湖处理中很早就获得了成功（Stensen 等，1978；Shapiro 和 Wright，1984；Benndorf 等，1984；Wagner，1986）。20 世纪 90 年代欧洲的工作已使生物处理成为将湖泊转换为清澈状态的可靠技术和重要工具（见 9.7 节），尽管其长期可持续性仍不确定（Sondergaard 等，2000）。Benndorf（1990）回顾了 25 次全湖生物操作，发现变化的鱼类种群仅在 9 年中保持了 3～5 年的稳定。在大多数情况下，食浮游植物鱼类的存在导致大型浮游动物的消失。如果没有食浮游植物鱼类，藻类生物量通常会减少，这当然是理想的效果（图 8.2）。蓝绿藻的情况也是如此，除了束丝藻形成薄片的地方（Lynch 和 Shapiro，1981）。但是，一些试验表明，大型浮游动物得以保留，但藻类生物量却没有减少（McQueen 和 Post，1988）。

　　去除食浮游动物鱼类的方法和产生的效果各不相同。从美国明尼苏达州 Round 湖完全捞捕鱼，然后投入食浮游植物鱼类与食鱼性鱼类比率更小（比率由 165∶1 变为 2.2∶1）的种群，已经成功了两年（Shapiro 和 Wright，1984）。水蚤迅速占优势，导致叶绿素 $a$ 减少 50％以上，透明度从 2m 增加到 4m 以上。但是，效果并没有持续。和在新泽西州的一个小池塘那样，可以通过捞捕有效地去除食浮游植物鱼类。在那里，食浮游植物鱼类与食鱼性鱼类的比值从 6∶1 变为了 2.4∶1。现有的水蚤种类的增加使整个浮游动物的大小增加了一倍，但是没有出现大型的水蚤，这可能是因为虽然食浮游生物被控制了四年时间，但浮游生物的密度仍然过高（Wagner，1986；Wagner，个人交流）。食鱼性鱼类（虹鳟鱼）以 117kg/hm² 的速度被引入德国的一个小型采石场，与食浮游植物鱼类的数量相当。一年后，食浮游植物鱼类被淘汰。食浮游植物鱼类的减少显然是由于大型水蚤占优势（95%）造成的（Benndorf 等，1984）。丹麦的研究结果表明，在 1～2 年内应清除约 80% 的食浮游动物鱼类，以改善湖泊的质量。另外，外部磷负荷应降低至 $0.5～1.0g/(m^2 \cdot a)$（Sondergaard 等，2000）。总体结果表明，大型浮游动物的丰度通常会增加，藻类通常也会减少，但不确定性较高。

在美国，使用三倍体（不育的）草鱼控制大型植物已变得非常普遍。放养密度为 27～185 条/$hm^2$，在大多数情况下，2～3 年内可以达到 90% 或更高的清除效率（Cooke 等，1993）。草鱼的应用可能会增加，因为控制相对较快并且可持续数年。但是，草鱼可能会增加养分的循环利用，从而导致水华。它们还可能通过迁移栖息地、争夺食物和引入疾病而对其他鱼类种群产生不利影响。使用此技术时必须认识到这些潜在的问题。

有几种用物理去除生根的大型植物的技术，包括收割（割草）、旋耕、底部覆盖和疏浚（Cooke 等，1993）。收割是最常见的机械技术，尽管收割与使用除草剂等方法相比相对较慢，但它具有几个优点：以显著降低湖泊磷含量的速率去除营养物；避免对动物有毒性的风险和公众对有毒物质的反对；一些植物的栖息地将保留下来。除草剂和收割都不是很持久的，尽管通过收割除去营养物的有益效果是合乎逻辑的（Wile，1975；Carpenter 和 Adams，1977；Welch 等，1979），但尚未得到充分证明。

表 10.3 比较了湖内处理的案例的成本。机械收割和完全循环比大型植物和藻类控制的生物技术更加昂贵。尽管频率和成本尚未确定，生物技术比物理技术需要的处理期更少。草鱼的成本可能相对一致，因为三倍体草鱼的来源是有限的，而食鱼性鱼类的来源不是那么有限，所以它们的成本可能相差很大。由于生物技术成本相对较低，不良影响最小，而且在营养物无法得到充分控制的水域中，效果显著，因此生物技术有望在未来得到更广泛的应用。

# 第 3 部分

# 流水中污染物的影响

流水或流水环境，在许多方面与静水环境形成鲜明对比。流水环境中的动植物不同于静水环境，流水的生产力主要来源于附着藻类，其是附着生物的一部分，因为相比于停留时间短、流速快的流水环境，浮游藻类通常更适应静水环境。然而，在非常清澈、流动缓慢的河流中依然存在一定数量的浮游藻类。附着生物生产者在流水中的优势使得流水出现了每单位磷中低丰度藻类的现象（Soballe 和 Kimmel，1987）。停留时间对优势生产者生物的影响将在第 11 章中说明。

在研究水污染和生态效应方面，人们的研究更多集中在流水中的污染（例如，Henes，1960；Klein，1962）。控制生活污水和工业废水的大部分举措都是针对保护流水环境，例如将泰晤士河（英国）、Willamette 河（美国）和 Cuyahoga 河（美国）的溶解氧含量恢复到可接受的水平。有机废水和有毒废水对流水的影响要大于对静水的影响，主要原因是废水源下游的生物群体几乎无法躲避，将暴露于高浓度的废水中。废水进入流水随流向下游输移较相同体积的废水扩散到湖泊中暴露量更大，这与在河流中比湖泊中更常观察到污染导致鱼类死亡的现象一致。因此，将有机废水和有毒废水对流水的影响放在第 12 章和第 13 章进行讨论。关于污染影响的讨论通常不包含流水中的富营养化，直到最近才开始设定相关标准，如控制河流中有害的附着藻类生物量（USEPA，1998b；2000）。富营养化通常被错误地认为仅是湖泊中存在的问题，这一部分将广泛讨论河流富营养化的影响以及设定营养标准的困难。

与湖泊一样，由于受自然因素，如光照、温度、流速、深度和基质特性的影响，河流中的生物种群存在很大的变化性。在分离污染物输入的影响时，必须考虑这些自然因素的影响。给定河流对污染物或其他干扰物的反应取决于其自然条件和物理化学条件，例如，太平洋沿岸生态区的河流天然温度适宜、清澈、营养贫乏且碱度低，因此，这些河流及其生物群对温度升高、沉积物输入、营养富集和酸性降水高度敏感（Welch 等，1998）。建立可接受的控制实验来定义由自然因素引起的种群变化通常很困难，虽然水源的上游部分可以代表可接受的控制，但是上述的一个或多个因素在上游部分和下游部分之间往往大不相同，这个问题将主要在第 12 章讨论。

# 第 11 章

# 附 着 生 物

　　附着生物是指附着在河流中的岩石和其他基质（如木头、沉积物等）表面以及湖泊沿岸区的黏滑物质。附着生物主要由藻类组成，如果有可溶解性有机物的来源，则可由细菌和真菌组成，包括无脊椎动物（例如原生动物、昆虫等）。虽然附着生物层通常很薄，但在中等富集水平且水流流速快的河流中非常滑。在这种情况下，群落通常以硅藻为主，如舟形藻（*Navicula*）、异极藻（*Gomphonema*）、等片藻（*Diatoma*）、桥弯藻（*Cymbella*）、卵形藻（*Cocconeis*）和针杆藻（*Synedra*）。这些藻属中的大多数由于是附着生物特有的，因此在关于浮游植物的讨论中并没有提到。

　　在富含无机营养物（氮和磷）的河流中，常有束丝状的丝状绿藻，尤其是在流速相对较低的情况下。丝状绿藻的典型代表是刚毛藻（*Cladophora*）和毛枝藻（*Stigeoclonium*）。蓝藻（蓝绿藻），如席藻（*Phormidiun*）和颤藻（*Oscillatoria*）尽管也很多，但通常在流水中绿藻更为丰富。附着生物层会影响美观和造成水质问题，就像湖泊中浮游的蓝绿藻一样。一旦生物量达到在现有流速下不稳定的水平，附着生物层就会脱落，脱落的生物量会在下游产生二次生化需氧量。硅藻也可以形成一层厚厚的褐色藻席，在富集条件下甚至可以呈丝状。

　　丝状细菌，如球衣菌（*Sphaerotilus*），在接受有机营养富集的河流中，它可能发展到有害的程度。丝状细菌的细丝呈灰色或无色，但它们可能被硅藻［如异极藻（*Gomphoneis*）］覆盖，并被误认为是硅藻层。相反，丝状硅藻席可能被误认为是球衣菌。真菌和纤毛原生动物，如喇叭虫（*Stentor*）、独缩虫（*Carchesium*）和钟虫（*Vorticella*），也可能在富含有机物质河流中的附着生物中大量存在。无论附着生物是由藻类组成还是由细菌组成，有些昆虫，如摇蚊幼虫，会出现在厚衬层中，并且被认为是附着生物的一部分。即使在营养不富集的河流中，其他昆虫，如蜉蝣若虫、蚋（*Simulium*）幼虫，甚至轮虫也可能大量存在于附着生物中。

　　虽然本章的重点是流水中附着生物有害水平的特征和原因，但丝状绿藻也可以在静水中达到非常显著的有害水平。一个典型的例子，Wezernak 等 (1974) 利用遥感技术绘制了 Ontario 湖沿岸丝状绿藻刚毛藻藻席的范围。从尼亚加拉河到纽约的罗彻斯特，一条 350m 宽的近岸带 66% 被刚毛藻覆盖，总计约为 15700kg/km。在这种情况下，波浪会将藻链与基质分开，并将腐烂植物堆积到湖岸上。对于湖岸居民来说，这种情况引起的麻烦可能比开阔水域中浮游植物引起的麻烦更加明显。为了更好地理解附着生物达到有害水平的原因，本章将湖泊和河口中丝状绿藻的研究结果与河流中丝状绿藻的研究结果相结合。

## 11.1　对生产力的重要性

在河流中，由于浮游生物无法适应湍流和短暂的停留时间，因此附着藻类是主要的初级生产者。然而，在较深和流速慢的河流中，由于附着生物可能受到光照和基质不稳定性的限制，所以浮游植物可能起着重要作用。浊度太高的话，浮游生物的生产力也可能受到光照的限制。Rickert 等 (1977) 阐述了单位透光区藻类生物量随停留时间变化的分布，表明随着水停留时间的增加，流水中的附着生物优势逐渐转变为浮游植物优势 (图 11.1)。然而，他们忽略了丝状绿藻，这种藻类在中等流速 (甚至高速) 的浅水河流中通常很重要。

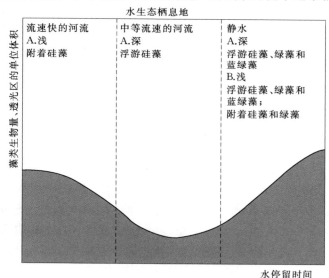

图 11.1　藻类生物量和优势藻类类型与水停留时间和光照渗透相关的概念图。阴影表示透光区延伸到底部；"深"意味着透光区没有到达底部 (Rickert 等，1977)

Vannote 等 （1980） 的河流连续体概念有助于理解从流速快的浅水河流 （通常为低阶支流） 到流速慢的河流 （通常为高阶支流） 的群落转变。异养真菌和细菌通常在林地中荫蔽的、流速快的、较浅的一至三阶河流中占主导地位，它们是河流的主要初级生产的来源和有机物来源，即外部来源。树叶、树枝和其他大颗粒物质中的有机物，连同附着的细菌和真菌，被食腐质昆虫以及真菌、原生动物和细菌降解。因此，在这种环境中，呼吸作用的消耗量超过了初级生产者的产量 （$P/R<1$）。在更下游的四到六阶范围内，森林冠层的荫蔽和陆地有机物来源减少，或者该来源被增大的流量充分稀释。在这样的河段，河流内部的附生藻类主导了初级生产，牧食无脊椎动物增加，河流自养，$P/R>1$。更远的下游 （七阶），如果浊度和深度造成光照受限，则 $P/R$ 可能再次下降到 1 以下。

深水湖泊的浅水沿岸面积相对较小，附着生物在深水湖泊的初级生产中所占的比例也相对较小。湖水深度满足充足的光线到达湖泊底部的面积百分比决定了附着生物对生产的贡献。如果大型植物丰富，由于带根的植物能够提供大量的被光照射的基质，可能会使得附着生物的生长区域更大。附着生物在缺乏营养的湖泊或沿岸面积大的浅水湖泊中的单位面积产量可能很大 （Loeb 等，1983），而且在河口潮间带的单位面积产量也可能很大。在这种情况下，附着生物的单位面积产量对总产量的贡献很大。相比于合适的基质，如有根的植物、原木和岩石，流沙海滩是不稳定的基质，因此其上几乎不支持附着生物。

Wetze （1964） 比较了位于加利福尼亚州的一个大型浅水盐湖 （44hm$^2$）的 3 种初级生产来源 （表 11.1）。在浅水区，附着生物的单位面积产量超过浮游植物和大型植物的单位面积产量。但是总体而言，浮游植物的产量最大，因为浮游植物的面积更大，这可能是大多数浅水湖泊的典型特征。虽然在大多数情况下附着生物对产量的贡献不是最大的，但其贡献仍然十分重要。还有其他例子表明，在快速冲刷的浅水湖中，浮游植物的生产受冲刷控制，附着生物为主要生产者，其对静水产量的贡献范围为 1％ （在没有大型植物的贫养湖中）～62％ （在快速冲刷的浅水湖中） （Wetzel，1975）。

表 11.1　　加利福尼亚州 Borax 湖 3 种生产来源的比较

| 来　源 | 年平均/[mg C/(m² · d)] | 年平均总量/［kg C/（湖·a）］ |
|---|---|---|
| 浮游植物 | 249.3 | 101.0 |
| 附着生物 | 731.5 | 75.5 |
| 大型植物 | 76.5 | 1.4 |
| 总　计 | 1057.3 | 177.9 |

数据来源：Wetzel （1964）。

通常认为河流不如湖泊多产。然而，McConnell 和 Sigler（1959）研究了美国犹他州的位于美丽、流速快和鳟鱼产量高的 Logan 河上游峡谷中一个 $32hm^2$ 的区域。他们测量出当年该区域附着生物的生产率为 1020mg C/（$m^2$·d）。湖泊中营养化阈值的下限约为每年 200mg C/（$m^2$·d）（Rodhe, 1969），这条河流的上游峡谷超过该阈值的 5 倍，下游超过该阈值的 20 倍。因此，尽管相对较浅（小于透光区深度）且湍急的水流可在单位面积内产生大量的有机物，却仍不具备许多富营养化水体的有害条件。然而，蓝藻在峡谷中占主导地位，平均叶绿素 $a$ 浓度为 $300mg/m^2$，且刚毛藻在下游普遍存在。河流中富集的影响将在后面讨论。

## 11.2　测量方法

附着生物的生物量可以通过从天然基质或人工基质上刮取一个区域并分析其湿重、干重、无灰干重（AFDW）、色素含量或细胞和（或）物种数量测得。通常视可用时间和具体目的来决定分析的范围。测定生物量最方便的方法是叶绿素 $a$ 和 AFDW。常使用 AFDW 与叶绿素 $a$ 的比值作为水质的异养-自养指数。

生物量在人造基质（例如有机玻璃载玻片、玻璃显微镜载玻片、木瓦和混凝土块）上的累积，很容易获得，可用来分析上述任何指标。使用人工基质的一般程序是错开成对载玻片的培养时间，以便在 2、4、6、8 周的时间段内形成生物量累积曲线，目的是确定达到最大累积率和最大生物量的时间。达到最大累积的时间取决于增长率和损失率，一旦确定了特定的河流和季节，最大累积的潜伏期通常专门用于最小化样本分析。

人工基质的缺点如下：无法选择在河底经常出现的物种，硅藻通常是最先定殖的，丝状绿藻需要更多的时间，因此，最大生物量可能被低估；由净累积率表示的生产率可能被高估，因为累积应从裸地开始，而不是在同一时期内的自然流基质上进行。

人工基质的优点如下：能够提供已知区域标准化的、易于比较的基质，在这些基质上，每个站点的生物体具有同等的附着机会和生长机会；可以确定精确、可比较的累积率；很容易收集数据；材料分析可以提供敏感的水质指标（如 AFDW/叶绿素 $a$），并且随着时间的推移，影响被整合起来。

附着生物的生产率和呼吸速率也可以通过亮（暗）"钟罩"或亮（暗）流通箱来确定，这些流通箱使用 $O_2$ 释放/吸收，[14]C 摄取（Vollenweider, 1969b）或 Odum（1956）的 $O_2$ 曲线法。这些方法更耗时，但在某些情况下可能是优选方案，因为它们具有更高的灵敏度，以及学者们更愿意去理解水流代谢动力学。

## 11.3　影响附着藻类生长的因素

### 11.3.1　温度

温度对浮游植物生长影响的原则（第 6 章）也同样适用于附着生物，下面列举一些有用的例子。McIntire 和 Phinney（1965）的研究表明，人工河流中附着生物的短期新陈代谢受到温度的极大影响。下列是呼吸速率的变化对 5h 内温度突变的响应：当温度从 6.5℃ 升至 16.5℃ 时，代谢从 41mg $O_2$/($m^2$·h) 变为 132mg $O_2$/($m^2$·h)，当温度从 17.5℃ 降至 9.4℃ 时，代谢从 105mg $O_2$/($m^2$·h) 变为 63mg $O_2$/($m^2$·h)。

在 20000lx（1966 英尺烛光，fC）的光强下，在 8h 内随着温度的升高，光合速率随之增加：温度从 11.9℃ 升至 20℃，光合作用速率从 335mg $O_2$/($m^2$·h) 增长到 447mg $O_2$/($m^2$·h)。

当光照低于 11000lx（1000fC）时，温度对光合作用没有影响，在平均全日照（总日照的 14%）时，11000lx（1000fC）的光照约为光合有效辐射（PAR）的 28%。在这种情况下，光合作用的 $Q_{10} \approx 1.7$，呼吸作用的 $Q_{10} \approx 2.0$（图 11.2）。呼吸作用的 $Q_{10}$ 计算方法如下：

$$Q_{10} = \left(\frac{K_2}{K_1}\right)^{10/t_1-t_2} = \left[\frac{110\text{mg } O_2/(m^2 \cdot h)}{56\text{mg } O_2/(m^2 \cdot h)}\right]^{10/10} = 1.96$$

因此，当 $Q_{10} \approx 2$ 时，附着生物在类似的温度范围内反应是相当快的。然而，$Q_{10}$ 可能不是代表温度响应的最合适模型（见第 6 章）。在低光照强度下，温度的升高会导致呼吸作用与光合作用不成比例地增加，净生产量在短期内反而会降低。

从长远来看，温度上升会带来什么影响？与浮游生物一样，附着生物群落组成可能会逐渐向蓝绿藻优势转变，导致多样性降低。Coutant（1966）在一些关于热水（发电厂）排放影响的初步

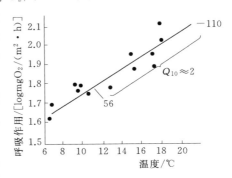

图 11.2　河流中附着生物呼吸速率和温度之间的关系，间隔为 10℃
（Phinney 和 McIntire，1965）

结果中揭示了这种趋势，这项研究是在 Delaware 河进行的，该河流的温度有时达到 40℃（104℉），当温度超过 30℃（86℉）时，更适合蓝绿藻生存。

图 11.3 和图 11.4 说明了群落在组成和多样性的转变方面对热水的响应。温度升高也可能导致光合作用的光饱和率和净产量增加。为了证明这一点，Coutant（1966）指出，与 Columbia 河的环境水平相比，在有温排水的河道（38～40℃）中，附着生物量增加了 8 倍，叶绿素 $a$ 增加了 2.5 倍，Columbia 河的最高日平均温度达到 21℃。

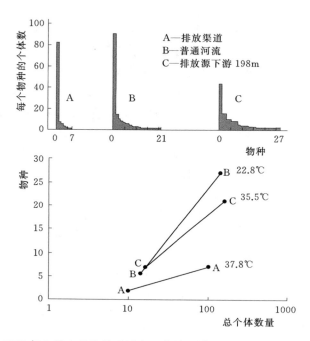

图 11.3　1959 年 6 月 4 日的前 7 天内，在马丁溪工厂（Martin's Creek Plant）的 Delaware 河，从人工基质中收集附着生物的结果
（据 Trembly，1960；Coutant，1966）

## 11.3.2　光照

附着藻类群落也以类似于浮游植物的方式对光照做出反应（见第 6 章）。然而，在流速快的浅水河流中，透光区深度和混合深度不是关键因素。相反，问题在于光照太强，附着生物是否能够适应几乎全日照的条件。附着藻类确实会对光照产生适应，适应了强光和弱光（"太阳"和"荫蔽"）的群落会改变光照的直接影响。

这一点很重要，因为沿着河流的荫蔽条件很常见，适应的程度决定了可能增加的富集在多大程度上能够得到有效利用。此外，荫蔽经常消失，并且在弱（强）光照河流中的富集效果是十分有趣的。

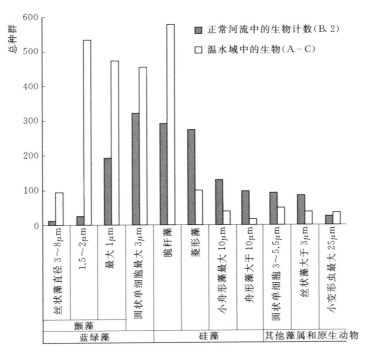

图 11.4　温水和马丁溪工厂 Delaware 河正常水中微生物的比较
（据 Trembly, 1960; Coutant, 1966）

　　McIntire 和 Phinney（1965）展示了在人工河流群落中非常有趣的生理和成分变化，这些变化是随着不断变化的光强而产生的（图 11.5）。荫蔽适应的主要效果是在弱光强下，随着光照的增加，光合作用速率稍高，但荫蔽适应群落的光饱和速率较低。阳光和荫蔽适应是在大约 7% 和 3% 的全日照下进行的（PAR 的 14% 和 6%）。

　　附着生物的光照适应大约在 800fC 时可能达到饱和（$\approx I_c$）（图 11.5），800fC 是全日照的约 11% 或全 PAR 的约 22%（McIntire 和 Phinney，1965）。此外，附着生物在高达约 27% 的全日照（54% PAR）下没有表现出抑制作用，表明它在相当大的光照强度范围内具有耐受性。Jasper 和 Bothwell（1986）表明，暴露在自然光下的附着硅藻群落 4—9 月在 $500\mu E/(m^2 \cdot s)$ 时达到饱和，1—3 月在 $150\mu E/(m^2 \cdot s)$ 时达到饱和，$500\mu E/(m^2 \cdot s)$ 相当于全日照的 25%，$150\mu E/(m^2 \cdot s)$ 相当于全日照的 7.5%。此外，该群落在夏季不会受到抑制，除非光照强度超过全日照的 2～3 倍。因此，河流附着生物似乎非常适应大范围的光照强度，然而，附着生物厚度可能会受到光照的限制，这将在后述讨论。

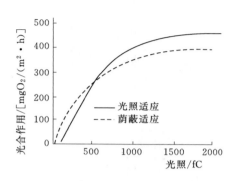

图 11.5　光照对由硅藻（D）、蓝绿藻（B/G）和绿藻（G）组成的荫蔽适应（200fC）
群落和光照适应（550fC）群落的影响。光照适应群落由 46% 的硅藻、42% 的
蓝绿藻和 12% 的绿藻组成。荫蔽适应群落由 67% 的硅藻、26% 的蓝绿藻
和 7% 的绿藻组成（McIntire 和 Phinney，1965）

　　尽管在 McIntire 和 Phinney 的试验中，荫蔽适应附着生物总体增长较慢，但生物量累积达到了与强光下相似的水平，只是需要的时间更长（表 11.2）。光照河流中的生物量达到明显饱和时所需的时间是荫蔽河流所需时间的 2/3。

表 11.2　　在光照（550fC）和荫蔽（200fC）条件下，人工河流
群落中累积的生物量（值为最大值）

| 持续时间 | 生物量/(mg/slide) | |
| --- | --- | --- |
| | 光照 | 荫蔽 |
| 180h | 140 | 5.4 |
| 2 周 | 120 | 89 |
| 6.5 个月 | 593 | —— |
| 9 个月 | —— | 565 |

数据来源：McIntire 和 Phinney（1965）。

　　尽管后面将会充分地阐述富集效应，但是弱光照和营养富集与 McIntire 和 Phinney 试验中附着生物之间的相互作用，在此值得一提。荫蔽适应没有导致营养富集增加光合速率，但光照适应群落对 $CO_2$ 的增加存在积极响应（图 11.6）。对这一现象的解释似乎是，如果光合作用引起的 $CO_2$ 去除量足够大，并且 $CO_2$ 水平（或任何其他营养物）变得足够低而限制了生长，光照适应群落将消耗更多的 $CO_2$，并导致自我限制。因此，$CO_2$ 的增加将刺激光合作用的进一步增加。因为 pH 值的变化只有 1.45，所以在这种情况下它被认为是有直接影响的。然而，如后所述，即使在荫蔽适应群落中，也可能存在营养含量低到足以引起限制的情况，因此增加富集将具有刺激作用。

　　光照和温度的相互作用对任何给定物种的季节性出现都具有决定性的影

响。由于耐受性，任一因素的改变都可能改变物种组成，正如对光照和温度这两个因素的限制所示。例如，光照和温度在多大程度上导致 Erie 湖畔刚毛藻（*Cladophora glomerata*）（一种有害的丝状绿藻）丰度的季节性变化？对于温度，Storr 和 Sweeney（1971）发现该藻类在 18℃ 最适宜生长，而在 25℃ 时生长停止。根据与光周期和温度相关的实验室生长，仅从自然光周期和温度所预测的生长率与观察到的生物量相比非常接近（图 11.7）。虽然 10 月的温度和光周期低于最佳值，导致预测的生物量较低，但观察到的生物量却有所增加，这可能是由于湖泊周转后营养含量增加。随着湖泊的周转和 SRP 的增加，Sammamish

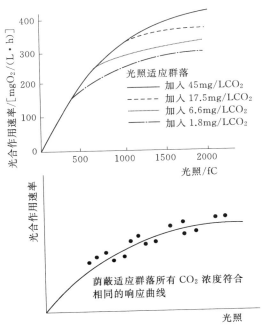

图 11.6 光照适应和荫蔽适应的附着生物群落
对 $CO_2$ 含量梯度上光照增加的响应
（McIntire 和 Phinney，1965）

湖附着生物的生物量在秋季也有类似的增加（Porath，1976）。尽管光照越来越弱，这种情况仍然存在。因此，附着生物生长与光照和温度等物理因素的密切配合可能会维持相当稳定的营养状况，但在出现限制性条件的地方，营养水平的波动可能会主导生长反应。

## 11.3.3 流速

流速通常是控制河流附着生物生物量的最重要因素，高流速时在附着生物上产生的摩擦剪切应力可能会侵蚀或冲刷基质上附着的生物体（Horner 和 Welch，1981；Biggs 等，1998），因此，监测的附着生物生物量代表了由于冲刷造成的生长和损失之间的平衡（Biggs，1995）。洪水重现期被证实是河流中附着生物生物量的决定因素（Tett 等，1978；Biggs，1988；Biggs 和 Close，1989；Biggs 等，1999）。研究人员很早就监测到最大容许流速约为 50cm/s，超过这个速度，损失率就会使生物量大大降低（见 Horner 和 Welch，1981）。

在华盛顿州西部河流中进行的野外监测往往与生物量的速度限值相吻合。然而，群落生长的形式在很大程度上决定了流速对附着生物生物量的影

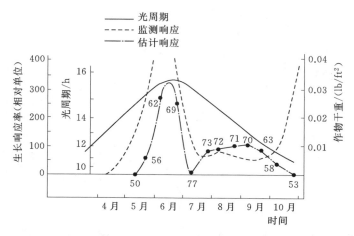

图 11.7　Erie 湖刚毛藻的监测生物量和基于实验光照和温度响应的估计水平。
温度的观测值以华氏度为单位（Storr 和 Sweeney，1971）

响（Biggs 等，1998）。黏性硅藻群落对流速的抗性最大，柄/短丝状硅藻在流速为 20cm/s 以上表现出低抗性，而长丝状绿藻群落在 15～80cm/s 的速度范围内生物量逐渐减少，在流速大于 50cm/s 时生物量非常低。

上述监测是针对夏季流量相对较低的粗砾石（卵石）河床。无论生长形式如何，位于不稳定基质（如沙或淤泥）上的附着生物极易受到干扰从而导致生物量损失。在发生洪水或涨水时，水流流速和悬浮泥沙都会导致冲刷（脱落）加速。人工河道中的监测表明，附着生物群落、硅藻甚至束丝藻，能够适应高达 70cm/s 的流速，而且保持较低的损失率（Horner 等，1983），其他人也监测到了对高流速（＞80cm/s）的适应（Traaen 和 Lindstrom，1983）。这表明另一个因素可能与流速相互作用，以增强天然河流中相对抗性的生长形式的冲刷，这个因素可能是悬浮物质，因为向这些相同的人工河漕中添加悬浮物（冰川粉）都会导致冲刷加剧（Horner 等，1983）（图 11.8）。因此，速度和悬浮泥沙的协同效应通常是天然河流中的正常现象，因为泥沙输移随速度的增加而增加。此外，即使没有悬浮沉积物，如果附着生物在稳定的水流下形成，从相对较低的流速突然增加到较高的流速（例如从 20cm/s 增加到 60～70cm/s）会导致冲刷增加（Horner 等，1990）。而且，消除低生物量需要高的相对速度变化，而高生物量容易受到低的相对速度变化的影响（Biggs 和 Close，1989）。光照的限制也可能是悬浮沉积物增加的结果，但是在光照通常过饱和的浅水河流中，增强的冲刷效应可能更为重要。

在低于 50～60cm/s 的范围内提高流速已被证实能够提高附着生物的营养吸收和生长速率。人工河道中球衣菌（Sphaerotilus）的生长就说明了流速的

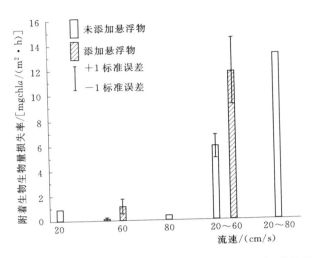

图 11.8　在接收 25μg SRP/L 的河道中，流速增加和悬浮物添加［至 25mg/L 总无机悬浮固体（TISS）］之前和之后（15min），附着生物生物量的损失率。60cm/s 和 20～60cm/s 的速度分别对应添加悬浮物和不添加悬浮物的河道（Horner 等，1990）

刺激作用（图 11.9）。超过约 15cm/s 的流速大大提高了累积率。这种临界水平早些时候由 Whitford（1960）和 Whitford 和 Schumacher（1961）提出，并在人工河道中的丝状绿藻中得到了证实（Horner 等，1983，1990）。类似于丝状细菌——球衣菌的反应（图 11.9），高于约 15cm/s 的流速似乎也使人工河道中的丝状藻［转板藻（*Mougeotia*）］的累积量达到最大。

Schumacher 和 Whitford（1965）观察到水绵（*Spirogyra* 一种丝状绿藻）对 $^{32}$P 的吸收在 0～4cm/s 的流速范围内随着流速的增加而增加。

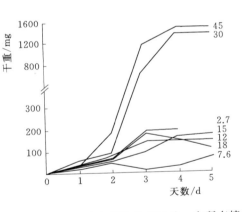

图 11.9　流速对球衣菌生长的影响。在所有情况下，蔗糖的添加量为 5mg/L；流速的单位为 cm/s（修改自 Phaup 和 Gannon，1967）

他们得出结论，流速效应是湍流扩散最大化的效应之一。当湍流穿过附着生物表面时，维持了外界环境水和附着藻类细胞表面之间营养浓度的最大梯度，其他人也描述了这个过程（Lock 和 John，1979；Dodds，1989；Biggs 和

给出了流速刺激效应的解释（表 11.3）。

Hickey，1994；Borchardt 等，1994）。从逻辑上讲，随着附着生物厚度的增加，营养物质在附着生物席中的扩散（以及光的穿透）以某特定的速度减少。每单位生物量的丝状绿藻对 SRP 的吸收（Horner 等，1990）和每单位生物量异养黏菌的呼吸速率（Quinn 和 McFarlane，1989）均显示随着附着生物厚度的增加而降低。因此，流速的增加应该倾向于增加扩散和提高厚度的附着生物层的吸收率，并因此增加面积生物量。

表 11.3　　　　　　　　低速率范围内的流速对水绵吸收 $^{32}$P 的影响

| 流速/(cm/s) | 吸收/[计数/(min·g 干重)] |
|---|---|
| 0 | 78424 |
| 1 | 92748 |
| 2 | 98602 |
| 4 | 158861 |

数据来源：Schumacher 和 Whitford（1965）。

流速增加对流动水中附着生物的两个相反的影响是：①由摩擦剪切力增加导致的冲刷（脱落）明显随着群落生长形式的变化而变化；②营养物质的质量传递增强（Biggs 等，1998）。这些学者认为，在黏液质的"密集黏合的凝胶状"硅藻（可能是丝状细菌和蓝藻）群落中，流速刺激效应比冲刷损失更为重要，而在松散的丝状藻（绿藻）群落中则相反。

McIntire（1966）也证实了这种现象。在流速为 38cm/s 的未富营养化人工河道中，形成了一种主要由硅藻组成的毡状的群落。然而，在 9cm/s 的流速下，形成了长细丝绿藻毛枝藻（*Stigeoclonium*）、鞘藻（*Oedogonium*）和黄丝藻（*Tribonema*）。这种现象可以部分解释天然河流的季节性变化，在夏季流速低时，丝状绿藻席变得丰富，而在早期流速高时，形成了褐色的硅藻。如下文所述，分类组成也受到富集的影响，并且如 Stanford 和 Ward（1988）以及 Biggs（1985）所指出，夏季枯水期丝状绿藻大量繁殖，特别是沿着河流边缘，可能与高营养地下水的渗透有部分关系。

## 11.3.4　无机营养物

氮和磷是小溪和河流中主要的富营养元素，引起藻类等有害物质的生物量水平提高。如上所述，生物量积累需满足以下条件，即充足的光照、附着生物的最佳流速、浮游生物的充足停留时间以及低牧食损失。在缺乏营养物质的条件下不会产生高生物量。营养物质磷是引起藻类生物量和最大（平均）藻类生物量增加的关键因素。

虽然磷是控制生物量的关键营养物，也是引起世界上大多数湖泊和水库藻类生物量过剩的关键营养物，但氮作为河流生物量的限制性元素更为重要。Lohman 等（1991）报告了 10 条 Ozark 山河流中 16 个地点的低 $NO_3 - N$ 导致的氮限制，并引用了加利福尼亚州北部和太平洋西北部氮限制的来源。氮显然是华盛顿州 Spokane 河上游的限制性营养物（Welch 等，1989b）。Chessman 等（1992）观察到澳大利亚河流中氮的限制超过了磷。

尽管如此，磷也是流水中附着生物累积增加的主要原因。Stockner 和 Shortreed（1978）通过将 SRP 从小于 $1\mu g/L$ 增至 $9\mu g/L$，使河流侧河道（带有环境光照）中的附生硅藻累积增加了 10 倍。Perrin 等（1987）通过在另一条营养贫乏的英国 Columbia 河流中将 SRP 从 $1\sim 20\mu g/L$ 的基础水平升高，使附着生物生物量从小于 $10mg$ chl $a/m^2$ 增加到大于 $100mg$ chl $a/m^2$，并观察到当 SRP 升高到 $15\mu g/L$ 时，生物量增加较少。研究还表明，丝状绿藻丝藻（Ulothrix）和水绵（Spirogyra）在夏末枯水期取代了营养富集区域的硅藻，这表明丝状绿藻在枯水期的优势可能与营养物的增加以及流速的降低有关。Elwood 等（1981）还通过将河流中的 SRP 含量提高到高于基础值 $4\mu g/L$，使河流中的附着生物累积量增加，并产生丝状绿藻席和蓝绿藻席。此外，Chetelat 等（1999）表明，在加拿大的一组河流中，刚毛藻在总磷浓度约 $20\mu g/L$ 时开始在附着生物中形成主导地位。为了应对磷的适度增加，丝状绿藻和蓝藻可以在一周左右的时间内达到超过 $500mg$ chl $a/m^2$ 的生物量水平，这一点已在人工河道中通过将 SRP 从约 $2\mu g/L$ 增至 $10\sim 15\mu g/L$ 而得到证实（Horner 等，1983，1990；Walton 等，1995；Anderson 等，1999）。

显然，流水的富营养化会产生大量的附着生物，特别是丝状绿藻，这可能对水质和娱乐用水造成影响（Biggs，1985；Freeman，1986；Biggs 和 Price，1987）。附着生物席和（或）丝状附着生物链可能会松动并堵塞供水入口，导致低溶解氧和高 pH 值，改变基质动物的基质和栖息地，干扰垂钓，并通常影响环境美观。例如，在长 100km 的俄勒冈州 South Umpquah 河的大部分河段，刚毛藻、丝藻和水绵的厚席导致水质恶化，那里的 pH 值极值达到 9.3，溶解氧极值达到 $1mg/L$（Anderson 等，1994）。蒙大拿州 Clark Fork 河 150km 的河段内也发生了类似的因刚毛藻生物量过高而导致的违背常规值的现象（Watson 等，1990）。此外，在 7 条 Ontario 湖河流中，刚毛藻生物量过高，溶解氧含量为 $3\sim 25mg/L$（Wang 和 Clark，1976）。然而，这些有害影响与生物量水平没有定量关系。从文献中报道的 19 个河流富集案例和多河流调查的结果中（其中丝状体覆盖的河流面积百分比随着总生物量的增加而增加），提出了可能有害条件的较低阈值为 $100\sim 150mg$ chl $a/m^2$（Horner 等，1983；Welch 等，1988c）。

丝状绿藻刚毛藻（Cladophora），被称为毯状杂草，是对河流造成危害的主要物质。这种藻类危害性很大，因为长的细丝会在收集沉积物后脱落并漂向下游。河流中附着生物刚毛藻生长的最高生物量水平已经确定为 1200mg chl $a/m^2$（Welch 等，1992）。

刚毛藻和其他丝状绿藻也能在靠近废水源或农业径流源的湖泊沿岸增殖并造成滋扰，例如 Erie 湖和 Huron 湖沿岸均有增殖的情况。虽然在不受废水影响的区域，刚毛藻可以在更深的深度增殖（可能是由于更强的光穿透），但原位试验结果表明，磷的富集是产生有害增殖的主要原因（Neil 和 Owen，1964）。该试验包括在 Huron 湖近岸无刚毛藻生长的区域添加氮、磷和有机肥，以及氮、磷、钾的结合物，所有试验区域都涵盖了被藻类覆盖的岩石。试验期为 6 月 24 日—9 月 25 日，最终结果如图 11.10 所示。无机营养的富集导致了最大的生物量增加，仅磷一种营养物就产生了几乎和氮、磷、钾同时加入产生的一样多的生物量增殖。氮显然不是限制 Huron 湖湖岸线刚毛藻生长的营养物。2.7kg/d 的磷输入速率表示受影响区域约为 $250\mu g/L$ 的日浓度更新（基于深度/面积的粗略假设）和来自约 1000 人的生活污水负荷。在其他关于五大湖刚毛藻问题的研究中，发现污水输入源附近的刚毛藻存活时间更久、颜色更绿、密度更大，并且具有更高的细胞磷含量（Lin，1971）。Auer 和 Canale（1982）将磷作为控制营养物，有效地模拟了 Michigan 湖和 Huron 湖近岸的附着生物生物量。

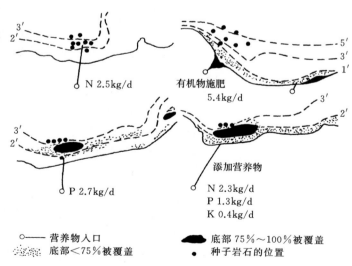

图 11.10　无机营养物对 Huron 湖刚毛藻生长的影响。试验期为
6 月 24 日—9 月 25 日（Neil 和 Owen，1964）

在邻近 Tahoe 湖流域的发达地区（Loeb，1986）和 Chelan 湖的富营养支流附近（Jacoby 等，1990），观察到沿岸附着生物密度较高，达到 100～

150mg chl $a/m^2$，而湖泊流域未开发区域附近的附着生物生物量小于 $10\sim$ $20\mu g$ chl $a/m^2$。

确定磷的临界浓度问题已经受到了相当大的关注，超过临界浓度，就会达到有害的生物量水平。尽管已有学者提出磷的"临界"浓度或基准可能与湖泊的营养状态和预期的浮游植物生物量有关，但直到最近河流中才出现这种关系。所以，河流阈值的研究进展速度缓慢是合理的。湖泊磷的阈值基础类似于连续培养系统中的条件，在连续培养系统中每单位体积水中藻类的稳态生物量与流入的营养物浓度（或生长前的初始浓度）成比例。随着单位体积的可溶性营养物转化为生物量，单位体积的生物量增加。因此，正如 Dillon 和 Rigler（1974b）以及 Jones 和 Bachmann（1976）提出的，总限制性营养物（例如总磷）和藻类生物量（例如叶绿素 $a$）之间的直接相关性是合乎逻辑的。此外，流水（或者甚至湖泊沿岸区域）中的附着生物生物量在基质表面积累，并从上游（或地下水源）持续供应的上覆水中提取营养物质。因此，附着生物单位面积最大生物量的限制不受限于单位体积水的营养物质量。相反，从某种意义上说，可以预期在一个河段上形成的总生物量可能与源自上游的限制性营养物的总质量有关。然而，就某一个点的单位面积生物量而言，可以很容易地证明，上游的营养物质量（即负荷或浓度×流速）在非常短的时间内比以最大观察速率生产单位面积的附着藻类所需的营养物质量大许多个数量级。因此，营养吸收和生物量累积的相关单位是营养浓度，而不是供应率。附着生物的生长率和最终生物量受可溶性限制营养物浓度的控制，该单位是建模的基础（McIntire 等，1975；Newbold 等，1981；Auer 和 Canale，1982；Horner 等，1983）。然而，由于藻类的吸收会去除上覆水中的营养物，河流中有效营养物浓度的测定十分复杂，并且扩散性地下水源的营养贡献的测定也十分困难。

如果生物量在某一营养物浓度之上达到饱和，那么当营养物浓度提高到生长饱和水平之上时，生物量就不应再增加，生长饱和水平可以代表流水的"临界"水平。这与无法在附着生物生物量和河流中营养物浓度之间建立有意义的因果关系是一致的；由于附着生物已经将营养物从水中吸收了，高生物量通常与低可溶性（以及总）营养物浓度同时出现（Jones 等，1984；Welch 等，1988c）。Biggs 和 Close（1989）在一定程度上避免了这个问题，他们将 13 个月期间的平均年附着生物生物量与平均 SRP 含量联系了起来（$r^2=0.53$）。

人工河道中硅藻薄膜和刚毛藻的生长率饱和浓度非常低（$1\sim4\mu g/L$ SRP；$5\mu g/L$ SRP）（Bothwell，1985，1988；Freeman，1986）。在如此低的生长饱和水平下，通过控制河流内部营养物浓度来控制生物量几乎不可能，并且对将 SRP 浓度提高到高于背景水平从而导致生物量增加的试验观察提出了质疑，背景水平与上述生长饱和水平相似（见前面的富集结果）。

很明显，附着生物厚度的限制导致了浓度低但达到生长率饱和的富营养化水中生物量累积的增加。显然，为了形成厚的生物膜，从而形成高附着生物生物量，需要增加营养物浓度，以抵消生物席厚度增加所产生的扩散限制。在这方面，Bothwell（1989）已经证实，虽然生长率在 $1\sim2\mu g/L$ SRP 达到饱和，但硅藻的最大生物量（$150mg\ chl\ a/m^2$）在一段累积时间后，继续增加至 $25\mu g/L$。在接近 $20\mu g/L$ SRP 的河道内，硅藻和蓝绿藻的最大生物量在 3 周内接近 $1000mg\ chl\ a/m^2$（Walton，1990）（图 11.11）。在同一河道系统中，以丝状绿藻转板藻（Mougeotia）为主的藻席需要大约 $7\mu g/L$ 的 SRP，其最大两周生物量才能达到 $350mg\ chl\ a/m^2$ 的（Horner 等，1990）。因此，由于藻席扩散的限制，限制最大生物量的营养浓度似乎是河流质量的管理最好方法。所以，丝状体最大生物量年平均限值在大约 $7\sim20\mu g/L$ SRP 的范围内。

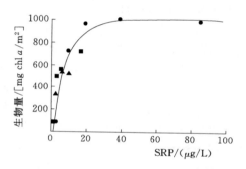

图 11.11　在 3 个独立的试验期（符号），每个试验期约为 3 周，人工河道天然岩石上的最大附着生物生物量，平均光强为 $194\mu E/(m^2\cdot s)$，平均温度为 $19℃$，流速为 $20cm/s$。该线是从 $K_s=5\mu g/L$ SRP 和 $K_1=1.46+0.276$（$r^2=0.85$）的稳态模型计算出来的（Walton，1990）

Biggs（2000）最近表明，砾石床河流中的附着生物的生物量水平由 3 个因素决定：累积天数、溶解氮和 SRP（作为年平均值）。冲刷干扰 30 天后生物量达到了约 $100mg\ chl\ a/m^2$，结合营养物和生物量之间的单独关系，预测在 30 天的累积时间内，生物量将达到 $100mg/m^2$ 的水平，溶解氮将达到 $100\mu g/L$，SRP 将达到 $10\mu g/L$（图 11.12）。

如果磷是最需要控制的营养物，叶绿素 a 是合适的生物量指标，那么为防止河流中的生境和水质退化，这些变量的临界水平应该是多少？

### 11.3.5　生物量和营养物限值

学者们提出将 $150mg/m^2$ chl a 作为河流中产生有害条件的生物量水平的

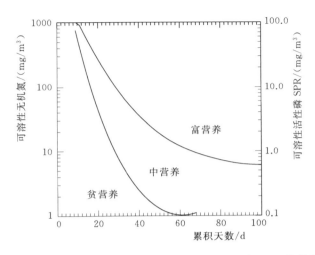

图 11.12 砾石床河流 100mg/m² chl *a* 和 200mg/m² chl *a* 营养状态的建议临界值。注意，在 30 天的累积时间内，200mg/m² 的营养状态与 100μg/L 的可溶性氮和 10μg/L 的磷有关（来自 Biggs 等，2000，经北美底栖生物学会杂志许可转载）

标准（表 11.4）。例如，针对蒙大拿州 Clark Fork 河，使用最大生物量 100～150mg/m² chl *a* 作为标准并据此制定了控制策略（Watson 和 Gestring，1996；Dodds 等，1997）。这与新西兰河流为"保护接触性娱乐水域"而建议的最大生物量 100mg/m² chl *a* 和 40％丝状藻覆盖率是一致的。然而，并没有足够的证据证明此标准可以保护其他水质指标，如溶解氧和 pH 值，这些指标会因大气交换和缓冲能力而发生变化（Quinn，1991）。为了满足生物量标准，丝状藻的覆盖率需小于 20％，但覆盖率会随着生物量的增加而增加，河流的景观性也因此受到显著影响（Welch 等，1988c）。然而，此生物量标准对溶解氧、pH 值和底栖无脊椎动物没有明显影响，如前所述，在生物量水平较高时更有可能产生这些影响。其他监测表明，生物量水平与营养富集之间存在关联。正如 Horner 等（1983）调查的 19 个案例所示，随着营养富集，往往会出现高于 150mg/m² 的生物量水平，且丝状藻的增殖更为普遍。Lohman 等（1992）还观察到，当 12 条奥索卡河流发生洪水冲刷后，在生物量水平超过 150mg/m² 的营养中度富集至高度富集区，生物量迅速恢复；而在生物量的初始水平不超过约 75mg/m² 的非富集区，生物量的恢复便没有那么快。

虽然 150mg/m² 的水平不能作为一个绝对阈值，但最大生物量超过该值便会对水质和底栖生物栖息地产生不利影响，但在这个水平以下，环境美观性不会因丝状藻或丝状藻席引起的其他不利影响而明显下降。其他不利影响包括

**表 11.4　根据营养物-叶绿素 *a* 关系或所示的河流损害防范风险，推荐的附着生物和浮游植物的营养标准限值（μg/L）和藻类生物量标准限值，以防止河流中的有害条件和水质退化（改自 USEPA，2000）**

| TN | DIN | TP | SRP | chl $a$[a] | 风险 | 数据来源 |
|---|---|---|---|---|---|---|
| 附着生物 | | | | | | |
|  |  |  |  | 100~200 | 有害 | Welch 等（1988c，1989b） |
| 1500 |  | 75 |  | 200 | 富营养化 | Dodds 等（1998） |
| 275~650 |  | 38~90 |  | 100~200 | 有害 | Dodds 等（1997） |
| 300 |  | 20 |  | 150 | 有害 | C. F. Tri－St Coun. MT |
|  |  | 20 |  |  | 刚毛藻 | Chetelat 等（1999） |
|  |  | 10~20 |  |  | 刚毛藻 | Stevenson，个人交流 |
|  | 430 |  | 60 |  | 富营养化 | 英国环保署（1998） |
|  | 100[b] | 10[b] |  | 200 | 富营养化 | Biggs（2000） |
|  | 25 | 3 |  | 100 | 无脊椎动物 | Nordin（1985） |
|  |  | 15 |  | 100 | 有害 | Quinn（1991） |
| 1000 | 18 | 6[c] |  | 150 | 有害 | Sosiak（2002） |
| 浮游植物平均值/（μg/L） | | | | | | |
| 300[d] |  | 42 |  | 8 | 富营养化 | Van Nieuwenhuyse 和 Jones（1996） |
|  |  | 70 |  | 15 | Chl 标准 | Tualation R. OR（2000） |
| 250[d] |  | 35 |  | 8 | 富营养化 | OECD（1982）（for lakes） |

a. 附着生物最大生物量（单位为 mg/m² chl $a$）和浮游植物平均生物量（单位为 μg/L chl $a$）。
b. 30 天生物量累积时间。
c. 总溶解磷。
d. 基于 7.2N：IP 的雷德菲尔德比率。

供水与鱼肉中的味道和气味、水流受阻、进水口堵塞，砾石内水流和溶解氧补充的限制、上述对水体溶解氧/pH 值的不利影响，以及底栖生物栖息地的退化（见第 11.8 节）。将 150mg/m² chl $a$ 设为最大生物量标准可以避免这些问题。

与湖泊的情况相同，河道中产生有害生物量的磷（和氮）临界浓度的形成需要两个变量之间的预测关系。生物量和可溶性营养物之间的关系在试验河道中以及在带有野外样品的河道中均产生了良好的结果（Horner 等，1990 年；Biggs，2000）。然而，可溶性营养物的使用产生了一些问题，与湖泊相比，砾石（卵石）床河流中附着生物生物量和环境总营养形成的关系显示出更大的变化性（Lohman 等，1992；Dodds 等，199）。

　　相比于湖泊，河流具有更大的活性和更低的叶绿素与总磷比率，原因之一是流水中测定的总营养包括从基质脱落的碎屑，但不包括附着生物中的活生物量。在湖泊和水库中，以及在某种程度上流速缓慢的深水河流中，总营养浓度包括活浮游生物细胞。河流中的高碎屑含量通过总磷-叶绿素 $a$ 关系显示出来，叶绿素 $a$ 与总磷比率的范围较低，为 $0.08\sim0.22$（Van Nieuwenhuyse 和 Jones，1996）。湖泊中的叶绿素 $a$ 与总磷比率通常为 $0.5\sim1.0$（Ahlgren 等，1988b）。

　　相比用人工河道试验数据建立的关系预测的生物量水平，使用野外河流现场数据建立的总营养-附着生物叶绿素 $a$ 关系预测的每种营养物的生物量水平更低。根据 12 条奥索卡河流的回归模型（Lohman 等，1992）和包含北美、欧洲和新西兰河流的 200 个点位的数据库（Dodds 等，1997）得出，$100\,mg/m^2$ 的平均叶绿素 $a$ 含量需要大约 $100\sim200\,\mu g/L$ 的 TP。假设最大生物量与平均生物量之间的比率约为 4.5，那么对于 $100\sim200\,mg/m^2$ 的平均叶绿素 $a$ 含量，最大叶绿素 $a$ 生物量将约为 $450\,mg/m^2$。然而，当河道内部的 SRP 和总磷浓度分别为 $10\sim15\,\mu g/L$ 和 $20\sim50\,\mu g/L$ 时，混合的丝状绿藻、蓝藻和硅藻的生物量远远超过了这个最大值（Horner 等，1983；Horner 等，1990；Walton 等，1995；Anderson 等，1999，未公布的数据）。

　　这种差异可能是由碎屑中异养生物对营养的需求所致，这种需求会导致河流中的叶绿素 $a$ 与总磷比率低于湖泊中的叶绿素 $a$ 与总磷比率。上述河道试验中的停留时间很短（16min 或更短），在生长期内，营养物的输入量被控制在较低水平，并且流速恒定，冲刷量最小（Horner 等，1990）。与全年采样的天然河流相比，这种条件下产生的碎屑少，叶绿素 $a$ 与总磷的比率更高。尽管高浊度河流的叶绿素 $a$ 与总磷比率较低，依据大数据集所建立的回归模型仍更适合制定营养标准。

　　然而，使用可溶性营养物浓度来制定标准也未尝不可。吸收量和最大生物量在非常低的浓度（$<10\,\mu g/L$）下达到饱和（Bothwell，1985，1989；Walton 等，1995），且与总磷浓度无关。如前所述，由于吸收量的存在，当生物量最高时，可溶性营养浓度通常最低，这与湖泊中的情况相似。为了使用可溶性营养物来设定最大生物量的标准，需要估算非生长期的流入浓度或河流内部浓度。例如，对新西兰河流 13 个月的平均 SRP 和附着生物生物量的研究中，考虑了生长期和非生长期的影响的，并得出了良好的结果（Biggs 和 Close，1989）。

　　蒙大拿州的 Clark Fork 河流域，在制定河流的营养标准，以防止产生有害的附着生物生物量（即 $150\,mg/m^2$ chl $a$）方面花费了很大精力。以刚毛藻为主的附着生物生物量经常达到约 $600\,mg/m^2$ chl $a$ 的水平（Watson 等，

1990；Watson 和 Gestring，1996）。根据通过 200 个点位的大型数据集建立的回归模型、对总磷和总氮各自范围内的生物量超标频率的概率估计以及低生物量参考点位生物量和营养物的比较，得出总氮的建议标准为 350μg/L，总磷的建议标准为 30μg/L（Dodds 等，1997）。尽管在河流中包括丝状绿藻在内的附着生物生物量（远远高于 150mg/m² chl a）一直是由较低的总磷浓度决定（如上所述），对于天然河流来说，30μg/L 的总磷浓度是合理的，因为天然河流的叶绿素 a 与总磷的比率较低。Clark Fork 河的三态实施委员会（The Tristate Implementation Council）强调参考点位法的重要性，并据此设定了较为保守的总氮和总磷标准，分别为 300μg/L 和 20μg/L。总磷的这些标准也建议用于湖泊和水库的中营养-富营养临界值（Vollenweider，1976；Porcella 等，1980；OECD，1982）。

上述标准远远低于 Dodds 等（1998）所建议的中营养-富营养临界值——总氮为 1500μg/L，总磷为 75μg/L。用于描述营养状态分类的总氮和总磷数据集也可以用于描述低附着生物生物量、高浑浊河流的营养状态分类，在这种河流中营养物与藻类生物量往往没有联系。

表 11.4 列出了一些河流和机构制定的现有营养物质和生物量标准，以及被认为代表有害阈值的附着生物生物量水平与导致这些有害生物量水平的营养浓度。一般认为，附着生物生物量大于 100～200mg/m² chl a 时是有害的。在 4 种案例下，预计总磷浓度约为 20μg/L 时，会达到有害生物量水平并出现刚毛藻。然而，根据数据集建立的总磷-叶绿素 a 关系，预计更高的总磷浓度才会产生这种有害生物量水平（Dodds 等，1997）。

Bow 河的例子值得进行解释，因为它是对砾石河床河流中营养物输入减少引起附着生物反应的典型代表案例（Sosiak，2002）。为了评估卡尔加里废水中磷（80%）和氮（约 50%）的减少效果，人们对这条河流进行了 16 年多的监测。由于营养物减少，下游的附着生物和大型植物均减少，但在某种程度上生物量减少的分布和时间是出乎意料的。

尽管该河流存在丝状绿藻（包括刚毛藻），但附着生物主要由硅藻组成，在磷减少之前，夏季该河流下游的最大生物量达到约 600mg/m² chl a。自 1983 年磷减少以来，在污水输入源的 50km 以内一直保持着这个最大值，但在下游约 90～250km 范围内生物量明显下降。在磷减少后的 13 年，因为下游的总溶解磷（TDP）下降到非常低的水平（中值＜5μg/L），附着生物逐渐减少。然而，在污水输入下游约 50km 内，TDP 最初从约 90μg/L 下降到约 25μg/L，没有进一步下降，附着生物生物量仍保持处理前水平，没有发生变化（Sosiak，2002）。

这些数据表明：①溪流和河流中营养物质的减少会引起附着生物生物量的

变化；②如果磷能充分减少，则生物量水平可以减少到有害水平以下（约150mg/m² chl $a$）；③"充分"是指减少 6$\mu$g/L TDP 左右；④如回归关系所示，即使在流速非常快的河流中，这种反应也不会迅速发生（Sosiak，2002）。河流 TDP 的逐渐减少表明，即使在碎石底的河流中，底部沉积物也可能有存储。在污水处理前，下游 30km 以内的大型植物（主要是池塘杂草）也达到了大于 2000g/m² 的生物量水平，但在氮减少后不久，生物量水平开始下降（1987 年），在 1995—1996 年达到了小于 200g/m² 的水平（Sosiak，2002）。

# 11.4　牧食

　　在流速较缓的、营养富集的河流中，大型无脊椎动物的牧食可能是附着生物生物量减少的最主要控制措施。一些研究发现，蜗牛和石蛾能够将附着生物的生物量保持在牧食前生物量的 5% ～ 50%（Lamberti 和 Resh，1983；Jacoby，1985，1987；Lamberti 等，1987；McCormick 和 Stevenson，1989；Walton，1990；Anderson 等，1999；Welch 等，2000）。试验发现大型石蛾（$Dicosmoecus$ $gilvipes$）（2～4cm）是一种高效的食草动物，即使在营养富集的条件下，也监测到其较高的附着生物去除率。在未富集的 Cascade 山麓河流中，该生物在自然密度（41±8 只/m²）下减少了附着生物（硅藻）生物量的 80%（Jacoby，1987）。试验河道中，在密度为 200 只/m²（4.8g 干重/m²）的情况下，附着生物生物量（由硅藻和丝状藻组成）减少到未富集水平的 5%（Lamberti 等，1987），而在密度为 100 只/m²（2.4g 干重/m²）的情况下，石蛾将附着生物生物量减少到未富集水平的 7% 和富集水平（SRP 25$\mu$g/L）的 12%（Walton，1990）。

　　在同样的河道中，这种石蛾将主要由丝状绿藻（$Stigeoclonium$）组成的附着生物生物量（叶绿素 $a$）减少到牧食前的 6%，而另一种相对较大的石蛾（$Neophylax$）将这种附着生物生物量（叶绿素 $a$）减少到牧食前的 2% ～ 14%（Anderson 等，1999）。这两个种群（$Neophylax$ 和 $Dicosmoecus$）都被放养在 1.5g/m² 和 3.0g/m² 的两种密度下测验效果。即使其放养密度低于 1.0g/m²，附着生物生物量降幅也很大。在高 SRP 水平下，$Neophylax$ 和 $Dicosmoecus$ 的牧食率分别为 6.1mg chl $a$/（g 动物·d）和 8.3mg chl $a$/（g 动物·d），但牧食率随着 SRP 水平的降低而降低（表 11.5）。然而，SRP 水平并不能抵消食草动物对生物量的影响，也就是说，无论 SRP 水平如何，牧食河道中的生物量仍低于未牧食河道中的 50%。一些结果显示，这两个种群的牧食率是上述的 5 倍（Anderson 等，1999）。

表 11.5　SRP 和牧食相结合的试验中附着生物生长率和无脊椎动物牧食率，

牧食率 $[(\text{g 无脊椎动物})^{-1}\cdot d^{-1}]$ 表示为河槽中存在的克干重，

L＝最低水平的 SRP 富集水平（2μg/L），M＝中等水平的 SRP 富集水平（15μg/L），

H＝最高水平的 SRP 富集水平（25μg/L）。使用第 29 天的数据来计算 *Neophylax*

的牧食率，使用第 18 天的数据来计算 *Dicosmoecus* 的牧食率（Anderson 等，1999）

| 无脊椎牧食动物 | SRP 水平 | 附着生物增长率<br>/[mg chl $a$/($m^2\cdot d$)] | 牧食率<br>/[mg chl $a$/(g 动物·d)] |
|---|---|---|---|
| *Neophylax* | L | 1.98 | 0.79 |
| | M | 7.18 | 4.85 |
| | H | 14.38 | 6.14 |
| *Dicosmoecus* | L | 0.75 | 0.44 |
| | M | 19.91 | 7.17 |
| | H | 31.75 | 8.34 |

在一些试验中，较小食草动物的牧食效率相对较低。小型蜉蝣，如 *Nixe rosea*（Jacoby，1987）和 *Centroptilum elsa*（Lamberti 等，1987），会消耗附着生物，但在减少硅藻或丝状藻类的生物量方面没有效果。一方面，蜗牛被证明是有效的食草动物（Jacoby，1985），但牧食效率不如 *Dicosmoecus*（Lamberti 等，1987）。另一方面，相对较小的新西兰物种（干重为 3mg 的蜉蝣 *Deleatidium*；干重为 1～2mg 的蜗牛 *Potamopyrgus*；干重为 1～2mg 的石蛾 *Pycnocentroides*）在室外河道中对丝状绿藻（*Ulothrix*）的牧食是有效的（Welch 等，2000）。牧食河道中的生物量是未牧食河道中生物量的 50％～60％，平均速率约为 3mg/(g 动物·d)，食草动物密度高达 6g/$m^2$（Welch 等，2000）。图 11.13 显示了 3 种食草动物密度下蜉蝣对丝藻的影响。

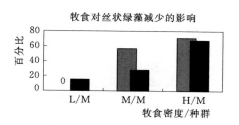

图 11.13　牧食 15 天后，低密度、中等密度和高密度（分别为 4.5g/$m^2$、3.0g/$m^2$ 和 1.5g/$m^2$）的蜉蝣（*Deleatidium*）的去除丝状绿藻（FGA）（*Ulothrix*）的百分比（来自 Welch 等的数据，2000）

越来越多的证据表明食草动物在减少硅藻、丝状绿藻和蓝绿藻的附着生物生物量方面是有效的，这可能有助于解释我们经常观测到生物量和营养物浓度

之间存在的不良关系。考虑到相对较低的、生物量饱和的 SRP 浓度（在限磷的河流中），附着生物生物量水平达到 1000mg chl $a/m^2$ 数量级可能与大型无脊椎食草动物的恶劣生存环境条件有关，而不是与富集有关，无论营养化的程度如何。

7 条点源富集的新西兰河流的结果表明，摄食是比营养更重要的附着生物生物量的决定因素（Welch 等，1992）。7 条河流都有经过处理的污水汇入，其中 5 个来自氧化池，一个来自滴滤厂，一个来自经过初级处理和二级处理的污水、乳制品和屠宰场废水。两条河流中的 SRP 浓度仅分别增至上游水平（$5\mu g/L$）的 1 倍和 3 倍，但在其他 5 条河流中，SRP 浓度远远超过 $100\mu g/L$。从河道试验（见上文）的结果来看，大多数监测到的生物量水平都远低于 SRP、温度和流速所预期的水平。更确切地说，数据表明了一种食草动物阈值效应，食草动物密度大于 3000 只/$m^2$（对于平均干重为 1~3mg，食草动物密度为 3~9g/$m^2$）与附着生物生物量小于 50mg chl $a/m^2$ 有关，在附着生物生物量最高的地方（约 1200mg chl $a/m^2$，以刚毛藻为主），食草动物密度很低。在一个试验中，由于栖息地有限，在几乎没有食草动物的情况下，整个河流的平坦基岩上形成了厚厚的主要由刚毛藻组成的藻席。对魁北克 10 条河流的研究表明，在食草动物水平低至 1g/$m^2$ 时，附着生物生物量低于有害水平（Bourassa 和 Cattaneo，1998）。

评估营养富集对河流附着藻类的影响应该首先评估基质。与栖息着大型无脊椎动物的河流（具有相对较少的干净和隐蔽的表面区域）相比，堵塞空隙的细沉积物相对较少的碎石基质河流能够吸收更多的富集输入，这为防止流量变化和沉积物输入以保存富含食草动物基质指明了管理策略方向。这种方法可能比控制营养输入更为有效，特别是在 SRP 的生物量饱和水平很低（$<20\mu g/L$）和一些 SRP 水平高于 $1000\mu g/L$ 的情况下。

## 11.5　有机营养物

溶解的有机营养物对以丝状细菌（球衣菌 *Sphaerotilus*）和真菌为主的细菌黏质有益。细菌黏质是球衣菌、菌胶团和真菌的集合体。在不同的环境条件下，球衣菌在形态上不同，例如，浮游球衣菌（*S. natans*）可能看起来类似于岐分枝丝菌（*Cladothrix dichotoma*），而岐分枝丝菌又类似于赭色纤毛菌（*Lepto thrix ochracea*）。所有这些生物都是专性有机营养生物，它们会产生有害的黏菌环境，通常是在溶解有机物质源下游的流水中，这加剧了纸浆厂、乳品厂、垃圾填埋场（渗滤液）和屠宰场以及生活污水排放的未经处理废水带来的污染问题。

球衣菌的培养需要营养浓度为 20～50mg/L 的单糖和二糖，以及有机酸、氨基酸和无机氮和磷（Phaup 和 Gannon，1967）。然而，球衣菌是否存在，似乎与糖和低分子量 BOD 的存在有关（Curtis 和 Harrington，1971；Quinn 和 McFarlane，1989）。

与藻类一样，在试验河道中也对异养黏菌的反应进行了研究。在 210m 长的室外试验河道中，Phaup 和 Gannon（1967）确定了蔗糖和流速对生物量累积和群落类型的影响。在没有额外富集的流动河水中形成的附着生物包括浮游球衣菌（*S. natans*），藻类如黄褐藻（*Melosira*）、舟形藻（*Navicula*）、鼓藻（*Cosmarium*）、裸藻（*Euglena*），原生动物如四膜虫（*Tetrahymena*）、豆形虫（*Colpidium*）、变形虫（*amoeba*）以及一些昆虫如摇蚊和蚋。蔗糖富集增加了串状基质上的生物量积累。如前所述，在 20～28℃的温度下，蔗糖浓度为 5mg/L 时，附着生物的生长在 30h 内达到最快，并且随着水流速度从 18cm/s 升至 45cm/s 而增加（图 11.9）。河水的氮含量为 500μg/L，SRP 含量为 1μg/L。在低于 17℃的温度下没有达到最大生物量，因为浮游球衣菌被另一种在较高温度下产量低得多的丝状细菌所取代。这一发现与冬季现象有关，即浮游球衣菌通常在冬季比在夏季覆盖的河段更多，其原因与温度和代谢率有关。由于温度高、营养利用率和生长速度也很高，导致河流营养迅速枯竭，因此，出现最低需求有机物含量的河段比寒冷的冬季时更短。

在一项类似的试验河道研究中，Ormerod 等（1966）表明，黏菌群落中的一系列物种受到纸浆厂废水和无机营养物的共同影响，当加入废亚硫酸盐溶液（SSL）时，黏菌取代了藻类，但是当加入污水时，黏菌仅取代了部分藻类，因为显然添加的无机营养物有利于藻类。他们研究了两条具有相同浓度 SSL（0.1mL/L）的河流，在两种不同的水流环境下优势物种：软水水流中为水生镰孢菌（*Fusarium aquaeductum*）；硬水水流中为浮游球衣菌（*Sphaerotilus natans*）。在流速为 5cm/s 的变温条件下，附着生物发生以下变化：加入 0.1mL/L 的 SSL 时，藻类变为球衣菌；加入 0.5～1.0mL/L 的 SSL 和污水时，藻类增加并出现水生镰孢菌。在 12℃的恒定温度和 15cm/s 的水流速度下，监测到以下群落变化（图 11.14）：加入 10mg/L 的蔗糖时，优势物种由藻类变为球衣菌和菌胶团；加入 SPR（2～1000μg/L）和蔗糖（10mg/L）混合液，优势物种先由藻类先变为球衣菌，然后变为水生镰孢菌。

尽管温度升高导致了生长率的增长（图 11.15），最终优势的情况没有发生改变——只改变了变化率。无论温度如何，磷的添加都有利于水生镰孢菌建立优势。这是最有趣的，因为它表明尽管溶解有机物对异养微生物有利，但实际上占优势的物种还会受到无机营养物的强烈影响。而添加其他营养素，如氮、钾、钠、镁、钙、铁和维生素 $B_{12}$，对物种演替没有影响。

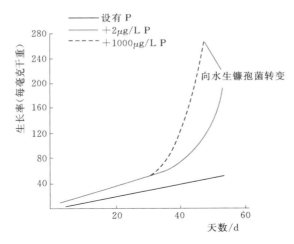

图 11.14　磷酸盐对黏菌群落生长的影响。河道内含有 10mg/L 的蔗糖
和 1.9mg/L 的 NH₄Cl（Oremrod 等，1966）

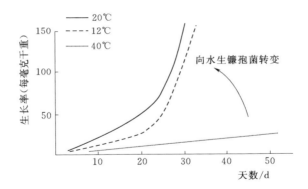

图 11.15　温度对黏菌群落生长的影响。河道内含有 10mg/L 的蔗糖、0.19mg/L 的
NH₄Cl 和 0.34mg/L 的 K₂HPO₄（Oremrod 等，1966）

　　通过添加浓度为 1～4mg/L 的蔗糖，天然溪流（美国俄勒冈州 Berry 溪）
中也产生了有害的球衣菌生物量水平（Warren 等，1964）。这些有害生物量水
平对鱼类和无脊椎动物的影响将在后面讨论。

　　尽管异养黏菌中有害生物量水平的"爆发"显然与各种活动中有机废水的
排放有关（Gray 和 Hunter，1985），但确定有机物的临界浓度却相当困难。
有机物的常用测量方法，如 BOD₅、COD 和 DOC（溶解有机碳），并不总是有
用的。Curtis 和 Harrington（1971）强调指出，在 BOD 浓度非常低的地方已
经发现了严重的黏菌爆发，而 BOD 浓度较高的地方却没有黏菌的生长，他们
认为前者可能是由于糖等快速降解物质的存在，而后者可能是由于抑制剂。

Quinn 和 McFarlane（1989）最近对这个问题提供了一些真知灼见。他们表明，通过超滤膜的水中 COD 和 $BOD_5$ 测定的低分子量化合物（$M_r < 1000$）是决定人工河道中异养黏菌呼吸速率的关键因素。他们进一步表明，如果废水来自生活污水或屠宰场，将 $BOD_5$ 限制在 5mg/L 的水平可消除污染源下游的有害生物量水平。然而，乳制品废水含有较高比例的低 $M_r$ 有机物，如果该来源表示进入河流一半的 BOD 负荷，则消除有害生物量所需的临界 $BOD_5$ 为 $2 \sim 3$mg/L（Quinn 和 McFarlane，1989）。

因此，总溶解有机物的浓度不如其组成重要。如果 DOC 是多样的，且低 $M_r$ 的化合物含量少，那么可能不会产生有害环境。例如，Cummins 等（1972）将叶子渗滤液（外来有机富集的自然来源）添加到人工河流中，该人工河流中 DOC 浓度高达 30mg/L，是自然水平的 10 倍，与严重污染的河流所接收的水流 DOC 浓度相似。10 天内，85% 的 DOC 被利用，大型无脊椎动物的多样性没有发生变化。此外，一个多样化的真菌群形成，且球衣菌不占主导地位，这种情况本应在蔗糖浓度为 30mg/L 或低 $M_r$ 有机物条件下出现。

在 Ehrlich 和 Slack（1969）的试验中，其他迹象表明多样化的 DOC 来源不会导致有害异养黏菌的优势。图 11.16 显示了附着生物的生物量在两条人工河流中的累积；一条河流接受无机氮，另一条河流接受 50mg/L 的有机氮（酵母提取物）。加入无机氮后，藻类生物量的增加速度最快，因为无机氮容易获得，不需要矿化。而对于有机氮，细菌矿化需要一个中间步骤，然后产生藻类。蓝藻在有机氮的河流中占主导地位，而像球衣菌这样的丝状异养黏菌却没有占主导地位。

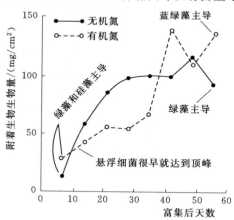

图 11.16　两条人工河流中附着生物的生物量，一条接受无机氮，另一条接受有机氮（酵母提取物）。试验开始时，硅藻和绿藻在两条河流中占主导地位，细菌随着有机氮很快达到顶峰，但最后，绿藻在无机河流中占主导地位，蓝绿藻在有机河流中占主导地位（Ehrlich 和 Slack，1969）

根据来自人工河流研究的上述证据，可以得出以下结论，即异养黏菌生长（主要是球衣菌）达到有害水平的主要原因是存在低 $M_r$ 以及高浓度可降解的溶解有机物，特别是糖。

（1）含糖量在 1～30mg/L 范围内的废水会形成有害的异养黏菌，主要是球衣菌。如果废水中低 $M_r$ 有机物的比例很高，那么造成有害黏菌的 $BOD_5$ 浓度可能低至 2～3mg/L。

（2）糖和（或）低 $M_r$ 有机物加上无机营养物（主要是磷）的富集应该首先导致球衣菌优势，再导致真菌优势。

（3）多样化的 DOC 化合物，浓度甚至高达 30mg/L（如天然的叶子渗滤液），会导致多种非丝状异养生物（因此无害）和藻类的产生。

## 11.6　废水类型的指标：附着生物群落变化

尽管污水等有机废水会导致以单一物种为主的附着生物的生物量增加（如球衣菌或刚毛藻），但某些物种通常具有各种有机物含量的特征，导致自然降解过程中下游群落发生变化或演替。Fjerdingstad（1964）描述了附着生物群落对污水富集梯度的这种连续响应（表 11.6），这种连续响应类似于 Kolkwitz 和 Marsson（1908）首次描述的污水生物系统（Saprobien System），通常被表征为代表"河水净化"的过程。然而，化学浓度只是相对的，例如，根据之前关于 BOD 和丝状细菌的讨论，即使 BOD<10mg/L，恢复区可能仍然存在问题。

表 11.6　　水质特征和微生物群落对有机废水的相关反应

| 区　域 | 化　学　反　应 | 生　物　反　应 |
|---|---|---|
| 贫污带（净水） | BOD<3mg/L | 硅藻多样 |
| | $O_2$ 高 | 丝状绿藻存在 |
| | 有机物矿化完成 | 丝状细菌稀少<br>纤毛原生动物稀少 |
| 多污带（腐水） | $H_2S$ 高 | 藻类存在但不丰富 |
| | $O_2$ 低 | 无原生动物 |
| | $NH_3$ 高 | 细菌丰富——粪便，腐臭 |
| α-中污带（污水） | 高氨基酸 | 藻类稀少——一些耐受藻类[a] |
| | $H_2S$ 低——无 | 丝状细菌丰富[b] |
| | $O_2$<50%饱和 | 纤毛原生动物丰富[c] |
| | BOD>10mg/L | 少数物种——生物量很大 |

续表

| 区　域 | 化 学 反 应 | 生 物 反 应 |
|---|---|---|
| β-中污带<br>（恢复的水） | NO$_3$＞NO$_2$＞NH$_3$ | 硅藻多样性低——生物量很大[d] |
| | O$_2$＞50％饱和 | 只有纤毛原生动物存在[e] |
| | BOD＜10mg/L | 蓝细菌丰富[f]<br>丝状绿藻丰富[g] |
| 寡污带（净水） | 河水恢复或"净化" | |

数据来源：Fjerdingstad（1964）；Sládečková 和 Sládeček（1963）。

a. 异极藻、菱形藻、颤藻、席藻和毛枝藻通常占优势。

b. 球衣菌，菌胶团，贝日阿托氏菌。

c. 豆形虫，Glaucoma，草履虫，独缩虫，钟虫。

d. 直链藻，异极藻，菱形藻，卵形藻。

e. 喇叭虫。

f. 席藻，颤藻。

g. 刚毛藻，毛枝藻，丝藻。

　　这些区域在河流中的长度或存在取决于流速（稀释）、废水浓度和温度。这些因素反过来又决定了弥散浓度、接触时间以及有机物的吸收速率（即BOD）。高流速和低温度导致低浓度和低牧食率，因此较小的效应（但可能仍然是有害生物量）通常延伸到更长的水流距离。在低流速和高温条件下，吸收速率更大，因此 BOD 消耗更快，不利影响出现在更短的水流距离内。

　　Sládečková 和 Sládeček（1963）描述了一系列捷克斯洛伐克水库中附着生物的演替，这些水库受到农业和工业污水的污染。这些附着生物群落的典型分布显示了污水的综合效应，如图 11.17 和表 11.6 所示。在载玻片上收集了水库中 3 个具有代表性的附着生物群落，它们吸收了不同数量和类型的污水。这些群落表示出不同程度的水质变化：群落 51＝相对"干净的"水环境（贫污带）；群落 52＝"恢复的"环境（β-中污带）；群落 53＝"污染的"环境（α-中污带）。

　　请注意，在附着生物群落 53 的水域中，硅藻较缺乏，而纤毛原生动物与丝状细菌占优势。各种物种根据它们相对于排污口的距离或所需移动时间，以及水体自净程度形成群落结构，因此，这些物种或群落被认为是评估水质变化或不同程度的有机"污染"的指示物。

　　评估有机废水影响的另一个有效方法是异养指数或自养指数，分别为 HI 和 AI。从单位价值的角度来看，术语 AI 更为合适，并且接受程度更高（Collins 和 Weber，1978）。该指数为在人工基质上收集的附着生物中 AFDW 与叶绿素 a 的比率，并指示有机废物的影响程度。AI 随有机物（或 BOD）浓度成比例增加，因为随着有机废物的增加，异养生物占据了生物量的更大部分。

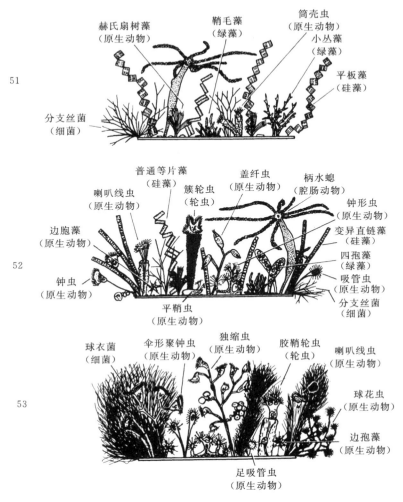

图 11.17　捷克斯洛伐克 3 个水库中附着生物对废水的反应模式示意图。
解释见正文（摘自 Sládečková 和 Sládeček，1963）

Collins 和 Weber（1978）建议将 400 作为表示净水条件的上限。Biggs（1989）阐述了该指数有效性的一个有趣例子，即一条新西兰泉源河，在屠宰场废水分流前后对上游站和下游站进行了监测。图 11.18 显示了在 1986 年 5 月流量开始减少和 1986 年 8 月完全分流后，附着生物群落迅速恢复（至 400 以下）。分流前，下游 AI 比上游控制高 10 倍以上，但分流后不久，AI 相似了。Biggs 还发现 AI 与 $BOD_5$ 高度相关（$r^2 = 0.86$）。异养生物以球衣菌和菌胶团为主。

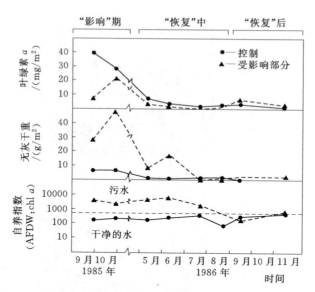

图 11.18　新西兰坎特伯雷南支屠宰场废水分流前后附着生物量（chl $a$，AFDW）的变化，分流在 8 月前完成。虚线为净水 AI 的建议上限（见正文）

## 11.7　有毒物质的影响

有毒物质既能对附着生物产生积极影响，也能对附着生物产生消极影响，但通常不会将附着生物作为毒性指标进行研究。通常预计总生物量在抑制剂输入的下游下降，但耐受物种将占据优势，且丰度可能增加。某些物种的增加可能是由死亡动物释放的营养物质造成的。一旦有毒物质扩散，由于没有了摄食，食草动物可能会消失，这将使藻类附着生物的生物量迅速增加。杀虫剂可能会产生这样的效果，因为它们对藻类的负面影响很小。例如，喷洒 DDT 控制森林昆虫大约一周后，森林溪流变为深绿色。杀虫剂对附着生物生物量的积极影响也已在人工河道试验中得到证实（Eichenberger 和 Schlatter，1978）。

金属毒物对附着生物的危害更大。向人工溪流中添加 $Zn^{2+}$，显示藻类物种的数量在 0～9mg/L 的浓度范围内减少（Williams 和 Mount，1965）。在该实验中值得注意的是在测试的最低浓度（1mg/L）下，刚毛藻消失。在这种情况下，水取自蓄水池，该蓄水池也提供高浓度的颗粒食物；因此，随着 $Zn^{2+}$ 浓度的增加和藻类种类的减少，球衣菌和真菌黏液生物增加。如果没有死亡的生物体，分解者的生物量几乎不会增加。

$Cu^{2+}$ 是另一种藻类非常敏感的重金属，$CuSO_4$ 是一种常见的除藻剂。

Hynes（1960）引用了 Butcher 的研究，显示了英国河流中工业废物中的 $Cu^{2+}$ 的影响（表 11.7）。在排放点下游 8km 处恢复了物种多样性和生物量（33000/$mm^2$）。

**表 11.7**　　　铜废物对人工载玻片上收集的溪流附着生物的影响

| 上游站点 $Cu^{2+}$ 低 | 附着生物密度 1000/[$mm^2$·（3 周）]<br>毛枝藻、菱形藻、异极藻、*Chaemosiphon* 和卵形藻最为丰富 |
| --- | --- |
| 废水下游 $Cu^{2+}$ 1.0mg/L | 密度 150～200/[$mm^2$·（3 周）]<br>绿球藻、曲壳藻 |

数据来源：Hynes（1960）。

硅藻多样性被证明是蒙大拿州 Prickly Pear 溪中锌和铜毒性效应的敏感指标，该溪流接收来自废弃矿山尾矿库的渗滤液（Kinney，个人通信；Miller 等，1983）。图 11.19 显示了在两个下游站点硅藻种群的显著减少，在这两个站点，锌和铜的浓度远远高于美国环保局针对鱼类确定的标准。在更远的下游，随着金属浓度的下降，种群增加到接近上游控制站观测到的水平。

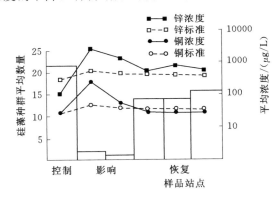

图 11.19　1980 年蒙大拿州 Prickly Pear 溪与溪流总锌和铜浓度相关的平均硅藻种群，以及环境保护署针对这些金属制定的强化标准（数据来自 Miller 等，1983）

## 11.8　危害

在适当的光照和温度条件下（这通常会限制营养饱和的生长率），无机养分或有机养分的富集会促进某些多产附着生物物种的优势，从而导致产量的增加，并可能产生有害的生物量。这种生物量是否被认为是不希望的有害条件取决于该河流的用户受到怎样的影响。高附着生物生物量可能引起以下一些不利影响：

（1）产生附加 BOD，随着细丝的断裂、漂浮和分解而将氧气耗尽。

（2）进水口可能被漂浮的细丝团堵塞。

（3）如果将受影响的水流用于供水，可能会产生不良味道和气味。

（4）茂密的藻席会覆盖底部，限制砾石基质中的潜流，从而抑制鱼类繁殖。

（5）茂密的藻席和长细丝会影响钓鱼、娱乐和美观。

（6）茂密的藻席和丝状团块会减少底栖动物的栖息地，并可能造成直接的身体损伤。

对爱尔兰 103 起异养黏菌爆发案例的研究，确定了它们和其他影响因素的相对重要性（Gray 和 Hunter，1985）（表 11.8）。尽管这些对河流利用的影响似乎已经证明，生物量水平过高实际上确实是一种公害，但是如果它能导致鱼类食物（无脊椎动物）和鱼类的产量增加，那么在某些情况下，这种产量的增加可以被看作是一种可能的益处。俄勒冈州的 Berry 溪的例子便说明了这种益处，向该溪流中添加浓度为 $1 \sim 4mg/L$ 的蔗糖，产生了球衣菌席和密集的蠓群（Warren 等，1964），微观附着生物和宏观附着生物的多样性都减少了，而异养黏菌席（可能不美观）和鱼类产量却增加了。表 11.9 显示了溪流富集区和非富集区底栖生物年生物量水平、鱼类食物消费量和鱼类产量（能量单位）的结果。

表 11.8　爱尔兰河流黏菌生长各种不利影响的相对重要性（$n = 103$）

| 影　　响 | % | 影　　响 | % |
| --- | --- | --- | --- |
| 外观和舒适性 | 86.4 | 栖息地遭到破坏 | 3.9 |
| 气味和脱氧 | 46.6 | 产卵地窒息状态 | 2.9 |
| 对鱼类的损害 | 37.9 | 可能的公共健康风险 | 2.9 |
| 脱落的絮状物 | 24.3 | 流动堵塞 | 1.0 |
| 无 | 12.6 | 农业供应受到影响 | 1.0 |
| 仅有气味 | 11.7 | 公共物资受到影响 | 1.0 |
| 仅脱氧 | 9.7 | 动物群黏菌的生长 | 1.0 |

数据来源：Gray 和 Hunter（1985）。

在该案例中，尽管球衣菌对大型无脊椎动物多样性有其他不利影响，但由于营养富集，切喉鳟的产量似乎有所增加，昆虫生物量主要由摇蚊组成。从这些结果可以看出，鱼类产量增加，达到了良好水质管理的目标；生态系统得到了利用，且没有被滥用。然而，在类似情况下，必须考虑以下几点：

（1）对废水排放进行"微调"所必需的知识库，以确保对接收各种废水的各种生态系统"有益"，而不是"有害"。

表 11.9 俄勒冈州 Berry 溪人工富集区（1～4mg/L 蔗糖）和非富集区
的昆虫生物量、鱼类食物消耗量和鱼类（切喉鳟）产量

| | | 年平均值/(kcal/m²) | | | | |
|---|---|---|---|---|---|---|
| | | 非富集区<br>($U$)<br>阴暗 | 非富集区<br>($U$)<br>光照 | 富集区<br>($E$)<br>阴暗 | 富集区<br>($E$)<br>光照 | $E:U$ |
| 昆虫生物量 | 1960—1961 年 | 2.19 | 5.03 | 20.4 | 12.2 | 4.5 |
| 鱼类食物<br>消耗量 | 1961 年 | 8.38 | 6.06 | 20.15 | 15.64 | |
| | 1962 年 | 9.46 | 8.09 | 19.07 | 21.55 | |
| | 1963 年 | 7.45 | 8.36 | 13.05 | 9.00 | |
| | 平均值 | 8.43 | 7.50 | 17.42 | 15.40 | 2.1 |
| 鱼类产量 | 1961 年 | −0.21 | 0.01 | 2.13 | 2.20 | |
| | 1962 年 | 0.49 | −0.07 | 3.70 | 4.80 | |
| | 1963 年 | 0.58 | 0.99 | 2.51 | 1.65 | |
| | 平均值 | 0.29 | 0.31 | 2.78 | 2.88 | 6.3 |

资料来源：改自 Warren 等（1964 年）

注 值是每年总量。

（2）监控河流状况获取微调数据的所需成本和带来的问题。

（3）强化管理的不稳定风险。

考虑到最后一点，即使实现了微调系统，也很容易受到环境变化的影响。例如，众所周知鳟鱼在高产地区生长非常快，但相关的温度、pH 值、$NH_3$ 和 $O_2$ 条件有时可能会变为临界值。对 Berry 溪来说，天气情况的轻微变化，如多云和（或）高温，可能会导致高度珍贵的胖鳟鱼完全灭绝。此外，鳟鱼是作为成年鱼投放的，在河流的富集区域繁殖是否成功还未确定。例如，Smith（1965）描述了球衣菌对碧古鱼（walleye pike）繁殖的干扰。因此，如果将废水输入量降至最低，而不是试图达到"利用却不滥用"的目标，总成本可能会更低。

# 第 12 章

# 大型底栖无脊椎动物

　　流水中的大型底栖无脊椎动物包括许多生物种类，它们是水生环境中一个十分有趣却通常不受重视的部分。本章将简要讨论静水中的底栖动物，这类生物引起的关注相对来说也较少。在碎石和砾石基质河流中，存在着大量长相奇特的昆虫若虫、稚虫和幼虫。它们的存在本是一件令人着迷的事，而遗憾的是很少有人知道。它们在水生食物网中具有重要的作用，因此大型无脊椎动物的结构组成可以反映输入的能量在质量和数量上的变化。

　　大型无脊椎动物包括食草动物、食碎屑动物和食肉动物，它们对内部生物生产的能量或外部进入河流的能量进行处理和利用。外部能量如森林中的树叶、针叶、其他颗粒物质、人类排放的有机废物（如污水）或流域中其他动物的有机废物等。大型无脊椎动物物种可归为牧食型动物，如食大颗粒碎屑动物（粉碎者）、食小颗粒碎屑动物（收集者和选择者）、食草动物（附着生物刮取者）和食肉动物。此外，这些群体中的种群代表是独特的，因为河流会发生变化，上游通常是异养的低阶流，中游变为自养状态，下游变为异养的高阶流（Cummins，1974）。在湖泊或海洋中，它们很大程度上依赖于沉积在海底内部或外部的产量。多种多样的大型无脊椎动物群落有助于河流净化——处理来自人类或自然的有机物，最终生成二氧化碳、水和热量。如前所述，这一过程的效率在很大程度上取决于群落的多样性——占据的个体生态位越多，转换过程就越快、越彻底。有机营养富集或引入有毒物质会使河流负荷过多，将会降低多样性，从而降低"净化"的效率。

　　在淡水中占支配地位的大型无脊椎动物主要是昆虫，它们具有最为丰富的多样性。蜉蝣目（蜉蝣）、襀翅目（石蝇）、毛翅目（石蛾）、双翅目（真蝇）和蜻蜓目（蜻蜓和豆娘）通常占生物量的大部分。由于物种丰富（通常在流水环境中50～100种），因此很难确定它们的物种水平。淡水中的其他重要群体包括软体动物（蜗牛和蛤蜊）、环节动物（蠕虫和水蛭）和甲壳纲动物（钩虾、潮虫和小龙虾），海洋环境中的群落也包括这些动物，但昆虫除外。在微咸水环境中，存在相当多的重叠，一些更具耐受性的淡水昆虫种类可能相对重要。

淡水大型无脊椎动物的分类系统见附录 A。

本章的主要目的是将大型无脊椎动物作为衡量进入水生系统的废物种类和相对数量的指标，因为它们相对于其他群体更加具有优势。与活动能力强的鱼类相比，大型无脊椎动物是静止不动的，相对容易取样，而且因为它们的寿命更长，其生物量和物种组成的波动不如浮游生物明显。因此，大型无脊椎动物种群可以很容易地反映输入废物的负荷或类型的变化，即使取样频率低至每月或每两月一次。半年一次的采样通常便足以检测出显著的变化。

大型无脊椎动物的生命周期包括昆虫的 3 个或 4 个阶段：卵、幼虫、成虫或卵、幼虫、蛹和成虫。虽然一年内完成一个以上的生命周期的情况并不罕见，尤其是对蟓来说，但许多物种需要一年或多年才能完成（Usinger，1956）。寡毛纲、毛纲和壳纲有 2～3 个阶段的生命周期，每年有一代或多代。昆虫的大部分生命都是在不成熟阶段度过的，成熟后的陆地生命部分通常用于繁殖。因此，基质样品中主要含有稚虫和幼虫，由于不同种群的出现时间随光周期和温度而不同，因此物种组成在整个春季和夏季会发生重大变化。除了废物的影响之外，自然群落的变化可以通过以前的研究或有代表性的控制区来确定。如果从一个月到另一个月，各种长寿物种的多样性和生物量保持相对稳定，那么意味着水质保持相对不变。水质的任何变化，即使短暂的变化，也能很容易地反映在群落中。如果群落在此期间大量减少，则该生命周期剩余时间的唯一补给来源是支流或上游，迁移的结果是种群相对较快的增长。作为水质指标，以及衡量对进入水生生态系统的各种废物的固有种间耐受性差异的指标，大型无脊椎动物极其宝贵。

# 12.1　大型底栖无脊椎动物取样

## 12.1.1　定量估计

河流无脊椎动物的现存量和物种代表可以用几种类型的装置进行取样，包括以下几种：

（1）Surber 平方英尺取样器最常用于浅水区。

（2）带屏障的标准区域围隔（金属框架）通常用于较深河流的浅滩区域。

（3）赫斯取样器是一种用于深水或浅水急流的圆柱形装置，效率比上述两种装置更高。

（4）彼得森和埃克曼抓斗用于河流或湖泊的深潭中，而埃克曼抓斗仅限于取样小颗粒基质。

没有一种采样器适合所有的栖息地（浅滩、水池、湖岸线等）。取样面积的大小必须由生物体的密度决定，以便用最少的分类工作就能得到最小的样本量。必须考虑某些采样器对不同生物体和其大小的选择适用性，例如，Surber取样器适合那些容易从岩石上冲掉并且大到足以被网捕捉的生物，而对于小的和新孵化的幼虫和稚虫则很容易漏掉。

人工基质的使用取得了相当大的成功。多平板取样器是其中一种，类似于附着生物的载玻片（Hester 和 Dendy，1962）。对埋在每个站点的装满天然碎石基质的铁丝网筐的试验已经取得了成功（Anderson 和 Mason，1968；Mason 等，1970）。这些方法可能会遗漏一些物种，尤其是流动性较差的物种，但是，与疏浚集合比表现出良好的一致性（Anderson 和 Mason，1968）。此外，更多的个体通常以人工装置收集，一个明显的优点是通过使用相同类型的基质在各站之间进行比较。然而，应该对自然出现的群落结构进行一些分析，以确定群落的哪一部分是用人工基质取样的。

### 12.1.2　定性估计

手持网可用于杂草丛生的地区、泥滩和岩砾中，或难以使用上述任何定量取样器的地方。对突出的基质（如原木、大石块、木棒等）进行视觉搜索，通常是有用的。

虽然这些步骤给出了发生的情况，有助于物种列表，但它们不能给出相对丰度的定量数据，因此对于交流发现和统计分析没有作用。

## 12.2　影响群落变化的自然因素

基质和水流是筛选大型无脊椎动物种类和数量的重要因素。Macon（1974）针对水流对大型无脊椎动物群落类型的影响，将流速划分为非常快（100cm/s）、快（50～100cm/s）、中等（25～50cm/s）、慢（10～25cm/s）和非常慢（<10cm/s）几种。水流侵蚀基质包括岩石、石头或砾石，它们相互作用决定群落中生物的种类（Hynes，1960）。水流决定沉积物的输送，水流越大，基质类型越多（砾石到巨石），细沉积物基质中的空隙越多；随着水流减小，沉积增加，空隙渐渐填满。对流水和静水两种环境的物理特征以及相关的群落类型进行了比较。

### 12.2.1　流水

侵蚀基质是流水中的规律，尤其是在河流上游（低阶）。群落通常数量众多，种类繁多，包括蠕虫、水蛭、蜗牛、蛤蜊、昆虫和一些甲壳类动物（钩虾），但通常由昆虫主导。在这样的环境中，基质通常是干净的，空隙中没有沉积物，动物以特有的方式适应环境：帽贝附着在光滑的石头表面，昆虫有尖的爪子（石蝇、石蛾和蜉蝣）附着在石头表面。有些物种是背腹扁平的，这样整个身体就能牢固地贴在石头上（七鳃鳗科）。许多物种，尤其是石蝇，不耐受沉积物，因为沉积物会填充基质的空隙，阻碍食草动物（或食肉动物）的附着，并限制隐藏空间。岩石上密集生长着的藻类往往会堵塞空隙，从而产生一个不利于扁平形态物种但对螋和小蜉蝣有利的表面。蜗牛和水蛭附着在相对干净的岩石上，许多这种形式的物种能够承受 $100\sim200\text{cm/s}$ 的流速（Macon，1974）。

英国河流的一些结果显示了侵蚀基质的类型如何影响种群密度，特别是当基质变得更加固定时（表 12.1）。群体分类的数量为 $11\sim25$，但基质类型没有显示出特殊趋势。然而，这些类型的侵蚀基质确实出现了明显的物种选择，例如，蜉蝣喜欢没有植被的石头，而纹石蚕大多生存在附着生物覆盖的石头上。在 4 种植被覆盖的基质类型中，螋占动物群的 $40\%\sim54\%$，而在其他 3 种植被覆盖的基质类型中，螋仅占 $5\%\sim17\%$。多样性（物种数与个体的比值）随着密度的增加而显著下降。Hynes（1960）清楚地说明了沉积和侵蚀基质环境的典型代表。

表 12.1　英国河流动物丰度与基质类型的关系；夏季未受污染的非洲河流中的动物丰度

| 基 质 类 型 | 丰 度/(No./m²) | |
| --- | --- | --- |
| 英国河流 | | |
| 松散的石头 | 3316 | |
| 嵌在底部的石头 | 4600 | |
| 小石头和细砾石 | 3375 | |
| 石头上有毯子草 | 44383 | |
| 稀疏苔藓 | 79782 | |
| 厚苔藓 | 441941 | |
| 石头上有眼子菜 | 243979 | |
| 非洲河流 | 粗沉积物 | 石头 |
| 侵蚀基质 | 6710 | 4730 |
| 稳定沉积 | 12590 | 7570 |
| 不稳定沉积 | 4450 | 6660 |

数据来源：英国河流：Hynes（1960），Percival 和 Whitehead（1929）文献中表 2 的数据；非洲河流：Chutter（1969），表 II 和 VI。

由于水流减小，沉积基质充满空隙，这种现象在沉积物聚集的河流下游非常典型，这也可能发生在分水岭或河道内侵蚀沉积物或含有废物的沉积物中。

在这种环境中，穴居者占据主导地位，例如在沉积物表面下建造通道并选择性地以碎屑为食的蠕虫以及挖洞的昆虫（蜉和蜉蝣）。如果没有一个干净坚硬的底层可以黏附，没有无沉积物碎石之间的生存空间，黏附者就会消失，蜉的数量会变得丰富，其中大部分都是通道建造工和织网工。食碎屑的蛤蜊也会出现。然而，与侵蚀基质相比，沉积基质中的个体数量可能不会大幅减少。

基质的稳定性对生物密度的影响大于基质沉积（表 12.1）。例如，城市雨水径流的水力效应对大型无脊椎动物丰度的影响大于雨水中污染物（包括沉积物）的影响。流域中不透水表面面积（街道、房屋等）的增加导致峰值流量远高于使大量基质移动的流量。

Biggs 等（1999）发现，无脊椎动物的丰度相当均匀，直到出现中等频率的基质扰动（每年大约 10 次河床移动事件）；然后密度下降，类似于附着生物的生物量（图 12.1）。此外，无脊椎动物控制河床移动频率低的河流中附着生物的生物量，但在高度扰动的河流中影响很小或没有影响。

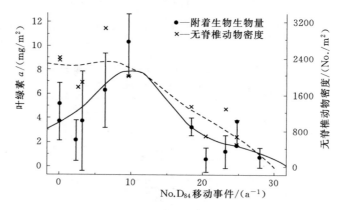

图 12.1　无脊椎动物的月平均密度与河床沉积物移动频率的函数关系
（达 $D_{84}$ 尺寸分数）。还显示了无脊椎动物居住的石头的月平均叶绿素
浓度（摘自 Biggs 等，1999，经北美底栖动物学会杂志善意许可转载）

基质稳定性和无脊椎动物物种丰度似乎也密切相关，中度扰动生境的物种丰度最高，未扰动生境和严重扰动生境的物种丰度最低（Townsend 等，1997）。这些发现被"中度扰动"假说所解释，该假说认为生态群落（如河流底栖生物）很少达到平衡，因为扰动通过为竞争力较弱的物种开拓殖民空间而不断重新设定竞争性淘汰的过程，防止竞争优势物种的统治。一些对流速敏感的物种可能会在扰动事件中感受到水流阻塞，从而移回基质表面，在扰动过后重新加入抗速度分类群（Townsend 等，1997）。如果严重的扰动破坏了基质避难所，大多数分类群可能会被淘汰，导致低多样性的群落被高生长率的分类

群（例如一些蜉蝣）主导。因此，河流中的无脊椎动物群落结构在很大程度上受沉积物稳定性和水流避难所可用性的控制（Townsend 和 Hildrew，1994）。

## 12.2.2　静水

湖泊通常有两种类型的基质，与其营养状态有关。沿岸区域没有沉积物堆积的贫营养湖有干净的岩石和动物群，在某些方面与河流中侵蚀的基质相似，例如石蝇和筑茧石蛾（case-building caddis），但很少有洞穴类型。在深水中，细沉积物占优势，群落主要由蠓、蛤和蠕虫组成。在拥有大量植被和沿岸沉积区域的富营养化湖泊和水库中，蕴藏着各种各样的动物。在这种环境下的沉积基质群落中，无论是在深水区还是在浅水区，蠓通常占主导地位，也有一些种类的蛤蜊和蠕虫，其密度远远高于营养贫乏的湖泊。各种各样的动物出现在植被中，包括以石蝇、蜉蝣、蜻蜓、甲虫和蠓为代表的昆虫。

## 12.2.3　试验控制

为了监测和检测废物排放对接收水的影响，必须选择一个"控制点"来描述由水流、基质、海拔和温度引起的自然变化。控制点必须位于不受废物影响但基质和水流与测试点（受废物影响）相当的区域，否则，测试点和控制点之间的平均密度、物种丰度或多样性的显著差异不能解释为仅仅是废物的影响。如果控制点在物理上与测试点相当，那么废物影响的解释就相当简单。如果控制点不具有可比性，则结论必定有限定性。

如果控制点不可用，即未受废物影响站点的水流、基质和海拔与测试点不同（或如果有受影响的上游段），那么在废物引入接收水域之前可能需要一段控制期。这个周期必须足够长，以涵盖正常的可变性，通常最少是一年，但是考虑到温度和流量的变化，最好是两年。

因为海拔差异通常会导致昆虫群体内的出现差异，所以对这种群体存在与否的解释不能被误认为是海拔-出现效应。

# 12.3　影响群落变化的因素——氧气

某些物种甚至所有的大型无脊椎动物对溶解氧（DO）表现出不同程度的耐受性。在群落中大多数物种对低溶解氧忍耐性低，其中包括石蝇、蜉蝣和石蛾（Gaufin 和 Tarzwell，1956）。因此，如果这些阶级的生物具备多样性，则表示水很干净，尤其是在有机废物方面。

然而，即使在这些群体中，许多物种也能在低至 1mg/L 的溶解氧浓度下存活一段有限的时间（Macon，1974）。一些动物对低溶解氧具有抗性是由于其鳃上具有维持水流的形态适应，如大多数蜉蝣（Hynes，1960）。

此外，有一些生物体的特殊生理和形态能力使它们能够在相当长的一段时间内耐受或抵抗低溶解氧，这些生物包括：飞蛾（*Psychoda*）、蚊子（*Culex*）、鼠尾蛆（*Eristalis*）、肺螺（*Physa* 和 *Limnaea*）、甲虫、成年划蝽和仰泳蝽。一些管状蠕虫（*Tubifex* 和 *Limnodrus*）和摇蚊（*Chironomus*）含有血红蛋白，在缺氧条件下血红蛋白会增加。糖原含量高和活性降低使这些生物体能够通过有氧糖酵解来减少新陈代谢，从而在低氧条件下忍耐较长时间（甚至缺氧条件）。血红蛋白对氧气具有更大的亲和力，在氧气张力较低的情况下，可能比血蓝蛋白更容易负载。在长时间厌氧的环境中，颤蚓的成功存活，尤其是正颤蚓（*Tubifex tubifex*）和霍甫水丝蚓（*Limnodrilus hoffmeisteri*），部分原因是它们繁殖速度快。一旦厌氧期过去，它们可以迅速在该地区重新繁殖。耐受性强的摇蚊也是如此（Brinkhurst，1965）。

对低溶解氧具有中等耐受性的物种包括甲壳类动物、栉水虱（*Asellus*）

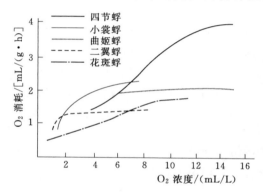

图 12.2 4 种蜉蝣目生物的呼吸速率（O₂ 消耗）与 O₂ 浓度的关系 （Fox 等，1935）

和钩虾（*Gammarus*）、黑蝇（*Simulium*）、一些水蛭（*Hirudinea*）和大蚊（*Tipula*），以及在低氧环境中可能十分丰富的球蚬（*Sphaerium*）和豆蚬蛤（*Pisidium clams*）。一些蜉蝣适应了低氧气张力状态，对氧气的消耗保持相当稳定，即使氧气降到很低的水平。图 12.2 显示了二翼蜉（*Cloeon dipterum*）和小裳蜉（*Leptophlebia*）两个物种的曲线（Fox 等，1935；Macon，1974），这两个物种在氧气水平非常低时可以保持正常活性，而一个四节蜉属物种在低氧气浓度下无法存活。

如前所述，一些蜉蝣能在沉淀条件下生存，在这种条件下，它们能够利用鳃保持足够的水循环。上述的二翼蜉便有这样的一个形态优势。因为一些石蛾（*Hydropsyche*）可以波动，从而增加循环，所以它们可以在中等浓度溶解氧的区域生存。蜻蜓和豆娘经常在淤泥中被发现，它们分别具有高度发达的直肠鳃和尾部鳃以及其他结构，因此能够短期耐受低溶解氧（Gaufin 和 Tarzwell，1956）。

不耐受群体（石蝇、蜉蝣和石蛾）对溶解氧的需求差异很大（图 12.3），因此，群体耐受性的概念仅是普遍有效。图 12.2 所示的 5 种蜉蝣的物种差异也说明了归纳群体耐受性的困难。此外，根据 Olson 和 Rueger（1968）的观点，单个物种耗氧率的分布与在有机污染的河流中观察到的分布非常一致。为了将水生大型无脊椎动物的存在与否作为氧气可利用性的指示，由于物种之间的差异性，至少必须确定生物属（如果不是物种）的水平。这一点将在以后讨论。

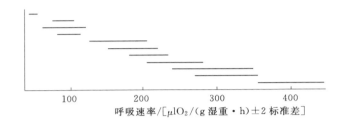

呼吸速率/[μlO₂/(g 湿重·h)±2 标准差]

图 12.3　20℃时水生昆虫的呼吸速率。图中显示的昆虫从左到右依次为 *Tipula*（大蚊）、*Caloteryx*（蜻蜓）、*Limnephilus*（石蛾）、*Pteronarcys*（石蝇）、*Hetaerina*（蜻蜓）、*Paragnetina*（石蝇）、*Macronemum*（石蛾）、*Ephemera*（蜉蝣）、*Potamanthus*（蜉蝣）、*Baetisca*（蜉蝣）、*Leptophlebia*（蜉蝣）（修改自 Olson 和 Rueger，1968）

试验证据表明，对于河流中的大型无脊椎动物，没有单一的溶解氧临界水平（Macon，1974）。甚至在一个科内，初始限制水平也具有很大差异，有的浓度相当低，有的浓度则相当高，并且随着水流速度变化很大。对于适应高流速的生物体（溪颏蜉属 *Rhithrogena*），溶解氧的致死极限在流速低时大幅增加（从 3mg/L 变为 6mg/L）；但是对于在形态上能够在低溶解氧和（或）低流速下增加循环的小蜉属（*Ephemerella*）来说（Ambuhl，1959），在较宽的流速范围内，极限仍然相当低且保持恒定（1～2mg/L）。

## 12.4　温度

每个物种在生命周期的每个关键阶段对于温度的耐受范围可能会完全不同。因此，即使不超过任何物种的夏季最终致死温度，环境温度的变化也会导致群落组成的变化，这也意味着一个物种可以在没有成年个体死亡的情况下从群落中消失。这种替代可能是由于利用食物资源来进行繁殖和争夺生存空间的能力发生了改变。图 12.4 显示了假设物种的一般耐受模式。

尽管成年个体对温度的适应范围相当大，但最佳的生长范围通常出现在较低的温度下。因此，幼虫生长的生殖阶段和早期自由生活阶段对种群的生存至

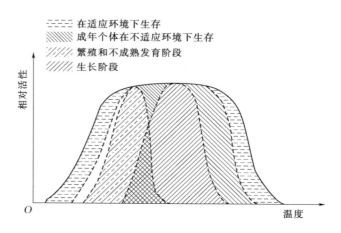

图 12.4　无脊椎动物重要生命阶段的广义温度耐受图

关重要。随着日平均温度的季节性模式从正常开始发生变化，物种优势也会逐渐发生变化，这一点在温度上升幅度很小的情况下已经得到证明。如果日温波动相对较大，那么生物耐受性也很大。

尽管这些原则中的大部分已经在鱼类身上得到了充分的证明，但它们可能也适用于大多数大型无脊椎动物。确定温度变化影响的重要因素是时间，生物通常可以在短时间内承受非常高的温度，但只有在更低的温度下才能保证长期生存。因此，当说明给定物种任何生命阶段的耐受极限时，必须包括暴露时间，适应的时间和温度、食物供应、溶解氧、活性水平、年龄或发育阶段以及抑制物质的存在等因素也同样重要。

## 12. 4. 1　温度标准——上升速度

发电厂尾水可以在几分钟内经历温度升高（没有冷却池/塔），水生生物可能经历相对较大且快速的升温。一些证据表明，无脊椎动物可以承受相对较高的 $\Delta T/t$（单位时间内高于环境温度的增量）。被携带的浮游动物直接监测表明，除非最终温度达到或超过急性致死水平，温度上升速度不会对浮游动物造成伤害，表 12.2 总结的结果也表明了这一点。无论是急剧升温还是逐渐升温，浮游动物的致死温度似乎都是相同的（Heinle，1969a；Welch，1969b）。无论之前在 15℃、20℃或 25℃温度下的适应程度如何，真宽水蚤（*Eurytemora affinis*）的 24 小时 $TL_{50}$（50%存活率的温度）几乎没有观察到任何差异。虽然冷水物种的致死温度为 16℃，但在糠虾（*Mysis relicta*）身上也发现了类似的结果（Smith，1970）。

表 12.2　　　　　　　　　浮游动物死亡率与最高温度和 $\Delta T$ 的比较

| 电　站 | 死亡率/% | 最高温度 | $\Delta T/\text{℃}$ |
|---|---|---|---|
| Chalk Point 电站[a] | 90 | 37 | 6.4 |
| 英国泰晤士电站[b] | 0 | 24.4 | 7 |
| 天堂电站，肯塔基州[c] | 100 | 35.5 | 9 |

a. Heinle（1969b）。

b. Markowski（1959）。

c. Welch（1969b）。

## 12.4.2　温度标准——增量高于环境温度

高于环境温度的总增量（$\Delta T$）非常重要，因为温带地区底栖动物的繁殖主要是在达到适当的温度水平时开始的，而不是由温度日增长率引发的。在大多数情况下，温度水平似乎比光照周期更重要。此外，动物显然可以忍受昼夜气温的大幅度波动，而不能忍受温度日平均值的微小变化。例如，一项在英国池塘中进行的为期 7 年的研究表明，当春季气温达到 10～11℃时，优势蜉蝣就出现了，这发生在 4 月的两周内，尽管每年的这两周天气状况似乎都有很大变化。水体对气候变化的缓慢反应显然使水温成为水生动物比陆生动物更安全的信号。

因此季节性变化（冬季低温，夏季高温）非常重要。水生动物的生命周期既需要适应光照，也需要适应季节性温度变化。甲壳类动物，如小龙虾，必须经历一个低温阶段，在这个阶段它们不会蜕皮，而是把能量投入生殖细胞的发育。饲养在全年温暖的冷却池里的小龙虾没有停止蜕皮和生长，直到冬天温度降低后才开始繁殖。如果将昆虫保持在恒定但低于致死的温度下，它们成虫寿命较低、出现也较差（Nebeker，1971a；1971b）。此外，在较热的河流部分，出现的时间可能会提前 5 个月，这对温带气候的成年个体是有害的（Nebeker，1971b）。由于自然温度变化相对较小，因此高于周围环境的类似增量可能对热带气候的种群的生命周期没有那么重要的影响。

## 12.4.3　温度标准——每日最高温度

在高温期间，如果温度最大值超过耐受水平，则不管高于环境温度的增量上升多少（即增加到正常河流温度的增量），都会导致大部分损害，图 12.5 便解释了这一点，其中假设一条恒定流量且有温排水汇入的河流。关于每日平均值还有一个未显示的额外变化。

加入英国泰晤士河的热量导致环境日均值上升了 12℃，最高温度为 28℃。没有观察到现存物种数量的变化，但是水蛭、钩虾（*Gammarus*）和蟏的数量

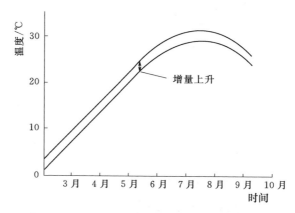

图 12.5　在一条恒定流量且有温排水汇入的河流中，
高于环境温度的增量上升

减少了，而蜗牛和蛤蜊的数量增加了（Mann，1965）。在美国 Delaware 河也有同样的高于环境温度的上升（12℃），但最高温度为 32～35℃，从而导致物种数量和总丰度的大幅减少（Trembly，1960）。尽管这个地区的物种密度在冬天重新恢复，但夏季的高温仍然是破坏性因素。

### 12.4.4　种群变化与温度水平的关系

有证据表明，淡水无脊椎动物的中等耐受性一般高达 30℃ 左右。图 12.6 显示，根据现有数据，大多数无脊椎动物物种的致死温度模式发生在 35～40℃。考虑到绘制优选温度（如果可用）会使该模式稍微低一些，即 30～35℃，这意味着温度升高到约 30℃ 会使某些环境中物种多样性的升高，但是升高到高于 30℃ 可能会导致多样性的降低，表 12.3 中总结的观察结果可以支持此结论。在之前引用过 Delaware 河的案例中，在 32℃ 以上时，物种和个体

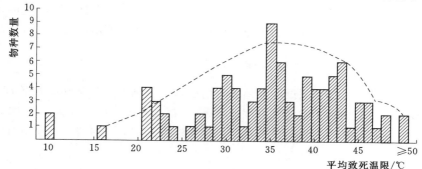

图 12.6　淡水无脊椎动物物种对温度耐受性的分布，虚线显示了近似模式。
（Bush 等，1974，经美国化学学会许可）

数量的减少达到最大（Trembly，1960）。7 种摇蚊的 $TL_{50}$ 值为 $29 \sim 39℃$（Walshe，1948）。更具耐受性的物种来自慢生的环境，这表明它们适应较温暖的环境。变形虫（*Tanytarus dissimilis*）的摄食、生长和出现等正常活动的最适温度为 28℃，最高致死温度为 33℃，这代表了测试的 8 种物种的中位数。如果最佳温度和 $TL_{50}$ 之间的 5℃ 差异是典型差异，那么耐受性最强的摇蚊种类（$TL_{50} = 39℃$）的上限可能是约 34℃。

**表 12.3　　　　　　　　　　　　　观察到的大型无脊椎动物耐受温度**

| | 正常多样性和丰度的极限温度/℃ | 高耐受物种的温度上限/℃ |
|---|---|---|
| Delaware 河[a] | 32 | 37 |
| 摇蚊幼虫[b]（$n = 8$） | 28 | 34 |
| 石蛾 | 28 | 35 |

a. Trembly（1960）。

b. 见正文。

c. Mihursky and Kennedy（1967）。

上述有限的信息来源表明，为了维持大多数水生无脊椎动物的正常多样性和丰度，日平均温度不应超过 30℃。然而，这并不意味着相同的物种在 30℃ 以下一定会存活。

关于支持 30℃ 水平的其他证据，表 12.4 列出了 Chesapeake 湾 13 种无脊椎动物和脊椎动物的温度耐受性。在这种情况下，物种减少的损害可能发生在温度大于 30℃ 时。

**表 12.4　　Chesapeake 湾次优范围内的预测物种和随温度升高而消失的物种**

| 温度/℃ | 次优范围内的物种/% | 消失的物种/% |
|---|---|---|
| 26.7 | 0 | 0 |
| 29.4 | 8 | 0 |
| 32.2 | 61 | 8 |
| 35.0 | 16 | 69 |
| 37.8 | 15 | 85 |

资料来源：Mihursky（1969）。

在海洋环境中，平均日温度的最大耐受极限无疑低于淡水，因为海洋温度更稳定，环境温度不会达到淡水中出现的高温情况，至少在温带海洋中是如此。然而，关于海洋环境热效应的研究很少。Adams（1969）引用了美国加利福尼亚州 Morrow 湾一家发电厂的研究结果，该研究显示，随着温度的升高，发生了从冷水无脊椎动物物种向温水无脊椎动物物种的可预测性转变的情况。在离排放口 150m 远的表面测得该处高于环境温度 5.5℃，该地点存在 54 种物种，其中 39% 是温水型物种，这符合该地区的正常现象。在 90m 处，存在 34 种物种，其中 67% 为温水型物种；在热水排放口附近，只观察到 21 种物种，其中 95% 是温水型物种。

与前面引用的淡水和河口热水效应的例子相比，温度增加 5.5℃ 似乎相当小。正因如此，上述例子表明，海洋群落可能对温度变化非常敏感。

对淡水和海洋环境而言，物种转变的重要性取决于入侵物种的有害方面和受影响物种的经济重要性。向温水物种的转变可能是不可取的，一般来说，温水物种生长快，成熟早，但寿命短；而冷水物种生长相对慢，成熟晚，但寿命长。Nebeker（1971a）已经表明，对于几种昆虫来说，即使在较大的温度范围（15~30℃）内摄食活性很高，但出现率也越来越低，并且在高于 15℃ 的温度下，成虫的寿命缩短了。因此，适应较低温度的动物可能会因为寿命更长而达到更大的尺寸。尽管温水物种的生产率往往会更高，但系统中能量转移的效率可能会降低，其整体稳定性也会受到损害。

Hogg 和 Wiliams（1996）在安大略省多伦多附近的一阶河流中调查了全球变暖引起的温度升高对河流底栖无脊椎动物的潜在影响。他们将河流沿纵向分成两个河道，并将其中一个河道的环境水温提高 2~3.5℃，与该地区的全球变暖预测一致。相对于对照组，在高温河道中发现动物（尤其是摇蚊）的密度降低、生长率增加，出现时间更早。此外，随着温度的升高，端足类美洲钩虾（amphipod *Hyalella azteca*）成熟时体形变小，并且早熟繁殖，石蛾（*Lepidostoma vernale*）性别比例发生变化。Hogg 和 Williams（1996）得出结论，无脊椎动物的生命史特征可能比群落组成、生物量和物种丰度等指标更敏感地反映微小的、缓慢的温度变化。由于我们对物种内基因型可变性和表现型可变性的理解有限，因此很难预测温度升高对水生无脊椎动物的影响，而基因型可变性和表现型可变性使动物能够适应变化的条件（Sweeney 等，1992）。

## 12.5　食物供应对大型底栖无脊椎动物的影响

底栖生物群落的组成取决于食物的类型和获得难度以及化学（热）条件，如果食物的类型和（或）获得难度发生变化，即使化学特性或温度没有发生显著变化，群落也会做出反应。虽然难以一概而论，但以下情况展示了食物供应的变化是如何导致群落发生转变的：

（1）食腐动物包括织网石蛾、水生潮虫、摇蚊、蛤蜊、蜗牛、大多数蜉蝣、某些石蝇和黑蝇，这些动物主要是微粒物质的收集者。大多数蜉蝣、石蛾和石蝇都吃腐蚀质和藻类，但通常食腐更为常见（Grafius 和 Anderson，

1972)。

（2）食附着生物的动物包括某些蜉蝣、筑茧石蛾、某些甲虫和蜗牛。

（3）食肉动物的代表是蜻蜓、某些水蛭、某些石蝇、某些甲虫、某些蠓、蜻蜓科昆虫和某些石蛾。

例如，食物供应的变化会以下列方式影响河流中无脊椎动物的组成。在生产率低的河流中，初级生产者产生的腐殖质很少，因此，食用基质表面附着生物的食草动物预计最多，食用由内部生产积累在基质表面的腐殖质的动物较少。如果通过无机营养物或有机废物的输入来增加腐殖质，那么食腐动物会在输入源的下游生长旺盛，食草动物会减少。然而，由于自养生产的增加，食草动物会在富集的直接区域做出反应。食腐动物的这种增加在污水等细颗粒输入的情况下尤为明显。如果水质差是由于产量增加造成的，例如低溶解氧，从而限制了食肉动物生存（通常使捕食种群保持较低水平），那么在食肉动物不存在的情况下，耐受性强的食腐动物捕食物种可以达到较大的生物量，目前已经注意到水蛭和管状蠕虫之间的这种相互作用。

在森林覆盖低的低阶河流（$P/R<1$）中由食草动物和食腐动物（分别为大颗粒碎屑和小颗粒碎屑）为主的群落，通常会转变为荫蔽较少、自养产量较高的较高阶河流（$P/R>1$）中由食草动物和食腐动物为主的群落。这被认为是没有接受人为来源富集的河流的可能结果（Cummins，1974；Vannote 等，1980）。

# 12.6　有机物的影响

## 12.6.1　自然输入

在本地物理化学变化不大并且多样性已经受到食物短缺限制的情况下，外来有机物的自然输入可以改变群落结构，这实际上会导致物种增加。有机物的陆地来源包括树叶、针叶和其他形式的腐殖质，它们为上述低阶河流提供食物。然而，其他类型有机物的适度流入也会增加物种丰度从而改变群落。加利福尼亚州的一条山间溪流便显示了这一现象，该溪流接收了来自一个湖泊的颗粒状有机物质（藻类碎屑）的输入。在颗粒物质（悬浮物）达到顶峰时，由于湖水的富集，物种的数量增加了。在距湖泊的上游检测到 5 种物种，而下游两个点分别检测到 11 种和 14 种物种。其中以碎屑为食的黑蝇（蚋科）非常丰富，而蠓（摇蚊科）的数量也大大增加，它们都是腐殖质的"收集者"。蚋（Simulids）在离湖泊 0.4km 的溪流中去除了大约 60% 的悬浮浮游藻类（Maciolek 和 Maciolek，1968）。如果有机富集度较低，寡毛类（蠕虫）的物种数也可能较低，并随着富集度的增加而增加（Milbrink，1980）。

　　类似的情况也可能发生在水库的尾水中，而不会降低河水水质。水库中产生的浮游生物碎屑增加，刺激了下游的昆虫群落，从而导致了生产性河流渔业的产生。此外，大坝下游可能出现密集的附着藻类，这是对具有高溶解营养物含量的滞温层水的释放做出反应的结果。

## 12.6.2　人为输入

　　人为废水的影响通常比上文描述的外来有机物的自然来源更为严重。有机废水最明显的影响是对溶解氧的需求，此外，相关的悬浮固体输入会将底部基质变为沉积多于腐蚀的状态。事实上，生物量和生产力的增加通常伴随着物种多样性的减少，而不是物种和生物量的增加。

　　物种数量减少的主要原因是物理和化学因素的日益严重，淘汰了耐受性弱的物种，剩余的耐受物种的繁荣是因为食肉动物减少和食物供应更加有利，从而导致存活率的提高。因此，生物量的增加是由于食物供应的增加。但是，如果食物供应对于水流和溶解氧资源来说太多，即使是耐受物种的生物量也会在多污带减少。与天然有机物的例子一样，如果物理和化学变化不大，系统最初是高度负营养化的，则生物量和多样性的增加可能是由人为有机物的适度输入造成的。因此，群落转变的程度是废物类型、废物负荷、河流稀释体积或稀释率以及湍流（复氧潜力）的函数。污水排放在许多情况下产生了这些可预测的影响。图 12.7 展示了一项相关的早期经典研究的结果，相关的 BOD 和 DO 结果如图 12.8 所示。

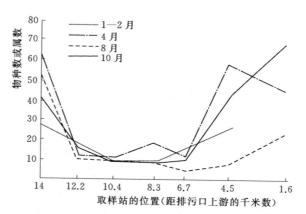

图 12.7　俄亥俄州 Lytle 溪不同季节排污口（箭头所示）上游和
下游物种丰度分布图（Gaufin 和 Tarzwell，1956）

　　图 12.7 显示了美国俄亥俄州 Lytle 溪排污口上游和下游分类群的季节性

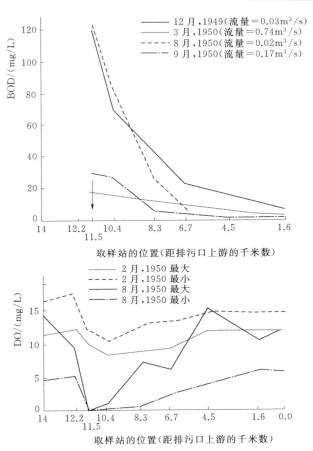

图 12.8　俄亥俄州 Lytle 溪不同季节排污口（箭头所示）上游和下游
的 BOD 和 DO（Gaufin 和 Tarzwell，1956）

物种丰度。值得注意的是，根据所考虑的季节，污水效果的相对差异较为明显。在夏末和冬季，当河水流量较低时，对整条溪流的影响要严重得多。图 12.8 显示了 8 月和 12 月中由低流量导致的较高的 BOD。因此，在夏季低流量时，DO 的最大值和最小值较低。还需注意冬季最小类群丰度区延伸的现象（图 12.7），这可能是由于在低温和低稀释期间废物分解率降低导致的，尽管这几个月没有流量数据。

　　为了说明流量、距离和时间对最大溶解氧缺少的影响，可以使用河流 Streeter－Phelps 方程来计算假设河流的溶解氧亏（DO sag）：

$$\frac{\mathrm{d}D}{\mathrm{d}t}=K_{\mathrm{d}}L_t-K_{\mathrm{a}}D_t \tag{12.1}$$

式中：$K_{\mathrm{d}}$ 和 $L_t$ 分别为时间 $t$ 时的分解速率和生化需氧量（见废物特性），它们代表脱氧反应；而 $K_a$ 和 $D_t$ 分别为时间 $t$ 时的复氧速率和溶解氧亏，代表复氧反应。

对于进水生化需氧量为 150mg/L、河流温度为 25℃ 的情况，如果河流流量为 5000m³/d，则到达最大溶解氧亏（最小溶解氧）的时间和距离分别为 1d 和 1.5km；如果河流流量为 10000m³/d，但距离为 4.1km，且实际溶解氧亏从 6.5mg/L 减少一半以上，变为 3.0mg/L，那么达到最大氧亏的时间仍为 1d。Hawkes（Klein，1962）已经概括了群落对污水形式的有机废物的反应，对群落中的生物属就多石的、流速快的河流和主要为沉积基质的河流而言是典型的。根据以下转变，随着有机废物的加入，多石急流中不耐受物种的数量将减少：

蜉蝣→蜉蝣幼虫→钩虾

竞争的减少和食物供应的增加导致了如下所示的淘汰顺序：

四节蜉属（蜉蝣）→蚋属（黑蝇）→石蛾→椎实螺属（蜗牛）→石蛭属（水蛭）

废物的进一步增加和基质的变化有利于以下顺序的物种优势的形成：

仙女虫属（蠕虫）→栉水虱属（潮虫）→（蜻蜓科的昆虫）→

摇蚊属（蠓）→颤蚓属（蠕虫）

尽管在沉积基质中的终点也与泥蛉（*Sialis*），摇蚊（*Chironomus*）和颤蚓（*Tubifex*）相同，但是蜉蝣（*Ephemera*）和细蜉（*mayflies*）等沉积物耐受性生物是初始沉积基质群落所特有的物种。图 12.9 显示了物种和个体对有机废物反应的总体丰度的一般模式，在图 12.9（a）中，可以看到单一有机废物的典型影响，这种显著的效果必然是由高负荷造成的，特别是当出现污泥沉积时。物种丰度增加，而多样性减少。

两种寡毛蠕虫主要分布在被有机废物严重污染的环境中，它们是正颤蚓（*Tubifex tubifex*）和霍甫水丝蚓（*Limnodrilus hoffimeisteri*），大量的有机碎屑和伴随的低溶解氧有助于这些物种在严重污染的河流中战胜其他物种，它们可以在溶解氧低至 0.5mg/L 的水平下存活。Brinkhurst（1965）认为，它们在数量上占优势很大程度上归因于其生殖习惯，与许多在流水中不太耐受的物种形成直接对比的是，这两个物种一年四季都在繁殖。Brinkhurst 认为，蠕虫也受到低溶解氧的不利影响，但是由于它们经常繁殖，所以尽管溶解氧很低，它们仍能满足大量的食物供应来维持较大的生物量。可以用相同的生命史特征概念来解释多毛纲蠕虫小头虫（*Capitella capitata*）在有机污染的海洋环境中的优势地位（Grassle 和 Grassle，1974）。

高密度种群的潜在污泥再循环率可以说明管状生物在利用和稳定有机废物负荷方面是成功的。据报道，颤蚓（*Tubifex*）每天产生 170cm³ 粪便颗

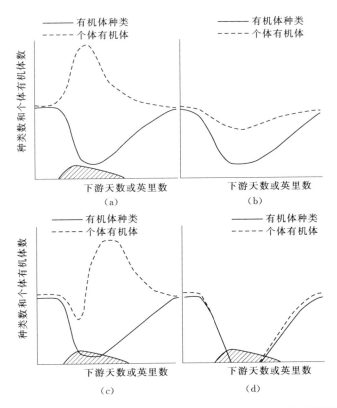

图 12.9　大型无脊椎动物对 （a） 有机废物、（b） 低水平有毒废物、
（c） 有机和有毒废物和 （d） 高水平有机和有毒废物的普遍反应。
污泥沉积由交叉阴影区域表示 （Keup，1966）。

粒 （Bartsch 和 Ingram，1959），它们的头朝下埋在沉积物中，后端在上覆水
中，产生一堆粪便颗粒，其颜色通常比周围的沉积物浅。假设密度为
100000m⁻²，而观察到颤蚓的量是该数量的 2～3 倍 （Gaufin 和 Tarzwell，
1956；Hynes，1960），那么该动物每天回收顶部 3cm 的沉淀物。据观察，颤
蚓在湖泊中的移动深度为 15cm （Milbrink，1980）。计算认为，颤蚓长约
4cm，后直径为 0.06cm。

　　Cairns 和 Dickson （1971a） 将种群根据对有机废物的耐受度归纳为三大类。
不耐受群体包括蜉蝣、石蝇、石蛾、浅滩甲虫和幼翅虫 （*hellgrammite*）；耐受
群体包括污泥虫、某些蠓、水蛭和某些蜗牛；中等耐受群体包括大多数蜗牛、
潮虫、钩虾、黑蝇、大蚊、指甲蛤蜊 （*fingernail clams*）、蜻蜓和一些蠓。

　　虽然这种分类可能看起来相当粗糙，特别是科内属与属内种之间的耐受性
重叠相对较大，但通常可以通过这些分组将严重污染条件与无污染条件或中度

污染条件分开。为了检测群落响应中的细微变化，需要更详细的方法。

### 12.6.3　湖泊富营养化

由于人为富营养化，湖泊中寡毛类生物相对于其他生物，尤其是摇蚊科而言有所增加。蠕虫随着深度的增加也表现出更大的丰度，而蠓却恰好相反，这可能与缺氧和沉积有关，但这种物种竞争引起的变化的程度尚不清楚（Thut，1969）。表 12.5 中展示了 Washington 湖与 Erie 湖西部的对比，以及 Erie 湖从早期调查状态的退化程度。寡毛类生物的密度可以达到每平方米数万只，Carr和 Hiltunen（1965）在 Erie 湖发现了寡毛类生物的最大密度，1961 年该湖寡毛类生物的平均密度为 6000 只/m²，靠近 Maumee 河、Raisin 河和 Detroit 河的河口，而 1930 年的密度小于 2000 只/m²。

表 12.5　　　　各种湖泊深水区底栖生物量的相对组成

| 湖　　泊 | 寡毛类/% | 摇蚊类/% | 球壳目/% |
|---|---|---|---|
| Washington 湖 | 51 | 43 | 3 |
| Erie 湖（1929—30）[a] | 1 | 10 | 2 |
| Erie 湖（1958）[b] | 60 | 27 | 5 |
| Cultus 湖（不列颠哥伦比亚省） | 34 | 65 | |
| Convict 湖（加利福尼亚州） | 31 | 65 | |
| Constance 湖（加利福尼亚州） | 20 | 57 | 20 |
| Dorothy 湖（加利福尼亚州） | 23 | 69 | 3 |

数据来源：在美国生态学会的许可下，来自于 Thut（1969）

a. 蜉蝣丰富。

b. 不存在蜉蝣。

Washington 湖的深度分布如图 12.10 所示。加拿大萨斯喀彻温省贫营养 Cree 湖的结果（图 12.11）中显示寡毛类生物没有随深度成比例增加，与 Washington 湖相同。因此，生物量的比例变化是湖泊富营养化的一个重要指标。

摇蚊的种类与湖泊的营养状态有关。在瑞典中部的大湖中，Wiederholm（1974）认为，4 个物种分别代表湖泊的贫营养、中营养、富营养和可能的超营养状态，这反过来又与磷和叶绿素 $a$ 的水平有关（表12.6）。Warwick（1980）根据

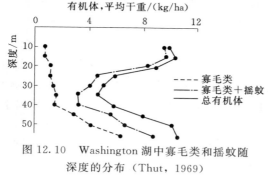

图 12.10　Washington 湖中寡毛类和摇蚊随
深度的分布（Thut，1969）

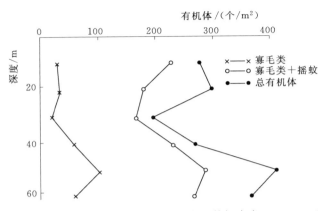

图 12.11　Cree 湖中摇蚊和寡毛类的分布（数据来自 Rawson，1959）

Saether（1979）认可的 15 种摇蚊组合，进一步将湖泊划分为不同的营养指数。Wiederholm（1980）进一步将湖泊的摇蚊营养指数与每单位平均深度的磷和叶绿素 $a$ 联系起来。平均深度被认为是摇蚊对富营养化加剧反应的一个重要因素，因为对于给定的摇蚊变化，深水湖泊比浅水湖泊需要更多的磷和藻类生物量。深水区的无脊椎动物依赖于到达底部的有机物，并且随着深度的增加，到达底部的有机物越来越少。因此，在相似的富营养化水平下，浅水湖泊比深水湖泊具有富营养化程度更高的摇蚊群落。

表 12.6　　　　　　　4 种摇蚊与营养状态指标之间的关系

| 指　　标 | 异三突摇蚊 | 小突摇蚊 | 蒽摇蚊 | 羽摇蚊 |
|---|---|---|---|---|
| chl $a$/($\mu$g/L) | <3 | 3~10 | 10~20 | >20 |
| 总磷/($\mu$g/L) | <15 | 15~30 | 30~60 | >60 |
| 磷负荷/[g/(m² · a)] | <0.5 | 0.5~1.0 | 1.0~2.0 | >2.0 |

数据来源：源自 Wiederholm（1974）。

## 12.7　有毒废物的影响

大型无脊椎动物对毒性的反应与对有机废物的反应大不相同。与有机废物一样，有毒废物会导致物种数量减少，但生物量保持不变，或者随着其他可能是捕食者或重要食物来源的物种的死亡而略有增加。只有在毒性非常低的情况下初始生物量才得以维持，多数情况下，生物量与物种数量都会减少。增加食物供应造成的影响是短期的，可能影响太小而观察不到。

物种数量和生物量的变化程度取决于所产生的毒物浓度与现存物种耐受范围的关系。考虑到大多数有毒物质（特别是合成有机物）的外来性质，在相对寒冷和营养贫乏的环境中，物种数量的预测不会在有毒物质输入时随着温度和有机物的增加而增加。

有毒物质和有机废物的结合导致了如图 12.9 所示的预测的总体群体反应。图 12.9（b）中，有机废物输入导致的种类减少，由于主要有毒废物多数情况下没有食用价值，因此，耐受物种没有额外的能量来增加其数量。图 12.9（c）中，群体中由于存在初始毒性，导致其多样性降低，但因为群体中存在的物理或生物的复合与稀释作用以及有机物的作用，又会降低其毒性。在图 12.9（d）中，有毒物质的含量没有"减少"，其综合效果比单独使用任何一种废物都要差。

一条接受 19 世纪末和 20 世纪初采矿活动遗留下来的尾矿池和废石堆排水的河流产生了典型的毒性反应。在美国蒙大拿州的 Prickly Pear 溪，从上游控制点延伸到离污染最远（11km）的下游采样点（Miller 等，1983；LaPoint 等，1984）依次建立了 6 个站点。从矿山废弃物中浸出的主要毒物是锌和铜，平均浓度分别超过 $1000\mu g/L$ 和 $100\mu g/L$，位于污染源的下游（图 12.12）。该浓度水平远远高于美国环保局的标准（参考第 13 章）。此外，铜也高于受影响区域的标准水平。在污染源下游 2km 内的最大受影响区域内，个体的总丰度和物种的数量大幅下降，并与金属的增加成正比。最下游站点的无脊椎动物仍未恢复到上游控制点的水平。

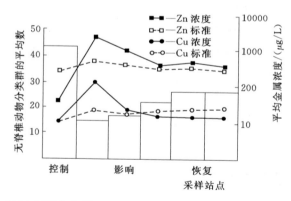

图 12.12    1980 年蒙大拿州 Prickly Pear 溪无脊椎动物分类群的平均数与锌、铜总浓度和 EPA 对这些金属的急性标准的关系（数据来自 Miller 等，1983）

与溶解氧一样，不同种类的物种之间的耐受性范围也是可以预测的。有迹象表明，蠓对重金属的耐受性可能比石蛾更强，蜉蝣的耐受性最低（Savage 和 Rabe，1973；Winner 等，1975，1980）。然而，从受废物影响的溪流中物种的存在来判断，相对耐受性可能与各个科中物种的数量有关。给定一个科中相同的耐受范围，物种数量最多的科中存在更多耐受性强的物种的可能性更大。

大型无脊椎动物物种的数量代表了广泛的耐受性，同时缺乏关于单一物种耐受性的信息，这使得特定毒物标准的制定在很大程度上是不可能的。然而，将一些无脊椎动物代表的耐受性与鱼类的耐受性进行对比可能会起到作用，因为鱼类具有特定的标准。有迹象表明，水生昆虫对急性水平的金属耐受性一般比鱼类强（Warnick 和 Bell，1969；Clubb 等，1975）。当暴露时间较长时，一些昆虫和鱼一样敏感，或者比鱼更加敏感（Spehar 等，1978）。对水生昆虫的生命阶段也有亚致死效应，类似于鱼类。例如，由于镉浓度大大低于致死水平，一些物种的蜕皮和出苗减少，而尺寸较小的物种比尺寸较大的物种对急性水平更为敏感（Clubb 等，1975）。此外，年幼的、较小的物种比年长的、较大的物种对杀虫剂的敏感度也更高（Jensen 和 Gaufin，1964）。

虽然了解对水生无脊椎动物关键生命阶段造成损害的毒物浓度很重要，但确定毒物的相关化学形式和相互作用因素可能更为重要，金属尤其如此。金属的相对毒性通常随 pH 值（由于溶解性）、溶解氧和温度（由于新陈代谢速度）、硬度（由于钙和镁与有毒金属的竞争性抑制）以及有机物的存在量而变化。由于可用于络合的有机物较少，贫营养水体中金属的有效性可能大于富营养水体中金属的有效性。这些相互作用的具体性质将在第 13 章关于鱼类的描述中进行讨论。

# 12.8　悬浮沉积物

流水携带的沉积物会对水底生物产生不利影响。如前所述，生物类型和丰度的分布在很大程度上取决于基质类型。滥用流域造成的过度侵蚀往往是由于过度放牧、砍伐森林和城市发展造成的。植被减少会导致径流的速率增加，从而将更多的土壤颗粒冲刷到水道中。峰值水流随着流域不透水表面比例的增加而增加，这种流量的增加超过了之前河流的极限，会导致更严重的河道内侵蚀和沉积物沉积，形成沉积基质。对河流大型无脊椎动物的最大影响（变化）可能会发生在先前侵蚀基质沉积增加的地方。

悬浮沉积物是一种潜在而广泛的污染物。通常与有毒物质导致的情况相同，河流的恶化是渐进的，鱼类和无脊椎动物不会突然死亡。但是，群落也可能出现显著的变化。沉积物的主要影响是减少侵蚀基质群落的栖息地，特别是通过填充碎石（砾石）底流中的空隙。因此，物种的数量和生物的丰度应该会减少，因为在被侵蚀的物质中通常很少含有机物来增加食碎屑动物的食物供应，食碎屑动物将在沉积环境中占优势。然而，悬浮沉积物向侵蚀基质的适度增加实际上不会导致明显的变化或丰度的增加，而如果基质稳定，物种数量可能会增加。Chutter（1969）在非洲河流中发现了后一种效应，在夏季，随着基质从侵蚀到稳定沉积再到不稳定沉积，石质河流中物种的数量从 30 种增加到 42 种，然后减少到 22 种，3 种环境类型的丰度显示出相同的趋势（见表12.1）。伐木通常导致一些分类群（如石蝇）的多样性减少和丰度降低，另一些分类群（如蠕虫、蟪和蜉蝣）的丰度增加，这些分类群对沉积物的耐受性更强（Graynoth，1979；Newbold 等，1980）。

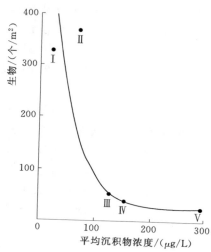

图 12.13　蒙大拿州 Bluewater 溪 5 个站点年平均悬浮沉积物浓度与底栖生物丰度之间的关系。下游沉积物的增加是由灌溉回流引起的（数据来自 Peters，1960）

沉积物浓度的适度增加会对底栖动物产生不利影响。由于灌溉回流，美国蒙大拿州 Bluewater 溪（一条侵蚀基质流）在沉积物浓度平均水平为 100mg/L 时观察到了这种效应。尽管在一个装有该河水的烧杯中不容易观察到这种悬浮沉积物，但是在光路较大的自然水道中，透明度的降低是非常明显的。这种浓度在河流中不会产生毒性，但生物的丰度却减少了 90%（图 12.13）。

制定沉积物浓度标准非常困难，因为影响是由沉积和保留在底层的量造成的，而不是残留在水中的浓度，沉积的负荷部分又取决于河流流量。因此，在给定的平均沉积物浓度下，低速水流通常会比高速水流产生更大的影响。

城市径流的影响往往更多地与河流中侵蚀基质的物理冲刷、移动和替换有关，而不是与沉积物沉积有关，这是因为峰值流量远远高于开发前的流量。因此，种群可能会被驱逐并向下游转移，多样性降低，只有机会物种存活。由于影响很难预测，因此在采取纠正措施后对河流接收水质的评估应成为每个项目的组成部分，就像现在对美国湖泊恢复所采取的情况一样。

## 12.9　恢复

河流系统的恢复相对较快，因为在流水系统中，受污染的水在废物输入减少后相对较快地向下游移动。经过一次水循环，其中包括将大部分受污染沉积物向下游输送（或沉积新的未受污染的沉积物）的高流量，自然环境可以得到很大程度的恢复。所以需要做的就是恢复种群，这需要在生物体枯竭的区域进行重新繁殖，并需要时间重新生长到预处理丰度。因为大多数分类群都有 1 年的生命周期，所以一般需要 1～2 年的恢复时间。在河流下游，由于流速较低，沉积物不易转移，或者大部分支流动物枯竭，恢复可能需要较长时间，因此种群的成功重新定殖会延迟。

表 12.7 列出了河流从各种废物中恢复的一些例子，大部分恢复时间约为 2 年。对于这些例子中的大多数，很难对水质和（或）底部动物组成的变化进行定性分析。然而，它们给人的印象是，如果存在重新定殖的来源，并且废物的投入大幅减少，恢复就相对 "较快"。1967 年，一个粉煤灰池泄漏之后，Clinch 河发生了鱼类死亡事件，该粉煤灰池的泄漏导致了一股酸碱度为 12 的水顺流而下，几乎杀死了沿途所有的生物。当时关于恢复时间为 10 年的观点显然是错误的。

**表 12.7　废物控制后受不同类型废物影响的大型无脊椎动物和鱼类群落的恢复**

| 河流生态系统 | 废　物 | 恢复状态 | 废物的移除 | 所需时间 |
|---|---|---|---|---|
| Clark Fork 河蒙大拿州[a] | 酸性矿 | 鳟鱼和底层动物完全恢复 | 6 个月后酸性矿井水 100% 移除 | 2 年 |
| 缅因州，若干条河流[b] | DDT | 底部动物完全恢复 | 100%（不连续应用） | 2～3 年 |
| Thames 河河口，英国[c] | 污水 | 部分恢复；鱼类从 0 变为 61 种，最低 $O_2$ 饱和度从 0 变为 10% | 经过二次处理移除 60% 的污水 | 7 年 |
| Clinch 河，弗吉尼亚州[d] | 酸性废物溢出 | 底部无脊椎动物多样性完全恢复，但一些软体动物仍然不存在 | 100% | 2 年 |
| Clinch 河，弗吉尼亚州[d] | 碱性粉煤灰外溢 | 底部无脊椎动物多样性完全恢复 | 100% | 6 个月 |
| Blue Water 溪，蒙大拿州[a] | 淤泥 | 两个站点的鳟鱼（杂鱼）分别从 0.64 和 0.14 提高到 3.5 和 1.0 | 两个站点分别移除沉积物负荷的 52%～44% | 2～3 年 |
| Plum 溪（Clink Rivery)[f] | 燃油溢出 | 底部动物丰度完全恢复 | 100% | 5 个月 |

a. Averett（1961）。

b. Dimond（1967）。

c. Gameson et al.（1973）。

d. Cairns et al.（1971b）。

e. Marcuson（1970）。

f. Hoehn et al.（1974）。

## 12.10　水质评估

大型底栖动物能够对水质状况进行有效评估，然而，目前面临的问题是应该使用什么样的方法或技术来进行评估。虽然某些物种存在与否对具有底栖动物相对耐受性经验的人来说具有定性意义，但这种描述性信息很难进行统计学交流与处理。因此，通常将存在（或不存在）生物相对耐受性知识与群落结构或指示种群的数值表达相结合以评估水质。数学表达式可以被用来表示一个物种对另一个物种的相对容忍度，但也许并不理想。

### 12.10.1　指标物种和分类学

指示物种通常用于判断环境的相对质量，即当某一物种存在时即可指示出特定的水质状况。尽管本方法中未曾体现，但环境中特定物种的缺乏也常被用来判断环境的相对质量。

这种方法的主要缺点是难以进行分类以及缺乏给定类型废物相对耐受性的明确信息。关于分类学问题，Resh 和 Unzicker（1975）强调了物种鉴定的重要性。他们发现，在已知的 89 属对有机废物具有耐受性的大型无脊椎动物中，在 3 种耐受性类别［即不耐受性（I）、兼性（F）或耐受性（T）］下，有 65 属物种具有一种以上的一般耐受性类别（I/F，I/F/T 或 F/T）。尽管无脊椎动物的属在大多数情况下相对容易确定，但显然存在耐受性重叠问题，除非在物种水平上进行鉴定，否则无法进行确定分析。对于许多群体而言，这既困难又耗时，例如由于北美动物区系分类状况较差，因此常需要听从专家意见。同样重要的是，已知的特定物种对可排入河流的各种废物耐受性，只有像污水这样的有机废物，人们才能对物种间耐受性具有普遍认识。利用指示物种的一个很好的例子就是前面所描述的深水摇蚊和湖泊营养状态。

这并不是说对现存生物及其相对丰度的描述中一无所获，如上所述，Hawkes（1962）描述了英国不同基质流中一系列典型的属对有机废物的响应。当然，大量存在的颤蚓很快被确定为严重的有机污染。然而，仅用定性指标生物体方法难以解决检测废物输入中微小增量变化影响的问题。

### 12.10.2　数字指数

大量的公式使用大型无脊椎动物表达"河流质量状况"或"污染程度"，它们通常有生物性、多样性和相似性 3 种类型（Washington，1984）。生物（"污染"）指数要求判断所鉴定各种分类群的相对耐受性（或污水生物的化合价 saprobic valency），通常为耐受性、不耐受性或兼性，并对这些分类群之间的分布进行加权，因此需要研究者有丰富的经验。这些公式存在的主要问题是，它们在很大程度上局限于评估有机废物的影响，缺乏对分类群可能存在的大量有毒废物或物理因素（如沉积物、水流）的耐受性进行分类的基础（Sladecek，1973；Washington，1984）。然而由于其考虑到分类群的生理需求，许多人认为它们比其他指标更具生物学相关性。

Washington（1984）分析了 19 项生物指数，认为 Beck 指数是第一个真正的生物指数（Beck，1955），该指数比较了对有机污染具有耐受性和不耐受性的物种的丰度，且并没有体现个体丰度或除了耐受有机污染之外的任何其他属性。此外，Beak 的河流指数（Beak，1965）包括营养特征（摄食习惯）、对有机污染的敏感性及对单个物种相对丰度的判断。还有其他指数包括一个或多个这些因素，如 Trent 生物指数、Graham 指数和 Chandler 生物指数（Washington，1984）。这些指数通常取决于某些分类群对有机污染的耐受性梯度，在某些情况下需要对物种进行鉴定，而有时只需对目或科进行鉴定即可。

Hilsenhoff（1977）采用 Chutter（1972）为南非河流开发的生物指数，并将其应用于北美河流，该指数使用每个选择 $Q$ 值的分类单元的质量值（$Q$）和丰度。根据式（12.2）加权计算出平均 $Q$ 值：

$$\text{Index} = \frac{\sum_{i=1}^{K}(n_i Q_i)}{n} \tag{12.2}$$

式中：$n_i$ 为每个 $K$ 分类群中的个体数；$n$ 为个体总数。

Hilsenhoff 的 $Q$ 值范围为 0～5，这是最终指数值范围，其中小于 1.75 代表未受干扰的洁净水流，3.75 代表总富集或干扰。

美国环保局开发了一种生物评估方法，该方法使用生物完整性指数来评估水生资源损害的是否存在及其损害程度。因为生物群落反映了生态系统的生态完整性，所以监测这些群落对于确定污染或其他干扰的影响至关重要。为此，美国环保局制定了进行生物调查的指南，例如针对 3 种水生群落（附着生物、鱼类和大型底栖无脊椎动物）的快速生物评估方案（RBP）（Plafkin 等，1989；Barbour 等，1999）。这些方案已经在美国不同地区进行了测试，并被美国大多数州采纳，用于水资源评估和管理。

RBP 中提出的生物指数基于生物完整性指数（IBI），该指数综合了各种功能和结构（组成）的度量标准（Karr，1981），然后将这些指标合并为一个确切数字。例如，鱼类 IBI 包括丰度、总物种丰富度、各种鱼类群（如吸盘鱼、镖鲈、翻车鱼）的数量、敏感物种和耐受物种的数量、营养成分和鱼类状况的量度（Karr，1991）。将 12 个指标结果值相加形成 IBI（范围：12～60），以对该站点鱼类群落整体完整性进行度量。

Barbour 等（1999）还为大型底栖无脊椎动物的度量标准进行定义与评估。最有效的度量标准是那些反映人类影响范围的指标（Fore 等，1996；Karr 和 Chu，1999）。河流的最佳底栖生物度量标准包括丰富度、物种组成、污染耐受性或敏感性、摄食群体和生境类型（表 12.8）。湖泊（USEPA，1998a）和湿地（Danielson，1998）采用了不同的生物评估方案和度量标准。

表 12.8 最佳候选底栖生物度量和度量对不断增加的干扰的预测响应方向（来自 Barbour 等，1999）

| 种 类 | 衡量标准 | 定 义 | 对不断增加的干扰的预测响应 |
|---|---|---|---|
| 丰度测量 | 分类群总数 | 测量大型无脊椎动物群落的总体变化 | 减少 |
| | EPT 分类群的数量 | 昆虫中蜉蝣目（蜉蝣）、多翅目（石蝇）和毛翅目（石蛾）的分类群数量 | 减少 |
| | 蜉蝣分类群的数量 | 蜉蝣分类群的数量（通常是属或种水平） | 减少 |
| | 丛翅目分类群的数量 | 石蝇分类群的数量（通常是属或种水平） | 减少 |
| | 毛翅目分类群的数量 | 石蛾分类群的数量（通常是属或种水平） | 减少 |
| 组成测量 | %EPT | 蜉蝣、石蝇和石蛾幼虫的混合物百分比 | 减少 |
| 耐受性（不耐受）性测量 | %蜉蝣目 | 蜉蝣幼虫百分比 | 减少 |
| | 不耐受分类群的数量 | 被认为对扰动敏感的生物体的分类群丰度 | 减少 |
| | %耐受生物体 | 被认为能耐受各种扰动的大型底栖动物的百分比 | 增加 |
| | %优势分类群 | 衡量单一最丰富分类群的优势。可以计算为占优势的 2、3、4 或 5 个分类群 | 增加 |
| 摄食测量 | %过滤者 | 从水体或沉积物中过滤 FPOM 的大型底栖动物的百分比 | 多变的 |
| | 食草动物和刮取者的百分比 | 刮取或摄食附着生物的大型底栖生物的百分比 | 减少 |
| 栖息地测量 | 黏附者分类群的数量 | 昆虫分类群的数量 | 减少 |
| | %黏附者 | 有固定的栖息地或适应附着在流水表面的昆虫的百分比 | 减少 |

IBI 如今被用来辨别美国不同地区各种类型人类干扰的影响，例如有机污染、伐木、牲畜放牧、娱乐和城市化（Fore 等，1996；Karr，1998）。在一项

为期两年的研究中心，研究人员对 19 条 Puget 湾低地河流进行了研究，并使用了度量标准为 9 的 IBI 来评估大型无脊椎动物群落的城市化程度（Kleindl，1995；Karr，1998）。9 个指标（蜉蝣、石蝇、石蛾、不耐受、寿命长、总分类群丰度、涡虫和两足动物的相对丰度、耐受生物分类群和捕食者分类群）随城市化程度的变化而变化，城市化的度量标准是总不透水面积的百分比（%TIA），生物完整性与%TIA 呈线性负相关（$r^2 = -0.76$）。农村退化程度最低的河流 IBI 为 35~45（不包括 45），而退化程度最高的城市河流 IBI 低于 15。

多样性指数不考虑单个物种的容忍度，只考虑物种数量和个体数量，因此与群落结构相关性更高（Washington，1984）。有许多关于多样性的公式（Washington 列出了 19 个），这里只列出 4 种。仅考虑物种丰富度的常用指数如下（改自 Margalef，1958）：

$$d = \frac{S-1}{\log_2 N} \tag{12.3}$$

式中：$S$ 为物种数量；$N$ 为个体数量，此处使用 $N$ 的自然对数。

实际上，式（12.3）表明，如果搜索环境并收集个体，遇到的物种数量与个体数量的对数呈线性增加。在某一点上，接近有限数量的物种，曲线变平。但这个公式并没有说明各个物种的相对丰度或分布的均匀性。

较为广泛地被用来表达多样性［包括丰富度（物种数）和均匀度］的公式之一是信息理论中的 Shannon 近似指数（Shannon 和 Weaver，1948）：

$$H'' = -\sum_{i=1}^{s} \frac{N_i}{N} \log_2 \frac{N_i}{N} \tag{12.4}$$

式中：$s$ 为物种总数；$N_i$ 为第 $i$ 个物种中的个体数；$N$ 为个体总数。

如果使用 $\log_2$，则 $H''$ 的单位是每个个体的比特，这在信息论中是惯例，因为人们对二进制系统很感兴趣（Zand，1976），近似指的是样本中 $N_i/N$ 的比例，而不是通常给出 Shannon 指数的 $H'$ 公式中 $P_i$ 代表的无限种群（Kaesler 等，1978）。也使用了符号 $\bar{d}$（Wilhm，1972），并且等于 $H''$。该公式的最大多样性 $H''_{max}$ 定义为 $\log_2 S$。例如，如果存在 32 种物种，则 $H''_{max} = 5$。

另一个被用来描述个体多样性的公式是 Brillouin 公式（1962）：

$$H = \frac{1}{N} \lg \frac{N}{N_1! \ N_2! \ \cdots N_s!} \tag{12.5}$$

根据 Zand（1976）和 Kaesler 等（1978）的观点，Brillouin 相较于 Shannon 指数能够更加准确地描述各物种中个体数量较低时的多样性。Kaesler 等（1978）从理论上对这两个指标进行了比较。

上述两个公式都是关于物种丰富度以及这些物种的均匀性，这是多样性的两个组成部分。因此，就现存物种的数量而言，其成员或个体分布更加均匀的环境可以被认为更具有多样性，即在某种意义上更为"平衡"。如第 1 章所述，这并不一定意味着群落更加稳定和抗扰。如果一个未受污染的环境接收到多种多样的食物原料，并具有多样化的底层基质，那么在这种环境中，对食物类型和空间有不同要求的物种之间更加公平地分配丰富度。

从理论上讲，我们可以期望该指数对物理化学变化更为敏感，同时考虑其均匀性和丰富性，表 12.9 给出了一个假设的示例。但是，一些多样性公式广受批评，因为它们基本上定义了一个不大可能发生的事情，并被认为几乎没有生物学相关性（Hulbert，1971；Washington，1984）。Hulbert 就曾提出过一个描述遭遇概率和种间竞争相对重要性的公式（PIE）。Washington（1984）认为，PIE 有望成为生物学相关的多样性指标。

表 12.9　　　　　　　　　3 个假设群落的多样性公式比较

| 群落 | $N_1$ | $N_2$ | $N_3$ | $N_4$ | $N_5$ | $\sum N$ | $S$ | $\dfrac{S-I}{\ln N}$ | $\overline{d}$ |
|------|------|------|------|------|------|------|------|------|------|
| A | 20 | 20 | 20 | 20 | 20 | 100 | 5 | 0.87 | 2.32 |
| B | 40 | 30 | 15 | 10 | 5 | 100 | 5 | 0.87 | 1.67 |
| C | 96 | 1 | 1 | 1 | 1 | 100 | 5 | 0.87 | 0.12 |

数据来源：源自 Wilhm 和 Dorris（1968）

注　$N$＝物种 1~5 中的个体数量；$S$＝物种数量。

基于"运行理论"的序列比较指数（SCI）是一项仅需少量甚至不需要分类学知识的便捷的多样性指数（Cairns 和 Dickson，1971）。使用该索引对样本进行枚举，并确定多样性指数 DI：

$$DI = \frac{\sum 运行数量/样本数量}{试验次数} \tag{12.6}$$

之后可将分类群的数量用于计算 SCI 或 $DI_{total}$：

$$SCI = DI \times 分类群的数量 \tag{12.7}$$

如前所述，多样性指数不考虑研究区域中特定分类群存在与否。数字多样性指数也是如此，但代表两个群落的具体分类群可能完全不同（并且对废物具有不同的耐受性）。相似性或比较性指数是衡量群落结构的指标，用于比较特定物种的丰度（Washington，1984）。

Gaufin（1958）论述了测定美国俄亥俄州 Mad River 特定物种丰度的必要性。在该河流中，清洁的水域尚且存在耐污染的蜗牛（*Physa*）、水蛭（*Macrobdella*）和蠕虫（*Limnodrilus*），在受污染下游这些生物的数量更为庞大。因此，我们不仅要考虑到某一类物种存在与否，更应该注意的是物种的丰度，这便是废物效应，比较指数同样会考虑到这一点。Bray 和 Curtis（1957）指数就是一个常见的示例，它衡量两个站点 a 和 b 之间的不同：

$$D = \frac{\sum_{i=1}^{s} X_{ia} - X_{ib}}{\sum_{i=1}^{s} (X_{ia} + X_{ib})} \tag{12.8}$$

式中：$X_{ia}$ 和 $X_{ib}$ 为相应站点中第 $i$ 个物种中的个体数量。

Hellawell（1977）和 Washington（1984）给出了其他相似性/比较性指数。

Shannon 近似指数（$H''$ 或 $\bar{d}$）最常用于评价废水对多样性的影响。尽管该指数不受广泛认可，但 Wilhm 和 Dorris（1968）证明，在测定底栖无脊椎动物产生废物的影响时，$\bar{d}$ 是可靠的（表 12.10）。在废物排放口附近，$\bar{d}$ 值通常约为 1，值可能出现在下游，而更下游的值代表河流已自我恢复。

**表 12.10　$\bar{d}$ 对各种类型废物的反应比较**

| 废　物 | $\bar{d}$ | | | |
|---|---|---|---|---|
| | 排水口上方 | 排水口 | 下　游 | |
| 生活污水和石油 | | 0.84 | 1.59 | 3.44 |
| 生活污水和石油 | 3.75 | 0.94 | 2.43 | 3.80 |
| 石油卤水 | 3.36 | 1.58 | | 3.84 |
| 炼油厂废水 | | 0.98 | 2.79 | 3.17 |
| 总溶解固体 | | 0.55 | | 3.01 |
| 石油卤水 | | 1.49 | 2.50 | |
| 石油卤水 | | 1.44 | 2.70 | |
| 雨水管污水 | | 1.45 | 2.81 | |

数据来源：Wilhm 和 Dorris（1968）。

对各种环境以及废物类型的种种研究表明，$\bar{d}$ 在污染条件下与非污染条件下提供了如下所示一致的结果（Wilhm 和 Dorris，1968）：清洁水由 22 个变化很大的环境的相似值表示，平均 $\bar{d} = 3.30$（范围为 2.63～4.00）；21 个环境中受污染区域和废物种类繁多区域显示出持续的低值，平均 $\bar{d} = 0.95$（范围为 0.42～1.60）。

根据试验观测结果，Wilhm 和 Dorris 提出了以下区分河流状态的一般准则：重度污染，$\bar{d} < 1.0$；中度污染，$\bar{d} = 1.0～3.0$；清洁水，$\bar{d} > 3.0$。

当没有控制点或缺乏污染前的数据情况下，存在用于判断河流状况的绝对值是非常理想的。然而，该指数相较而言更多使用站点间的比较值，并与其他指数结合使用，而非过于依赖绝对值，如简单的物种或分类群丰度。

无论在物种级别或是其他级别的鉴定上，多样性都可以得到有效利用，一

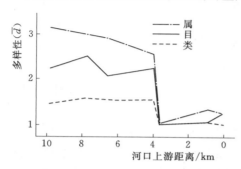

图 12.14　3 种分类水平的大型无脊椎
动物对有机废物的响应的多样性
指数（Egloff 和 Brakel，1973）

些研究学者已经证明了这一点。在美国俄亥俄州的 Plum 溪，有机废物的影响很容易识别，因为无论使用的分类级别是属、目还是类，废水输入源下游的 $\bar{d}$ 都在下降（Egloff 和 Brakel，1973）（图 12.14）。由于平均生物需氧量从 3.5mg/L 增加到 9.0mg/L，下游溶解氧浓度通常大于 6mg/L，因此废物负荷相当小，属的数量也从上游的 16～22 个减少到下游的 7～9 个。Hughes（1978）和 Hellawell（1977）也显示了物种、

属或科的多样性价值之间的密切一致。但如果使用类似于图 12.14 所示的类别或顺序，敏感度会大幅降低。科层面有助于描述 Washington 湖两条支流的状况——一条支流流域高度发达（7 个无脊椎动物科），另一条支流流域相对不发达（14 个无脊椎动物科）。前者 3 个位点（$n=9$）的 $\bar{d}$ 值范围为 1.75～0.29，后者 3 个位点的 $\bar{d}$ 值范围为 2.97～1.60（$n=9$）（Knutzen，1975）。

样性指数中的均匀度因素在某些问题上可能十分棘手，这是因为物种丰度下降时，均匀度可能会在环境中其他因素的作用下而大大提高（Hulbert，1971）。美国宾夕法尼亚州州立大学附近的 Spring 溪就是一个典型的例子（Cole，1973），该溪流接收经过二级处理的排放物，该排放物占溪流流量的 5%～20%。虽然 SRP 从 50μg/L 增加到 300μg/L，但其生化需氧量（BOD）仅从上游的 0.9～1.0mg/L 略微增加到下游的 1.0～2.2mg/L。该处理厂取代了个体化粪池系统，并形成了一个富集点源，显然，这将导致排放源下游的大型植物（伊乐藻、轮藻和眼子菜）丰度增加，导致溶解氧的日变化量增大。废水源下游的浅滩物种数量从 46 种减少到 27 种（减少 41%）；尽管溶解氧浓度小于 3mg/L，从 2.74mg/L 降至 2.26mg/L，但 $\bar{d}$ 值的降幅却仅为 15%。作者对 $\bar{d}$ 值未能表现出恰当的影响程度的解释是，大型植物增加了生物多样性，使得均匀度因子弥补了物种丰度的缺口。其他因素对均匀度的干扰也已被他人证明（Godfrey，1978）。

在有毒物质方面，Winner 等（1975）发现，当试验河流添加 $CuSO_4$ 后，物种和个体数量的非配制指数均显示出对下游铜梯度（120～23μg/L）的可预测响应。然而，Shannon 指数［式（12.4）］和 Margelef 指数［式（12.3）］

与铜梯度并不相关。此外，在铜离子浓度为 $120\mu g/L$ 和 $66\mu g/L$ 时，4 个物种灭绝，除了使用数字指数外，还必须考虑这些观测结果。

Bray－Curtis 相异指数能够显示特定分类群的变化［式（12.8）］，且与 Shannon 指数相比，能够更好地代表实验室河道中对铜的响应（Perkins，1983），其他比较指数也给予了积极响应。在铜浓度的对数序列中，物种数量呈线性减少，而 Bray－Curtis 指数在驯化的大型无脊椎动物群落暴露 14 天和 28 天后呈近似线性增加。此外，Shannon 指数随着铜的增加先上升后下降，这种现象显然与均匀度因素的干扰有关。Bray－Curtis 指数也为其他试验中微观生物对毒性的反应提供了一定的帮助（Pontasch 等，1989）。

在美国爱达荷州 Wolf Lodge 溪发生汽油泄漏事件后，研究员对该溪流的多样性和比较指数进行了评估（Pontasch 和 Brusven，1988）。Bray－Curtis 指数［式（12.8）］以及另一个比较指数（$x^2$）对气体泄漏的影响程度以及河流的恢复程度进行了较有意义的评估。但正如 Pontasch 和 Brusven 所强调的那样，所有的指数都存在偏差，不应用任何一个单一指数排除合理的生态判断。

由于文章列举了大量的指数，研究者可能会无法判断具体使用哪种指数来评估接收有毒、营养富集或改变栖息地受污染溪流中大型无脊椎动物的反应。针对多样性指数（尤其是 Shannon 指数）的许多批判都是从生物相关性的角度提出的，所以多样性指数仍被用来描述污染产生的影响，并且在许多情况下十分有效。多样性指数受欢迎的主要原因可能是与生物指数相比，其不需太多有关现存生物的知识。所示多样性（以及相似性）指数相较于生物指数的应用更为普遍，生物指数往往特定于某些地理区域，通常只针对一种废物（有机废物）。其目的是展示可用的指数类型，强调那些应用更为频繁且能够得到成果的指数，同时指出它们的缺点。研究者不应该依赖任何一个指标，而应尝试用几个指标综合描述由于废水输入到所研究河流中而引起的种群变化。正如 Washington（1984）所指出可用于此的指数，比如 Hulbert 的 PIE，应该多加利用。

此外，参考条件的定义对生物调查数据的解释至关重要（Barbour 等，1999）。参考条件通常特定于站点或某个区域，特定站点的参考条件通常在点污染源的上游或"成对"流域的上游测量，而区域参考条件则来自同一生态区内受干扰最少的地点。生态区方法就是基于这样的假设，即水体反映了其排放的土地，相应的土地在水质和生物区系方面应该产生相应的水体（Omernik，1987）。生态区边界基于土壤、植被、地质、气候和地理学的区域模式。人们发现，生态区有助于进行环境评估，制定区域资源管理目标，并制定生物标准和水质标准（Omernik，1995）。

### 12.10.3　取样问题

尽管底栖无脊椎动物的丰度变化很大，但一般情况下其多样性较低，需要的样本也相对较少。因此，为了利用多样性来研究河流中的废物效应，应选择具有相似基质类型、速度等条件的站点，同时要从横向或纵向网格或断面中收集随机样本。样本更应该具有较高的多样性以及物种丰富性，并应选择栖息地更加多样化的浅滩区域，从而提供更高的灵敏度。

一般情况下少量的样本就能够充分定义多样性（Wilhm，1972）。在 13 个不同的生物栖息地中，前 4 个样本的 $\bar{d}$ 值接近最大值。因此，假设每个物种的个体数量（$N$）足够多，则 3 个样本的平均多样性可以对河流各流段的最大多样性进行合理估计。使用 Brillouin 指数（Brillouin，1962）［式（12.5）］，从大样本中随机抽取 25 个样本，发现当 $N$ 仅为 10 时就足以（95％置信）检测酸泄漏、酸性矿山废物和生活污水的影响（Kaesler 等，1978）。但直到 $N>100$ 时，$H$ 才接近最大值。Hughes（1978）通过收集 $50\times0.1m^2$ 的样品，并分析 $10\times0.3m^2$ 样品，发现 $\bar{d}$ 在整个 $5m^2$ 中接近最大值，进而论证了该理论。

## 12.11　外来入侵无脊椎动物

侵入性底栖无脊椎动物也在非原生栖息地中产生了问题，最近的一个例子是入侵北美的斑马贻贝（*Dreissena polymorpha*）。斑马贻贝是原产于黑海的一种小型双壳类动物，于 20 世纪 80 年代中期通过从一艘远洋船上排放压舱水入侵五大湖（Mills 等，1994）。斑马贻贝在欧洲的入侵问题持续一百多年，自入侵五大湖以来，它阻碍了发电厂、市政和工业处理厂的进水系统工作，政府拨款 50 亿美元来治理斑马贻贝。由于斑马贻贝生长迅速且缺乏天敌，导致了其超过 $300000m^{-2}$ 的峰值密度，在某些地方斑马贻贝数量甚至占当地大型无脊椎动物数量的 70％。斑马贻贝过滤大量的浮游生物（11 只动物/d），改变了湖泊的特征，使得营养物质从水体转移到沉积物中。虽然它们的过滤效用使五大湖部分区域的水体透明度得到大幅提升（一个可能的好处），但水体初级生产和次级生产使得该湖重要的经济渔业途径发生了转移。斑马贻贝在北美的其他负面影响包括对渔具和导航浮标的生物污损（Nalepa 等，2000）、使本地淡水双壳类物种的灭绝速度加快了约 10 倍（Ricciardi 等，1998）以及在夏季刺激铜绿微囊藻（蓝藻）水华的产生（Lavrentyev 等，1995）。显而易见斑马贻贝的入侵产生了多重不利后果，但对几种以斑马贻贝为食的潜水鸭来说，又不得不说是一件益事（Hamilton 和 Ankney，1994）。

自 1990 年以来，斑马贻贝已经遍布 Mississippi 河流域，预计随时间推移会入侵北美大部分地区。目前正在制定减轻斑马贻贝影响的相应控制措施（Nalepa 和 Schloesser，1993；D'Itri，1997），但这些措施是否能抑制斑马贻贝扩散至美国西部还有待观察。

　　另一种入侵威斯康星州北部和明尼苏达州的无脊椎动物是铁锈色小龙虾，它们通过垂钓者的鱼饵桶引入美国（Lodge 等，1985）。铁锈色小龙虾侵占了本地小龙虾的洞穴，使用垂钓用的鱼卵（从而顺便减少它们的主要捕食者）并大量减少植物覆盖。出口至斯堪纳维亚半岛的铁锈龙虾商业捕捞致使铁锈色小龙虾在整个地区的扩散。相反，来自北美的非本地小龙虾通过其携带的真菌性疾病（*Aphamomyces astaci*）（欧洲物种对此疾病没有免疫力）（Mason，2002）与本地物种竞争（Vorburger 和 Ribi，1999），致使欧洲大陆损失了本地珍贵的小龙虾品种（*Astacus astacus*）。小龙虾灾难已经入侵到整个欧洲、中东，越来越多的非本地小龙虾取代本地的小龙虾物种，情况更为严峻。

　　亚洲虎蚊通过从亚洲进口的废旧轮胎引入美国。虎蚊幼虫生活在轮胎的积水处，并以成虫形态出现，成为美国大多数哺乳动物和鸟类的食物。虎蚊成为了人马共患的致命东部马脑炎载体（Craig，1993）。虎蚊早于 20 世纪 80 年代入侵美国，1992 年时已侵袭 25 个州。

## 第 13 章

# 鱼 类

鱼类是最常被用作制定水质标准的目标生物，也就是说，除了富营养化之外，可接受的水质标准通常以鱼类为基础，特别是当它们具有经济或娱乐价值时。溶解氧（DO）和温度的具体标准已经由鱼类试验确定，稍后将进行详细论述。由于给定毒物在不同水质和不同物种之间的作用不同，毒物的标准通常也是不确定的，其限值通常使用水和物种的原位或体外生物测定来确定。缺乏原位生物测定结果的情况下，一般使用公布的特定毒物浓度标准来评估毒性。

鱼类种群用于评估水质的指数与大型无脊椎动物的指数相似（第 12.10 节）。例如，Karr 等（1986）利用鱼类开发了一个生物完整性指数，包括营养、多样性和耐受性等指标。

## 13.1 溶解氧标准

美国国家水质委员会在其"绿皮书"和"蓝皮书"（WQC，1968，1973）中给出了溶解氧的建议限值，以保护鱼类和水生生物的群落和种群，并避免其对卵、幼虫和种群的增长造成不利影响。冷水环境和温水环境的溶解氧限值存在差异。根据这些文件，在浓度非常高的时期，温水环境中的溶解氧浓度几乎总是大于 5mg/L，短期内 4～5mg/L 的溶解氧浓度是可容忍的，但决不能低于 4mg/L。在冷水环境中，保证成功产卵和卵幼体发育的溶解氧浓度应大于 7mg/L，保证生长的溶解氧浓度应大于 6mg/L，短期内存活的溶解氧浓度应大于 5～6mg/L。这些建议限值最近发生了改变，并发表在"金皮书"（WQC，1986）中：温水环境的 7 天平均最小溶解氧浓度为 4mg/L，冷水环境为 5mg/L，7 天平均溶解氧浓度稍高，分别为 6mg/L 和 9.5mg/L。如下所示，这些限值可能不是十分严谨。

即使是对溶解氧耗竭耐受性低的鱼类，其成年鱼存活所需的最低溶解氧水平也可能低得惊人。例如，1～3mg/L 的溶解氧浓度便足以维持短时间的生存，即使是冷水物种，如鲑鱼。这些同样的鱼类能在 3mg/L 的溶解氧浓度下进食和繁殖（Doudoroff 和 Shumway，1967）。然而，维持鲑鱼和鳟鱼等高需求物种的长期生存和正常生产所需的溶解氧浓度水平则要高得多。

Ellis（1937）的早期现场数据表明，大于 5mg/L 的溶解氧浓度与鱼类种群的丰富度和物种多样性有关，这在很大程度上是早期设定 5mg/L 标准的基础，该标准经常被误解为是对鱼类的"要求"。标准中已被接受的 5～6mg/L 的限值可能是温水或冷水鱼类的妥协值，鱼类生命史中某些阶段对溶解氧浓度的要求远远高于 5mg/L。为了确保许多需求鱼种最大限度地生产，在其生命的关键阶段应保持接近空气饱和的溶解氧含量（例如 20℃时为 9.2mg/L）（Doudoroff 和 Shumway，1967；WQC，1973）。然而，许多非垂钓鱼类物种，如金鱼（*Carassius*），其正常活动受到溶解氧限制的浓度比鲑科鱼类低得多（Macon，1974）。

在讨论低溶解氧对鱼类不同生命阶段和活动的影响之前，最好先说明表达溶解氧的单位。虽然鱼类根据周围的水和循环通过鳃的血液之间的局部压差从水中获取氧气，但是所需的单位是浓度而不是局部压强或饱和百分比（Doudoroff 和 Shumway，1967），这是因为鱼类对氧气的代谢需求随着温度的升高而增加，同时，实际浓度（例如 100％饱和度）会降低，也就是说，维持恒定局部压强（比如 100％）所需的溶解氧量随着温度的升高而降低。

当温度升高时，鱼类实际上需要更多的溶解氧（浓度）来进行正常的活动，结果远远超过恒定的局部压强，如图 13.1 所示，该图是根据 Graham（1949）

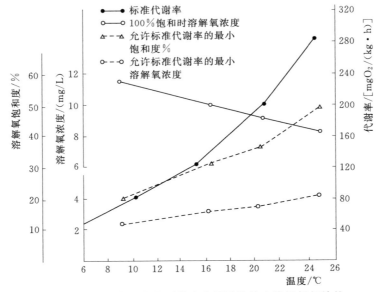

图 13.1　与浓度和饱和百分比中所需的最小溶解氧相关的
溪红点鲑的标准代谢（改编自 Graham，1949）

的数据插值。可以看出，就消耗的 $O_2$ 而言，随着温度升高到接近致死极限，溪红点鲑的标准代谢率显著增加。与此同时，维持这一代谢速率的最低溶解氧浓度从 2～4mg/L 开始增加，当然，维持新陈代谢的最低饱和水平会进一步提高。因此，温度对溶解氧代谢需求的巨大影响是显而易见的，当温度升高时保持恒定的饱和百分比对敏感的鱼类物种是有害的。

### 13.1.1　胚胎和幼体发育

如 Shumway 等（1964）在图 13.2 中所示，鲑科鱼（银鲑）胚胎的生长和从溪流砾石中出现的鱼苗的大小受到溶解氧供应的限制，虚线表示胚胎生长在最大值的 80％和 67％。

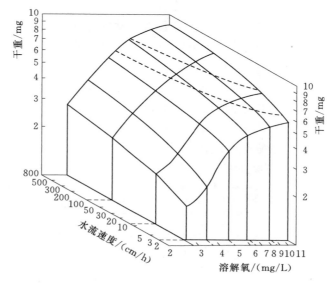

图 13.2　不同溶解氧浓度和不同流速水平下银鲑的胚胎发育。虚线表示溶解氧和流速的组合导致 20％和 33％的增长率下降（Shumway 等，1964）

值得注意的是，溶解氧和水流速度对新出现鱼苗的大小存在相互作用，达到给定水平的生长可以通过溶解氧下降时的流速增加或流速下降时的溶解氧增加来维持。在恒定的高流速或低流速下，溶解氧逐渐下降到低于空气饱和值之后，鱼类生长速度下降得更快。

随后的工作显示了溶解氧对胚胎发育至幼体阶段的类似影响（Carlson 和 Siefert，1974；Carlson 和 Herman，1974；Siefert 和 Spoor，1973）。对于大多数被研究的物种，包括从冷水到温水的鱼类，随着溶解氧的减少，孵化时间增加，生长减少，存活率下降。最大的影响发生在约 50％饱和度以下，在所使用的测试温度下通常为 5~6mg/L。而对于诸如白色吸盘之类的物种，除非溶解氧水平低于 50％饱和度，否则不会对其产生有害影响。所有物种的幼体存活率均显示出比其他指标更大的耐受性（图 13.3）。研究表明，几乎所有物种的存活率在溶解氧浓度低于 3~5mg/L 时下降最为剧烈，但有 3 种物种（鲑鱼、鳟鱼和鲶鱼）在高溶解氧浓度时存活率较低。这 3 个物种中的两种溶解氧降到最高水平以下时，也显示存活率减小。此外，在这些物种处于 50％~100％饱和度的情况下，还显示出孵化延迟、摄食延迟和（或）生长较慢等现象。因此，这些结果与 Shumway 等（1964）的结果一致，也就是说，当溶解氧浓度降至低于 100％饱和度时，即使最大的损害发生在浓度低于 5mg/L 时，也可能对冷水和温水物种的幼虫发育产生不利影响。

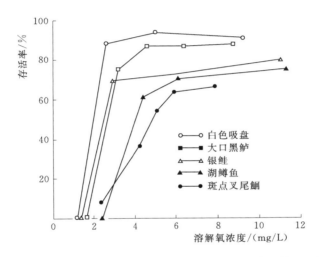

图 13.3　溶解氧浓度对 4 种鱼类幼体存活的影响（从胚胎期开始）。时间和温度如下：斑点叉尾鮰，25℃时 19 天；湖鳟鱼，7℃时 131 天；银鲑，7~10℃时 119 天；大口黑鲈，20℃时 20 天；白色吸盘，18℃时 22 天。（数据来自 Siefert 和 Spoor，1973；Carlson 和 Siefert，1974；Carlson 等，1974）

## 13.1.2　游泳性能

如图 13.4 所示，当溶解氧浓度低于 100％饱和度（9~10mg/L）时，银鲑的游泳性能也开始逐渐下降。同幼体发育一样，尽管没有明确的效果阈值，但在溶解氧浓度低于 5mg/L 时，游泳性能下降最大。图中的点代表鲑鱼无法在水流中维持自身的水流速度（测试细节见 Davis 等，1963）。因此，在溶解氧浓度低于 9~10mg/L 时，洄游鱼类穿越速度障碍或在任何情况下躲避捕食者的能力将会降低（Davis 等，1963）。

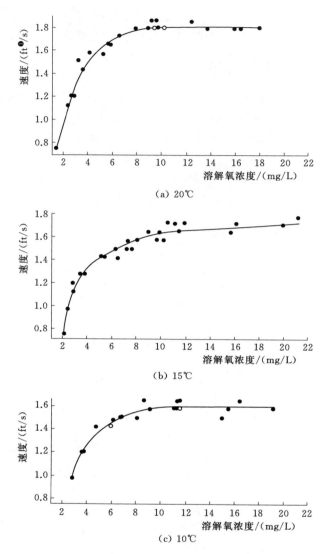

（a）20℃

（b）15℃

（c）10℃

图 13.4　20℃、15℃和 10℃时溶解氧浓度与银鲑游速之间的关系。
每个点代表第一次未能保持方向的速度（Davis 等，1963）

### 13.1.3　食物消耗和生长

在对大口黑鲈幼鱼（一种温水鱼）以及鲑鱼群落的观察中发现（Warren，

❶1ft＝0.305m。

1971），在溶解氧饱和度以下（测试温度下为 9～10mg/L），其食物消耗量和生长量也逐渐降低。图 13.5 显示了鲈鱼的食物消耗率与溶解氧浓度的关系（Stewart 等，1967）。同样，溶解氧在饱和时的优势似乎适用于温水和冷水物种。

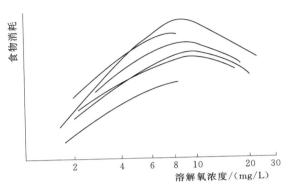

图 13.5　大口黑鲈食物消耗量与溶解氧浓度的关系。每条曲线
代表一个单独的试验（修改自 Stewart 等，1967）

　　如图 13.6 所示，鱼类可能对日最低溶解氧浓度产生反应，而不是对日平均值产生反应。对于生长在溶解氧浓度呈昼夜波动环境中的幼鲑来说，其生长结果与生长在溶解氧浓度恒定（接近昼夜波动环境中溶解氧的最小值）环境中的鲑鱼并无太大差异。在无限制的食物配给下，鲑鱼显然需要相对较高的溶解氧浓度才能最大程度地生长，这很大程度上是因为食物消耗得越多，充分利用

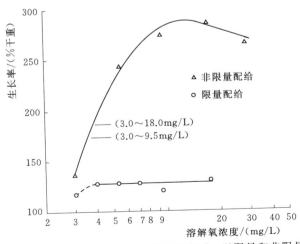

图 13.6　在恒定和昼夜波动的溶解氧浓度下，以限量和非限量配给
喂养的幼年银鲑的生长率（Doudoroff 和 Shumway，1967）

食物所需的氧气就越多。

不同的物种和不同的季节对溶解氧的要求是不同的。然而，先前引用的信息表明，如果要实现冷水和温水鱼类的最大产量，则溶解氧浓度需要在生殖期和高食物供应、消耗和生长期接近饱和。在摄食减少期间，鱼类可以耐受远远低于饱和水平的溶解氧浓度，并且如果不摄食，鱼类生长几乎与溶解氧浓度无关。标准中经常引用的溶解氧浓度最低限值 5～6mg/L 是假设正常变化会导致大部分时间浓度远远高于 5mg/L。Doudoroff 和 Shumway（1967）曾建议生物学家不要给出一个应该"维持自然种群最大产量"的值，除非溶解氧是空气饱和值（冷水物种为 9～10mg/L）。当然，在所有未受污染的水中，并不总是需要如此高的值，溶解氧浓度也不会保持在该水平或以上。为了制定更具体的标准，需要确定不同物种的详细季节性要求。

表 13.1 显示了基于饱和度以下渐进有害影响假设的工作指南（WQC，1973）。建议溶解氧浓度的最低水平根据现有的自然最低水平，提供高、中和低水平的保护。请注意，建议将 4mg/L 作为起点。

**表 13.1　　　　鱼类保护选定水平的建议最低溶解氧浓度示例**

| 估计自然季节 最小溶解氧浓度 | 建议最低溶解氧浓度 | | | |
|---|---|---|---|---|
| | 接近最大值 | 高 | 中 | 低 |
| 5 | 5 | 4.7 | 4.2 | 4.0 |
| 6 | 6 | 5.6 | 4.8 | 4.0 |
| 7 | 7 | 6.4 | 5.3 | 4.0 |
| 8 | 8 | 7.1 | 5.8 | 4.3 |
| 9 | 9 | 7.7 | 6.2 | 4.5 |
| 10 | 10 | 8.2 | 6.5 | 4.6 |
| 12 | 12 | 8.9 | 6.8 | 4.8 |
| 14 | 14 | 9.3 | 6.8 | 4.9 |

数据来源：WQC（1973）。

这些浓度水平的建议基于以下概念，即一些损害将由低于空气饱和度的日平均最低溶解氧浓度的任何减少所造成。从许多关系（图 13.2～图 13.6）的表面来看，损害可能不像该模型（表 13.1）所表明的那样与溶解氧减少呈线性关系，然而，这是一种比通常规定的 5mg/L 的最低要求更为合理的指导方针。

## 13.1.4　溶解氧和沉积物

沉积物可能与低溶解氧相互作用，对鲑科鱼类的繁殖产生不利影响。几种不同的干扰造成的流域侵蚀会导致沉积物进入河流，其中最重要的几种干扰分别是灌溉系统、城市径流和森林砍伐以及随后的道路建设。随着底部基质的空隙被细泥沙填满，砾石内的水流速度降低，进而导致发育中胚胎的溶解氧供应率也降低，预期效果如图 13.2 所示。同时，由于砾石内水的停留时间较长（或氧饱和地表水的补充速度较慢），以及沉积物中有机物的需氧量可能增加，因此砾石内水的溶解氧也更容易降低。在美国蒙大拿州 Bluewater 溪评估了由于灌溉回流增加的峰值流量和沉积物输入引起的河岸侵蚀造成的溶解氧供应减少对形成中的鳟鱼卵产生的影响（Peters，1967）。在水中平均悬浮沉积物含量仅为 200mg/L 的站点，发现埋藏在溪流砾石中的鳟鱼卵的死亡率超过80%。上述物理效应类似于来自具有高比例不透水表面（铺面）的城市流域的径流模式所造成的效应，尽管由流量增加造成的基质不稳定性也可能导致鱼卵的物理损坏。May 等（1997）发现，与 Puget 湾地区的农村河流相比，城市化河流中产卵砾石中的溶解氧水平较低，沉积水平较高。

在伐木后，小溪流的清澈流域中砾石内的溶解氧含量减少了 40%，这种影响至少持续了 3 年（Hall 和 Lanz，1969；Ringler 和 Hall，1975）。冬春期间，伐木前后（3 年后）砾石内溶解氧平均浓度分别为 10.5mg/L 和 6.2mg/L，这导致切喉鳟的数量减少了 73%。伐木后，砾石内溶解氧浓度立即降至1.3mg/L，夏季河流温度达到 24℃。在一个部分清澈的流域（25%）中，受影响区域的缓冲带滞留在溪流边，溪流中的树木没有被砍伐，溶解氧浓度仅下降了约 10%，并且没有观察到对鱼类的损害。幼银鲑的出现显然不受物理变化的影响。

在 Bluewater 溪，河岸被植被加固，灌溉回流沟渠被衬砌以减少沉积物的输入。在改进后经过两年的河流恢复，鳟鱼与杂鱼的比例增加了 6 倍（表13.2）。

表 13.2　　　蒙大拿州 Bluewater 溪沉积物负荷减少和鱼类种群增加

| 站点 | 沉积物减少 /(t/d) | 减少 /% | 处理前鳟鱼/杂鱼 | 处理后鳟鱼/杂鱼 |
|---|---|---|---|---|
| 2 | 1.9 | 32 | | |
| 3 | 14.0 | 52 | 39/61 | 78/22 |
| 4 | 10.5 | 44 | 12/88 | 51/49 |

资料来源：Marcuson（1970）之后。

注　站点沿下游方向编号。

植被覆盖的河岸带也有助于保持城市溪流的水温和水质。随着城市化进程的加快，河岸缓冲区减少。在 22 条 Puget 湾低地溪流中，May 等（1997）发现河岸缓冲区（宽度大于 30m）与城市化之间成反比关系，城市化是以总不透水面积的百分比（％ TIA）来衡量的。

这说明了河岸稳定、植被保护和流量控制的重要性，这些因素都有助于保持城市河流的质量。当河流受到损坏时，如果采取适当的修复措施，多数河流都可以恢复一定程度的沉降。那些受高排放速度影响并且自然条件下只有中等沉积物负荷的河流的修复效果可能会比较明显，而那些具有自然沉积基质的河流的修复效果可能比较小。

## 13.2　温度准则

图 13.7 是鱼的耐热性的区域图，将鱼的耐热性定义为一个非常大的区域，在这个区域内，一个物种的所有生命史阶段都可以正常出现。耐受下限和上限，通常被称为初始致死上限和下限，并且随着耐受范围内适应温度的升高而升高。在高温条件下，初始致死水平（长期）和短期致死极限之间有一个相当狭窄的阻力区。在耐受温度范围内，适应温度每增加 3℃，拟鲤（roach）的短期致死水平就会增加 1℃（Cocking，1959）。

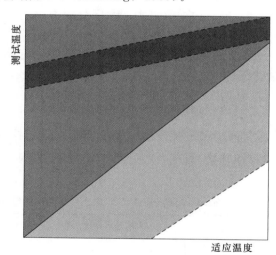

图 13.7　鱼的耐热性和耐受范围受适应温度变化影响。致死温度上限；
初始致死温度上限，初始致死温度下限（引自 Brett，1960）

### 13.2.1　致死温度

尽管将致死温限作为保护鱼类所有生命阶段免受热水影响的最大限值的这种方法并不十分有用，但这些值是高度精确的，并且确实表明了大温度范围内物种耐受性的变化。图 13.8 显示了在耐受范围内致死温度下鱼类的分布情况。

其中有几点是显而易见的：胡瓜鱼（Osmeridae）、鲑科鱼和白鱼（Corigonidae）对高温的耐受性最差，而鲶鱼（Ichtaluridae）和一些米诺鱼（鲤科 Cyprinidae）对高温的耐受性最强。然而，米诺鱼的忍耐性差异却很大，这并不奇怪，由于米诺鱼的种类丰富所以它们存在于各种各样的热环境中（并对这种环境具有耐受性）。

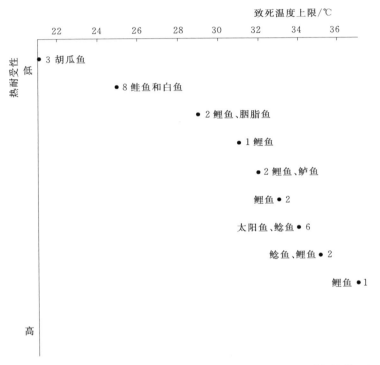

图 13.8　鱼类的科，包括物种数量和致死温度（由 Welch 和 Wojtalik 编辑，1968）

　　致死温限通常通过试验确定，并用 $LT_{50}$ 来表示。测试鱼暴露在恒温下，50％的测试鱼存活 96 小时的插值温度记为 $LT_{50}^{96}$。如果温度值每天波动，那么在较长时间内将温度降低到略高的最高值以下是可以接受的。这一点已经在幼鲑暴露在高低波动温度下的试验中得到了证实（图 13.9）。虽然 3 个案例中的鱼类都在短时间内暴露在高于致死温度的环境中。但案例 C 的幼鲑的死亡率最高，可能是因为暴露期间的平均温度最高。

　　尽管鱼类能在短时间内抵抗超过 96 小时的致死温度极限以上的温度，但这种热冲击即使未达到致死温度已经证明对鲑鱼有害（Coutant，1969）。在 28～29℃的温度下，鲑鱼的"平衡损失"时间明显短于死亡时间，这种平衡损失导致对幼鲑的捕食率增加。

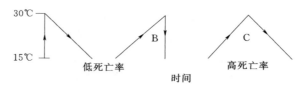

图 13.9　暴露于 3 种温度循环对幼鲑死亡率的影响（摘自 Templeton 等，1969）

## 13.2.2　正常活动和生长的限制

　　显然，在鱼类生长和繁殖的环境中，温度标准或限制不应该仅仅依据致死率或"平衡损失"而设定。"活性范围"是指鱼类最佳进食、游泳和躲避捕食者的温度范围。活性范围（由呼吸速率决定）在远低于溪红点鲑致死极限（25℃）的温度范围内，而对于大头鲶鱼，最大活性范围出现在致死极限（37℃）附近。这个例子说明了冷水鱼类和温水鱼类的区别（图 13.10）。褐鳟最大活性范围与大头鲶鱼接近，但褐鳟的致死极限接近 25℃，与溪红点鲑接近。通常认为褐鳟比溪红点鲑更能耐受较高的亚致死温度（Brett，1956），这可能部分解释了为什么褐鳟经常在明显边缘的水域占优势。

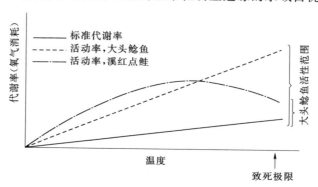

图 13.10　温度与溪红点鲑和大头鲶鱼代谢率和活性范围的关系。对于溪红点鲑，
致死温度为 25℃，活性峰值范围为 19℃。对于大头鲶鱼，致死和峰值范围
温度为 37℃。对于这些物种，活性范围是活性代谢率和标准代谢率之间
的差异。注意，在致死极限附近，大头鲶鱼的活动范围比溪红点
鲑大得多（来自 Brett，1956）

　　Warren（1971）曾讨论过在温度远低于致死极限的情况下鲑鱼的"生长范围"应该如何达到最大，但生长范围也是食物供应的函数。当食物受到限制时，无论温度如何，生长都会减少；但是，当食物受到限制时，最佳温度范围将变得比不受限制时更窄。Averett（1969）用幼银鲑试验支持了这一假设，试验表明其最佳温度或最大生长范围为 14~17℃（图 13.11）。在不受限制的

食物配给下以及满足必要的代谢需求后，温度高于17℃时生长量下降，这比银鲑的致死极限低7℃。正常的代谢需求或损失是食物处理、标准代谢和排泄的成本。

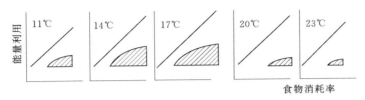

图13.11 不同温度下银鲑食物能量消耗的分配。交叉阴影区域表示能量增长，斜线表示消耗的总能量（修改自 Averett，1969）

尽管生长和活动最大限度所需的温度是所有重要和敏感物种的标准，但如此广泛的数据可能难以获得。试验上更容易获得的指数是"最适温度"，即暴露于试验温度梯度的物种自适应选择的温度，该温度（或范围）趋向于接近最大生长和活动范围的温度范围。表13.3显示了冷水物种和温水物种的致死温度与最适温度。其中溪红点鲑的最适温度为14～16℃，非常接近银鲑最大生长范围的温度（14～17℃）。这些数据绘制在图13.12中，得出一条结论：从冷水物种到温水物种，随着耐热性的加强，最适温度越来越接近致死极限。

表13.3 物种耐受性范围内的最终最适温度和一些最高致死温度

| 物种 | 最终最适温度/℃ | 最高致死温度/℃ |
| --- | --- | --- |
| 湖红点鲑 | 12 | |
| 鲱型白鲑 | 12.7 | |
| 虹鳟 | 13.6 | |
| 溪红点鲑 | 14～16 | 25 |
| 褐鳟 | 12.4～17.6 | |
| 金鲈 | 21 | |
| 江鳕 | 21.2 | |
| 大梭鱼 | 24 | |
| 金鲈 | 24.2 | 32 |
| 虫纹狗鱼 | 26.6 | |
| 小嘴鲈鱼 | 29 | |
| 金鱼 | 28.1 | 34 |
| 太阳鱼 | 31.5 | |
| 鲤鱼 | 32 | |
| 大嘴巴鲈鱼 | 30～32 | 34 |
| 蓝鳃鱼 | 32.3 | 34 |

数据来源：Welch 和 Wojtalik（1968）。

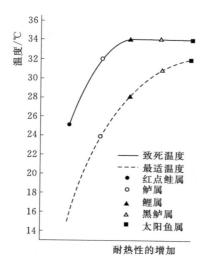

图 13.12　5 种鱼类的最适和致死温度（由 Welch 和 Wojtalik 编辑的数据，1968）

在对美国印第安纳州 Wabash 河鱼类分布的一项研究中，证实了鱼类会选择自然界中的一个最适温度来响应热水排放（Gammon，1969）。排放物温度平均比河流温度高 8℃，并且下游 1.2km 内的河流—排放物的混合物温度比环境（上游）温度高 2～3℃。见表 13.4，在实验室确定的温度偏好和河流热区域物种分布之间观察到了良好的一致性。尽管在温暖季节可以观察到与平均温度有关的明显物种隔离，但是在冬季，所有物种都被吸引到了排放区域，因为该区域的最终温度高于冬季的平均温度，所以更接近它们的最适温度。

河流中所有物种相对于平均日最高温度的丰度如图 13.13 所示，在最高温度升高区，物种数量显著减少。虽然最大热水区

**表 13.4　　Wabash 河中几种代表性鱼类在几个可定义热区的分布**

| 避免任何的温度升高 | 河流中的热梯度 | | |
|---|---|---|---|
| | 正常至 27℃ | 32℃ | 35℃ |
| 红尾吸口鱼 | 大眼鲻鲈 | 鳊鱼 | 所有的鱼都离开了这个区域，没有死亡 |
| 大鳞红马鱼 | 白鲈 | 鲤鱼 | |
| 小嘴鲈鱼 | 北河 | 水牛鱼 | |
| 斑点鲈鱼 | 鲤形亚口鱼 | 长鼻雀鳝 | |
| | | 短鼻雀鳝 | |
| | | 斑点叉尾鮰 | |
| | | 短须扁头鮠 | |

资料来源：Gammon 的数据（1969 年）。

下游的温度高于正常河流的温度，但实际上在那里发现了更多的物种。所以鱼类不一定只存在于它们最适温度区域，也不一定不存在于温度低于其最适温度的环境中。尽管所有取样的物种在加热前都存在于河流中，但大多数物种显然喜欢比正常温度稍高的温度。然而，在这种情况下管理的一个重点是，需求最高的物种通常是最敏感的物种之一。例如小嘴鲈鱼是一种非常珍贵的垂钓物种，它不能适应任何的温度升高。

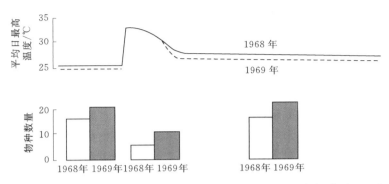

图 13.13　印第安纳州 Wabash 河鱼类物种数量与温度升高的关系，温度
升高是由发电厂的热水引起的（来自于 Gammon，1969）

　　基于最适温度和致死温度，Columbia 河（冷水系统）和 Tennessee
河（温水系统）鱼类群落变化的预测值很大程度上被认为随上升的平均日最高
温度变化（Bush 等，1974）。如果将两条河流物种损失的百分比与温度绘制成
图表，并与正常最高温度进行比较（图 13.14），则再次表明温水环境中的鱼
类比大多数冷水环境中的鱼类更接近其致死极限（图 13.12）。也就是说，同
样增长 2℃，Tennessee 河的物种损失会比 Columbia 河的物种损失更多。实际
上，仅仅因为是这些物种更具耐受性，在温水中并不会出现相对于鱼类耐受性
而言更大的 "热同化能力"。此外，冷水中的物种也不具有很高的热同化能力，
因为与温水物种相比，冷水中最大的生长和活动范围往往远小于致死极限。此
外，随着 Columbia 河温度上升 2℃，鲑鱼将是第一个消失的物种。尽管如此，
例如一些重要的物种，鲑鱼和鳟鱼，相对于冷水中上升的几度临界范围，温水

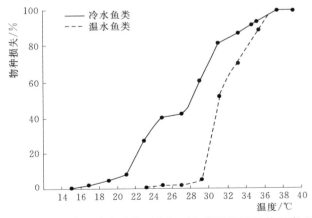

图 13.14　随着温度的升高，冷水系统（Columbia 河最高日平均温度 21℃）和温水
系统（Tennessee 河最高日平均温度 30℃）的物种损失率预测（Bush 等，1974）

中等量的温度上升会导致更多的物种损失。

如前所述，鱼类比无脊椎动物的耐热性范围更窄，例如，因为向北迁徙可能会受阻，并且可能没有足够的时间进行遗传适应（Matthews 和 Zimmerman，1990）平均温度上升 3～4℃ 可能会导致大平原地区几种鱼类物种的灭绝。这种类型的分析可能有助于评估全球变暖对水生生物的潜在影响。

目前已经相当精确地确定了鲑鱼繁殖的温度限值，但温水物种的可用数据较少。Brett（1956）总结了表 13.5 中鲑鱼的结果。以下是典型温水鱼类产卵的温度上限（每周最大平均值）（WQC，1986）：大嘴鲈鱼，21℃；小嘴鲈鱼，17℃；金鲈，12℃；白斑狗鱼，11℃。

表 13.5                          鲑鱼繁殖的温度限值

| 物种 | 成功孵化和幼鱼存活的温度限值/℃ |
|---|---|
| 红鲑 | 4.4～5.8 至 12.8～14.2 |
| 国王鲑 | 5.6～9.4 至 14.4 |
| 所有鲑鱼 | 5.8～12.8 |

资料来源：Brett（1956）。

图 13.15 为 Brett（1960）总结的太平洋鲑鱼的季节性热需求表明了生殖阶段的关键性质。如图所示，最受限制的范围是在卵子发育期间，并建议在春季逐渐增加温度，以促进正常生长。在幼体阶段后，保持恒定的最佳生长温度，但可能是由于适应温度升高和光周期变长所致，幼体阶段后的致死温度在春季和夏季上升。

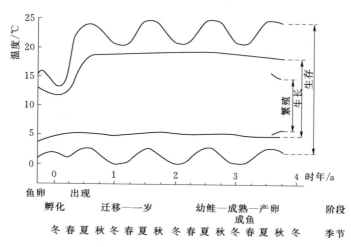

图 13.15  太平洋鲑鱼不同生命过程的热需求示意图（Brett，1960）

## 13.3　温度标准

虽然美国各州的温度标准各不相同，但总体上与 WQC（1968）建议的温度标准没有太大差别，这里将对此进行讨论。首先通常将冷水环境标准与温水环境标准分开说明，温水的定义是逐日最高温度平均值高于 25℃，这实际上是大多数鲑科鱼类的致死上限。建议温水河流中的温度升高不应超过环境温度（正常情况下，温排水前）2.8℃，而温水湖泊中的温度升高不应超过环境温度 1.7℃，且任何时候的最高温度都不应超过 32～34℃，具体取决于面积。温度上升速度不应超过 3℃/h。相反，冷水的定义是逐日最高温度平均值低于 25℃，冷水河流中的温度升高不应超过环境温度 2.8℃，而冷水湖泊中的温度升高不应超过环境温度 3℃，且任何时候最高温度都不应超过 20～21℃。

最近，物种特定标准被建议用于鱼类的生存、生长和繁殖（WQC，1986）。对于生长来说，最大周平均温度为最佳温度加上最终初始致死温度的 1/3 减去最佳温度。这些值大约落在图 13.12 中下部和上部曲线之间距离的 1/3 处。

## 13.4　对标准的评论

如上所述，建议的最高温度 34℃ 和 21℃ 实际上处于温水物种和冷水物种的致死温度和最适温度之间。如果温水（34℃）的限制持续长达一两天，可能会导致鱼类死亡，但因为鱼类不会持续暴露在 34℃ 下，实际上更有可能的是许多物种会离开该地区。如果最高日温度保持在这个水平以下，则夜间温度会降低。

$\Delta T$ 为高于环境温度的最大上升温度，它是第二个最关键的因素，必须考虑以下因素进行设定：

（1）如果任何时候的最高温度都不允许超过建议的限值（例如 34℃），那么暴露于夏季最高温度的时间将会增长，并且随着 $\Delta T$ 的增加可能变得至关重要。如果暴露时间超过最大增长范围，则可能导致增长放缓。

（2）如果 $\Delta T$ 太高，那么繁殖的最佳温度的出现时间可能会早于食物生产的开始时间，从而繁殖可能会偏离食物的可获得性。而如果食物生产的开始时间取决于浮游植物的产量，则可能会受到光照强度的控制。

（3）由于发电厂、流量变化或气候变化问题而产生的逐日温度波动量可能导致逐日温度波动逐渐增加。

考虑到第 3 点，流量和气候变化的假设效应见表 13.6。这种快速的温度变化（下降）的现象可能出现在河流的受热部分，并且会在鱼苗的发育过程产生压力。目前，已证明这种变化会导致温水鱼类（如小嘴鲈鱼）迁移至别处（Rawson，1945）。

**表 13.6　　流量和气候变化对河流受热部分流量加权温度的影响**

| | 流量 /(m³/s) | 温度/℃ | 流量加权温度 | 混合温度 /℃ |
|---|---|---|---|---|
| 春季繁殖期的正常情况 | | | | |
| 流出 | 2 | 38 | $\dfrac{76+84}{6}$ | =26.7 |
| 河流 | 4 | 21 | | |
| 仅流量突然增加 | | | | |
| 流出 | 2 | 38 | $\dfrac{76+252}{14}$ | =23.4 |
| 河流 | 12 | 21 | | |
| 流量突然增加和正常河流温度下降 | | | | |
| 流出 | 2 | 38 | $\dfrac{76+216}{14}$ | =21.9 |
| 河流 | 12 | 18 | | |

通常，为使温度和溶解氧不那么笼统，为其制定标准的一个合乎逻辑的方法，对某一具体目的例如保护最具娱乐性/经济重要性的鱼类物种更有针对性。一般来说，如果考虑到无脊椎动物相对于鱼类在致死温度的物种频率分布中的位置，水生群落可能会由于对最敏感鱼类的保护而得到保护（Mount，1969；Becker，1972；Bush 等，1974）。淡水无脊椎动物的致死温度模式位于图 13.16 中鱼类的右侧，假设保护鱼类的标准也能保护整个水生群落，那么具体的准则（表 13.7 中建议的准则）可用于设定不同环境中的最高温度和 $\Delta T$ 限值。

**表 13.7　　重要鱼类不同生命阶段的最高温度**

| 最高温度/℃ | 生 命 阶 段 |
|---|---|
| 34 | 生长：鲶鱼、雀鳝、黄鲈鱼、白鲈鱼、水牛鱼、鲤形亚口鱼，西鲱 |
| 32 | 生长：大嘴鲈鱼、石首鱼、蓝鳃鱼和花鲫鱼 |
| 29 | 生长：梭鱼、鲈鱼、碧古鱼、小嘴鲈鱼和鲥鲈 |
| 26.7 | 大嘴鲈鱼、黄鲈鱼、白鲈鱼和斑点鲈鱼的产卵和卵发育 |
| 20 | 鲑科鱼类的生长或迁移路线以及鲈鱼和小嘴鲈鱼的卵发育 |
| 12.8 | 鲑鱼和鳟鱼的产卵和卵发育 |
| 9 | 湖鳟鱼、碧古鱼、白斑狗鱼、鲥鲈和大西洋鲑鱼的产卵和卵发育 |

资料来源：WQC（1968）。

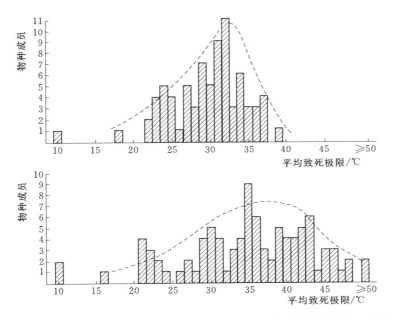

图 13.16　淡水鱼（A）和无脊椎动物（B）根据温度耐受性的分布。虚线
表示近似模式（Bush 等，1974，经美国化学学会许可）

关于前面的第 1 点和第 2 点，在环境温度周期中我们可以使用这些最大值来判断单个物种环境高于环境温度的安全增量（$\Delta T$），环境温度周期通常遵循冬季低，夏季高的规律。对 Tennessee 河采用这种方法，可以表明 2.8℃ 可能是 $\Delta T$ 的安全限值，而并非 5.6℃（图 13.17）。

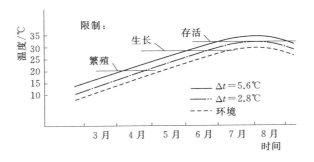

图 13.17　2.8℃ 和 5.6℃ 的温度增量对 Tennessee 河正常温度循环的影响
（Welch，1969b）。根据小嘴鲈鱼和金鲈的标准（WQC，1968），
显示了可能受到影响的生命周期活动的周期

在高温、低流量的年份，对于 Tennessee 河中一种非常珍贵的垂钓物

种——小嘴鲈鱼而言，$\Delta T$ 升高超过环境温度 5.6℃ 似乎是过度的。根据表 13.7 中那些活动的最大温度（分别为 20℃ 和 29℃）来看，由于小嘴鲈鱼的繁殖和生长周期将会早一两个月出现，所以即使最大温度限制在 34℃，预计该物种在夏季也会出现死亡、大量的体重减轻或完全撤离该地区的现象。事实上，Horning 和 Pearson（1973）已经指出，尽管小嘴鲈鱼的最佳生长发生在 26～29℃，但其最适温度却更低，因此其最大耐受温度将是 29℃ 或 30℃。这种基于考虑各种生命阶段需求的适应温度状态的技术在 WQC（1973）的大嘴鲈鱼中也得到了类似的说明。

有趣的是，在联邦水污染控制管理局的压力下，田纳西流域的大多数州在 20 世纪 60 年代末接受的 5.6℃（10℉）的 $\Delta T$ 标准降至 2.8℃（5℉），从上述分析来看，这似乎是合理的。随后，为制定小嘴鲈鱼种群的温度标准（Wrenn，1980）在布朗斯渡口电站（Browns Ferry Power Station）建造了一系列全生态系统、112m 长的人工河流。发现，小嘴鲈鱼一整年（1977—1978 年）的存活和生长在以下 4 个处理温度中［环境温度（最大＝30℃）、环境温度＋3℃、环境温度＋6℃ 和环境温度＋9℃］不存在差异。因此，建议小嘴鲈鱼每周平均最高生长温度为 32～33℃，短期最高温度为 35℃（Wrenn，1980）。这些限值与先前报告的最佳范围（25～29℃）和最高致死温度（35℃）形成了明显差异。显然，可以得出结论：小嘴鲈鱼暴露在整体河流环境中一整年，其对升高温度的耐受性，比暴露在实验室条件下（一整年）更强。

# 13.5　全球变暖

全球变暖是指由于人类活动产生的温室气体（GHGs）增加，导致地球温度上升。在过去的 20 年里，学者和公众广泛接受人类活动可以在全球范围内改变气候的概念。温室气体包括水蒸气、二氧化碳、臭氧、甲烷、氧化亚氮和氯氟烃。其中二氧化碳的增加约占全球变暖效应的 55％，自 1750 年以来，二氧化碳的浓度增加了 31％（IPCC，2001），主要是由于化石燃料的燃烧和森林砍伐。甲烷（来自绵羊、奶牛和山羊等反刍动物的消化过程，以及有机物质的厌氧腐烂）和氯氟烃（制冷系统中使用的合成化学物质）是导致全球变暖的另外两个主要因素，分别占全球变暖效应的 15％ 和 24％。预计全球平均地表温度将在 1990—2100 年期间增加 1.4～5.8℃（IPCC，2001），这种温度升高将对水生生态系统产生重大影响，这些影响将与水文循环对气候变化的响应联系在一起，反过来，水文过程将影响气候响应，从而造成严重的环境、社会和经济后果。

虽然特定地点的水文响应可能难以预测，但全球变暖导致的水文响应很可能会表现为河流流量减少、湿地水位收缩、土壤湿度降低、大气湿度降低、蒸发量增加、干旱频率增加、降雨量变化、洪水和侵蚀发生率增加、海平面上升以及随后的沿海洪水、地下水补给和储存减少（IPCC，2001）。这些水文变化将导致出现水质和水生群落改变的结果。

近几十年来，一些湖泊出现了变暖现象（Gerdeaux，1998）。1968—1988年，威斯康星州南部湖泊的破冰日期每年提前 0.82 天，北部湖泊的破冰日期每年提前 0.45 天（Anderson 等，1996）。加拿大试验湖区的水温在 20 年间增加了 2℃，无冰季节增加了 3 周（Schindler，1997）。

如前面部分所述，鱼类群落对温度极其敏感，因此，他们特别容易受到全球变暖的影响：

（1）一些冷水鱼类可能会在温度高于耐受极限的水域中局部灭绝。弱势种群包括西班牙北部和法国西南部大西洋鲑（*Salmo salar*）的南部种群（Mc-Carthy 和 Houlihan，1997），其他狭温性鱼类可能转移到了北部或更高海拔的寒冷地区（Magnuson 等，1997）。

（2）生活水域非常有限的鱼类，如沙漠的池塘和河流，在栖息地干涸后将会灭绝（Carpenter 等，1992）。

（3）温水物种可能会将其活动范围扩大到更高的纬度，例如，27 种鲤科和棘臀鱼科鱼类预计将随着海水变暖而进入五大湖（Mandrak，1989）。

全球变暖也会通过降低水质和水量来影响鱼类。干旱期间，溶解氧的减少和温度的升高会严重影响鱼类的存活（Everard，1996）。尤其是鲑鱼种群将受到长期干旱的影响（Armstrong 等，1998）。1950—1992 年，在北美西北太平洋地区春季山地积雪中的水量稳步下降（有些地方高达 60%），较少的积雪意味着对于河流中的鱼类而言，水流量较低，温度较高（Melack 等，1997；Mote 等，1999；Miles 等，2000）。尽管全球变暖可能导致太平洋西北部的冬天变得更温暖、更潮湿，但降水将会以降雨而非降雪的形式降落，从而减少为该地区提供河流流量和水电的山地积雪。讽刺的是，全球变暖对该地区的影响意味着在冬末和春季河流流量较高，洪水较多，但在鱼类特别依赖充足、凉爽、富含氧气的水的夏季和秋季，河流流量反而较低。此外，较低的河流流量也可能会阻碍成年鲑鱼的产卵和干燥的产卵砾石的形成。预计对营养循环和浮游生物生产力的不利影响也将减少弗雷泽河流域红鲑幼鱼的食物供应，从而降低从幼鲑到成年鲑的存活率（Henderson 等，1992）。由于过度捕捞、栖息地退化、与孵化鱼的竞争以及阻碍鱼类通过的水电站大坝等问题的影响，太平洋西北部的鲑鱼数量急剧下降。气候变化给水生系统带来了额外的压力，例如太平洋西北部的河流，这些河流已经受到人类活动的压力。

## 13.6 毒物和毒性

废水中的毒物所引发的对鱼类和水生无脊椎动物等的一系列影响困扰了美国渔业管理人员和污染控制机构 50 多年。最近，毒物和其他有害物质对人类的威胁以及对于废弃垃圾场的清理受到了很大关注。地下水通常是毒物从有毒废物堆放场进入人体的有效途径，而毒性废物堆放场对于地表水中的水生生物通常影响不大。尽管如此，仍存在 1000 多个被认为过于危险而需要清理的废弃场地（Miller，1988），代表了社会对毒物缺乏有效控制这一遗留问题的最新补充。

虽然地表水的许多毒性问题已经得到控制（例如，点源工业废水的处理和某些农药的禁止使用），但随着合成有机化学品产量的不断增加，新的问题接踵而至。虽然在批准上市前对每种化合物的影响都会进行详细分析，但由于它们参与生态系统中的循环往往是长期性的，因此其影响效果需要经过很多年才能体现出来。氯化烃类杀虫剂（DDT、狄氏剂等）、多氯联苯（PCBs）和甲基化汞（$CH_3Hg^+$）等引发的难以预测的食物链生物累积效应就很好地说明了这一道理。

由于受保护物种之间耐受性的差异以及相互作用的环境因素造成的差异，毒性效应通常在任何定量意义上都是不可预测的。也就是说，有毒物质对鱼类种群的响应，特别是长期响应，从输入毒物开始到最后汇入特定河流，都是难以预测的。此外，水质执行标准中通常也没有给出像温度、溶解氧和酸碱度一样的针对毒物的可接受水平。通常用来代替特定标准的是这样一种陈述，大意是"禁止向水中添加对鱼类、水生生物或其他有害于水资源使用的污染物"。废水排放者和执法机构有责任根据每一个问题的是非曲直进行评估，这种评估最恰当的是采用了一种试验方法，但可能只是简单地将所涉及水中现有的毒物水平与公布的标准进行比较（例如 WQC，1986；USEPA，2002a）。在没有校正或鉴定的情况下，将测试结果从一种水体应用到另一种具有不同化学特性的水体是不合适的，这将在后面予以讨论。某些毒物（如铜、锌、镉、氨）的标准在某些州被确定为公认标准。

### 13.6.1 毒性的测定

在没有具体标准的情况下，在对废水流入水域进行管制时，为避免造成不良影响，通常需要对水中存在的毒性，或已经添加的或计划添加的废物产生的潜在毒性进行调查。调查通常需要标准化的毒性生物测定，使用废物、接收水和试验动物（通常是鱼），但也可能包括甲壳类动物或藻类。这种生物测定（或测试）的结果提供了可以确定致死浓度的急性或短期毒性的信息。基于致死浓度和一些慢性效应的知识，可以估计出"安全水平"。

《标准方法》（*Standard Methods*）（APHA，1985）中给出了急性毒性生物测定（或测试）的程序。通常，一系列浓度下暴露期为 2～4 天，期间以不少于每天一次的时间间隔来记录存活动物的数量。响应通常以恒定时间（4 天）或 50%存活率情况下的存活率百分比（算术标度或转换，例如概率单位）来表示（图 13.18）。在时间恒定的情况下，对产生 50%死亡率（存活率）的浓度作内插，并称其为在 96h 或 96h $LC_{50}$ 后产生 50%存活率的致死浓度。如果绘制成对数浓度，则关系更加线性化。

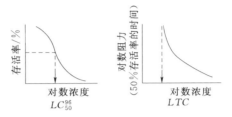

图 13.18 确定毒物致死浓度的两种图解方法。$LC_{50}^{96}$（暴露 96h 后的 50%有活率的致死浓度）和 $LTC$（致死阈值浓度）由虚线箭头表示。

随着时间的变化，"致死阈值浓度"可以通过近似毒物浓度来估计，当毒物浓度增加一个相对较小的下降值时，抗性时间变长（渐近）（图 13.18）。

其他存活率百分比（如 $LC_1$、$LC_{10}$）下的 $LC$ 值也可以通过在概率单位纸上绘制结果从数据中估算出来，其中存活率与浓度呈直线关系（APHA，1985）。然而，50%（即中位数）的存活水平是最常用的，因为该估值是最不可变的。

生物测定可以是静态的，在 96h 内不交换测试水，也可以是连续流动的，每天需要更换几次溶液，或者每天简单大量地更换一次溶液。连续流动的过程被认为更加合适，因为在自然界中，生物体不断地暴露在新的溶液中。在静态实验室溶液中，动物可以有效地改变毒物的浓度，并进行排毒或引发废物产生自我污染。连续流动试验的致死浓度往往低于静态试验。例如，据 Brungs（1969）报告，锌和黑头软口鲦（*Pimaphales promelas*）在静态试验中 96h 的 $LC_{50}$ 为 12～13mg/L，但在连续流动试验中仅为 8.4mg/L。

了解中位数致死浓度或杀死 50%鱼类的浓度，不是控制接收水中毒性的可接受目标。按照惯例，应用因子（AF）被用来将致死浓度成比例地降低到一个浓度，该浓度允许动物在所有生命阶段完全存活。"安全浓度"是 96h $LC_{50}$ 和 AF 的产物。

对于不同的有毒物质，AF 值的范围从 0.01～0.5 不等。尽管在许多情况下，AF 值是任意的，但基于长期（1～2 个月）的慢性生物测定，以生长、繁殖（卵子生产）、孵化成功、食物转化和行为等生命周期功能作为响应，目前我们已经开发出了多种毒物 AF 值的估算公式。在确定了最敏感的生命周期阶段的慢性效应水平后，AF 可通过下式进行估算：

$$AF = 长期(1 \sim 2 \ 个月)LC_{50}/LC_{50}^{96}$$

对五氯酚、氰化物、狄氏剂、二氯苯氧乙酸（2,4-D）、马拉硫磷、铜和纸

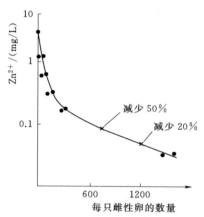

图 13.19　$Zn^{2+}$ 对黑头软口鲦繁殖力的影响（Brungs，1969）

浆厂废水等生长和繁殖成功率最高的毒物进行 AF 检测，结果为 $0.02 \sim 0.5$（Warren，1971）。有关 LAS（洗涤剂）、铬、氯、硫化物、镍、铅和锌的附加值记载于 1973 年的《水质控制报告》中。作为该过程的一个例子，Brungs（1969）表明，黑头软口鲦的繁殖过程比生长或孵化过程对慢性 $Zn^{2+}$ 水平更为敏感（图 13.19）。利用计算出的繁殖力下降 50% 和相对应的 $Zn^{2+}$ 浓度，可以估算出 AF 的值：

$$AF = 0.088/9.2mg/L \ LC_{50}^{96} = 0.009$$

如果是锌的情况下，其值会比常规 AF 值（0.1）高出 10 倍。

这种估计安全水平的方法，对于计算接收水体内水质特征的可变性以及水域之间的可变性是非常有效的，这些差异在短期的急性生物测定中得到了解释。而根据早期进行的长期慢性生物测定来获得 AF 值的难度则相对较大。

目前已经开发出用于测试复杂废水的更快的确定慢性毒性的程序，这是利用黑头软口鲦的幼体和胚胎幼体阶段（Norberg 和 Mount，1985）进行的为期 7 天的亚慢性试验，以及用枝角类动物（*Ceriodaphnia*）进行的三节生命周期试验（Mount 和 Norberg，1984）。黑头软口鲦幼体试验的慢性浓度估计为 $LC_1$，或者是未产生可观察效果的浓度和使用生长和存活超过 7 天的最低可观察效果的浓度之间的平均值。与使用平均值的方法相比，$LC_1$ 估计值的精确度更高，阈值浓度更低（Pickering，1988）。诸如此类的许多短期慢性试验都是为完善废水排放许可系统而开发的。

在接收的水体中，仍然存在着从一个测试物种外推到无数物种的问题。由于不可能对接收水中的每个物种进行长期（甚至短期）的慢性测试，所以有 3 种替代方法（Woelke，1968）：①选择最敏感的物种来确定 AF；②假设一个易于研究的试验物种（如黑头软口鲦）和接收水中最敏感的物种之间的 AF 成比例；③选择对经济最重要的物种来确定 AF，即使它可能不是最敏感的物种。Woelke（1968）选择了具有重要经济价值的繁殖阶段的太平洋牡蛎进行

研究，随后表明它和许多其他贝类物种一样对纸浆废液和溢油分散剂很敏感，并且比成鱼敏感得多。在这种情况下，说明牡蛎是一种理想的测试物种，因为它既敏感又具有经济价值。

如果使用 $LC_{50} \times AF$ 程序，则另一个严重的问题是大多数废物具有复杂性，这些废物通常含有大量可以相互作用的毒物，而将这些毒物混合起来还可能表现出累加效应、拮抗效应或协同效应（图 13.20）。如果产生严格的累加效应，则无论混合物主要是化合物 A 还是化合物 B，$LC_{50}$ 都没有差别。如果产生拮抗效应，则化合物 A 和化合物 B 的混合物越均匀，毒性越低（$LC_{50}$ 越高）。例如 $Zn^{2+}$ 和 $S^-$ 之间存在拮抗作用，当化学计量比为 1 时，混合物的毒性最小（Hendricks，1978）。反之当化合物 A 和化合物 B 的混合物相等时，协同作用会导致更大的毒性，$Cu^{2+}$ 和 $Zn^{2+}$ 的混合就是协同作用的典型例子。在没有相互作用的区域，这种影响是由化合物 A 或化合物 B 造成的，因此毒性随着浓度的降低而降低。

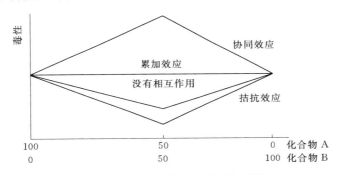

图 13.20　毒物混合物对毒性的相对影响

假设累加效应或轻微的协同效应是估计毒物混合物效果的一种方法，那么可以用下列协同效应模型来预测毒物混合物的致死效应（Brown，1968；Brown 等，1970）：

$$C_1/LC_{50(1)} + C_2/LC_{50(2)} + C_n/LC_{50(n)} = 1.0$$

式中：$C_1$，$C_2$，…，$C_n$ 为混合物中各种毒物的浓度。

因此，当混合物中所有毒物浓度的分数比（相对于各自的 $LC_{50}$ 值）总和为 1.0 时，对应的死亡率应为 50%。

而在实际应用中，Brown 等（1970）发现，累加效应模型低估了两条受污染河流和一个河口的急性毒性，也就是说，当总和小于（1.0 的）2/3 时，对应各个部分的死亡率也能满足 50%。因此，研究者希望可以规定一个小于1.0 的值（例如在 0.5～0.8 范围内的某值），使相应毒物的分比总和不超过这个值。在接收水中使用有毒物混合物来估算废水长期安全浓度的模型可以表示

为（WQC，1973）

$$C_1/LC_{50(1)}\,\mathrm{AF}_1 + C_2/LC_{50(2)}\,\mathrm{AF}_2 + \cdots + C_n/LC_{50(n)}\,\mathrm{AF}_n < 1.0\,(例如\ 0.8)$$

使用上述模型来估算可接受体积废水添加量，可设置一个简单案例如下：夏季低流量期间，河流 X 流量为 $5\mathrm{m}^3/\mathrm{s}$，废水 Y 流量为 $0.1\mathrm{m}^3/\mathrm{s}$，铜含量为 $1.0\mathrm{mg/L}$，锌含量为 $1.5\mathrm{mg/L}$。实际情况下的短期生物测定通常是针对敏感物种和受试水进行的。

河流与废水的混合物中铜和锌的浓度（$0.1/5 \times 1.0$ 和 $1.5$）分别为 $0.02\mathrm{mg/L}$ 和 $0.03\mathrm{mg/L}$。假设存在轻微的协同效应，当铜和锌的 $LC_{50}$ 值分别为 $0.08\mathrm{mg/L}$ 和 $0.5\mathrm{mg/L}$ 时，结果表明短期内不会导致死亡：

$$0.02/0.08 + 0.03/0.5 = 0.31$$

但若在此基础上假设铜和锌的 AF 分别为 $0.1$ 和 $0.01$，则可能会产生慢性影响：

$$0.02/(0.08 \times 0.1) + 0.03/(0.5 \times 0.01) = 8.5$$

因此，建议在河流流量较低时将污水流量减少 90%（$1 - 0.8/8.5$），或者排放者可以选择通过其他处理方法去除污水中的有毒金属，或者将废水集中起来等待河流流量更高时再排放，使得混合流中的铜和锌的浓度分别不超过 $1.9\mu\mathrm{g/L}$ 和 $2.8\mu\mathrm{g/L}$（$0.8/8.5 \times 20\mu\mathrm{g/L}$ 和 $30\mu\mathrm{g/L}$）。

## 13.6.2 重金属

锌、镉、铜、铅、铬、汞、银和镍等常见的重金属元素，可存在于各种废物中，并对接收水体中的生物体造成急性或慢性影响。虽然其中的一种或多种金属可能来源于各种工业活动，但它们也可能以很高的浓度存在于城市污水中，并在城市径流中通过大气沉积与铅和汞结合在一起。表 13.8 给出了每种金属的最大浓度和连续浓度（溶解浓度）的建议标准，这些数值是基于相当广泛的慢性生物测定得出的，遵守这些标准能使风险降至最低，即使对最敏感的物种来说也是如此。

**表 13.8　淡水中代表性有毒污染物的建议水质标准（USEPA，2002a）**

| 毒物 | CMC[a]/($\mu\mathrm{g/L}$) | CCC[b]/($\mu\mathrm{g/L}$) |
|---|---|---|
| 金属（溶解） | | |
| Cd[c] | 2.0 | 0.25 |
| Cr(VI) | 16 | 11 |
| Cu[c] | 13 | 9.0 |
| Pb[c] | 65 | 2.5 |
| Hg | 1.4 | 0.77 |

| 毒 物 | CMC[a]/(μg/L) | CCC[b]/(μg/L) |
|---|---|---|
| Ni[c] | 470 | 52 |
| Zn[c] | 120 | 120 |
| 其他有机物 | | |
| $NH_3$ | 15[d] | |
| $Cl_2$ | 19 | 11[e] |
| $H_2S$ | — | 2.0 |
| HCN | 22 | 5.2 |
| 有机物 | | |
| 多氯联苯总数 | — | 0.014 |
| DDT | 1.1 | 0.001 |
| 氯丹 | 2.4 | 0.0043 |
| 毒杀芬 | 0.73 | 0.0002 |

a. CMC＝标准最大浓度；

b. CCC＝标准连续浓度；

c. 硬度为 100mg/L；

d. 标准假设存在鲑鱼和 pH 值为 7（见附录 C；USEPA，2002a）。

e. 标准取决于鱼类早期生命阶段的存在与否、pH 值和温度（见附录 C；USEPA，2002a）。

给定浓度的金属元素的毒性效应会因金属的形态不同而存在很大差异，而金属的形态取决于 pH 值、温度和溶解有机物的存在。金属的致命原理是通过刺激鱼的鳃使得黏液分泌和鳃片内部退化，导致鳃系统在周围环境和鱼类血液之间交换气体的能力受损，最终窒息而死。阴离子失衡也可能导致鳃膜上的排泄和离子交换受到不利影响。Lloyd（1960）指出，接触 $ZnSO_4$ 会导致虹鳟鱼死亡，解剖发现鱼鳃和黏液中吸附了大量锌离子，然而，黏液是由体表产生的，而不是鱼鳃。在高浓度锌离子存在的环境下，在几小时内便观察到鳃组织发生细胞学损坏，由鳃细胞破裂引起的组织缺氧被进一步证明是锌急性中毒的原因（Burton 等，1972）。

通常认为重金属对鱼类的影响更多地取决于金属的溶解离子形式（例如 $Cu^{2+}$ 或 $Zn^{2+}$），而不是其他氢氧化物配合物 [例如 $Cu(OH)^+$、$Cu(OH)_2$、$Zn(OH)^+$] 或者碳酸盐配合物形式。金属离子的致死效应随着 pH 值的降低而增加。例如，Cairns（1971）表明，在锌浓度为 $10\sim32mg/L$ 的范围内，pH 值为 7.3～8.8 时，死亡率只有 0～10％，但 pH 值为 5.7～7.0 时，死亡率是 100％。然而，Mount（1966）发现锌的毒性对黑头软口鲦死亡率的影响随着 pH 值的升高而增加。当 pH 值从 8.6 降至 5.0 时，$LC_{50}$ 值增加了近 3 倍，这被认为是由于连续流动生物测定系统使进入的锌保持在悬浮液中。

Cusimano 等（1986）也表明了镉、锌和铜对鱼类毒性的作用受 pH 值的直接影响，pH 值为 7 时的毒性比 pH 值为 4.7 时的毒性高，解释为 $H^+$ 与鳃表面结合位点存在竞争（见下文讨论）。

因此，在估计一种或多种金属的毒性效应时，基于对过滤水或未过滤水的总酸的消化含量测定，存在相当大的不确定性。后者（即未过滤的）倾向于高估离子形式金属成分的可利用性，而前者可能由于平衡考虑而低估其可利用性，或者如果涉及有机配合物则可能高估其可利用性。

McKnight（1981）在对供水水库进行 $CuSO_4$ 处理后，使用了一种特定的离子电极来确定铜离子的作用，在该水库中，腐殖酸物质对毒性存在络合干扰。Laegrid 等（1983）也使用了特定的离子电极来表明，游离金属离子可以解释高腐殖质水中镉的毒性，但也发现 $Cd^{2+}$ 与低分子量有机化合物（由浮游植物分泌）的络合作用增加了毒性，超过了单独使用 $Cd^{2+}$ 时的毒性。Sherman 等（1987）使用了与镉相似的方法，发现在实验室试验中，向池塘环境中添加镉不会产生基于 $Cd^{2+}$ 浓度的预期毒性，因为池塘的高 pH 值会导致 $Cd^{2+}$ 沉淀为 $CdCO_3$。

由于金属的毒性与溶解的离子形式有更直接的关系，因此淡水和盐水中的金属标准现在被表示为水体中溶解的金属浓度（USEPA，2002a）。这些水质标准在以前以总可回收金属表示的水生生物标准（WQC，1986）基础上，乘以一个换算系数（CF）计算得到。溶解金属的换算系数（CF）可在 USEPA（2002a）的附录 A 中找到。此外，急性标准和慢性标准现在分别表示为标准最大浓度（CMC）和标准连续浓度（CCC），二者均表示在地表水中物质能达到的最高浓度，该浓度可以使水生生物群落暴露其中而不会产生不可接受的影响，二者区别在于 CMC 针对短暂暴露，而 CCC 针对长期暴露。

影响金属毒性效应的另一个重要因素是硬度（钙＋镁），它通过在鳃表面的竞争性抑制来降低金属的毒性效应。无毒的钙离子和镁离子与有毒的金属离子竞争结合位点，如果钙或镁占据了这些位点，那么鳃片就会受到保护，不会恶化。Pagenkopf（1983）已经证明，竞争性相互作用（抑制）因子（CIF）可以根据下式进行估算：

$$CIF = S^{n-}/S_T = 1/(1 + K_M[M^{2+}])$$

上式代表总（$S_T$）鳃位点的可用部分（$S^{n-}$）。$K_M$ 和 $[M^{2+}]$ 分别为平衡溶解度系数和摩尔金属浓度。

有效毒物浓度（在这种情况下为铜，$ETC_{Cu}$）包括 CIF 和可用有毒金属浓度（离子形式）：

$$ETC_{Cu} = [Cu_T]\alpha Cu_i/(1 + K_M[M^{2+}])$$

式中：$Cu_T$ 和 $\alpha Cu_i$ 分别为可用 $[Cu^{2+} + Cu(OH)^+ + Cu(OH)_2]$ 铜浓度的总

系数和分项系数。

Pagenkopf 认为，如果硬度大于 1mM（100mg/L CaCO$_3$），那么结合位点的竞争是有效的。通过计算铜、锌和镉等几项指标的 ETC 值来校正 $LC_{50}$ 硬度值，试验之间的可变性平均降低了 35%。

金属的 CMC（表 13.8）可以用于硬度校正，并在以下经验公式中使用适当的 CF 转化为溶解浓度（WQC，1986；USEPA，2002a）：

$$Cd = \exp\{1.0166[\ln 硬度] - 3.924\}(CF)$$
$$其中\ CF_{Cd} = 1.136672 - [(\ln 硬度)(0.041838)]$$
$$Cu = \exp\{0.9422[\ln 硬度] - 1.700\}(CF)$$
$$其中\ CF_{Cu} = 0.960$$
$$Zn = \exp\{0.8473[\ln 硬度] + 0.884\}(CF)$$
$$其中\ CF_{Zn} = 0.978$$

使用上述公式，分别将硬度水平设置为 50mg/L、100mg/L 和 200mg/L，得到镉、铜、锌的 CMC 值分别为：0.9、2.0、3.9；7.0、13、26；和 65、120、211，单位均为 ug/L（USEPA，2002a）。表 13.8 中列出的值是针对 100mg/L 硬度计算的结果。

温度也会影响金属和其他有毒物质的毒性（DeSylva，1969）。即使在动物的最佳范围内，$LC_{50}$ 值也可能随着温度的升高而降低，原因推测为随着代谢速率的增加，高温促进了鱼类的应激反应，加快了鱼类对毒物的吸收，最终导致其抵抗力的降低。

低浓度的溶解氧也会增加毒性，以 Pickering 的研究为例（1968），将蓝鳃太阳鱼暴露在含锌的水体中 96 小时，观察到 $LC_{50}$ 值有所下降；当溶解氧含量为 5.6mg/L 时，$LC_{50}$ 为 10～12mg/L，而溶解氧含量降低到 1.8mg/L 时，$LC_{50}$ 下降到 7mg/L 左右。

就这一点来说，比较不同物种/测试对代表性金属的响应可能十分有趣（表 13.9）。急性标准（WQC，1986；USEPA，2002a）建议的最大 1 小时平均浓度，并不比虹鳟鱼的 $LC_{50}$ 值低很多。水蚤的 $LC_{50}$ 值与鳟鱼的 $LC_{50}$ 值非常相似，有几位作者已经证明了鱼类和水蚤的相似反应（Atwater 等，1983；Doherty，1983）。考虑到铜（如 CuSO$_4$ 和有机络合物）和锌（有机络合物）被用作除藻剂，因此月芽藻对金属的敏感性与鱼类和水蚤相当这一结论不足为奇。用于潜在毒性筛选的一些相对快速的测试，如 Microtox 技术和 Techan 技术，与其他生物体的反应相比相对不敏感。

然而，从长期来看，金属可以以亚致死浓度被吸收，并积累在身体组织中。一般来说，如果金属以有机形式和相对非离子的形式被络合，则在低浓度时金属会更容易被吸收和积累。下面以汞（Hg）为例说明离子形式和非离子

表 13.9　　　　　　不同生物体和试验的急性毒性水平（指定）的比较

| 物种/试验 | 急性毒性水平/($\mu$g/L) | | | | 指　　　数 |
|---|---|---|---|---|---|
| | Cr | Cd | Cu | Zn | |
| WQC（1986） | 16 | 2 | 13 | 120 | 100mg/L 硬度的急性最大值 |
| 虹鳟 | 17 | 10 | 80 | 500 | $LC_{50}$ |
| 水蚤 | 50 | 5 | 60 | 1000 | $LC_{50}$（大约） |
| 月芽藻 | 238 | 57 | 54 | 51 | $EC_{50}$ |
| Microtox 技术[a] | 651 | 236 | 8 | 107 | $EC_{50} \times 10^{-3}$ |
| Techan 技术[b] | 124 | 140 | 54 | 30 | $EC_{50} \times 10^{-3}$ |

a. 5 分钟后的细菌发光活性。

b. 1h 后的海藻 $O_2$ 吸收和发光活性。来自 WQC（1973，1986），Turbak 等（1986），McFeters 等（1983）和 USEPA（2002a）。

形式的相对有效性，如 Amend 等所述，对于磷酸乙基汞（EMP），是否添加 $Cl^-$ 对鱼类的急性毒性效应显示出了显著差异。

表 13.10　　　　　　　　$Cl^-$ 对磷酸乙基汞（EMP）毒性的影响

| 测试化学品 | 产生的汞 | 死亡率/% |
|---|---|---|
| EMP+$H_2O$ | $CH_3CH_2Hg^+$ | 0～5 |
| EMP+NaCl | $CH_3CH_2HgCl$ | 25～60 |
| EMP+$CaCl_2$ | $CH_3CH_2HgCl$ | 15～65 |
| EMP+$Ca(NO_3)_2$ | — | 0 |
| NaCl，$CaCl_2$+$Ca(NO_3)_2$ | — | 0 |

添加 $Cl^-$ 后，水体中产生了一种非离子化的有机汞络合物，这种络合物更容易被吸收，因此鱼类死亡率更高。如上所述，再结合 Laegrid 等（1983）的观点，证明这种毒性效应在低分子量化合物中最为明显。

中等水溶性的化合物似乎毒性最大，即毒性更容易在较低浓度下产生效果。如果一种化合物是水溶性的（极性的），那么意味着其成分在水中很容易获得，当浓度达到一定高度时，就会通过对鳃的刺激作用产生毒性。然而，与非极性低水溶性化合物相比，极性的离子化形式不容易穿过脂质膜表面，也不容易被吸收。此外，显然非极性低水溶性的单质也不能被吸收。因此，只有有机复合物相对来说易于吸收，而有机复合物在水中表现为离子浓度非常低，因此暴露在这类环境水中的鱼类往往最终体内毒素的浓度会很高。

在人类活动影响下，汞的主要来源是化石燃料燃烧（例如燃煤发电厂）、废物焚烧和氯碱工业（氯碱工业：以汞为阴极来生产率氯）（USEPA，2001）。当前，汞已被用于牙科行业、油漆、药品、精密仪器和杀菌剂。汞的自然来源包括火山爆发和岩石风化。

毒性最大的化合物之一是甲基汞（$CH_3Hg^+$），它是一种有机汞络合物，不论汞以何种形式被添加，这种化合物都可以在自然界中通过沉积物中微生物的降解反应产生。一旦一个生态系统被汞污染，沉积物将会通过微生物持续产生 $CH_3Hg^+$，继而在接下来的几年中持续对鱼类造成威胁，形成恶性循环。即使日后停止继续输入汞，接收水也需要 20～30 年才能从这种恶性循环中恢复过来，这种现象并不罕见（Hakanson，1975；Shin 和 Krenkel，1976）。即使某一时刻起生物体的吸收率开始下降，组织中的汞会开始流失，但半衰期长达约两年，期间 $CH_3Hg^+$ 仍然可以在水中浓度低至或低于 $1\mu g/L$ 的情况下在组织中浓缩数千倍（Peakall 和 Lovett，1972）。$CH_3Hg^+$ 生产的沉淀效应可持续 10～100 年，但通常沉淀过程足以覆盖汞储量，从而使生物体在 15～30 年内恢复到可接受的水平（Hakanson，1975）。

汞沿食物链的生物放大作用已经在各种水生生态系统中得到证实。在纽约的 Onondaga 湖，从浮游植物和无脊椎动物到鱼类，汞含量随营养级的升高而显著增加，其中食鱼鱼类（如碧古鱼）体内的汞含量最高（Becker 和 Bigham，1995）。生物浓度指数也从大型底栖无脊椎动物的 $8.3\times10^4$ 提高至食鱼鱼类的 $3.7\times10^6$。佛罗里达州大沼泽地也存在因汞的生物放大作用引发的问题，该沼泽地鱼类组织中的 $CH_3Hg^+$ 浓度超过 30ng/g（Cleckner 等，1998）。有记录表明，体内高负荷的 $CH_3Hg^+$ 会降低鱼类孵化成功率和幼体心率（例如 Latif 等，2001），另外汞对普通潜鸟（Barr，1986）、大白鹭（Spalding 等，1994）等食鱼鸟类也存在不利影响。Boening（2000）在综述中详细介绍了汞对水生生态系统的影响。

汞还会造成包括神经障碍和发育障碍在内的人类健康问题，因此，世界各地都发布了鱼类食用咨询，以防通过食用受污染的鱼类和贝类而摄入汞。欧盟和美国环保局建议人类食用的鱼类中汞的平均含量不得超过 $300\mu g/kg$。在美国，鱼类食用咨询稳步增长，从 1993 年 27 个州的 899 条咨询增加到 2000 年 41 个州的 2242 条咨询（USEPA，2001a）。

铅（Pb）是另一种令人担忧的重金属，因为其毒性对水生生物、野生动物和人类都具有致命性。生物体既可以通过生物富集作用在环境中直接摄取铅，又可以通过生物放大作用沿食物链吸收铅（Spry 和 Wiener，1991）。虽然铅的一些来源（如含铅汽油）已经得到控制，但当前依旧十分广泛的应用使铅能够透过各种途径渗透到生态系统中对环境造成危害。例如过去曾经使用铅弹进行狩猎，就对水生生态系统造成了无法挽回的破坏，狩猎区沼泽地的沉积物中沉积了大量的铅弹丸，鸭子、鹅、白骨顶和天鹅等水禽无意中将铅弹作为砂砾摄入，造成每年至少数百万水禽死于铅中毒。不到 10 个铅弹丸就能对当地水禽群体造成毁灭性打击，以北美 1 亿水禽为例，每年至少有 240 万是死于铅中

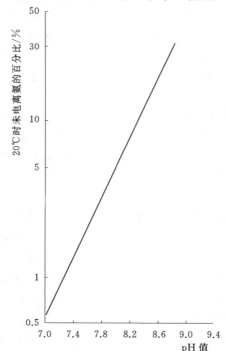

毒（Mason，2002）。

美国已经逐步淘汰铅弹丸的使用，用钢丸代替；然而，铅制打捞砝码仍在使用中（Dodds，2002）。在英国，钓鱼用铅从 1987 年起就被禁止，因此水禽铅中毒的发生率大幅降低（Mason，2002）。

### 13.6.3　其他无机毒物

常见的有毒非金属、无机化合物包括氨（$NH_3$）、氰化氢（HCN）、硫化氢（$H_2S$）和氯（$Cl_2$），在未离解的分子状态下，所有这些有毒物质的毒性最大。

有毒的未离解（未电离）氨（$NH_3$）的百分比是 pH 值的函数，如图 13.21 所示。铵（$NH_4^+$）是最丰富的形式，因此分析应报告为 $NH_4^+ - N$。pH 值控制平衡为

$$K = [NH_4^+][OH^-]/[NH_3]$$

因此，随着 pH 值的增加，未离子化的氨也会增加。

大多数鱼类非电离 $NH_3$ 的致死浓度约为 1mg/L，但是总 $NH_4^+$ 的浓度也很少能自然达到这个水平。然而，在硝化受到阻碍的缺氧富营养化环境中，铵可能达到或超过该量。此外，每升几毫克的铵含量在生活污水和一些工业废水中很常见。事实上，二级污水处理厂污水中的铵氮含量能达到 20mg/L，从图 13.21 也可以很容易地看出 pH 值的重要性。在 pH 值为 7 时，致死（1mg/L $NH_3$）需要大约 200mg/L 铵，而在 pH 值为 9 时，低于 3mg/L 铵就足够了。因此，藻类水华（富营养化）在接收高铵废水时要非常重视，因为光合作用可能导致高 pH 值（第 4.4 节）。

作为 4 天平均值的 $NH_3$，建议最大限值为 0.02mg/L（WQC，1986）。如果从环境水的 pH 值来计算，则该值可能不会如此低，因为鱼类往往通过吸入 $CO_2$ 来降低鳃周围水的 pH 值（Szumski 等，1982）。然而，Solbe 和 Shurben（1989）已经证明，虹鳟鱼

图 13.21　非离子氨（$NH_3$）的百分比与 pH 值的关系（WQC，1973）

卵在受精后不久暴露至 2.5 个月，那么即使 $NH_3$ 浓度低至 0.027mg/L，死亡率仍然很高。

美国环保局最近修订了淡水水生生物氨标准（USEPA，1999），现在修订后氨的急性标准取决于 pH 值和鱼类，而慢性标准则取决于 pH 值和温度。在较低温度下，慢性标准还取决于鱼类早期生命阶段的存在与否（USEPA，1999）。

$HCN$ 和 $H_2S$ 也是受 pH 值控制的未离解形态，并且也具有毒性（Doudoroff 等，1966）。与 $NH_3$ 相比，未离解的 $HCN$ 和 $H_2S$ 组分随着 pH 值的降低而增加，例如，在 pH 值为 7 时，一半是有毒的 $H_2S$，一半是 $HS^-$，但在 pH 值为 5 时，99% 是 $H_2S$（WQC，1986）。$H_2S$ 在 $O_2$ 存在时不稳定，并且容易转化为 $SO_4^{2-}$（第 4.3 节）。因此，如果溶解氧的量对鱼类来说是足够的，那么 $H_2S$ 通常不会引起问题。但是，在 $H_2S$ 产生的沉积物附近发育卵和幼虫可能会出现一个临界条件，因为 $HCN$ 和 $H_2S$ 建议的最大 CCC 分别为 5.2μg/L 和 2μg/L（WQC，1986；USEPA，2002a）。

在 20 世纪 70 年代早期和中期，氯变得越来越重要，因为调查人员发现污水处理厂的废水对鱼类有毒，所以用残留氯消毒。游离氯和化合氯（氯胺）［称为总余氯（$TRCl_2$）］的毒性，也受 pH 值控制。次氯酸（$HOCl$）的毒性最大，且毒性随着 pH 值的降低而增加。

Brungs（1973）回顾这个问题时，引用了美国密歇根州关于处理厂污水下游笼养鱼的研究。当废水未被氯化时，不会导致鱼类死亡，但是当废水被氯化为 $TRCl_2$ 时，96 小时的 $LC_{50}$ 值范围为 14～29μg/L。在一些地区，据报道，James 河下游，大量鱼类死亡源自高达 2.2mg/L 的废水氯残留物（Bellanca 和 Bailey，1977）。同样，Tsai（1973）调查了从 149 个工厂接收处理过的污水的河流，发现无鱼水域的总余氯为 0.37mg/L 或更高，观察到的含量高达 1.5mg/L。

$TRCl_2$ 的建议最大 CCC 为 11μg/L（WQC，1986；USEPA，2002a）。血液学研究表明，3μg/L 是对银大马哈鱼安全的最大 $TRCl_2$ 浓度（Buckley 等，1976；Buckley，1977）。

## 13.6.4　有机毒物

每年生产的无数合成有机化学品，可能对社会防止毒性、导致环境质量退化的能力构成重大威胁和挑战。有机毒物的威胁可能是最大的，因为它们具有更中性的带电状态，所以具有更大的穿过细胞膜的迁移性（即更易溶于脂质），并且许多化合物对降解具有高抗性，这些特性导致了长期残留和食物链放大的问题，使得人类的健康受到了威胁。

解决这方面问题最著名的化合物是有机氯杀虫剂（DDT）及其代谢产物 DDE 和 DDD。虽然 DDT 是脂溶性的，但不溶于水（$\approx 1\mu g/L$），它很容易被水中或食物中的生物吸收，导致人体残留的浓度是水浓度的 10 倍（Reinart，1970）。虽然可以从水中吸收或与食物一起摄入 DDT，但这两种途径不具有累加效应（Chadwick 和 Brocksen，1969）。虽然其他有机氯杀虫剂因其毒性而闻名，对鱼类的毒性甚至比 DDT 更大，如异狄氏剂和狄氏剂，但 DDT 因其使用量更大而受到了相对更多的关注，并产生了更大的毒性影响。美国已经使用了 50 多万吨 DDT，其他国家也在继续使用（Hileman，1988）。

有机氯杀虫剂的建议最大 CCC 为 $0.001 \sim 0.004\mu g/L$（WQC，1986；USEPA，2002a）。尽管这种浓度比致死浓度低一两个数量级，但考虑到这些物质具有生物放大潜力，因此不应将其视为限制性过强。例如，密歇根湖的鱼类显然将 DDT 和狄氏剂从水中的万亿分之一浓度浓缩到百万分之一浓度（Reinart，1970）。

有机氯化合物对鱼类危害性最强的亚急性作用是在其繁殖阶段，Johnson（1967）首次用日本青鳉证明了这一点。他发现，尽管接触浓度为 $0.3\mu g/L$ 或更低的异狄氏剂的成年鱼表面上健康存活，但这些鱼的孵化鱼苗表现出严重的行为变化和较差的存活率，这与成年鱼接触异狄氏剂的浓度和时间直接相关。即使鱼卵是在不含异狄氏剂的水中孵化的，也是如此，这表明成年鱼体内的残留物被转移到鱼卵中。

全世界每年使用大约 230 万吨杀虫剂（Nowell 等，1999），仅美国就使用了大约 630 种不同的化学品。大多数杀虫剂和除草剂（78%～80%）用于作物，如玉米、棉花、小麦和大豆，其余用于草坪和高尔夫球场（Miller，1998）。虽然杀虫剂带来了一些好处，但它的使用导致了高昂的环境成本，包括地下水修复费用 18 亿美元、渔业损失 2400 万美元和鸟类损失 21 亿美元（Pimental 等，1992）。

杀虫剂在环境中造成了重大问题，虽然大多数施用的杀虫剂从未接触到目标生物（Younos 和 Weigmann，1988），但接触到了非目标物种。渔业和污染控制机构经过多年的教育和坚持，在有机氯杀虫剂造成危害之前，对其使用产生影响。而后，存留时间相对较短和毒性较低的杀虫剂取代了许多有机氯和有机磷酸酯化合物，自 20 世纪 70 年代以来，这些化合物的使用已大幅减少或完全禁止。然而，由于它们具有相对抗降解性，它们的许多残留成分仍然留在环境中。美国鱼类和鸟类中有机氯农药（如 DDT 和狄氏剂）的残留水平在减少使用后大幅下降，这表明，对于高抗性和生物放大物质，如果对环境的投入减少，环境中的可利用性和体内残留物也会减少。然而，高毒性有机氯杀虫剂如氯丹和灭蚁灵（CCC 含量分别为 $0.0043\mu g/L$ 和 $0.001\mu g/L$，WQC，1986）

仍然可以使用，美国每天农业使用 1000 吨杀虫剂（Younos 和 Weigmann，1988）。莠去津是一种除草剂，在美国中西部广泛用于杂草控制（每年施用 3200 万 kg），虽然它不具有生物浓缩性，但最近出现了对其毒性、致癌性和扰乱内分泌系统能力的担忧（参见第 13.6.5 节）（Carder 和 Hoagland，1998；Nowell 等，1999）。毒杀芬因其生物放大作用和在大气中的移动而成为另一种受关注的农药，Kidd 等（1995）在一个偏远亚北极湖泊的鱼类中发现异常高浓度的毒杀芬。

多氯联苯（PCBs）在工业中被广泛地使用，其效果和持久性与有机氯杀虫剂似乎非常相似（WQC，1973），特别是在 20 世纪七八十年代变得越来越重要。尽管它们的使用在 20 世纪 70 年代后期被禁止，但它们在填埋场、河流和湖泊沉积物以及变压器中的残留物仍然存在扩散到环境中以及在食物链中生物放大的问题，例如 Hudson 河（Brown 等，1985），五大湖（Hileman，1988）和北极（Pearce，1997）。Colborn 等（1996）描述了多氯联苯的全球运动以及生物放大作用。

与有机氯杀虫剂相比，大多数除草剂，如 2,4 - D、2,4,5 - T 和草多索，毒性较小，降解较快。例如除草剂 2,4 - D 在某些营养级和沉积物中存留 1~3 个月，但显然对水生动物没有什么不利影响（Woitalik 等，1971）。此外，2,4,5 - T 可能含有二噁英，并存在残留问题（Galston，1979）。

纸浆和纸漂白产生的废水含有高毒性的有机氯化合物，包括二噁英。Leach 和 Thakore（1975）发现，牛皮纸浆厂废水中源自树脂酸的氯化合物是大多数废水具有毒性的原因。5 种鉴定化合物的 96 小时 $LC_{50}$ 值范围为 0.32~1.5mg/L。牛皮纸厂漂白液流中的有机氯化合物分布在波罗的海北部的广大地区（Sodergren 等，1988）（图 3.13），在实验室试验中证实了该有机氯化合物对鲈鱼繁殖和生理的不利影响，并且在离污水源 10km 处观察到有机氯化合物组织水平的增加和鲈鱼生物量水平的降低。

## 13.6.5 内分泌干扰化学物质

人类内分泌系统包括几个腺体（如甲状腺、垂体、松果体、卵巢、睾丸）以及这些腺体产生的激素（如肾上腺素、雌激素、睾酮）。人们对释放到环境中的一些合成有机化学物质会破坏人类的内分泌系统的担心程度正在上升。干扰内分泌的化学物质可以定义为由于破坏内分泌功能而对生物体或其后代造成不良健康影响的物质，许多这些化学物质影响荷尔蒙的正常功能。目前，大多数研究的焦点都集中在对性激素（如雌激素）的破坏上，但其他系统也可能受到激素的影响。因此，这些化学物质可能扰乱动物的生殖、内分泌、免疫和神经系统，并对胚胎和出生后早期发育产生不利影响（Colborn 和 Clement，

1992)。简单地说，人们认为这些化学物质模仿人体的天然激素，并与受体分子结合，从而干扰内分泌系统的调节（Trussel，2001）。内分泌干扰物的观察效果是由于其激素特性还是由于某些其他毒理机制存在一些不确定性，所以美国研究委员会（1999）建议使用"激素活性剂"一词，而不使用"内分泌干扰物"。

许多物质都与内分泌失调有关，有些是天然存在的，例如植物中的植物雌激素和通过污水排放进入环境的性激素，有些是人工合成的，例如可能破坏内分泌系统的合成化学品包括有机氯化合物，如多氯联苯和二噁英、酚类化合物、邻苯二甲酸酯（用于使塑料变得柔软）和一些多环芳烃（PAHs）。一些农药也是内分泌干扰物，包括DDT及其代谢物、三嗪、五氯酚、马拉硫磷、狄氏剂和甲氧DDT。一些重金属（汞、铅）也会扰乱内分泌系统（Colborn和Clement，1992；美国研究委员会，1999）。三丁基锡是广泛用作船体上的防污剂，毒性极强，还会破坏内分泌功能（Champ和Seligman，1996）。另一组新受关注的化学品是药物活性化学品（如止痛药、抗生素、避孕药中使用的合成类固醇、咖啡因、生长激素），它们通过废水排放和径流进入环境，其中的一些药物也是内分泌干扰物，例如牲畜生产中使用的生长激素（美国研究委员会，1999）。

据报道，内分泌干扰物对人类和野生动物具有多种影响，包括发育异常、精子数量下降、野生动物雌性化和激素相关癌症增加（如乳腺癌和睾丸癌）。特别是，模拟雌激素的化学物质与造成这些影响有关，通常被称为"生态雌激素"或环境雌激素，（Colborn等，1993）。虽然生态雌激素是最明显的内分泌干扰物，但它们可能只是化学物质模仿激素、神经递质、生长因子和其他重要生物功能的众多方式之一（McLachlan和Arnold，1996）。

一些研究报道了由于接触污水流中的雌激素模拟物而导致的野生鱼类雌性化和其他生殖发育异常现象（例如，Purdom等，1994；Jobling等，1998；Rodgers-Gray等，2000），且这些影响不限于鱼类。研究发现大湖区海龟胚胎和幼龟的发育异常与二苯并二噁英（dibenzodioxins）和二苯并呋喃（dibenzofurans）有关（Bishop等，1998）。佛罗里达州Apopka湖刚孵化的短吻鳄和幼年短吻鳄的发育和生殖异常与胚胎发育过程中接触内分泌干扰物有关（Guillette等，1999）。还有很多关于鸟类和哺乳动物的内分泌紊乱的报道（Colborn等，1993；Tyler等，1998）。

关于内分泌干扰物对人类和野生动物的影响，还有很多知识需要学习。目前对特定化学品的内分泌干扰机制知之甚少（Matthiessen，2000），许多这些化学品尚未在环境中进行常规监测。生物体也暴露于化学物质环境中，使得病原体与其效果的分离极其困难。这些化学品的来源广泛多样，包括塑料瓶和包装纸、避孕药、咖啡和草坪护理产品等常见物品。Sumpter（1998）和 Tyler 等（1998）对环境中干扰内分泌的化学品的影响进行了批判性的综述。

## 13.6.6　酸化

酸沉降导致的湖泊和河流酸化是一个全球性污染问题，波及美国东部、加拿大东部、斯堪的纳维亚和北欧的大部分地区。酸化即酸中和能力（ANC）或碱度的损失（第 4.4 节），这种损失是由于 $SO_4^{2-}$ 或 $NO_3^-$ 替代了 $HCO_3^-$ 造成的，$HCO_3^-$ 基本上相当于 pH 值小于 8.3 的水中的 ANC（Alk）。$NO_3^-$ 是化石燃料燃烧产生的沉淀中的强酸阴离子，以及由此产生的 $SO_2$ 和 $NO_x$ 的大气排放，它们最终被氧化成强酸（$H_2SO_4$ 和 $HNO_3$），并可沉积在远离源头的下风处。当降水中的酸沉积到一个流域中时，它或多或少会在风化过程被中和（$H^+$ 被碱消耗掉），例如在以富含碳酸钙的沉积基岩为主的流域，酸性很容易被中和。然而，在那些以火成岩基岩为主的地区，如花岗岩和玄武岩，覆盖着一层薄薄的土壤层，通过风化作用提供的中和碱很少（Wright 和 Snekvik，1976；Henriksen，1980）。因为碱的相对供应量减少，风化中和的效果随着湖泊面积与流域面积之比的增加而降低。由于 $SO_4^{2-}$ 具有保守的性质，它代表了引起湖泊和河流酸化的主要原因（Henriksen，1980；Brakke 等，1988）。

强酸酸化的化学过程可以通过考虑淡水中的阳离子—阴离子电荷平衡来描述：

$$2[Ca^{2+}]+2[Mg^{2+}]+[Na^+]+[K^+]+[H^+]$$
$$=2[CO_3^{2-}]+[HCO_3^-]+[Cl^-]+2[SO_4^{2-}]+[OH^-]+[NO_3^-]$$

$$(13.1)$$

为了达到中性条件，阳离子的数量必须等于阴离子的数量。如果将 $H_2SO_4$ 添加到水体中，$H^+$ 和 $SO_4^{2-}$ 将会增加，但 $HCO_3^-$ 会减少，具体如下：

$$H_2SO_4+Ca(HCO_3^-)\longrightarrow CaSO_4+2CO_2+2H_2O \qquad (13.2)$$

在大多数接近中性 pH 值的稀释淡水中，式（13.1）可以简化为

$$[HCO_3^-]=2[Ca^{2+}+Mg^{2+}]-2[SO_4^{2-}] \qquad (13.3)$$

在没有海盐污染的情况下，$Na^+$ 相对稀少，且 $K^+$ 和 $NO_3^-$ 含量相对较低。同时，在未酸化的水中，$Ca^{2+}$ 和 $Mg^{2+}$ 是主要阳离子，$HCO_3^-$ 是主要阴离子，因此，$Ca^{2+}+Mg^{2+}$ 和 $HCO_3^-$ 的非海洋当量之间接近 1:1 关系的显著偏离表明酸化的程度（Henriksen，1980）。随着 $SO_4^{2-}$ 的增加，$HCO_3^-$ 减少［式（13.3）］，由此推出以下评估酸化发生程度的等式（当量）（Wright，1983）：

$$\Delta ALK=0.91(Ca^*+Mg^*)-Alk+H^++Al \qquad (13.4)$$

式中：右侧的 ALK 为现有水平；在 pH 值大于 5 时，$H^+$ 和 Al 不显著；星号

为非海洋的。

以下等式用于估算添加的非海洋 $SO_4^{2-}$ 的量：

$$净 \ SO_4^* = SO_4^* - [0.09(Ca^* + Mg^*) + Na^* + K^*] \qquad (13.5)$$

式中：右侧的 $SO_4^*$ 是现存的 $SO_4^*$，括号中是酸化前的背景 $SO_4^*$。

通常来说，$SO_4^*$ 净值应该接近 ΔALK，而 Wright（1983）表明，在 206 个阿迪朗达克湖泊中，$SO_4^*$ 净值平均为 $119\mu equiv/L$，ΔALK 平均值为 $103\mu equiv/L$，也就是说，对于普通湖泊来说，约 $1\mu equiv/L$ 的碱度（$HCO_3^-$）是通过加入约 $1\mu equiv/L$ 的 $SO_4^*$ 酸沉积而被去除的。

即使这是一个很容易解释的平衡模型，在理解和预测酸化的一般模式方面很有效，但运用到单个湖泊时会出现问题。例如，$Ca^* + Mg^*$ 可能会随着风化酸化而增加，从而补偿一些添加的 $SO_4^*$。然而，这种补偿的最大效果约为 40%（Wright 和 Henriksen，1983）。

酸化的影响是由于 pH 值的降低和铝的增加。随着 ANC 的耗尽，pH 值降低；因为 $HCO_3^-$ 的缓冲作用（$H^+$ 被消耗掉），起初非常缓慢，但是随着 ANC 接近耗尽而迅速降低。通常，当 pH 值为 5.2 时，所有的 ANC 都消失，并且随着强酸的持续增加，pH 值进一步降低。但是，当 pH 值接近 5 时，铝从流域土壤和岩石中溶解，径流水中的铝浓度开始增加，同时提供一些缓冲以防止 pH 值进一步降低。铝可能以各种形式出现，但是游离的 $Al^{3+}$ 和氢氧化物 $Al(OH)^{2+}$ 和 $Al(OH)_2^+$，是单金属铝不稳定的主要形式，被认为毒性最大（Driscoll 等，1980；Henriksen 等，1984），然而有机铝络合物被认为是无毒的。

如果湖泊的 pH 值降至约 6 以下，可能会对鱼类种群造成损害，在 pH 值为 5.5 及以下时损害会更明显。虽然 pH 值为 5 的湖泊或河流被认为是完全酸化的（所有的 ANC 都消失了），但在 pH 值大于 5 时才会对鱼类种群造成损害。在天然水中观察到的 pH 值在 5～6 之间所出现的许多不利影响，可能是由于铝毒性和 $H^+$（Baker 和 Schofield，1982）。例如，Muniz 和 Leivestad（1980）表明，当 pH 值降至 4.6 以下时，褐鳟血液中的 $Cl^-$ 损失没有增加，而在 $900\mu g/L$ 铝存在的情况下，pH 值为 5.1 和 5.5 时的 $Cl^-$ 损失比 pH 值为 4.0 时大得多。其他人发现，铝的毒性效应在 pH 值为 5.2～5.4 时最大，可能是由于铝氢氧化物沉淀在鳃表面的原因（Schofield 和 Trojnar，1980；Baker 和 Schofield，1982）。Henriksen 等（1984）表明，当不稳定的单体铝浓度在河流流量增加到 50～70$\mu g/L$ 时，即使 pH 值没有降至 5.0 以下，也会导致幼鲑鱼死亡。Jensen 和 Snekvik（1972）认为，仅由 pH 值效应造成的损害限度在 4.5～5.0 之间，尽管 Schindler 等（1986）报告了在 pH 值小于 6 且不含铝的情况下，食物网的改变对湖鳟的生产具有长期影响。此外，Rahel 和

Magnuson（1983）发现了威斯康星州湖泊中一些鱼类物种的消失，然而这些湖泊的 pH 值低于 6.2。

　　酸沉降按比例引起的问题被认为是全球性的问题，对鱼类种群的影响在挪威南部（图 13.22）和瑞典西南部、加拿大东部和美国东北部尤其是纽约州最为显著。虽然酸沉降影响的区域要大得多，但酸化在缓冲（ANC）能力低的水域损害最大（见上文）。瑞典西部和挪威的流域有许多湖泊由坚硬的岩石和薄薄的土壤组成，因此对酸沉降高度敏感（即具有较低的 ANC）。例如，Wright 和 Snekvik（1978）发现，在 1974—1975 年期间挪威南部调查的 700 个湖泊中有 80% 被酸化到无鱼或鱼类稀少的现象。图 13.22 显示了 Tovdal 河鲑鱼的急剧减少和消失。Leivestad 和 Muniz（1976）发现，Tovdal 河的褐鳟鱼死亡率与血液中的 $Cl^-$ 含量成反比。1986 年对挪威南部湖泊的重新调查表明，在此期间，pH 值几乎没有变化，但硫酸盐含量下降，而硝酸盐含量显著增加（Henriksen 等，1988）。

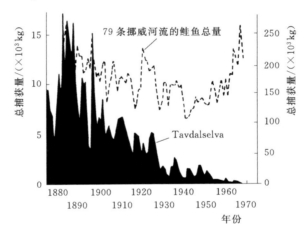

图 13.22　1880—1970 年期间 79 条未受酸雨影响的挪威河流和挪威南部一条酸性河流的鲑鱼捕获量（Wright 等，1976）

　　Landers 等（1988）调查了美国酸化敏感地区广泛的分层湖泊，结果表明，东北地区 4200hm² 的 7096 个湖泊中，4.6%（326 个）湖泊的 ANC 小于 0，而阿迪朗达克湖泊中有 138 个（11%）的 ANC 小于 0（基于统计预测的结果）。在美国中西部上游的 8501 个湖泊中 ANC 小于 0 的湖泊较少（148 个，1.7%）。与其他地区的湖泊相比，阿迪朗达克湖泊的中值 ANC 和 pH 值较低，铝含量较高。虽然阿迪朗达克湖泊的 $SO_4^{2-}$ 含量并不比其他地区高，但中值水平仍是 ANC 的数量级［见 Wright（1983）的结果］。人们普遍认为，美国东北部和中西部上部湖泊的酸化主要是由 $SO_4^{2-}$ 的沉积和 ANC 的替代引起的，与

$H^+$ 沉积增加相关联的 ANC/$(Ca+Mg)$ 减少的趋势说明上述观点（Brakke 等，1988；Eilers 等，1988）。

基于上述关于 pH 值和铝影响的讨论，估计 ANC 小于 0 的 474 个美国东北部和中西部湖泊可能使鱼类种群造成损害。甚至在更多的湖泊中也有可能出现损害。如上所述，在 ANC 耗尽之前，特别是当铝存在时，在 5～6 之间的 pH 值下观察到 pH 值和铝的不利影响。例如，东北部湖泊中只有 3.4%（240 个）湖泊的 pH 值小于 5，而 12.9%（916 个）的湖泊 pH 值小于 6。在中西部上游，只有 1.5%（130 个）的湖泊 pH 值小于 5，而 9.6%（818 个）的湖泊 pH 值小于 6。因此，已知的对酸化更为敏感的小湖泊在东部调查中缺乏代表性。

由于排放减少，20 世纪 80 年代和 90 年代欧洲和北美的硫酸盐沉积减少，并且有湖泊恢复的迹象（Wright 和 Schindler，1995）。随着 $NO_x$ 的排放继续增加，可能引起酸化问题。

## 13.7　外来入侵鱼类

由于水产养殖、垂钓以及压载水转移和水族馆排放的意外引入，许多鱼类物种被引入非原生栖息地的数量在全世界范围内都有所增加。引进的鱼类物种可能会消灭本地物种，通过竞争阻碍本地鱼类的生长，改变食物网和营养循环，并引起疾病。成功鱼类入侵者的特征包括大量鱼卵的生产、活卵或口孵卵或幼体的产生（这增加了存活率）、广泛的环境耐受性、灵活的栖息地要求、机会性喂养以及攻击性或灵活性（Arthington 和 Mitchell，1986）。

在许多情况下，引进的鱼类消灭了本地物种，导致了区域生物多样性的减少和世界鱼类区系的同质化（Moyle 等，1986；Vander Zanden 等，1999；Rahel，2000）。Rahel（2000）通过比较 48 个相邻州的鱼类区系，列表记录了美国各地鱼类区系的同质化，发现在欧洲人定居北美之前，平均而言每两个相邻的州有超过 15.4 种共同物种。这些引入大多是有意的，从东到西发生，因为西部水域缺乏从美国东部向西迁移的人们所需的垂钓鱼类（例如白斑狗鱼、碧古鱼、鲈鱼、太阳鱼、鲶鱼）。在五大湖放养的原产于亚洲的鲤鱼（*Cyprimus carpio*）始于 19 世纪 70 年代，但到了 19 世纪 90 年代，它们对其他鱼类和水禽占据的近岸底栖生物区的影响，已经被认为是一个问题（Mills 等，1994）。鲤鱼遍布美国和加拿大的部分地区，并且已经花费了大量资金将鲤鱼从与垂钓鱼类竞争的水域中清除。此外，鲤鱼还会造成严重的水质问题，包括沉积物的再悬浮，这会增加浊度和营养物质的释放。大约 61 种非原生鱼类已经在美国定殖下来（Benson，2000）。

尼罗河鲈鱼（*Lates niloticus*）从 1954 年开始引至东非的 Victoria 湖，说明了非本地鱼类对本地物种的巨大影响。据可靠消息，在过去的 12500 年里，世界第二大淡水湖 Victoria 湖已经进化出 300 多种特有的慈鲷鱼类（endemic cichlid）（Johnson 等，1996）。慈鲷鱼类表现出截然不同的摄食习性和生态位。Victoria 湖的尼罗河鲈鱼曾经一直保持低密度，直到 20 世纪 80 年代初，由于未知的原因，该鱼类在整个湖中数量激增（Kaufman，1992）。近 20 年来，大约有 200 种慈鲷消失了，主要是因为引入的尼罗河鲈鱼的捕食以及过度的捕捞和富营养化（Barel，1985；Goldschmidt 等，1993；Seehausen 等，1997）。虽然随着慈鲷的消失，湖中的生物多样性急剧下降，但尼罗河鲈鱼渔业是慈鲷渔业的 4 倍，为当地社区带来了益处。然而，随着富营养化的发展，尼罗河鲈鱼渔业的长期生存能力被怀疑（Kaufman，1992）。这是一个具有积极经济效益的引进例子，但代价是物种和多样性的损失。

即使是鲑科鱼类（通常是其生态系统中的典型高价值组成部分），当被引入其他地方时，也会变成"害虫"（Dextrase 和 Coscarelli，2000）。其中一个例子是湖鳟（*Salvelimus namaycush*），当它被引入其原生范围之外时，对当地鱼类物种的多样性产生了影响（Crossman，1995）。最近在蒙大拿州的 Yellowstone 湖非法引入湖鳟，引起了本地黄石割喉鱼（*Oncorhynchus clarki bouvieri*）数量的显著减少（Kaeding 等，1996）。原产于美国东部的溪鳟（*Salvelinus fontinalis*）是另一个高价值物种的例子，当引至美国西部水域时，该物种导致了本地鲑科鱼类的减少。但是由于在东部水域引入德国褐鳟（*Salmo trutta*）和西方虹鳟（*Oncorhynchus mykiss*），溪鳟又因竞争和捕食而受到抑制（Larson 和 Moore，1985；Krueger 和 May，1991）。虽然在 20 世纪前引入新西兰的褐鳟推动了渔业的良好发展，但这些侵略性的掠食者对本地的南乳鱼物种（*Galaxias* spp.）具有负面影响，通过取代它们成为许多溪流中的主要脊椎动物捕食者（Crowl 等，1992）。因为对放牧无脊椎动物的捕食作用，观察到这种转变导致鳟鱼溪流中附着生物的生物量高于南乳鱼溪流中附着生物的生物量（Biggs 等，2000）。

大嘴鲈鱼（*Micropterus salmoides*）是一种非常受欢迎的垂钓鱼，可能是美国储存最广泛的温水鱼类（Smith 和 Reeves，1986）。尽管它的引入发展了一些优良的垂钓渔业，但是负面的生态影响与许多物种引入相关联。Lassuy（1995）认为大嘴鲈鱼的引入是美国濒危物种法案中列出的 21 种本地鱼类物种减少的一个促成因素，该鱼类的引入也被认为是几种北美本地鱼类物种灭绝的一个因素（Miller 等，1989）。

鱼类物种在其原生范围之外的引进仍在继续，但这些引入的主要来源已经从政府行为转向非法行为和无意的释放（Rahel，2000）。例如，在整个西北太平洋地区都发生了非法引入白斑狗鱼和碧古鱼的事件（McMahon 和 Bennett，1996）。垂钓者还将诱饵小鱼引入到远离其原生范围的水域（Litvakand Mandrak，2000）。

意外引入仍在继续发生，导致深远的生态影响。船舶压载水的释放是最近在五大湖定殖的黑口新虾虎鱼（*Neogobius melanostomous*）和梅花鲈鱼（*Gymnocephalus cernuus*）减少的原因（Ricciardi 和 MacIsaac，2000）。七鳃鳗（*Petromyzon marinus*）是另一个无意入侵的例子，对生态造成了严重的影响。继 1829 年开通一条连接 Erie 湖和 Ontario 湖以及五大湖其余部分和大西洋的运河后，七鳃鳗入侵了五大湖。七鳃鳗是一种体外寄生生物，在淡水中产卵，可在一周内杀死它的鱼宿主。七鳃鳗的入侵导致湖鳟数量急剧下降，以及 Huron 湖和密歇根许多地区的商业渔业的崩溃（Mills 等，1994）。同时湖鳟的减少可能部分归因于污染物。

# 附　　录

# 附录 A

# 大型底栖无脊椎动物的描述及其生物学评论

The following is a brief account of the taxonomy and biology of the life stages of macroinvertebrate fauna that inhabit fresh and, to some extent, brackish water. For more details see Usinger (1956).

A. Body with three pairs of legs (Insecta); abdomen with two or three long tail – like cerci; thorax and abdomen usually with plate –, feather –, tassel –, or finger – like tracheal gills.

1　Mayflies (Ephemeroptera).

(a) Taxonomy: tarsi with one claw; gills plate –, feather – or tassel – like and present on one or more of first abdominal segments;

(b) Food habits: herbivorous grazers and detrital feeders;

(c) Habitat: depositingsubstrata, Ephemeridae (burrowers); eroding substrata, Heptageniidae (clingers); eroding and depositing substrata, Baetidae (sprawlers on bottom, agile, free – ranging and trash – and moss – inhabiting);

(d) Life history: three – stage cycle (egg→naiad→adult); usually<1 – 1year.

2　Stone flies (Plecoptera).

(a) Taxonomy: tarsi with two claws; gills usually present and finger – like and may occur on abdomen, thorax or labium;

(b) Food habits: herbivorous mostly, some carnivorous (Perlidae, Perlodidae);

(c) Habitat: mostly swift currents ($\geqslant$1ft/s), eroding substrata;

(d) Life history: three – stage cycle; 1 – 3 years.

B. Body worm – like, elongate and cylindrical to short and obese, or flattened and oval with appendages and sclerotized head capsule.

1　Caddis flies (Trichoptera).

(a) Taxonomy: thorax with three pairs of jointed legs and segment with a pair of hook – bearing appendages; antennae inconspicuous, onesegmented;

(b) Food habits: herbivorous (including detrital) and carnivorous (Rhyacophilidae);

(c) Habitat: usually eroding substrata (free living, net spinners and case builders); depositing substrata (some case builders);

(d) Life history: four – stage cycle (egg→larvae→pupae→adult); 1 – 2 years.

2　True flies (Diptera).

(a) Taxonomy: thorax without jointed legs but often with fleshy prolegs; head capsule distinct, at least anteriorly; abdomen with gills or a breathing tube at posterior end;

(b) Food habits: detrital herbivorous feeders;

(c) Habitat: eroding substrata (cling by permanent attachment); vegetation (cling with hooks); depositing substrata (tube builders);

(d) Life history: four – stage cycle; <1 – 1 year.

C. Body not worm – like, wingrudiments as external flap – like appendages, mouthparts consisting of long and scoop – like labium, which covers other mouthparts when folded.

1　Dragonflies and damselflies (Odonata).

(a) Food habits: all predaceous;

(b) Habitat: depositing substrata and vegetation (sprawlers, climbers and burrowers);

(c) Life history: three – stage cycle; 1 – 5 years.

D. Animals living within hard carbonate shell: Mollusca (snails and clams).

1　Snails (Gastropoda): shells entire, usually spiral.

(a) Food habits: mostly detrital feeders and grazers;

(b) Habitat: mainly in depositing substrata, but also in eroding substrata;

(c) Life history: three – stage cycle; <1 – 1 year.

2　Clams, bivalves (Pelecypoda): shells consisting of two hinged halves.

(a) Food habits: detrital and herbivorous filter feeders;

(b) Habitat: mainly depositing substrata;

(c) Life history: three – stage cycle; <1 – 1 year.

E. Body worm – like and divided into many small segments much wider than long; bristles frequently present.

1　Worms and leeches (Annelida).

(a) Food habits: mostly detrital feeders, some predators and parasites;

(b) Habitat: usually depositing substrata;

(c) Life history: two – or three – stage cycle; $<1-1$ year.

F. Body not worm – like, with at least five pairs of legs (Crustacea).

1　Body flattened laterally (Amphipoda, scuds).

(a) Food habits: detrital;

(b) Habitat: eroding and depositing substrata with vegetation;

(c) Life history: three – stage cycle; $<1$ year.

2　Body flattened horizontally: Isopoda (aquatic sow bugs), eyes not on stalks; Decapoda (crayfish), eyes on stalks; biology similar to Amphipoda.

# 附录 B

# 研 究 问 题 和 答 案

## 简答题

1　Explain how *two phenomena* that occur as a result of increasing primary productivity of diatoms and/or green algae due to eutrophication would tend to favour blue – greens.

2　Explain verbally, with a steady – state equation, why the inflow concentration of limiting nutrient to a continuous culture of algae is so closely related to the concentration of biomass in the outflow. Also, with a steady – state equation, explain why growth rate increases with dilution rate.

3　Eutrophic lakes A and B have similar areas and wind speed and fetch, but have mean depths of 10 m and 3 m, respectively. Internal loading of phosphorus was shown by mass balance to be of a similar magnitude in both lakes.

（a）Describe two sediment release mechanisms for each lake that may explain their internal loading.

（b）Why might you expect concentrations of algae to be greater in lake B than A?

4　Calculate the expected net internal phosphorus loading in a lake with the following characteristics：

flushing rate＝2. 25/year；mean depth＝15m；external loading＝2. 0g/m$^2$ yr and mean annual TP＝60$\mu$g/L （mg/m$^3$）.

Would you expect this lake's summer epilimnetic TP to be greater or less than 60$\mu$g/L？Why？

5　Give two explanations why eutrophic lakes tend to have more small than large bodied zooplankton. What is the consequence of that condition in terms of algal abundance and transparency？

6　Two streams have similar incident light, temperature and rubble substratum，but have different average velocities；A=35cm/s and B=10cm/s. In which stream would you expect the concentration of SRP（soluble reactive phosphorus）limiting periphytic algal growth to be lowest? Why?

7　Is Lake Tahoe，as a whole，more or less sensitive to a given inflow concentration of phosphorus（assuming P is limiting）than Lake Washington? Explain with an equation. Water detention times：L. Tahoe＝700 years；L. Washington＝3 years.

8　A eutrophic lake has a mean summer chl $a$ concentration of $25\mu g/L$ and a transparency of 1. 0m. The lake has a maximum depth of 10m，a mean depth of 6m，and it stratifies thermally with the thermocline at about 3m. Is it possible to reduce algal biomass so that the average is less than $10\mu g/L$ by completely mixing the lake with compressed air during the summer? Assume nutrients will not limit.

9　The following data are available from a stream receiving wastewater from a point source.

| | upstream | waste ↓ | 1km | 5km |
|---|---|---|---|---|
| AFDW/chl $a$ | 200 | | 400 | 1000 |
| No. species（macroinvertebrates） | 25 | | 5 | 10 |
| No. /m² （macroinvertebrates） | 500 | | 200 | 5000 |

Describe the type(s) of wastewater that could produce such an effect and give your reasons with regard to each variable.

10　Thick mats of *Cladophora*，a filamentous alga，were observed immediately downstream from a wastewater effluent input. Given the alternatives of (a) secondary treated sewage，(b) untreated sewage，(c) pulp mill waste liquor，and (d) an organic insecticide，which type(s) of waste would most likely cause this problem and why? Which would not likely be the cause and why?

11　(a) Determine，using the steady state version of Vollenweider's model (or a modified version) how effective (in %) an in‑lake treatment should be at reducing internal loading to a loading level that would recover the lake to a mesotrophic state (i. e. $\leqslant 25\mu g/L$ TP). The lake has the following characteristics：

$$L_{ext}=300mg/m^2 \cdot y; \rho=0. 4/y, \overline{TP}=35\mu g/L(mg/m^3), \overline{z}=15m.$$

(b) What is the major assumption you must make (other than completely mixed, constant volume, accuracy of external load, etc. ) in order to use the model in this way?

12  Give two physical processes that reduce the biomass and diversity (no. of species) of invertebrate animals in streams with urbanized watersheds and briefly describe their effect.

13  Calculate the steady state biomass in a nutrient limited continuous culture system, which is characterized by the following parameters; maximum growth rate=1. 3/day; half saturation constant=0. 3; inflow nutrient concentration=4. 0mg/L; dilution rate=1. 0/day; and the biomass to nutrient yield ratio=64. Would a higher or lower maximum biomass result if these parameters were applied to a batch culture and why?

14  Based on the turbidity of inflow water, a proposed reservoir is projected to have a Secchi disc transparency averaging 2m during the springand summer. Assuming complete mixing, how deep should the reservoir be on average to prevent the maximum algal biomass (chl $a$) from exceeding $10\mu g/L$? Also assume that the Secchi disc disappears at 15% surface intensity ($I_0$), the respiration: $P_{max}$ ratio is 0. 1 and the light extinction coefficient for chl $a$ is 0. $025m^2/mg$.

15  Explain why buoyancy, possessed by some blue greens such as *Aphanizomenon*, should provide a competitive advantage in a relatively shallow, polymictic eutrophic lake.

16  Compare the expected effects of wind on the internal loading of phosphorus (release of P from sediments) in two 300ha (750 acre) eutrophic lakes; A is stratified and B is polymictic.

17  Is the expected relationship between the $LC_{50}$s (with fish) determined for heavy metals and water hardness inverse or direct? Give an explanation for the phenomenon.

18  For a soft water stream receiving wastewater containing the heavy metals Cu and Zn that raised stream levels to double the maximum acceptable concentrations (MACs $= 7\mu gCu/L$; $59\mu g$ Zn for 50mg/L hardness), speculate on the direction of effect (increase, decrease, no change) and a reason for your choice for each of the following variables.

(a) AFDW/chl $a$;

(b) no. sp. macroinvertebrates;

(c) $\overline{d}$ for macroinvertebrates;

(d) $D$ for macroinvertebrates.

19　The lower Deschutes River in Oregon has a summer flow that is maintained，partly due to releases from a dam，at around $100m^3s$ (3500cfs)，and the mid‑summer water temperature reaches a maximum of about 17℃. Explain the probable effects of increases of 3℃ and 7℃ above ambient on growth and survival of the highly prized rainbow trout population.

20　Explain 'top‑down' control of plankton algal biomass in lakes and give two methods by which it may be enhanced to improve the quality of eutrophic lakes.

## 多选题

1　Net productivity at steady state is

(a) $dx/dt$

(b) $\mu x$

(c) $\mu x - Dx$

(d) $\dfrac{dx/dt}{x}$

2　In the nitrogen budget of a eutrophic lake，the important losses are

(a) denitrification and sedimentation

(b) denitrification and fixation

(c) nitrification and fixation

(d) nitrification and sedimentation

3　In the $P$ budget of a eutrophic lake，in which external loading＝30kg，gain in the lake＝50kg，and outflow＝20kg，internal loading is

(a) −40kg

(b) −60kg

(c) ＋60kg

(d) ＋40kg

4　Lake acidification can be most simply defined as

(a) a decrease in pH

(b) an increase in $H^+$

(c) a replacement of $HCO_3^-$ with strong acid

(d) a replacement of $Ca^{2+} + Mg^{2+}$ with strong acid

5　Iron redox reactions at the sediment surface in lakes result in

(a) ferrous iron and soluble P under oxic conditions

(b) ferrous iron and soluble P under anoxic conditions

(c) ferric iron and particulate P under anoxic conditions

(d) ferric iron and soluble P under oxic conditions

6　The $Q_{10}$ rule predicts, for a 10℃ rise in temperature, that biological activity (e. g. growth rate) will increase by

(a) 200%

(b) 100%

(c) 50%

(d) 25%

7　Photosynthesis in the water column of lakes tends to be directly related to light intensity at

(a) intensities$<I_k$

(b) intensities$>I_k$

(c) rates$<P_{max}$

(d) rates$>P_{max}$

8　Compensation depth is the depth at which

(a) light intensity is enough for $P>R$

(b) light intensity$=1\%$ $I_0$

(c) $P=R$ with mixing

(d) light intensity is sufficient for $P=R$

9　Lake ageing (or filling) may accelerate as rooted macrophtes establish because they

(a) outcompete plankton algae for nutrients

(b) increase recycling of nutrients from sediments

(c) prevent resuspension of particulate matter

(d) encourage bottom covering projects by lake – shore residents

10　$R=\dfrac{1}{1+\sqrt{\rho}}$ represents an estimate of

(a) $P$ sedimentation rate

(b) relative thermal resistance to mixing

(c) $P$ sedimentation rate coefficient

(d) $P$ retention coefficient

11　Match the process names with the appropriate reactions by placing the correct letters in the blanks.

—— nitrification

—— sulfate reduction

—— denitrification

—— nitrogen fixation

—— bacterial photosynthesis

(a) $CO_2 + 2H_2S \longrightarrow CH_2O + H_2O + 2S$

(b) $NH_4^+ + 2O_2 \longrightarrow NO_3^- + 2H^+ + H_2O$

(c) $SO_4^{2-} + 2CH_2O + 2H^+ \longrightarrow H_2S + 2CO_2 + 2H_2O$

(d) $5S + 6NO_3^- + 2H_2O \longrightarrow 5SO_4^{2-} + 3N_2 + 4H^+$

(e) $2N + 3H_2 \longrightarrow 2NH_3$

12　Acidification of lakes, defined as alkalinity reduction, frequently occurs in nearly direct proportion to

(a) pH in precipitation minus uptake in the watershed

(b) pH in precipitation

(c) $SO_4^{2-}$ in precipitation

(d) $NO_3^- + SO_4^{2-}$ in precipitation

13　Algae may self limit their productivity in lakes because

(a) $CO_2$ accumulates faster than it can escape to the atmosphere

(b) $O_2$ becomes supersaturated

(c) $CO_2$ decreases and pH increases

(d) $CO_2$ increases and pH increases

14　Phosphorus is usually limiting in lakes because

(a) P occurs in smaller concentration than N or C

(b) N/P ratios are usually greater than 10/1 in oligotrophic – mesotrophic lakes

(c) N/P ratios are usually less than 10/1 except in hypereutrophic lakes

(d) N/P ratios are usually greater than 20/1 in hypereutrophic lakes

15　Algal growth (yield) of non – N fixers will likely be limited by nitrogen if the N : P ratio in water is

(a) more than that in algal cells

(b) less than that in algal cells

(c) more than 10 : 1

(d) more than 20 : 1

16　A mass balance of phosphorus in lakes will indicate a net internal loading if

(a) output exceeds input

(b) output is less than input

(c) output plus lake P increase exceeds input

(d) output plus lake P increase is less than input

17　$dx/dt$ represents net productivity of plankton algae when there are

(a) no losses due to dilution or grazing

(b) losses due to dilution or grazing

(c) no respiration losses

(d) nutrient limitations

18　Plankton algal growth is said to be light limited if the critical depth

(a) exceeds the compensation depth

(b) exceeds the mixing depth

(c) is less than the compensation depth

(d) is less than the mixing depth

19　Photosynthesis in the water column is considered to be light limited at intensities less than

(a) 50% $I_0$

(b) 100% $I_0$

(c) $I_k$

(d) $\mu_{max}$

20　$P_{max}$ (mgC/mg chl – hr) in the water column is subject to limitation by

(a) temperature and nutrients

(b) temperature but not nutrients

(c) nutrients but not temperature

(d) grazing

21　The growth of individual species of plankton algae in response to temperature is best described by

(a) the RGT rule

(b) the $Q_{10}$ rule

(c) a nearly linear model

(d) an exponential model

22　Carbon

(a) never limits plankton algal growth

(b) may limit when photosynthesis is high and alkalinity is low

(c) may limit when nighttime respiration is low

(d) may limit when photosynthesis is high and pH is low

23　According to the Vollenweider model (completely mixed, constant volume，etc. )，lakes with

(a) short detention times are tolerant of high inflow phosphorus concentrations

(b) short detention times are tolerant to any inflow phosphorus concentration

(c) long detention times are intolerant to high inflow phosphorus concentrations

(d) long detention times are tolerant to high inflow phosphorus concentrations

24　Lakes may theoretically age (fill in) and 'die' due to cultural eutrophication at rates of

(a) 1 – 5m per 1000 years

(b) 1 – 5m per 100 years

(c) 1 – 5m per 10 years

(d) 1 – 5m per 10000 years

25　The capacity of zooplankton to control phytoplankton biomass in lakes is indicated by a ratio of

(a) zooplankton production：phytoplankton production＝1. 0

(b) zooplankton production：phytoplankton production＞0. 1

(c) zooplankton consumption：phytoplankton production＝1. 0

(d) zooplankton consumption：phytoplankton production＞0. 1

26　*Sphaerotilus* growth in streams is largely dependent on

(a) the limiting nutrient content，whether N or P

(b) DOC content above 15mg/L

(c) light availability

(d) DOC content from 1 – 30mg/L

27　Barring large，non – algal sources of particulate matter，transparency can usually be improved more per unit chl *a* reduction in

(a) oligotrophic than eutrophic lakes

(b) eutrophic than oligotrophic lakes

(c) mesotrophic than oligotrophic

(d) eutrophic than mesotrophic

28　Compared to the P concentration producing a nuisance biomass level in a eutrophic lake (~10mg chl $a/m^3$ )，a nuisance biomass level in streams (~150mg chl $a/m^2$ ) could probably occur at a P concentration

(a) greater than that in the eutrophic lake

(b) less than that in the eutrophic lake

(c) about the same as that in the eutrophic lake

(d) that is uncomparable to that in the eutrophic lake

29　If the hypolimnetic DO is 10mg/L on 31 May and 2mg/L on 31 August, and the hypolimnetic area and volume are, respectively, $1.25 \times 10^6 \, m^2$ and $5 \times 10^6 \, m^3$, the ODR in $mg/m^2 \cdot day$ is about

(a) 250

(b) 200

(c) 350

(d) 400

30　N/P ratios can be expected to decrease as lakes become eutrophic because

(a) wastewater has an N/P≃3 and nitrification becomes more important

(b) wastewater has an N/P≃13 and denitrification becomes more important

(c) wastewater has an N/P≃13 and nitrification becomes more important

(d) wastewater has an N/P≃3 and denitrification becomes more important

31　The expected flux rate of TP to the sediment in a lake with a TP loading of $512mg/(m^2 \cdot a)$, a detention time of two years, a $\overline{TP}$ concentration of $42mg/m^3$, and a mean depth of 10m, is about

(a) $300mg/(m^2 \cdot a)$

(b) 0.71/a

(c) $212mg/(m^2 \cdot a)$

(d) $604mg/m^2$

32　Organisms most characteristic of a septic zone in a stream receiving organic waste are

(a) *Sphaerotilus* and protozoans

(b) *Sphaerotilus* and facultative bacteria

(c) facultative bacteria and protozoans

(d) facultative bacteria and fecal bacteria

33　Organisms most characteristic of the recovery zone of a stream receiving organic waste are

(a) filamentous algae

(b) *Sphaerotilus*

(c) facultative bacteria

(d) protozoans

34 Rooted, submersed macrophytes have been shown to contribute internal loading of P in lakes primarily by

(a) root uptake and leaf excretion

(b) root uptake and plant senescence

(c) leaf uptake and leaf excretion

(d) leaf uptake and plant senescence

35 Macroinvertebrate communities normally found in streams of low order tend to be composed of

(a) burrowers and small particulate selectors

(b) clingers and large particulate shredders

(c) burrowers and large particulate shredders

(d) clingers and small particulate collectors

36 Phosphorus internal loading in the shallow unstratified lakes may occur as a result of

(a) iron *reduction* under *oxic* conditions at the sediment – water interface

(b) high pH in the *photic zone*

(c) excretion of SRP from *zooplankton*

(d) microbial decomposition of organic matter at the sediment – water interface

37 The concept of cascading trophic interactions suggests that algal biomass may be controlled by

(a) increased piscivory resulting in decreased planktivory

(b) increased planktivory resulting in decreased piscivory

(c) decreased piscivory resulting in increased planktivory

(d) decreased planktivory resulting in increased piscivory

38 Blue green buoyancy occurs with

(a) increased $CO_2$, decreased pH and decreased light

(b) decreased $CO_2$, increased pH and decreased light

(c) decreased $CO_2$, decreased pH and decreased light

(d) decreased $CO_2$, increased pH and increased light

39 N/P ratios in lakes decrease with increasing eutrophication because

(a) nitrification and sediment phosphorus release increase under anoxic conditions

(b) denitrification and sediment phosphorus release increase under oxic conditions

(c) denitrification and sediment phosphorus release increase under anoxic conditions

(d) nitrification and sediment phosphorus release increase under oxic conditions

40　Phosphorus is considered the macronutrient that usually limits primary production in most lakes because

(a) there is little recycling of phosphorus

(b) lakes are a net sink for phosphorus

(c) lakes have more N and C than phosphorus

(d) N and C have atmospheric sources

41　Oxygen in stratified lakes decreases as hypolimnetic depth

(a) increases and as eutrophication increases

(b) decreases and as eutrophication increases

(c) decreases and as eutrophication decreases

(d) increases and as eutrophication decreases

42　Blue greens that fix nitrogen are species of

(a) *Oscillatoria* and *Anabaena*

(b) *Anabaena* and *Aphanizomenon*

(c) *Oscillatoria* and *Microcystis*

(d) *Microcystis* and *Aphanizomenon*

43　The greatest increase in periphytic algae in streams would most likely occur from a $10\mu g/L$ increase in SRP if current velocity were

(a) $\leqslant 15cm/s$ and initial SRP were $20\mu g/L$

(b) $>15cm/s$ and initial SRP were $2\mu g/L$

(c) $>15cm/s$ and initial SRP were $20\mu g/L$

(d) $\leqslant 15cm/s$ and initial SRP were $2\mu g/L$

44　The threshold concentration of $BOD_5$ that produces nuisance biomass levels of filamentous bacteria in streams is around

(a) $1mg/L$

(b) $5mg/L$

(c) $10mg/L$

(d) $50mg/L$

45　By suggesting that the number of invertebrate species will increase as the maximum daily mean temperature increases from 15℃ to 30℃ assumes that

(a) there is ample recruitment of new species that are tolerant to the new temperature

(b) the more tolerant species are already present

(c) the present species acclimated to a 15℃ maximum will readapt to a 30℃ maximum

(d) invertebrates cannot acclimate

46　Submersed, rooted macrophytes colonize lakes to a maximum depth where $I_z$ (radiation at depth) is

(a) $\geqslant 1\% I_o$

(b) $\geqslant 50\% I_o$

(c) $\geqslant 10\% I_o$

(d) $\geqslant 75\% I_o$

47　Chlorophyll $a$ in periphytic algal mats in streams may not correlate well with TP in the water, as algal chl $a$ does in lakes, because

(a) N usually limits in streams

(b) the chl $a$/area is correlated with supply rate (TP×flow)

(c) only SRP is utilized

(d) the chl $a$/area is not restricted to the P in a given volume

48　Filamentous bacterial biomass will dominate the periphyton in streams if there is a

(a) DOC (dissolved organic carbon) source even without N and P

(b) N and P source even without DOC

(c) DOC source with N and P

(d) DOC source with N

49　ODR (oxygen deficit rate) is related to phosphorus loading in stratified lakes because

(a) P is related to algal biomass, which demands oxygen when it sinks into the hypolimnion

(b) P is related to algal biomass, which demands oxygen in the epilimnion

(c) phosphate can be oxidized

(d) P is related to algal and macrophyte biomass, which demands oxygen when it sinks into the hypolimnion

50　Some aquatic worms, especially *Tubifex*, are thought to tolerate, and even thrive in, organically enriched streams primarily because they

(a) can live anaerobically

(b) resist low DO

(c) resist low DO and reproduce rapidly

(d) are not preyed upon

51  The depositing substrata in a stream selects for

(a) stoneflies, caddisflies and mayflies

(b) worms, midges, and burrowing mayflies

(c) midges and burrowing stoneflies

(d) worms, snails and caddisflies

52  There is evidence that organic enrichment of streams, resulting in mats of *Sphaerotilus*, has

(a) always benefited fisheries

(b) sometimes been a benefit and sometimes a detriment to fisheries

(c) never benefited fisheries

(d) benefited some fisheries but not trout

53  Regarding Vollenweider's steady state model for phosphorus, sedimentation flux rate

(a) and the sedimentation rate coefficient ($\sigma$) decrease with an increase in flushing rate

(b) increases, but the sedimentation rate coefficient ($\sigma$) decreases, with an increase in flushing rate

(c) and the sedimentation rate coefficient ($\sigma$) increase with an increase in influshing rate

(d) decreases, but the sedimentation rate coefficient ($\sigma$) increases, with an increase in flushing rate

54  Submersed macrophyte populations often decrease as highly eutrophic or hypereutrophic states are reached in lakes as a result of

(a) shading by planktonic and periphytic algae

(b) shading by planktonic algae only

(c) increasing organic content of the sediments

(d) increasing toxicants in sediments

55  The autotrophic index (AFDW/chl $a$)

(a) decreases with inorganic nutrient enrichment because heterotrophs increase

(b) increases with organic enrichment because heterotrophs increase

(c) increases with organic enrichment because autotrophs increase

(d) decreases with organic enrichment because autotrophs increase

56　The $\Delta T$ experienced by invertebrate organisms entrained in cooling waters is

(a) more important to their survival than the final temperature

(b) of equal importance with final temperature

(c) less important than the final temperature

(d) of little concern in the receiving stream

57　The net increase in biomass of periphytic algae in streams is equal to

(a) net productivity

(b) net productivity minus losses to grazing and scouring

(c) gross productivity

(d) gross productivity minus losses to grazing and scouring

58　Dissolved oxygen concentration （mg/L）should be used as the unit in water quality standards rather than per cent saturation because

(a) transport into the fish's blood is a function of concentration rather than partial pressure

(b) analytical methods are more appropriate and criteria research results are largely in concentration

(c)％ saturation gives waste dischargers too much of an advantage

(d) fish need more DO as temperature increases

59　The toxicity of heavy metals to fish is affected physiologically by $H^+$ in a manner

(a) proportional to that of hardness ions

(b) opposite to that of hardness ions

(c) consistent with that of hardness ions

(d) opposite to that of dissolved oxygen

60　In stratified lakes，trout are limited by eutrophication more than bass，crappie and pike because of （directly or indirectly）

(a) oxygen

(b) temperature

(c) pH

(d) $NH_3$

61　Excess *Cladophora* biomass in streams and nearshore areas in lakes and even estuaries is most likely caused by increases in

(a) DOC

(b) N

(c) P

(d) BOD

62　Excess *Sphaerotilus* biomass in streams is most likely caused by increases in

(a) treated sewage

(b) treated pulp mill waste

(c) untreated pulp mill waste

(d) agricultural runoff

63　Low level enrichment of an oligotrophic stream

(a) may benefit fish growth, but will always decrease macroinvertebrate (M) diversity

(b) may benefit fish growth and increase M diversity

(c) will probably not affect either fish growth or M diversity

(d) will probably not affect fish growth, but will always decrease M diversity

64　To use diversity indices (e. g. d, $\bar{d}$) requires

(a) an experimental control and taxonomic knowledge to species

(b) a taxonomic knowledge to sp. , but no control

(c) a control, but no taxonomic knowledge to sp.

(d) neither a control or taxonomic knowledge to sp.

65　Macrophyte distribution and abundance in lakes have been associated with

(a) sediment type and light availability more than nutrients

(b) sediment type and nutrients more than light

(c) light and nutrients more than sediment type

(d) nutrients more than sediment type and light

66　A DO concentration decrease from 9mg/L to 6mg/L may result in

(a) mortality in juvenile bluegill sunfish

(b) mortality in juvenile coho salmon

(c) growth impairment in juvenile coho salmon

(d) growth impairment in common carp

67　The cause for mortality of fish exposed to lethal concentrations of heavy metals is asphyxiation due to

(a) gill tissue deterioration

（b）gill tissue deterioration and mucous accumulation

（c）cellular respiration failure internally

（d）a reduction in red blood cell count

68 Natural factors that may favour high diversity in macroinvertebrates are

（a）eroding substratum and moderate organic food supply

（b）eroding substratum and high organic food supply

（c）depositingsubstratum and moderate organic food supply

（d）depositing substratum and high organic food supply

扫码获取答案

# 术　语　表

Absorption 吸收：一种物质渗透进入另一种物质的内部。

Acclimation 适应：适应环境变化（如温度）的过程。

Acute 急性的：足以迅速引起反应的刺激；在生物测定试验中，96 小时内观察到的反应通常被认为是急性反应。

Adaptation 适应：由于环境变化而引起的有机体结构、形式或习性的变化。

Adsorption 吸附：一种物质附着在另一种物质的表面。

Aerobe 需氧微生物：只有在有氧气的情况下才能生存和生长的有机体。

Aerobic 需氧的：与环境中存在的游离氧相关的条件。

Algae（alga）藻类：简单植物，许多是微观的，含有叶绿素。大多数藻类是水生的，当条件适合大量生长时，它们可能会造成危害。

Algicide 灭藻剂：一种对藻类有毒的特殊化学物质。灭藻剂通常用于控制有害的藻华。

Alkalinity 碱度：水的酸中和能力，主要由碳酸氢盐、碳酸盐和氢氧化物组成。

Allelopathy 相互影响：一个物种产生的化学物质抑制另一个物种的生长或行为。

Allocthonous 外来的：食物物质从外部以有机碎屑的形式到达水生群落。

Alluvial 冲积的：由流动的水运输和沉积的。

Amictic 永冻湖：一个几乎从不混合的湖。

Amphipods 片脚类动物：同钩虾。

Anadromous fish 溯河性鱼类：通常生活在海洋或湖泊中，但或多或少有规律地在溪流中产卵的鱼，例如鲑鱼、铁头鱼或美洲鲥鱼。

Anaerobe 厌氧性生物：生命过程中完全或几乎完全不需要氧气的生物。

Anaerobic 厌氧的：环境中缺乏游离氧的条件。

Annelids 环节动物：分节的蠕虫，有别于无分节的蛔虫和扁形虫。大部分生活在海洋里，也有许多生活在土壤或淡水中。在有丰富的有机沉积物存在的地方，水生生物可以建立密集的种群。分节蠕虫的常见例子有蚯蚓、泥鳅和水蛭。

Anoxic 缺氧的：耗尽游离氧；厌氧。

Antagonism 拮抗作用：一种有毒物质减弱或者消除另一种有毒物质毒性作用的能力；相互作用紧密结合生长的有机体之间，至少对其中一种有害。

Application factor 应用因子：一种用于短期或急性毒性试验的因素，用来估计在接收水中安全的废物浓度。

Assimilation 同化作用：有机物或生态系统对物质（如营养物质）的转化和吸收。

Autochonous 自养型的：食物物质以光合作用（自养）生产的形式从内部进入环境。

Autotrophic organism 自养生物：能从无机物中合成有机物的有机体。

Benthic region 底栖区：水体的底部，这个地区生长着底栖生物。

Benthos 底栖生物：包括①无柄动物，如海绵、藤壶、贻贝、牡蛎、一些蠕虫和许多附着的藻类；②爬行动物，如昆虫、蜗牛和某些蛤类；③包括大多数蛤和蠕虫。

Best management practices（BMPs）最佳管理措施：减少非点源污染的方法或做法。最佳管理措施包括但不限于结构和非结构控制、操作和维护程序。

Bioaccumulation 生物积累：生物体从环境中吸收或保留物质，而不是从食物中吸收。

Bioassay 生物测定：对给定物质的浓度或剂量的测定，以在规定条件下影响试验生物。

Biochemical oxygen demand（BOD）生化需氧量：细菌在好氧条件下氧化可分解有机物所需的氧气量。

Biodiversity 生物多样性：一个地区不同物种或生物的数量。

Biomagnification 生物放大：同营养积累。

Biomass 生物量：植物或动物种群的生物有机体重量，通常用单位面积表示。

Biopollution 生物污染：对生态系统造成危害的外来物种。

Biota 生物区：一个地区的所有生物。

Biotic index 生物指数：一种数字指数，用各种水生生物来确定它们对不同水环境的耐受程度。

Biotoxin 生物体毒素：由生物有机体产生的毒素；导致麻痹性贝类中毒的

生物毒素是由某些种类的鞭毛藻产生的。

Bioturbation 生物扰动作用：通过沉积物生物的运动和活动而引起的沉积物的搅拌。

Bivalve 双壳类动物：具有铰接双阀壳的动物，例如：蛤蜊和牡蛎。

Black liquor 黑液：破布、稻草、纸浆消化后剩下的废液。

Bloom 水华：每单位水中异常多的生物，通常是藻类，由一个或几个物种组成。

Blue‐green bacteria 蓝绿藻：一群细菌（以前称为藻类），除了绿色的叶绿素外，还有蓝色的色素。其更恰当的名字为"蓝藻"。一种恶臭常与肥沃湖泊中密集的蓝绿色花朵分解有关。

Body burden 体负荷：一种物质存在于有机体的身体组织和体液中的总量。

Buffer capacity 缓冲容量：溶液在化学作用下维持 pH 值的能力。

Carrying capacity 承载能力：一个系统能够持续维持的最大生物量。

Catadromous fishes 降海鱼类：在淡水中觅食和生长，但返回海洋产卵的鱼类。最著名的例子是美国鳗鱼。

Chelate 螯合物：与金属离子结合并将其保持在溶液中以防止其形成不可溶的盐。

Chemolithotrophy 无机化能营养：以无机化学键和无机物质作为电子供体的自养（化学合成）；也称为化能自养。

Chronic 慢性的：长期刺激的，常是寿命的十分之一或更久的。

Clean Water Association 清水团体：一种有机体的组合，通常以许多不同种类（种）为特征，出现在未受污染的自然环境中。

Coagulation 凝聚：一种水处理工艺，在该工艺中添加化学物质使其与悬浮的胶体粒子结合或捕获，从而形成快速沉降的团聚体。

Coarse or rough fish 杂鱼：那些被认为廉价和食物质量较差的鱼。这些鱼在特定的情况下可能是不受欢迎的，但有时可根据它们的用途分为不同的类。例如鲤鱼、金鱼、黄鳝、吸盘鱼、黄鳃鲱鱼、金眼鱼和月眼鱼。

Coelenterate 腔肠动物：有胶状身体、触须和带刺细胞的一群水生动物。这些动物在海洋中种类繁多，在淡水中有几种。例如九头蛇、珊瑚虫、海葵和水母。

Cold‐blooded animals（poikilothermic animals）冷血动物：缺乏温度调节机制来抵消外部温度变化的动物。它们的温度在很大程度上随环境的变化而变化。例如鱼、贝类和水生昆虫。

Coliform bacteria 大肠型细菌：寄生在包括人在内的动物肠道内的一群细

菌，但也在其他地方发现。它包括所有需氧的、不形成孢子的杆状细菌，这些细菌在 37℃ 条件下发酵 48h 产生乳糖。

Conservative pollutant 长效污染物：一种相对持久和耐降解的污染物，如 PCB 和大多数氯化烃杀虫剂。

Consumers 消费者：消耗有机食物质的固体颗粒的有机体。原生动物是消费者。

Crustacea 甲壳纲动物：大多数水生动物有坚硬的外层覆盖物、节肢和鳃。例如小龙虾、螃蟹、藤壶、水蚤和臭虫。

Cumulative 累积的：通过连续的增加而增加力量的。

Cyanotoxins 蓝藻毒素：由有毒的蓝藻细菌产生的各种化学物质；包括神经毒素，肝毒素和皮肤毒素。

Daphnia 水蚤：主要是微小游动的甲壳纲动物，通常构成浮游动物种群的主要部分。第二触角非常大，用于游泳。

Demersal 居于水底的：在水底生的或孵化，如沉到水底的鱼卵。

Denitrification 反硝化作用：微生物将硝酸盐转化为 $N_2$；在厌氧条件下利用硝酸盐而不是氧气氧化有机碳的呼吸作用。

Dermatitis 皮肤炎：皮肤发炎。可能是由于在水中发现的尾蚴穿透皮肤引起的；这种形式的皮炎通常被称为"游泳痒"。

Detention time 停留时间：湖水更换所需的时间。

Detritivores 腐食者：以碎屑为食的生物，也称为腐生菌。

Detritus 腐质：未固结的沉积物，包括无机和死亡、腐烂的有机物质。

Dimictic 二次循环的：每年混合两次的湖泊。

Disinfection - by - products 消毒副产物：有机物与氯、臭氧等消毒剂相互作用产生的三卤甲烷等化合物。

Diurnal 一日间的：每天发生一次，即变化周期为 1 天；在白天或一天中发生的。

Diversity 多样性：在某一特定地点物种数量的丰富。

Drift 漂流物：流向下游的物质，尤指无脊椎动物。

Dystrophic 营养不良的：褐水湖泊和河流通常是低石灰含量和高有机含量；经常缺乏营养的。

Ecology 生态学：研究生物体与环境之间相互关系的科学。

Ecoregion 生态区域：有相似的土壤、植被、地质和地形以及不同群落组合的地区。

Effluent 污水：从污水处理厂、工厂或其他点源排放的废水。

Emergent aquatic plants 挺水植物：扎根于水底但凸出水面的植物，例如香蒲和蒲草。

Endocrine‐disrupting chemicals 内分泌干扰化学物质：由于内分泌功能而对生物体或其后代的健康造成有害影响的物质。

Environment 环境：影响生命和有机体发展的所有外部影响和条件的总和。

Epilimnion 表温层：热分层水体中的表层水，其特点是混合得很好。

Epiphytic 附着生物的：生长在其他植物表面的附着生物。

Estuary 河口：通常指河流下游终点，注入海湾。除河道入口点外，河口常被陆地包围。

Euphotic zone 透光层：从水面垂直延伸到光穿透不到的、无法发生光合作用的位置。

Eurytopic organisms 广幅生物：对特定环境因素具有广泛耐受性的生物体，例如泥虫和红虫。

Eutrophic abundant 富营养化物质：具有高生产率的营养物，经常导致表层以下的氧气消耗。富营养化有意或无意地使水富集。

Eutrophic waters 富营养化水体：富含营养物质的水域。这些水域可能支持丰富的有机产物，如水华。

Facultative 兼性：能在不同条件下生活的，如兼性好氧生物和兼性厌氧生物。

Facultative aerobe 兼性需氧菌：一种虽然从根本上说是厌氧菌，但能在游离氧存在下生长的生物体。

Facultative anaerobe 兼性厌氧菌：一种虽然从根本上说是需氧菌，但能在无游离氧情况下生长的生物体。

Fall overturn 秋季对流：初秋可能在水体中发生的一种物理现象。下述事情依次发生引起秋季对流：①表层水温降低；②表层水密度增大，产生自上而下的垂向对流运动；③在风的作用下驱动水体整体循环；④垂向温度均化至4℃。这种垂向对流使湖水的物理和化学性质混合均匀。

Fauna 动物区系：一个地区的整个动物生活。

Fecal coliform bacteria 粪便大肠杆菌：源于粪便的大肠菌群细菌（来自温血动物的肠道），而不是来自非粪便来源的大肠菌群。

Finfish 有鳍鱼：水生生物群落的这部分是由真正的鱼类构成的，而不是无脊椎贝类。

Flatworms［无脊椎］扁形虫：（扁形动物）无节段的蠕虫，自下而上扁平。除了少数几种之外，在所有的扁虫体内，都有完整的雄性和雌性生殖系统。大多数扁虫生活在水里、潮湿的土壤里，或作为植物和动物的寄生虫。

　　Floating aquatic plants 浮游水生植物：全部或部分漂浮在水面上的植物，例如睡莲、水盾和浮萍。

　　Flocculation 絮凝：悬浮胶体或非常细的颗粒聚集成较大的团块或絮凝体，最终从悬浮中沉降下来的过程。

　　Flora 植物区：一个地区的全部植物。

　　Flushing rate 冲刷率：每次湖水的置换率。

　　Food chain 食物链：食物能量从植物或有机碎屑通过一系列生物体（通常是四五个）消耗和被消耗的过程。

　　Food web 食物网：由一系列相互连接的食物链所形成的连锁模式。

　　Free residual chlorination 游离性余氯化：在水中保持次氯酸（HOCl）或次氯酸离子（OCl$^-$）存在的氯化反应。

　　Fry（sac fry）带脐囊鱼苗：卵黄囊鱼生命中从卵孵化到卵黄囊被吸收的阶段，从这个阶段到长到 1 英寸❶，小鱼被认为是高级鱼苗。

　　Fungi（fungus）菌类：没有叶绿素的简单或复杂的生物。较简单的形式是单细胞；较高的形态有分枝的花丝和复杂的生命周期。真菌的例子有霉菌、酵母和蘑菇。

　　Fungicide 杀真菌剂：用来防止、消灭或减轻真菌的物质或混合物。

　　Game fish 供垂钓的鱼类：在钓鱼用具上被认为具有运动能力的鱼。这些鱼根据它们的用途被归类为不受欢迎的一类。淡水鱼的例子有鲑鱼、鳟鱼、灰鲭鱼、黑鲈鱼、白眼鱼、北梭子鱼和湖鳟鱼。

　　Geosmin 土腥素：一种由细菌和藻类产生的有机化学物质，会导致水源的味道和气味问题。

　　Green algae 绿藻：具有与高等绿色植物相似颜色色素的藻类。常见的形态会在湖泊中产生漂浮的藻席。

　　Gross production 总生产量：固定的总能量，包括用于呼吸的能量。

　　Half-life 半衰期：一种物质失去其活性特性一半所需的时间（尤其用于放射性工作）；将一种物质的浓度降低一半所需的时间。

　　Hemostasis 止血：血液在循环系统中停止流动。

　　Herbicide 农药：旨在控制或破坏任何植物的物质或混合物。

　　Herbivore 食草动物：以植物为食的有机体。

　　Heterocyst 异形细胞：高度固氮的特化蓝藻细胞。

　　Heterotrophic organism 异养生物：以有机物为食物的生物体。

　　Higher aquatic plants 高等水生植物：开花的水生植物（在此分别为挺水

---

❶　1 英寸＝2.54cm。

植物、浮叶植物和沉水植物）

    Histopathologic 组织病理学：由于疾病而发生在组织中。

    Holomictic lakes 完全对流湖：这些湖泊在冬季变冷时完全循环到最深处。

    Hydrophobic 疏水的：不能与水结合或溶解的。

    Hydrophytic 水生植物的：生长在水里或靠近水的，例如水生藻类和挺水维管植物。

    Hypereutrophic 超富营养的：产量极高，初级生产者生物量非常高。

    Hypertrophy 过度增大：由于组成细胞的增加而导致的器官大小的非肿瘤性的增加。

    Hypolimnion 滞温层：从温跃层下面延伸到湖底的水体区域；不受表层的影响。

    Hypoxic 低氧：缺氧，溶解氧小于 2mg/L。

    Insecticide 杀虫剂：防止、消灭或驱除昆虫的物质或物质的混合物。

    Interstitial 裂缝间的：粒子之间的。

    Invertebrates 无脊椎动物：没有脊骨的动物。

    Isothermal 等温的：同样的温度。

    Labile 不稳定的：不稳定，在一定的影响下可能发生变化。

    Laminar flow 层流：完全在一个方向流动，几乎没有横向混合（与紊流相对应）。

    Lentic or lenitic environment 静水环境：死水和它的各种中间层。静水环境的例子有湖泊、池塘和沼泽。

    Lethal involving 致命影响：直接导致死亡的刺激或影响。

    Life cycle 生命周期：有机体的形态和生命形式的一系列阶段，即从某一初级阶段（如孢子、受精卵、种子或休眠细胞）连续出现之间的阶段。

    Limnetic zone 湖泊透光层：湖的开阔水域。这个地区以浮游生物和鱼类为主要动植物。

    Limnology 湖沼学：对内陆水域（如湖泊、河流、湿地）的研究。

    Lipophilic 亲脂性的：对脂肪或其他脂类有亲和力的。

    Littoral zone 沿岸带：有光穿透到水底的沿岸浅水区；经常被有根植物占据。

    Lotic environment 流水环境：流动的水，如小溪或河流。

    Macronutrient 大量营养元素：植物生长发育所必需的大量化学元素。

    Macro - organisms 生物体：肉眼可见的植物、动物或真菌生物。

    Macrophyte 大型植物：大型水生植物，有别于微观植物，包括水生苔藓、苔类、大型藻类及维管植物；没有精确的毒理学意义；通常与水生维管植物同义。

Marl 泥灰岩：一种在淡水湖中形成的未固结的土状沉积物，主要由碳酸钙与黏土或其他杂质按不同比例混合而成。

Median lethal concentration（$LC_{50}$）半致死浓度：在一定的时间内使 50% 的人口死亡的试验材料的浓度。

Median lethal dose（$LD_{50}$）半致死量：一种试验材料的剂量，摄入或注射后可杀死一组试验生物的 50%。

Median tolerance limit（$TL_{50}$）半耐受极限：试验材料在适当的稀释剂（实验水）中的浓度，在这种稀释剂下，只有 50% 的试验动物能够存活一段特定的时间。

Meromictic lakes 半对流湖：溶解物质在深水处造成密度梯度差异的湖泊，阻止了水的完全混合或循环。

Mesotrophic 半自养的：有营养负荷的导致中等生产力的。

Metabolites 代谢物：代谢过程的产物。

Metalimnion 变温层：分层湖中温度随深度迅速变化的中间区域（也称为温跃层，这是首选术语）。

Methylation 甲基化作用：与甲基（$CH_2$）结合。

Microcystins 微囊藻毒素：蓝藻细菌产生的环肽，引起肝损伤（肝毒素）。

Micronutrient 微量营养素：生长发育所必需的微量化学元素，又称为微量元素。

Microorganism 微生物：任何肉眼看不见或几乎看不见的微小有机体。杀螺剂用来消灭或控制蜗牛的物质或混合物。

Mollusc 软体动物：包括那些通常被称为贝类（但不包括甲壳类）的大型动物群。在大多数情况下，都是一个柔软的无分节的身体由钙质的外壳保护。例如蜗牛、贻贝、蛤和牡蛎。

Monomictic 单次循环湖：每年混合一次的湖。

Moss 藓类植物：一种苔藓植物，特征是小、多叶，通常丛生的茎顶端有性器官。

Motile 自动的：自发显示或能够自发运动的。

Naiad 稚虫：对水生昆虫幼虫的另一术语。

Nanoplankton 微型浮游生物：浮游生物细胞约 3～50mm。

Nekton 游泳生物：游动的生物体，能够随意航行。

Nematoda 线虫类：未分割的蛔虫或螺纹虫。有些自由地生活在土壤、淡水和咸水中；有些存在于植物组织中；其他的寄生在动物组织中。

Net productivity 净生产力：绿色植物将能量固定成有机物，可在食物网中转移。植物呼吸作用除外。

Neuston 漂浮生物：在水面上休息或游泳的生物。

Nitrification 硝化作用：细菌将硝酸盐转化成铵以产生能量的过程。

Non-conservative pollutant 易降解的污染物：一种可迅速降解且缺乏持久性的污染物，如大多数有机磷杀虫剂。

Non-point source 面污染源：来自景观的扩散污染源（例如城市和农业径流、大气沉积）。

Nutrients 营养物：有机体生长和繁殖所必需的有机和无机化学物质。

Nymph 蛹：水生昆虫幼虫的另一术语。

Oligotrophic 贫营养的：有少量营养供应，支持很少的有机生产，很少缺氧。

Organic detritus 生物碎屑：植物和动物分解后留下的微粒。

Oxic 好氧的：有氧。

Oxygen–debt 缺氧负债：在生物体中出现的一种现象，即可利用的氧气不能满足呼吸的需求。在这段时间内，代谢过程导致分解产物的积累，直到有足够的氧气时才被氧化。

Parasite 寄生物：生活在寄主生上或寄主体内的生物体，在其全部或部分存在期间，以牺牲寄主为代价获取营养。

Parthenogenesis 孤雌生殖：一种生殖形式，由雌性组成的群体产生自己的二倍体副本。

Pelagic zone 远洋带：海中开放水域（Pelagic 指海洋，limmagneic 指淡水）。

Periphyton 附着生物：附在或依附于有根植物的茎和叶或其他凸出水体底部的表面上的伴生水生生物。

Pesticide 杀虫剂：用于杀死植物、昆虫、藻类、真菌及其他生物的任何物质；包括除草剂、杀虫剂、杀藻剂、杀菌剂和其他物质。

Photosynthesis 光合作用：在叶绿素的帮助下，在光的作用下，活的植物细胞把二氧化碳和水合成单糖和淀粉的过程。

Phytoplankton 浮游植物：单独生活在水中的植物浮游生物。

Piscicide 杀鱼剂：旨在消灭或控制鱼类种群的物质或物质混合物。

Plankton（plankter）浮游生物：体积相对较小的生物，大多是微观的，它们要么运动能力相对较小，要么随着波浪、水流和其他水运动在水中漂移。

Point source 点污染源：明确界定的污染源，通常经由管道排放至水体（例如污水排放口）。

Polymictic 常对流湖：湖泊几乎连续不断地循环或每年有多次混合期的

湖泊。

Pool zone 池区：河流的深水区，在那里水流速度减小。流速降低为浮游生物提供了有利的栖息地。沉降到该区域底部的淤泥和其他松散物质有利于海底生物的穴居形式。

Producers 生产者：生物体，例如植物，它们从无机物中合成自己的有机物质。

Productivity 生产率：有机物在组织中储存的速率，包括有机物用来维持自身的储存速率。

Profundal zone 深水区：深层及水底区域的有效透光深度。所有的湖床都在滞温层下面。

Protozoa 原生动物：由单个细胞或细胞聚集而成的有机体，每一细胞都履行生命中所有的基本功能。它们大多是微小的，水生的。

Pycnocline 密度跃层：温跃层密度迅速变化的一层水体，类似于温跃层。

Rapids zone 急流区：河流的浅水区，水流的流速大到足以使底部不受淤泥和其他松散物质的污染，从而提供了一个坚固的底部。这个区域主要由特殊的底栖生物或周围生物占据，它们紧紧地附着在坚硬的基质上。

Red tide 赤潮：一种可见的红色到橙色的海洋区域，由某些"有皮"鞭毛虫的大量生长引起。

Reducers 还原剂：通过分泌酶在细胞壁外消化食物的生物体。可溶性食物随后被吸收到细胞中，并还原为矿物质。例如真菌、细菌、原生动物和无色素藻类。

Refractory 难降解：耐普通处理，很难降解。

Riffle 浅滩：一段溪流，其中的水通常较浅，水流的速度比连接的水池大；波浪比急流小，比斜道浅。

Riparian 坝岸：与溪流或河岸有关或位于小溪或河流的岸边。

Rotifers（rotatoria）轮虫：微型水生动物，主要是自由生活的淡水形态，见于各种栖息地。大约 75% 的已知物种出现在湖泊和池塘的沿岸地带。更密集的种群与水下水生植物有关。大多数的形式是摄取优良的有机碎屑作为食物，而其他是食肉动物。

Safety factor 安全系数：一种用于其他生物体的短期数据的数值，以近似某一物质的浓度，而该物质不会伤害或损害所考虑的生物体。

Saprophytes 腐生物：分解有机碳的异养生物。

Scuds（amphipods）钩虾：肉眼可见的水生甲壳纲动物，侧面很扁，大部分生长在海洋和河口中。密集的种群与水生植物有关。鱼吃掉了大量的钩虾。

Secchi disc 透明度盘：用于测量水中能见度深度的装置。一个直径为20cm的圆形金属板的上表面被划分为4个象限，两个正对的象限被涂成为黑色，中间的象限为白色。当用刻度线把它悬挂在不同深度的水中时，它的消失点就表明了它的能见度极限。

Sediment 沉积物：沉淀在液体底部的微粒物质。

Seiche 假潮：周期流系统的一种形式，被描述为驻波，流域中的某些水层围绕一个或多个节点振荡。

Sessile organisms 固着生物：直接位于基底上的生物体，没有支撑物，附着在或不仅仅附着在基底上。

Seston 浮游物：直径为 0.0002～1mm 的悬浮颗粒和生物体。

Shellfish 贝类：一群通常包裹在自己分泌的壳内的软体动物，包括牡蛎和蛤蜊。

Sludge 污泥：由水处理过程沉淀的固体废物馏分。

Smolt 鲑鱼：一种幼鱼，通常为鲑类，在开始时向大海洄游。

Sorption 吸附作用：吸收和吸附过程的统称。

Species（both singular and plural）遗传：一种自然种群或一群种群，它们把特定的特征从亲本遗传给后代，在繁殖上与其他可能与它们繁殖的种群隔离。当杂交时，种群通常表现出生育力的丧失。

Sphaerotilus 球衣菌：一种产黏液的、不活动的、有鞘的、丝状的附着细菌。常常被水流从它们的"截流"中打破，并以成群结队的方式顺流而下。

Sponges（porifera）海绵动物：固定在桥墩、桩基、贝壳、岩石等上的无柄动物。大多数生活在海里。

Spore 孢子：藻类原生动物、真菌、藻类或苔藓植物的生殖细胞在细菌中，孢子是专门的休眠细胞。

Spring overturn 春季对流：一种在早春时水体中可能发生的物理现象。下述事情依次发生引起春季对流：①冰盖融化；②表层水变暖；③表层水密度变化，产生自上而下的对流；④在风的作用下驱动水体整体循环；⑤垂向温度均化至 4℃。这种垂向对流使湖水的物理和化学性质混合均匀。

Standing crop 现存生物量：生物体在任何时间出现的数量包括质量、体积、数量。

Stenotopic organisms 窄幅分布的生物：对特定环境因素耐受范围狭窄的生物体。例如鳟鱼、石蝇若虫等。

Stoichiometric 理想配比的：化学反应中的质量关系。

Stratification 分层：水体区分为不同层时发生的现象。

Subacute 亚急性的：包括不够严重，不足以迅速引起反应的刺激。

Sublethal 亚致死的：包括低于致死水平的刺激。

Sublittoral zone 潮下带：从最低水位到植物生长的下边界的沿岸区域。

Submerged aquatic plant 沉水植物：一种生长期内一直淹没在水面以下的植物。例如水池草和浣熊尾。

Succession 演替：群落变化的有序过程，在某一特定区域内，一系列群落相互取代，直至达到群落的顶峰。

Swimmers' itch 皮疹：一种寄生扁虫在其生命周期的尾蚴阶段在游泳者身上产生的皮疹，有机体一进入皮肤就会被人体杀死，然而皮疹可能会持续 2 周左右。

Symbiosis 共生现象：两种不同物种的生物体生活在一起，其中一种或两种生物可能受益，而没有一种生物受到伤害。

Synergistic 协同作用的：两种或两种以上物质或有机体的相互作用，产生任何一种都不能独立产生的结果。

Thermocline 温跃层：在热分层的水体中，其温度相对于水体其余部分迅速变化的一层。

Tolerant association 耐受团体：能承受生境内不利条件的有机体的组合。它的特征通常是物种的减少（从清水团体）和代表一个特定的物种的个体的增加。

Trophic accumulation 营养积累：一种物质通过食物链，使每种生物体保留其食物中的全部或部分，并最终在其肉中获得比在食物中更高的浓度。

Trophic level 营养级：通过从初级生产者或有机碎屑中获取食物的方式对生物进行分类的方法，中间步骤的数目相同。

Trophogenic region 营养生成区域：湖的表层，其中矿物物质的有机生产以光能为基础。

Tropholytic region 营养分解区域：湖泊的深层，由于缺乏光照而导致有机物的异化。

Turnover rate 周转率：每次更新现存量的速率。

Turnover time 周转时间：更新现存量需要的时间。

Ultraoligotrophic 极端贫营养的：极端没有生产力的系统。

Univoltine 一化性：每年生产一代。

Warm and cold‑water fish 温水和冷水鱼：温水鱼包括黑鲈鱼、翻车鱼、鲶鱼、黄鳝等；冷水鱼包括鲑鱼和鳟鱼，白鱼和其他鱼类。决定分布的温度因子是由卵和幼虫对温水或冷水的适应决定的。

Watershed 流域：由分水线所包围的河流集水区。河流中某一点上方的区域，该区域包含流向该点的水；在欧洲也称为排水盆地或集水区。

Wetland 湿地：被水淹没或饱和的地区，其发生频率和持续时间足以支持在饱和土壤条件下适应生命的植被生长。

Zooglea 菌胶团：由于代谢活动而形成的水母状基质中的细菌。

Zooplankton 浮游动物：原生动物和其他生活在水中的动物微生物。这些包括小型甲壳类动物，如水蚤和剑水蚤。

# 参 考 文 献

Adams, J. R., 1969. Ecological investigations related to thermal discharges. *Pacific Gas and Electric Company Report*, Emeryville, CA.

Adrian, R. and Deneke, R., 1996. Possible impact of mild winters on zooplankton succession in eutrophic lakes of the Atlantic European area. *Freshwater Biol.*, 36, 757 – 70.

Ahlgren, G., 1977. Growth of *Ocillatoria agardii* Gom. in chemostat culture. I. Investigation of nitrogen and phosphorus requirements. *Oikos*, 29, 209 – 24.

Ahlgren, G., 1978. Response of phytoplankton and primary production to reduced nutrient loadingin Lake Norrviken. *Verh. Int. Verein. Limnol.*, 20, 840 – 5.

Ahlgren, G., 1987. Temperature functions in biology and their application to algal growth constants. *Oikos*, 49, 177 – 90.

Ahlgren, G., Lundstedt, L., Brett, M. T. and Forsberg, C., 1990. Lipid composition and food quality of some freshwater phytoplankton for cladoceran zooplankters. *J. Plankton Res.*, 12, 809 – 18.

Ahlgren, I., 1977. Role of sediments in the process of recovery of a eutrophicated lake, in *Interactions Between Sediments and Freshwater* (ed. H. L. Golterman), Dr W. Junk, The Hague, pp. 372 – 7.

Ahlgren, I., 1978. Response of Lake Norrviken to reduced nutrient loading. *Verh. Int. Verein. Limnol.*, 20, 846 – 50.

Ahlgren, I., 1979. Lake metabolism studies and results at the Institute of Limnology in Upsala. *Arch. Hydrobiol. Beih.*, 13, 10 – 30.

Ahlgren, I., 1980. A dilution model applied, to a system of shallow eutrophic lakes after diversion of sewage effluents. *Arch. Hydrobiol.*, 89, 17 – 32.

Ahlgren, I., 1988. Nutrient dynamics and trophic state response of two eutrophicated lakes after reduced nutrient loading, in *Eutrophication and Lake Restoration*: *Water Quality and Biological Impacts* (ed. G. Balvay), Thononles – Bains, pp. 79 – 97.

Ahlgren, I., Bostrom, B. and Petersson, A. – K., 1988a. Seasonal variation of the microbial community in the sediments of a hypereutrophic lake. *Verh. Int. Verein. Limnol.*, 23, 460 – 1.

Ahlgren, I., Frisk, T. and Kamp – Nielsen, L., 1988b. Empirical and theoretical models of phosphorus loading, retention and concentration vs. lake trophic state. *Hydrobiologia*, 170, 285 – 303.

Allison, E. M. and Walsby, A. E., 1981. The role of potassium in the control of turgor pressure in a gas vacuolate blue – green alga. *J. Exp. Bot.*, 32, 241 – 9.

Ambuhl, H., 1959. Die bedeutung der stromung als ökologischer factor. *Schweiz. Z. Hydrol.*,

21, 133 – 264.

Amend, D. , Yasutake, W. and Morgan, R. , 1969. Some factors influencing susceptibility of rainbow trout to the acute toxicity of an ethyl mercury phosphate formulation (Timsan). *Trans. Am. Fish. Soc.* , 98, 419 – 25.

Amy, G. L. , Thompson, J. M. , Tan, L. , et al. , 1990. Evaluation of THM precursor contributions from agricultural drains. *J. Am. Water Works Assoc.* , 82, 57 – 64.

Andersen, J. M. , 1975. Influence of pH on release of phosphorus from lake sediments. *Arch. Hydrobiol.* , 76, 411 – 19.

Anderson, C. W. , Tanner, D. Q. and Lee, D. B. , 1994. Water – quality data for the South Umpqua River basin, Oregon, 1990—1992. *U. S. Geological Survey Open – File Report 94 – 40*, Portland, OR.

Anderson, E. L. , Welch, E. B. , Jacoby, J. M. , et al. , 1999. Periphyton removal related to phosphorus and grazer biomass level. *Freshwater Biol.* , 41, 633 – 51.

Anderson, J. B. and Mason, W. T. , 1968. A comparison of benthic macroinvertebrates collected by dredge and basket sampler. *J. Water Pollut. Control Fed.* , 40, 252 – 9.

Anderson, W. L. , Robertson, D. M. and Magnuson, J. J. , 1996. Evidence of recent warming and El Nino – related variations in ice breakup of Wisconsin lakes. *Limnol. Oceanogr.* , 41, 815 – 21.

Andersson, G. , Berggen, H. , Cronberg, G. , et al. , 1978. Effects of planktivorous and benthivorous fish on organisms and water chemistry in eutrophic lakes. *Hydrobiologia*, 59, 9 – 16.

Antia, N. J. , McAllister, C. D. , Parsons, T. R. , et al. , 1963. Further measurements of primary production using a large volume plastic sphere. *Limnol. Oceanogr.* , 8, 166 – 83.

APHA, 1985. *Standard Methods for the Examination of Water and Wastewater*, 16th edn, APHA, Washington, DC, 1136pp.

Armstrong, J. D. , Braithwaite, V. A. and Fox, M. , 1998. The response of wild Atlantic salmon parr to acute reductions in water flow. *J. Anim. Ecol.* , 67, 292 – 7.

Arnold, D. E. , 1971. Ingestion, assimilation, survival, and reproduction by *Daphnia pulex* fed seven species of blue – green algae. *Limnol. Oceanogr*, 16, 906 – 20.

Arrhenius, S. , 1989. Uber die Reakionsgeschwindigkeit bei der Inversion von Rohrzucker durch Sauren. *Z. Phys. Chem.* , 4, 226 – 34.

Arruda, J. A. and Fromm, C. H. , 1989. The relationship between taste and odor problems and lake enrichment from Kansas lakes in agricultural watersheds. *Lake Reserv. Manage.* , 5, 45 – 52.

Arthington, A. H. and Mitchell, D. S. , 1986. Aquatic invading species, in *Ecology of Biological Invasions* (eds R. H. Groves and J. J. Burdon), Cambridge University Press, Cambridge, pp. 34 – 53.

Atwater, J. W. , Jasper, S. , Mavinic, D. S. , et al. , 1983. Experiments using *Daphnia* to measure landfill leachate toxicity. *Water Res.* , 17, 1855 – 61.

Auer, M. T. and Canale, R. P. , 1982. Ecological studies and mathematical modeling of *Cladophora* in Lake Huron. 2. Phosphorus uptake kinetics. *J. GreatLakes Res.* , 8, 84 – 92.

Auer, M. T., Doerr, S. M., Effler, S. W., et al., 1997. A zero degree of freedom total phosphorus model. 1. Development for Onondaga Lake, New York. *Lake Reserv. Manage.*, 13, 118 – 30.

Averett, R. C., 1961. Macroinvertebrates of the Clark Fork River, Montana – a pollution survey. *Montana Board of Health and Fish and Game Department Report.*, No. 61 – 1.

Averett, R. C., 1969. Influence of temperature on energy and material utilization by juvenile coho salmon. PhD thesis, Oregon State University, Corvallis.

AWWA, 1987a. *Current Methodology for the Control of Algae in Surface Reservoirs* American Water Works Association (AWWA) Research Foundation, Denver, CO.

AWWA, 1987b. *Identification and Treatment of Tastes and Odors in Drinking Water* (eds J. Mallevialle and I. H. Suffet), American Water Works Association (AWWA) Research Foundation, Denver, CO.

Ayles, B. G., Lark, J. G. I., Barica, J., et al., 1976. Seasonal mortality of rainbow trout (*Salmo gairdnerii*) planted in small eutrophic lakes of Central Canada. *J. FishRes. Board Canada*, 33, 647 – 55.

Baalsrud, K., 1967. Influence of nutrient concentration on primary production, in *Pollution and Marine Ecology* (eds T. A. Olson and F. J. Burgess), John Wiley and Sons, New York, pp. 159 – 69.

Babin, J., Prepas, E. E., Murphy, T. P., et al., 1994. Impact of lime on sediment phosphorus release in hardwater lakes: the case of hypereutrophic Halfmoon Lake, Alberta. *Lake Reserv. Manage.*, 8, 131 – 42.

Bachmann, R. W., Hoyer, M. V. and Canfield, D. E., Jr., 1999. The restoration of Lake Apopka in relation to alternate stable states. *Hydrobiologia*, 394, 219 – 32.

Bachmann, R. W., Hoyer, M. V. and Canfield, D. E., Jr., 2000. Internal heterotrophy following the switch from macrophytes to algae in Lake Apopka, Florida. *Hydrobiologia*, 418, 217 – 27.

Baden, S. P., Loo, L. – O., Pihl, L., et al., 1990. Effects of eutrophication on benthic communities including fish: Swedish west coast. *Ambio*, 19, 113 – 22.

Bahr, T. G., Cole, R. A. and Stevens, H. K., 1972. *Recycling and Ecosystem Response to Water Manipulation*, Technical Report No. 37, Inst. Water Res., Michigan State University, East Lansing.

Baker, J. P. and Schofield, C. L., 1982. Aluminium toxicity to fish in acid waters. *Water, Air and Soil Poll.*, 18, 289 – 309.

Barbiero, R. P., 1991. Sediment – water transport of phosphorus by the blue – green alga *Gloeotrichia echinulata*. PhD dissertation, Dept Civil Eng., University of Washington, Seattle.

Barbiero, R. P. and Kann, J., 1994. The importance of benthic recruitment to the population development of *Aphanizomenon flos – aquae* and internal loadingin a shallow lake. *J. Plankton Res.*, 16, 1581 – 8.

Barbiero, R. P. and Welch, E. B., 1992. Contribution of benthic blue – green algal recruitment to lake populations and phosphorus translocation. *Freshwater Biol.*, 27, 249 – 60.

Barbour, M. T., Gerritsen, J., Snyder, B. D., et al., 1999. *Rapid Bioassessment Protocols for Use in Streams and Wadeable Rivers*: *Periphyton*, *Benthic Macroinvertebrates and Fish*, 2nd edn. EPA 841 - B - 99 - 002. US Environmental Protection Agency, Office of Water, Washington, DC.

Barel, C. D. N., Dorit, R., Greenwood, P. H., et al., 1985. Destruction of fisheries in Africa's lakes. *Nature*, 315, 19 - 20.

Barica, J., 1984. Empirical models for prediction of algal blooms and collapses, winter oxygen depletion and a freeze - out effect in lakes: summary and verification. *Verh. Int. Verein. Limnol.*, 22, 309 - 19.

Barko, J. W., 1983. The growth of *Myriophyllum spicatum* L. in relation to selected characteristics of sediment and solution. *Aquat. Bot.*, 15, 91 - 103.

Barko, J. W. and Smart, R. M., 1986. Sediment - related mechanisms of growth limitation in submersed macrophytes. *Ecology*, 67, 1328 - 40.

Barr, J. F., 1986. Population dynamics of the common loon (*Gavia immer*) associated with mercury - contaminated waters in northwestern Ontario. Canadian Wildlife Service, Occasional Paper No. 56.

Barrett, S. C. H., 1989. Waterweed invasions. *Sci. Am.*, Oct., 90 - 7.

Bartsch, A. F. and Ingram, W. M., 1959. Stream life and the pollution environment. *Public Works*, 90, 104 - 10.

Beak, T. W., 1965. A biotic index of polluted streams and the relationship of pollution to fisheries. *Adv. Water Pollut. Res.*, *Proc. 2nd Int. Conf.*, 1, 191 - 210.

Beck, W. M., 1955. Suggested method for reporting biotic data. *Sewage Ind. Wastes*, 27, 1193 - 7.

Becker, D., 1972. Columbia River thermal effects study: reactor effluent problems. *J. Water Pollut. Cont. Fed.*, 45, 850 - 69.

Becker, D. S. and Bigham, G. N., 1995. Distribution of mercury in the aquatic food web of Onondaga Lake, New York. *Water Air Soil Pollut.*, 80, 563 - 71.

Beeton, A. M., 1965. Eutrophication of the St. Lawrence and Great Lakes. *Limnol. Oceanogr.*, 10, 240 - 54.

Beeton, A. M. and Edmondson, W. T., 1972. The eutrophication problem. *J. Fish Res. Board Canada*, 29, 673 - 82.

Belehradek, J., 1926. Influence of temperature on biological processes. *Nature* (*Lond.*), 118, 117 - 18.

Bělehrádek, J., 1957. Physiological aspects of heat and cold. *Ann. Rev. Physiol.*, 198, 59 - 82.

Bellanca, M. A. and Bailey, D. S., 1977. Effects of chlorinated effluents on aquatic ecosystem in the lower James River. *J. Water Pollut. Control Fed.*, 49, 639 - 45.

Bengtsson, L., Fleischer, S., Lindmark, G., et al., 1975. The Lake Trummen restoration project. I. Water and sediment chemistry. *Verh. Int. Verein. Limnol.*, 19, 1080 - 7.

Benndorf, J., 1990. Conditions for effective biomanipulation; conclusions derived from whole - lake experiments in Europe. *Hydrobiologia*, 200/201, 187 - 203.

Benndorf, J., Kneschke, H., Kossatz, K., et al., 1984. Manipulation of the pelagic food web by stockingwith predacious fishes. *Int. Rev. Ges. Hydrobiol.*, 69, 407 – 28.

Benndorf, J. and Putz, K., 1987. Control of eutrophication of lakes and reservoirs by means of pre – dams. II. Validation of the phosphate removal model and size optimization. *Water Res.*, 21, 839 – 42.

Benson, A. J., 2000. Documenting over a century of aquatic introductions in the United States, in *Nonindigenous Freshwater Organisms* (eds R. Claudi and J. H. Leach), Lewis Publishers, Boca Raton, FL, pp. 1 – 31.

Bernhardt, H., 1981. Recent developments in the field of eutrophication prevention. *Z Wasser Abwasser Forsch.*, 17, 14 – 26.

Best, M. D. and Mantai K. E., 1978. Growth of *Myriophyllum spicatum*: sediment or lake water as a source of nitrogen and phosphorus. *Ecology*, 59, 1075 – 80.

Bierman, V., Verhoff, V., Poulson, T., et al., 1973. Multinutrient dynamic model of algal growth and species competition in eutrophic lakes, in *Modeling the Eutrophication Process* (ed. J. M. Middlebrooks), Water Research Laboratory, Utah State University, pp. 89 – 109.

Bierman, V. J., 1976. Mathematical model of selective enrichment of blue – green by nutrient enrichment, in *Modeling of Biochemical Processes in Aquatic Ecosystems* (ed. R. P. Canale), Ann Arbor Science Publ., Inc., Ann Arbor, MI.

Bierman, V. J., Jr., Dolan, D. M., Kasprzk, R., et al., 1984. Retrospective analysis of the response of Saginaw Bay, Lake Huron, to reductions in phosphorus loadings. *Environ. Sci. Technol.*, 18, 23 – 31.

Biggs, B. J., 1985. Algae – a blooming nuisance in rivers. *Soil Water*, 21, 27 – 31.

Biggs, B. J. F., 1988. Algal proliferations in New Zealand's shallow, stony foothillsfed rivers: toward a predictive model. *Verh. Int. Verein. Limnol.*, 23, 1405 – 11.

Biggs, B. J. F., 1989. Biomonitoring of organic pollution using periphyton, South Branch, Canterbury, New Zealand. *N. Z. J. Marine Freshwater Res.*, 23, 263 – 74.

Biggs, B. J. F., 1995. The contribution of flood disturbance, catchment geology and land use to the habitat template of periphyton in streams. *Freshwater Biol.*, 33, 419 – 38.

Biggs, B. J. F., 2000. Eutrophication of streams and rivers: dissolved nutrient – chlorophyll relationships for benthic algae. *J. N. Am. Benthol. Soc.*, 19, 17 – 31.

Biggs, B. J. F. and Close, M. E., 1989. Periphyton biomass dynamics in gravel bed rivers: the relative effects of flows and nutrients. *Freshwater Biol.*, 22, 209 – 31.

Biggs, B. J. F. and Hickey, C. W., 1994. Periphyton responses to a hydraulic gradient in a regulated river in New Zealand. *Freshwater Biol.*, 32, 49 – 59.

Biggs, B. J. F. and Price, G. M., 1987. A survey of filamentous algal proliferations in New Zealand rivers. *N. Z. J. Marine Freshwater Res.*, 21, 175 – 91.

Biggs, B. J. F., Goring, D. G. and Nikora, V. I., 1998. Subsidy and stress responses of stream periphyton to gradients in water velocity as a function of community growth form. *J. Phycol.*, 34, 598 – 607.

Biggs, B. J. F., Smith, R. A. and Duncan, M. J., 1999. Velocity and sediment disturbance of periphyton in head water streams: biomass and metabolism. *J. N. Am. Benthol. Soc.*, 18, 222 – 41.

Biggs, B. J. F., Francoeur, S. N., Huryr, A. D., et al., 2000. Trophic cascades in streams: effects of nutrient enrichment on autotrophic and consumer benthic communities under two different fish predation regimes. *Can. J. Fish. Aquat. Sci.*, 57, 1380 – 94.

Birch, P. B., 1976. The relationship of sedimentation and nutrient cyclingto the trophic status of four lakes in the Lake Washington drainage basin. Ph. D. Dissertation, University of Washington, Seattle.

Bishop, C. A., Ng, P., Pettit, K. E., et al., 1998. Environmental contamination and developmental abnormalities in eggs and hatchlings of the common snapping turtle (*Chelydra serpentina*) from the Great Lakes – St Lawrence River basin (1989 – 91). *Environ. Pollut.*, 101, 143 – 56.

Björk, S., 1974. *European lake Rehabilitation Activities* Institute of Limnology Report, University of Lund, 23 pp.

Björk, S., 1985. Lake restoration techniques, in *Lake Pollution and Recovery*, International Congress European Water Pollution Control Association, Rome, pp. 293 – 301.

Björk, S. *et al.*, 1972. Ecosystem studies in connection with the restoration of lakes. *Verh. Int. Verein. Limnol.*, 18, 379 – 87.

Blindow, I., Andersson, G., Hargeby, A., et al., 1993. Long – term pattern of alternative stable states in two shallow eutrophic lakes. *Freshwater Biol.*, 30, 159 – 67.

Bloomfield, J. A., Park, R. A., Scavia, D., et al., 1973. Aquatic modelingin the EDFB, US – IBP, in *Modeling the Eutrophication Process* (eds E. J. Middlebrooks, D. H. Falkenborgand T. W. Maloney), Ann Arbor Science Publ., Inc., Ann Arbor, MI, pp. 139 – 58.

Boening, D. W., 2000. Ecological effects, transport, and fate of mercury: a general review. *Chemosphere*, 40, 1335 – 52.

Boers, P., 1991. *The Release of Dissolved Phosphorus from Lake Sediments*. Ph. D. Dissertation, University of Wageningen, The Netherlands.

Bole, J. B. and Allan, J. R., 1978. Uptake of phosphorus from sediment by aquatic plants, *Myriophyllum spicatum and Hydrilla verticillata. Water Res.*, 12, 353 – 8.

Booker, M. J. and Walsby, A. E., 1981. Bloom formation and stratification by a planktonic blue – green alga in an experimental water column. *Br. Phycol. J.*, 16, 411 – 21.

Boorman, G. A., Dellarco, V., Dunnick, J. K., et al., 1999. Drinking water disinfection byproducts: review and approach to toxicity evaluation. *Environ. Health Perspect.*, 107, 207 – 17.

Borchardt, M. A., Hoffman, J. P. and Cook, P. W., 1994. Phosphorus uptake kinetics of *Spirogyra fluviatalis* (Charophyceae) in flowing water. *J. Phycol.*, 30, 403 – 17.

Borman, F. H. and Likens, G. E., 1967. Nutrient cycling. *Science*, 155, 474 – 29.

Boström, B., 1984. Potential mobility of phosphorus in different types of lake sediments. *Int. Rev. Ges. Hydrobiol.*, 69, 454 – 74.

Boström, B., Ahlgren, I. and Bell, R. T., 1985. Internal nutrient loading in a eutrophic lake, reflected in seasonal variations of some sediment parameters. *Verh. Int. Verein. Limnol.*, 22,

3335 – 9.

Boström, B., Janson, M. and Forsberg, C., 1982. Phosphorus release from lake sediments. *Arch. Hydrobiol. Beih. Ergebn. Limnol.*, 18, 5 – 59.

Bothwell, M. L., 1985. Phosphorus limitation of lotic periphyton growth rates: an intersite comparison usingcontinuous – flow toughs (Thompson River System, British Columbia). *Limnol. Oceanogr.*, 30, 527 – 42.

Bothwell, M. L., 1988. Growth rate responses of lotic periphytic diatoms of experimental phosphorus enrichment: the influence of temperature and light. *Can. J. Fish. Aquat. Sci.*, 45, 261 – 70.

Bothwell, M. L., 1989. Phosphorus – limited growth dynamics of lotic periphytic diatom communities: areal biomass and cellular growth rate responses. *Can. J. Fish. Aquat. Sci.*, 46, 1293 – 301.

Bourassa, N. and Cattaneo, A., 1998. Control of periphyton biomass in Laurentian streams, Québec. *J. N. Am. Benthol. Soc.*, 17, 420 – 9.

Bray, J. R. and Curtis, J. T., 1957. An ordination of the upland forest communities of southern Wisconsin. *Ecol. Monogr.*, 27, 325 – 49.

Brett, J. R., 1956. Some principles in the thermal requirements of fishes. *Q. Rev. Biol.*, 31, 75 – 87.

Brett, J. R., 1960. Thermal requirements of fish – three decades of study, 1940 – 70, in *Biological Problems in Water Pollution*. Trans. 2nd Seminar 1959, USPHS, Cincinnati, Ohio, pp. 111 – 17.

Brett, M. T. and Goldman, C. R., 1996. A meta – analysis of the freshwater trophic cascade. *Proc. Nat. Acad. Sci. USA*, 93, 7723 – 6.

Brett, M. T. and Goldman, C. R., 1997. Consumer versus resource control in freshwater pelagic food webs. *Science*, 275, 384 – 6.

Brett, M. T. and Muller – Navarra, D. C., 1997. The role of highly unsaturated fatty acids in aquatic foodweb processes. *Freshwater Biol.*, 38, 483 – 99.

Brett, M. T., Müller – Navarra, D. C. and Park, S. – K., 2000. Empirical analysis of the effect of phosphorus limitation on algal food quality for freshwater zooplankton. *Limnol. Oceanogr.*, 45, 1564 – 75.

Breukelaar, A. W., Lammens, E. H. R. R., Breteler, J. G. P. K., et al., 1994. Effects of benthivorous bream (*Abramis brama*) and carp (*Cyprinus carpio*) on sediment resuspension and concentrations of nutrients and chlorophyll – a. *Freshwater Biol.*, 32, 113 – 21.

Brezonik, P. L. and Lee, G. F., 1968. Denitrification as a nitrogen sink in Lake Mendota, Wisc. *Environ. Sci. Technol.*, 2, 120 – 5.

Brillouin, L., 1962. *Science and Information Theory*, 2nd edn, Academic Press, New York.

Brinkhurst, R. O., 1965. Observations on the recovery of a British River from gross organic pollution. *Hydrobiolia*, 25, 9 – 51.

Bristow, J. W. and Whitcombe, M., 1971. The role of roots in the nutrition of aquatic vascular plants. *Am. J. Bot.*, 58, 8 – 13.

Brock, D. B. , 1970. *Biology of Microorganisms*. Prentice – Hall, Englewood Cliffs, NJ.

Brooks, J. L. and Dodson, S. , 1965. Predation, body size and composition of plankton. *Science*, 150, 28 – 35.

Brown, M. P. , Werner, M. B. , Sloan, R. J. , et al. , 1985. Polychlorinated biphenyls in the Hudson River. *Environ. Sci. Technol.* , 19, 656 – 61.

Brown, V. M. , 1968. The calculation of the acute toxicity of mixtures of poisons to rainbow trout. *Water Res.* , 2, 723 – 33.

Brown, V. M. , Shurben, D. G. and Shaw, D. , 1970. Studies on water quality and the absence of fish from some polluted English rivers. *Water Res.* , 4, 363 – 82.

Brungs, W. , 1969. Chronic toxicity of zinc to the Fathead Minnow, *Pimephales promelas* Rafinesque. *Trans. Am. Fish. Soc.* , 98, 272 – 9.

Brungs, W. , 1973. Effects of residual chlorine on aquatic life. *J. Water Pollut. Control Fed.* , 45, 2180 – 93.

Bryan, A. , Marsden, K. and Hanna, S. , 1975. A summary of observations on aquatic weed control methods. British Columbia Department of Environment, unpublished report, 73pp.

Buckley, J. A. , 1971. Effects of low nutrient dilution water and mixingon the growth of nuisance algae. MS thesis, University of Washington, Seattle, 116pp.

Buckley, J. A. , 1977. Heinz body hemolytic anemia in coho salmon (*Oncorhynchus kisutch*) exposed to chlorinated waste water. *J. Fish Res. Board Canada*, 34, 215 – 24.

Buckley, J. A. , Whitmore, C. M. and Matsuda, R. I. , 1976. Changes in blood chemistry and blood – cell morphology in coho salmon (*Oncorhynchus kisutch*) following exposure to sublethal levels of total residual chlorine in municipal waste water. *J. Fish Res. Board Canada*, 33, 776 – 82.

Burns, C. W. , 1968. The relationship between body size of filter – feeding cladocera and the maximum size of particle ingested. *Limnol. Oceanogr.* , 13, 675 – 8.

Burns, C. W. , 1969. Relation between filtering rate, temperature, and body size in four species of *Daphnia*. *Limnol. Oceanogr.* , 14, 693 – 700.

Burns, C. W. , 1987. Insights into zooplankton – cyanobacteria interactions derived from enclosure studies. *N. Z. J. Marine Freshwater Res.* , 21, 477 – 82.

Burton, D. J. , Jones, A. H. and Cairns, J. , Jr. , 1972. Acute zinc toxicity to rainbow trout (*Salmo gairdnari*): confirmation of the hypothesis that death is related to tissue hypoxia. *J. FishRes. Board Canada*, 29, 1463 – 6.

Bush, M. B. , 2003. *Ecology of a Changing Planet*, 3rd edn, Upper Saddle River, NJ.

Bush, R. M. , Welch, E. B. and Buchanan, R. J. , 1972. Plankton associations and related factors in a hypereutrophic lake. *Water*, *Air Soil Pollut.* , 1, 257 – 74.

Bush, R. M. , Welch, E. B. and Mar, B. W. , 1974. Potential effects of thermal discharges on aquatic systems. *Environ. Sci. Technol.* , 8, 561 – 8.

Butcher, R. W. , 1933. Studies on the ecology of rivers. I. On the distribution of macrophytic vegetation in the rivers of Britain. *J. Ecol.* , 21, 58 – 91.

Butkus, S. R. , Welch, E. B. , Horner, R. R. , et al. , 1988. Lake response modeling using biologically available phosphorus. *J. Water Pollut. Control Fed.*, 60, 1663 – 9.

Cairns, J., Jr., 1956. Effects of increased temperatures on aquatic organisms. *Ind. Wastes.*, 1, 150 – 2.

Cairns, J., Jr., 1971. The effects of pH, solubility, and temperature upon the acute toxicity of zinc to the bluegill sunfish (*Lepomis macrochirus* Raf.). *Trans. Kans. Acad. Sci.*, 74, 81 – 92.

Cairns, J., Jr., Crossman, J. S., Dickson, K. L., et al., 1971. The recovery of damaged streams. *Assoc. Southeastern Biol. Bull.*, 18, 79 – 106.

Cairns, J., Jr. and Dickson, K. L., 1971. A simple method for the biological assessment of the effects of waste discharges on aquatic bottom – dwelling organisms. *J. Water Pollut. Control Fed.*, 43, 755 – 72.

Canfield, D. E., Jr. and Bachmann, R. W., 1981. Prediction of total phosphorus concentrations, chlorophyll *a*, and Secchi depths in natural and artificial lakes. *Can. J. Fish. Aquat. Sci.*, 38, 414 – 23.

Canfield, D. E. Jr., Langeland, K. A., Linda S. B., et al., 1985. Relations between water transparency and maximum depth of macrophyte colonization in lakes. *J. Aquat. Plant Management*, 23, 25 – 8.

Canfield, D. E., Shireman, J. V. and Colle, D. E., et al., 1984. Prediction of chlorophyll *a* concentrations in Florida lakes: importance of aquatic macrophytes. *Can. J. Fish. Aquat. Sci.*, 41, 497 – 501.

Carder, J. P., Hoagland, K. D., 1998. Combined effects of alachlor and atrazine on benthic algal communities in artificial streams. *Environ. Toxicol. Chem.*, 17, 1415 – 20.

Carignan, R., Kalff, J., 1980. Phosphorus sources for aquatic weeds, water or sediments. *Science*, 207, 987 – 9.

Carlson, A. R., Herman, L. J., 1974. Effects of lowered dissolved oxygen concentrations on channel catfish (*Ictalurus punctatus*) embryos and larvae. *Trans. Am. Fish. Soc.*, 103, 623 – 6.

Carlson, A. R., Siefert, R. E., 1974. Effects of reduced oxygen on the embryos and larvae of lake trout (*Salvelinus namaycush*) and largemouth bass (*Micropterus salmoides*). *J. FishRes. Board Canada*, 31, 1393 – 6.

Carlson, K. L., 1983. The effects of induced flushingon water quality in Pelican Horn, Moses Lake, Wa. MS thesis, University of Washington, Seattle.

Carlson, R. E., 1977. A trophic state index for lakes. *Limmol. Oceanogr.*, 22, 361 – 8.

Carmichael, W. W., 1986. Algal toxins. *Adv. Bot. Res.*, 12, 47 – 101.

Carmichael, W. W., 1994. The toxins of cyanobacteria. *Sci. Am.*, 270, 78 – 86.

Carpenter, S. R., 1980a. Enrichment of Lake Wingra, Wisconsin by submersed macrophyte decay. *Ecology*, 61, 1145 – 55.

Carpenter, S. R., 1980b. The decline of *Myriphyllum spicatum* in a eutrophic Wisconsin USA lake. *Can. J. Bot.*, 58, 527 – 35.

Carpenter, S. R., 1981. Submersed vegetation: an internal factor in lake ecosystem succession. *Am. Naturalist*, 118, 372 – 83.

Carpenter, S. R. , Adams, M. S. , 1977. The macrophyte nutrient pool of a hardwater eutrophic lake: implications for macrophyte harvesting. *Aquat. Bot.* , 3, 239 – 55.

Carpenter, S. R. , Fisher, S. G. and Grimm, N. B. , et al. , 1992. Global change and freshwater ecosystems. *Annu. Rev. Ecol. Syst.* , 23, 119 – 39.

Carpenter, S. R. , Kitchell, J. F. , 1992. Trophic cascade and biomanipulation: interface of research and management. *Limnol. Oceanogr.* , 37, 208 – 13.

Carpenter, S. R. , Kitchell, J. F. and Hodgson, J. R. , 1985. Cascading trophic interactions and lake productivity. *Bioscience*, 35, 634 – 9.

Carpenter, S. R. , Kitchell, J. F. and Hodgson, J. R. , et al. , 1987. Regulation of lake primary productivity by food web structure. *Ecology*, 68, 1863 – 76.

Carr, J. F. , Hiltunen, J. K. , 1965. Changes in the bottom fauna of western Lake Erie from 1930 to 1961. *Limnol. Oceanogr.* , 10, 551 – 69.

Carroll, J. , 2003. *Moses Lake Total Maximum Daily Load Study*, Washington Department of Ecology, Olympia, WA.

Chadwick, G. G. , Brocksen, R. W. , 1969. Accumulation of dieldrin by fish and selected fish – food organisms. *J. Wildlife Management*, 33, 693 – 700.

Chambers, P. A. , Kalff, J. , 1985. Depth distribution and biomass of submersed aquatic macrophyte communities in relation to Secchi depth. *Can. J. Fish. Aquat. Sci.* , 42, 701 – 9.

Chambers, P. A. , Prepas, E. E. , Bothwell, M. L. et al. , 1989. Roots versus shoots in nutrient uptake by aquatic macrophytes in flowing waters. *Can. J. Fish. Aquat. Sci.* , 46, 435 – 9.

Champ, M. A. , Seligman, P. F. , 1996. *Organotin: Environmental Fate and Effects*, Chapman & Hall, London.

Chandler, J. R. , 1970. A biological approach to water quality management. *Water Pollut. Control*, 69, 415 – 21.

Chapra, S. C. , 1975. Comment on 'An empirical method of estimating retention of phosphorus in lakes' by W. B. Kirchner and P. J. Dillon. *Water Resources Res.* , 11, 1033 – 4.

Chapra, S. C. , Canale, R. P. , 1991. Long – term phenomenological model of phosphorus and oxygen for stratified lakes. *Water Res.* , 25, 707 – 15.

Chapra, S. C. , Reckhow, K. H. , 1979. Expressingthe phosphorus loading concept in probabilistic terms. *J. FishRes. Board Canada*, 36, 225 – 9.

Chapra, S. C. , Tarapchak, S. J. , 1976. A chlorophyll *a* model and its relationship to phosphorus loadingplots for lakes. *Water Resources Res.* , 12, 1260 – 4.

Charlson, R. J. , Rodhe, H. , 1982. Factors controllingthe acidity of natural rainwater. *Nature*, 295, 683 – 5.

Chen, C. W. , 1970. Concepts and utilities of an ecological model. *J. Sanit. Eng. Div. Proc. Amer. Soc. Civil Eng.* , 96, 1085 – 97.

Chessman, B. C. , Hutton, P. E. and Burch, J. M. , 1992. Limitingnutrients for periphyton growth in sub – alpine, forest, agricultural and urban streams. *Fresh – water Biol.* , 28, 349 – 61.

Chetelat, J., Pick, F. R. and Morin, A., et al., 1999. Periphyton biomass and community composition in rivers of different nutrient status. *Can. J. Fish. Aquat. Sci.*, 56, 560 – 9.

Chorus, I. (ed.), 2001. *Cyanotoxins*, Springer – Verlag, Berlin, Germany, 357 pp.

Chorus, I., Bartram, J. (eds), 1999. *Toxic Cyanobacteria in Drinking Water: A Guide to their Public Health Consequences, Monitoring and Management*, Published on behalf of WHO by E & FN Spon, London, 416pp.

Chorus, I., Falconer, I. R., Salas, H. J., et al., 2000. Health risks caused by freshwater cyanobacteria in recreational waters. *J. Toxicol. Environ. Health. B. Crit. Rev.*, 4, 323 – 47.

Christensen, M. H., Harremoes, P., 1972. *Biological Denitrification in Water Treatment*, Rep. 72 – 2, Department of Sanitary Engineers, Technical University of Denmark.

Chrystal, G., 1904. Some results in the mathematical theory of seiches. *Proc. R. Soc. Edinb.*, 25, 328 – 37.

Chu, F. S., Huang, X. and Wei, R. D., 1990. Enzyme – linked immunosorbent assay for microcystins in blue – green algal blooms. *J. Assoc. Off. Anal. Chem.*, 73, 451 – 6.

Chu, F. S. and Wedepohl, R., 1994. Algal toxins in drinking water? Research in Wisconsin. *LakeLine*, April, 41 – 2.

Chutter, F. M., 1969. The effects of silt and sand on the invertebrate fauna of streams and rivers. *Hydrobiolia*, 34, 57 – 75.

Chutter, F. M., 1972. An empirical biotic index of the quality of water in South African streams and rivers. *Water Res.*, 6, 19 – 30.

Cleckner, L. B., Garrison, P. J. and Hurley, J. P., et al., 1998. Trophic transfer of methyl mercury in the northern Florida Everglades. *Biogeochemistry*, 40, 347 – 61.

Clubb, R. W., Gaufin, A. R. and Lords, J. L., 1975. Acute cadmium toxicity studies upon nine species of aquatic insects. *Environ. Research*, 9, 332 – 41.

Cocking, A. W., 1959. The effects of high temperature on roach (*Rutilus rutilus*). II. The effects of temperature increasingat a known constant rate. *J. Exp. Biol.*, 36, 217 – 36.

Coffey, B. T., McNabb, C. D., 1974. Eurasian water milfoil in Michigan. *Mich. Bot.*, 13, 159 – 65.

Colborn, T., Clement, C. (eds), 1992. *Chemically – Induced Alterations in Sexual and Functional Development: The Wildlife/Human Connection*, Princeton Scientific PublishingCompany, Princeton, New Jersey.

Colborn, T., Dumanoski, D. and Myers, J. P., 1996. *Our Stolen Future*, Dutton, New York.

Colborn, T., vom Saal, F. S. and Soto, A. M., 1993. Developmental effects of endocrine – disrupting chemicals in wildlife and humans. *Environ. Health Perspect.*, 101, 378 – 84.

Cole, R. A., 1973. Stream community response to nutrient enrichment. *J. Water Pollut. Control Fed.*, 45, 1875 – 88.

Collins, G. B., Weber, C. I., 1978. Phycoperiphyton (algae) as indicators of water quality. *Trans. Am. Microscop. Soc.*, 97, 36 – 43.

Cooke, G. D., Carlson, R. E., 1986. Water quality management in a drinking water reservoir. *Lake Reserv. Manage.*, 2, 363 – 71.

Cooke, G. D., Carlson, R. E., 1989. *Reservoir Management for Water Quality and THM Precursor Control*. AWWA Research Foundation and American Water Works Association, 387 pp.

Cooke, G. D., Heath, R. T. and Kennedy, R. H., et al., 1978. The effect of sewage diversion and aluminum sulfate application on two eutrophic lakes. *Ecol. Res. Ser.* EPA 600/3 – 78 – 003, Cinn., OH, pp. 101.

Cooke, G. D., Heath, R. T. and Kennedy, R. H., et al., 1982. Change in lake trophic state and internal phosphorus release after aluminum sulfate applica – tion. *Water Res. Bull.*, 18, 699 – 705.

Cooke, G. D. and Kennedy, R. H., 2001. Managing drinking water supplies. *Lake Reserv. Manage.*, 17, 157 – 74.

Cooke, G. D., Welch, E. B. and Peterson, S. A., et al., 1986. *Lake and Reservoir Restoration*, Butterworths, Boston, USA.

Cooke, G. D., Welch, E. B. and Peterson, S. A., et al., 1993. *Restoration and Management of Lakes and Reservoirs*, 2nd edn, CRC Press, Inc., Boca Raton, FL.

Cornett, R. J., Rigler, F. H., 1979. Hypolimnetic oxygen deficits: their predic – tions and interpretation. *Science*, 205, 580 – 1.

Coutant, C. C., 1966. Alteration of the community structure of periphyton by heated effluents. Report to AEC for contract AT (45 – 1) – 1830, Battelle Memorial Inst.

Coutant, C. C., 1969. Temperature, reproduction, and behavior. *Chesapeake Sci.*, 10, 261 – 74.

Craig, G. B., Jr., 1993. The diaspora of the Asian tiger mosquito, in *Biological Pollution: The Control and Impact of Invasive Exotic Species* (ed. B. N. McKnight), Indiana Academy of Sciences, Indianapolis, pp. 101 – 20.

Cronberg, G., Gelin, C. and Larsson, K., 1975. The Lake Trummen restoration project. II. Bacteria, phytoplankton, and phytoplankton productivity. *Verh. Int. Verein. Limnol.*, 19, 1088 – 96.

Crossman, E. J., 1995. Introduction of the lake trout (*Salvelinus namaycush*) in areas outside its native distribution: a review. *J. Great Lakes Res.*, 21 (Suppl. 1), 17 – 29.

Crowl, T. A., Townsend, C. R. and McIntosh, A. R., 1992. The impact of introduced brown and rainbow trout on native fish: the case of Australasia. *Rev. Fish Biol. Fish*, 2, 217 – 41.

Csanady, G. T., 1970. Dispersal of effluents in the Great Lakes, in *Water Research*, Vol. 4, Pergamon Press, Elmsford, NY, pp. 79 – 114.

Cuker, B. E., 1987. Field experiment on the influences of suspended clay and P on the plankton of a small lake. *Limnol. Oceanogr.*, 32, 840 – 847.

Cuker, B. E., Gama, P. and Burkholder, J. M., 1990. Type of suspended clay influences lake productivity and phytoplankton community response to phosphorus loading. *Limnol. Oceanogr.*, 35, 830 – 839.

Cullen, P., Forsberg, C., 1988. Experiences with reducing point sources of phosphorus to lakes. *Hydrobiologia*, 170, 321 – 36.

386

Cummins, K. W., 1974. Structure and function of stream ecosystems. *Bioscience*, 24, 631 – 41.

Cummins, K. W., Klug, J. J. and Wetzel, R. G., et al., 1972. Organic enrichment with leaf leachate in experimental lotic ecosystems. *Bioscience*, 22, 719 – 22.

Curtis, E. J., Harrington, D. W., 1971. The occurrence of sewage fungus in rivers of the United Kingdom. *Water Res.*, 5, 281 – 90.

Cusimano, R. F., Brakke, D. F. and Chapman, G. A., 1986. Effects of pH on the toxicities of cadmium, copper and zinc to steelhead trout (*Salmo gairdneri*). *Can. J. Fish. Aquat. Sci.*, 43, 1497 – 503.

Danielsdottir, M., Brett, M. T. The impact of algal food quality, nutrients and zooplanktivory on planktonic food web interactions. unpublished data.

Danielson, T. J., 1998. *Wetland Bioassessment Fact Sheets*. EPA843 – F – 98 – 001. US Environmental Protection Agency, Office of Wetlands, Oceans, and Watersheds, Wetlands Division, Washington, DC.

Davis, G. E., Foster, J. and Warren, C. E., 1963. The influence of oxygen concentra – tion on the swimming performance of juvenile Pacific salmon at various tempera – tures. *Trans. Am. Fish. Soc.*, 92, 111 – 24.

Davison, W., Reynolds, C. S. and Finlay, B. J., 1985. Algal control of lake geochem – istry: redox cycles in Rostherne Mere, U. K. *Water Res.*, 19, 265 – 67.

DeGasperi, C. L., Spyridakis, D. E. and Welch, E. B., 1993. Alum and nitrate as controls of short – term anaerobic sediment phosphorus release: an *in vitro* comparison. *Lake Reserv. Manage.*, 8, 49 – 59.

Delwiche, C. C., 1970. The nitrogen cycle. *Sci. Amer.*, 223, 136 – 47.

DeMelo, R., France, R. and McQueen, D. J., 1992. Biomanipulation: hit or myth? *Limnol. Oceanogr.*, 37, 192 – 207.

DeSylva, D. P., 1969. Theoretical considerations of the effects of heated effluents on marine fishes, in *Biological Aspects of Thermal Pollution* (eds P. A. Krenkel and F. C. Parker), Vanderbilt Univ. Press, Nashville, TN, pp. 229 – 93.

Dextrase, A. J., Coscarelli, M. A., 2000. Intentional introductions of nonindigenous fresh-water organisms in North America, in *Nonindigenous Freshwater Organisms* (eds R. Claudi and J. H. Leach), Lewis Publishers, Boca Raton, FL, pp. 61 – 98.

Dillon, P. J., 1975. The phosphorus budget of Cameron Lake, Ontario: The importance of flushing rate relative to the degree of eutrophy of a lake. *Limnol. Ocea – nogr.*, 29, 28 – 39.

Dillon, P. J., Rigler, F. H., 1974a. A test of a simple nutrient budget model predicting the phosphorus concentration in lake water. *J. FishRes. Board Canada*, 31, 1771 – 8.

Dillon, P. J., Rigler, F. H., 1974b. The phosphorus – chlorophyll relationship in lakes. *Limnol. Oceanogr*, 19, 767 – 73.

Dillon, P. J., Rigler, F. H., 1975. A simple method for predicting the capacity of a lake for development based on lake trophic state. *J. FishRes. Board Canada*, 32, 1519 – 31.

Dimond, J. B., 1967. *Pesticides and Stream Insects*. Bulletin 23, Maine Forest Service and the Conservation Foundation, Washington, DC.

D'Itri, F. M. (ed.), 1997. *Zebra Mussels and Aquatic Nuisance Species*, Lewis Publishers, Boca Raton, FL, 638 pp.

Dodds, W. K., 1989. Photosynthesis of two morphologies of *Nostoc parmelioides* (Cyanobacteria) as related to current velocities and diffusion patterns. *J. Phycol.*, 25, 258 – 62.

Dodds, W. K., 2002. *Freshwater Ecology: Concepts and Environmental Applications*, Academic Press, San Diego, CA.

Dodds, W. K., Jones, J. R. and Welch, E. B., 1998. Suggested classification of stream trophic state: distributions of temperate stream types by chlorophyll, total nitrogen, and phosphorus. *Water Res.*, 32, 1455 – 62.

Dodds, W. K., Smith, V. H. and Zander, B., 1997. Developing nutrient targets to control benthic chlorophyll levels in streams: a case study of the Clark Fork River. *Water Res.*, 31, 1738 – 50.

Doherty, F. G., 1983. Interspecies correlations of acute aquatic median lethal concentrations for four standard testing species. *Environ. Sci. Technol.*, 17, 661 – 5.

Dominie, D. R., 1980. Hypolimnetic aluminum treatment of soft water Annabessacook Lake, in *Restoration of Lakes and Inland Waters* EPA – 440/5 – 81 – 010, Cinn, OH, pp. 417 – 23.

Doudoroff, P., Shumway, D. L., 1967. Dissolved oxygen criteria for the protection of fish, in *A Symposium on Water Quality Criteria to Protect Aquatic Life* American Fish Society, Special Publication No. 4, pp. 13 – 19.

Doudoroff, P., Leduc, G. L. and Schneider, C. R., 1966. Acute toxicity to fish of solutions containing complex metal cyanides in relation to concentrations of molecular hydrocyanic acid. *Trans. Am. Fish. Soc.*, 95, 6 – 22.

Drenner, R. W., Strickler, J. R. and Obrien, W. J., 1978. Capture probability – role of zooplankter escape in selective feedingof planktivorous fish. *J. FishRes. Board Can.*, 35, 1370 – 3.

Driscoll, C. T., Jr., Baker, J. P. and Bisogni, J. J., et al., 1980. Effect of aluminium speciation on fish in dilute acidified waters. *Nature*, 284, 161 – 84.

Droop, M. R., 1973. Some thought on nutrient limitation in algae. *J. Phycol.*, 9, 264 – 72.

Duarte, C. M., Kalff, J., 1986. Littoral slope as a predictor of the maximum biomass of submerged macrophyte communities. *Limnol. Oceanogr.*, 31, 1072 – 80.

Dugdale, R. C., 1967. Nutrient limitation in the sea: dynamics, identification, and significance. *Limnol. Oceanogr.*, 12, 658 – 95.

Dunst, R. C., 1981. Dredging activities in Wisconsin's lake renewal program, in *Restoration of Lakes and Inland Waters* EPA – 440/5 – 81 – 010, Washington, DC, pp. 86 – 8.

Dunst, R. C., Born, S. M. and Uttormark, P. D., et al., 1974. *Survey of Lake Rehabilitation Techniques and Experiences* Technical Bulletin 75, Department of Natural Resources, Madison, WI, USA.

Edmondson, W. T., 1966. Changes in the oxygen deficit of Lake Washington. *Verh. Int. Verein. Limnol.*, 16, 153 – 8.

Edmondson, W. T., 1969. Eutrophication in North America, in *Eutrophication: Causes*,

*Consequences*, *and Correctives*. National Academy of Science, Washington, DC.

Edmondson, W. T., 1970. Phosphorus, nitrogen, and algae in Lake Washington after diversion of sewage. *Science*, 169, 690 – 1.

Edmondson, W. T., 1972. Nutrients and phytoplankton in Lake Washington, in *Nutrients and Eutrophication*: *The Limiting Nutrient Controversy* (ed G. E. Likens), Special Symposium, *Limnol. and Oceanogr.*, 1, 172 – 93.

Edmondson, W. T., 1978. Trophic equilibrium of Lake Washington. *Ecol. Res. Ser.*, EPA – 600/3 – 77 – 087, Cinn., OH, 36pp.

Edmondson, W. T., 1994. Sixty years of Lake Washington: a curriculum vitae. *Lake Reserv. Manage.*, 10, 75 – 84.

Edmondson, W. T., Lehman, J. R., 1981. The effect of changes in the nutrient income on the condition of Lake Washington. *Limnol. Oceanogr.*, 26, 1 – 28.

Edmondson, W. T., Litt, A. H., 1982. *Daphnia* in Lake Washington. *Limnol. Oceanogr.*, 27, 272 – 93.

Edmondson, W. T., Anderson, G. C. and Peterson, D. R., 1956. Artificial eutrophi – cation of Lake Washington. *Limnol. Oceanogr.*, 1, 47 – 53.

Egloff, D. A., Brakel, W. H., 1973. Stream pollution and a simplified diversity index. *J. Water Pollut. Control Fed.*, 45, 2269 – 75.

Ehrlich, G. G., Slack, K. V., 1969. *Uptake and Assimilation of Nitrogen in Microbiological Systems*, ASTM STP 488, Am. Soc. Test. Mat., Philadelphia, pp. 11 – 23.

Eichenberger, E., Schlatter, A., 1978. Effect of herbivorous insects on the production of benthic algal vegetation in outdoor channels. *Verh. Int. Verein Limnol.*, 20, 1806 – 10.

Eilers, J. M., Brakke, D. F. and Landers, D. N., 1988. Chemical and physical characteristics of lakes in the upper mid – west United States. *Environ. Sci. Technol.*, 22, 164 – 72.

Einsele, W., 1936. Uber die Beziehungen des Eisenkreislaufs zumphosphatkreislauf im entrophen see. *Arch. Hydrobiol.*, 29, 664 – 86.

Ellis, M. M., 1937. Detection and measurement of stream pollution. Bulletin 22, US, Bureau of Fish, 48, 365 – 537.

Elser, H. J., 1967. Observations on the decline of water milfoil and other aquatic plants: Maryland, 1962 – 7. Unpublished report., Department Chesapeake Bay Affairs, 14 pp.

Elton, C. S., 1958. *The Ecology of Invasions by Animals and Plants*, Methuen and Company, London.

Elwood, J. W., Newbold, J. D. and Trimble, A. F. et al., 1981. The limiting role of phosphorous in a woodland stream ecosystem: Effects of P enrichment on leaf decomposition and primary producers. *Ecology*, 62, 146 – 58.

Enell, M., Löfgren, S., 1988. Phosphorus in interstitial water: Methods and dynamics. *Hydrobiologia*, 170, 103 – 32.

Entranco Engineers, 1993. *Lake Youngs Water Quality Study*, *Phase I*, Prepared by Entranco Engineers, Bellevue, WA. Prepared for Seattle Water Department Water Quality Divison, Seattle, WA.

Eppley, R. W. , 1972. Temperature and phytoplankton growth in the sea. *Fisheries Bull.* , 70, 1063 – 85.

Everard, M. , 1996. The importance of periodic droughts for maintaining diversity in freshwater environments, *Freshwater Forum*, 7, 33 – 50.

Falconer, I. R. (ed. ), 1993. *Algal Toxins in Seafood and Drinking Water*, Academic Press, London.

Falconer, I. R. , 1996. Potential impact on human health of toxic cyanobacteria. *Phycologia*, 35 (Suppl. 6); 6 – 11.

Falconer, I. R. , Humpage, A. R. , 1996. Tumour promotion by cyanobacterial toxins. *Phycologia*, 35 (Suppl. 6); 74 – 9.

Falconer, I. R. , Beresford, A. M. and Runnegar, M. T. C. , 1983. Evidence of liver damage by toxin from a bloom of the blue – green alga, *Microcystis aeruginosa. Med. J. Aust.* , 1, 511 – 14.

Falconer, I. , Bartram, J. and Chorus, I. , et al. , 1999. Safe levels and practices, in *Toxic Cyanobacteria in Water: A Guide to their Public HealthConsequences, Monitoring and Management* (eds I. Chorus and J. Bartram), Published on behalf of WHO by E &. FN Spon, London, pp. 155 – 78.

Fallon, R. D. , Brock, T. D. , 1984. Overwintering of *Microcystis* in Lake Mendota. *Freshwater Biol.* , 11, 217 – 26.

Fastner, J. , Neumann, U. and Wirsing, B. , et al. , 1999. Microcystins (hepatotoxic heptapeptides) in German fresh water bodies. *Environ. Toxicol.* , 14, 13 – 22.

Fisher, S. G. , Likens, G. E. , 1972. Stream ecosystem: organic energy budget. *Bioscience*, 22, 33 – 5.

Fitzgerald, G. P. , 1964. The biotic relationships within water blooms, in *Algae and Man* (ed. D. F. Jackson), Plenum Press, New York, pp. 300 – 6.

Fitzgerald, G. P. , Nelson, T. C. , 1966. Extractive and enzymatic analyses for limitingor surplus phosphorus in algae. *J. Phycol.* , 2, 32 – 7.

Fjerdingstad, E. , 1964. Pollution of streams estimated by benthal phytomicroorganisms. I. A saprobic system based on communities of organisms and ecological factors. *Int. Rev. Geol. Hydrobiol.* , 49, 63 – 131.

Fogg, G. E. , 1965. *Algal cultures and phytoplankton ecology.* Univ. Wisconsin Press, Madison, pp. 126.

Fore, L. S. , Karr, J. R. and Wisseman, R. W. , 1996. Assessinginvertebrate responses to human activities: evaluating alternative approaches. *J. N. Am. Benthol. Soc.* , 15, 212 – 31.

Forel, F. A. , 1895. *Le Leman: monographie limnologique. Tome 2, Mecanique, Chimie, Thermique, Optique, Acoustique.* F. Rouge, Lausanne, 651 pp.

Fox, H. M. , 1950. Hemoglobin production in *Daphnia. Nature* (*Lond*), 166, 609 – 10.

Fox, H. M. , Simmonds, B. G. and Washbourn, R. , 1935. Metabolic rates of emphe – merid nymphs from swiftly flowingand still waters. *J. Exp. Biol.* , 12, 179 – 84.

Francis, G. , 1878. Poisonous Australian lake. *Nature*, May 2nd, 11 – 12.

Freeman, M. C. , 1986. The role of nitrogen and phosphorus in the development of

*Cladophora glomerata* (L.) Kutzingin the Manuwatu River, New Zealand. *Hydrobiologia*, 31, 23 – 30.

Frodge, J. D. Thomas, G. L. and Pauley, G. B., 1987. Impact of triploid grass carp (*Ctenopharyngodon idella*) on water quality – evaluation of aquatic plants on water quality, in *An Evaluation of Triploid Grass Carp on Lakes in the Pacific Northwest* (eds Pauley, G. B. and G. L. Thomas), WA Coop. Fish. Unit, Univ. of Wash., Seattle, WA.

Frodge, J. D., Thomas, G. L. and Pauley, G. B., 1990. Effects of canopy formation by floatingand submergent aquatic macrophytes on the water quality of two shallow Pacific Northwest lakes. *Aquat. Bot.*, 38, 231 – 48.

Fuhs, G. W., Demmerle, S. D. and Canelli, E., et al., 1972. Characterization of phosphorus limited plankton, in *Nutrients and Eutrophication: The Limiting Nutrient Controversy*, (ed. G. E. Likens), Special Symposium, *Limnol. Oceanogr.*, 1, 113 – 33.

Gabrielson, J. O., Perkins, M. A. and Welch, E. B., 1984. The uptake, translocation and release of phosphorus by *Elodea densa*. *Hydrobiologia*, 111, 43 – 48.

Gächter, V. R., 1976. Die tiefenwasserableitung, ein weg zur sanierungvon seen. *Zchweiz. Z. Hydro.*, 38, 1 – 28.

Gächter, R., Mares, A., 1985. Does settling seston release soluble reactive phosphorus in the hypolimnion of lakes? *Limnol. Oceanogr.*, 30, 364 – 71.

Gächter, R., Meyer, J. S. and Mares, A., 1988. Contribution of bacteria to release and fixation of phosphorus in lake sediments. *Limnol. Oceanogr.*, 33, 1542 – 58.

Gächter, R., Müller, B., 2003. Why the phosphorus retention of lakes does not necessarily depend on the oxygen supply to their sediment surface. *Limnol. Ocean – ogr.*, 48, 929 – 33.

Galston, A. W., 1979. Herbicides: a mixed blessing. *Biol. Sci.*, 29, 85 – 90.

Gameson, A. L. H., Barrett, M. J. and Shewbridge, J. S., 1973. The aerobic Thames estuary. *Adv. Water Pollut. Res.* Proc. Sixth Internat. Conf. (ed. S. H. Jenkins), Pergamon Press, Oxford and NY. 843 – 50.

Gammon, J. R., 1969. Aquatic life survey of the Wabash River, with special reference to the effects of thermal effluents on populations of macroinvertebrates and fish. Unpublished report, DePauw University, Greencastle, Ind., 65pp.

Ganf, G. G., 1983. An ecological relationship between *Aphanizomenon* and *Daphnia pulex*. Aust. J. Mar. Freshwater Res., 34, 755 – 73.

Gannon, J. E., Beeton, A. M., 1971. The decline of the large zooplankton, *Limnocalanus macrurus* Sars (Copepoda: Calanoida), in Lake Erie. *Proc. 14th Conf. Great Lakes Res.* Internat. Assoc. Gt. Lakes Res., pp. 27 – 38.

Gaufin, A. R., 1958. The effects of pollution on a midwestern stream. *Ohio J. Sci.*, 58, 197 – 208.

Gaufin, A. R., Tarzwell, C. M., 1956. Aquatic macroinvertebrate communities as indicators of organic pollution in Lytle Creek. *Sewage Ind. Wastes*, 28, 906 – 24.

Gerdeaux, D., 1998. Fluctuations in lake fisheries and global warming, in *Manage – ment of Lakes and Reservoirs During Global Climatic Change* (eds J. G. Jones, P. Puncochar,

C. S. Reynolds and D. W. Sutcliffe)，Kluwer Academic，Dordrecht，pp. 263 – 72.

Gerloff, G. C. , 1975. Nutritional ecology of nuisance aquatic plants. *Ecol. Res. Ser.* , EPA – 660/3 – 75 – 027, 78 pp.

Gerloff, G. C. , Krombholz, P. H. , 1966. Tissue analysis to determine nutrient availability. *Limnol. Oceanogr.* , 11, 529 – 37.

Gerloff, G. C. , Skoog, F. , 1954. Cell contents of nitrogen and phosphorus as a measure of their availability for growth of *Microcystis aeruginosa*. *Ecology*, 35, 348 – 53.

Gessner, F. , 1959. *Hydrobotanik. Die Physiologischen Grundlagen der Pflanzenverbreitung im Wasser . II. Stoffhausholt.* VEB Deutscher Verlagder Wissenschaften, Berlin, 701 pp.

Gilmartin, M. , 1964. The primary production of a British Columbia fjord. *J. Fish Res. Board Canada*, 21, 505 – 38.

Gliwicz, Z. M. , 1975. Effect of zooplankton grazing on photosynthetic activity and composition of phytoplankton. *Verh. Int. Verein. Limnol.* , 19, 1490 – 7.

Gliwicz, Z. M. , Hillbricht – Ilkowska, A. , 1973. Efficiency of the utilization of nanoplankton primary production by communities of filter – feedinganimals measured *in situ. Verh. Int. Verein. Limnol.* , 18, 197 – 212.

Godfrey, P. J. , 1978. Diversity as a measure of benthic macroinvertebrate community response to water pollution. *Hydrobiologia*, 57, 111 – 22.

Goldman, C. R. , 1960a. Molybdenum as a factor limitingprimary productivity in Castle Lake, Calif. *Science*, 132, 1016 – 17.

Goldman, C. R. , 1960b. Primary productivity and limitingfactors in three lakes of the Alaskan Peninsula. *Ecol. Monogr.* , 30, 207 – 30.

Goldman, C. R. , 1962. Primary productivity and micronutrient limiting factors in some North American and New Zealand lakes. *Verh. Int. Verein. Limnol.* , 15, 365 – 74.

Goldman, C. R. , 1981. Lake Tahoe: two decades of change in a nitrogen deficient oligotrophic lake. *Verh. Int. Verein. Limnol.* , 21, 45 – 70.

Goldman, C. R. , Carter, R. , 1965. An investigation by rapid carbon – 14 bioassay of factors affectingthe cultural eutrophication of Lake Tahoe, California – Nevada. *J. Water Pollut. Control Fed.* , 37, 1044 – 59.

Goldman, C. R. , Horne, A. J. , 1983. *Limnology* McGraw – Hill, Inc. , New York.

Goldman, C. R. , Wetzel, R. G. , 1963. A study of the primary productivity of Clear Lake, Lake County, Calif. *Ecology*, 44, 283 – 94.

Goldman, J. C. , 1973. Carbon dioxide and pH: effect on species succession of algae. *Science*, 182, 306 – 7.

Goldman, J. C. , Carpenter, E. J. , 1974. A kinetic approach to the effect of temperature on algal growth. *Limnol. Oceanogr.* , 19, 756 – 66.

Goldman, J. C. , Porcella, D. B. and Middlebrooks, E. J. , et al. , 1971. *The Effect of Carbon on Algal Growth – Its Relationship to Eutrophication*. Occasional Paper 6, Utah State University, Water Research Lab. and College of Engineering, April, 56 pp.

Goldschmidt, T. , Witte, F. and Wanink, J. , 1993. Cascadingeffects of the introduced Nile

Perch on the detritivorous/phytoplanktivorous species in the sublittoral areas of Lake Victoria. *Conserv. Biol.* , 7, 686 – 700.

Golterman, H. L. , 1972. Vertical movement of phosphate in fresh water, in *Hand –book of Environmental Phosphorus* (eds E. J. Griffith, A. M. Beeton, J. Spencer and D. Mitchell), John Wiley & Sons, New York, pp. 509 – 37.

Golterman, H. L. , 2001. Phosphate release from anoxic sediments or 'What did Mortimer really write?' *Hydrobiologia*, 450, 99 – 106.

Goodman, D. , 1975. The theory of diversity – stability relationships in ecology. *Q. Rev. Biol.* , 50, 237 – 66.

Gorham, E. , Boyce, F. M. , 1989. Influence of lake surface area and depth upon thermal stratification and the depth of the summer thermocline. *J. Great Lakes Res.* , 15, 233 – 45.

Grafius, E. , Anderson, N. H. , 1972. *Literature Review of Foods of Aquatic*

Graham, J. M. , 1949. Some effects of temperature and oxygen pressure on the metabolism and activity of the speckled trout, *Salvelinus fontinalis. Can. J. Res. D*, 27, 270 – 88.

Grandberg, K. , 1973. The eutrophication and pollution of Lake Päijäne, Central Finland. *Ann. Bot. Finn*, 10, 267 – 308.

Grant, N. G. , Walsby, A. E. , 1977. The contribution of photosynthate to turgor pressure rise in the planktonic blue – green alga *Anabaena flos –aquae. J. Exp. Bot.* , 28, 409 – 15.

Grassle, J. F. , Grassle, J. P. , 1974. Opportunistic life histories and genetic systems in marine benthic polychaetes. *J. Marine Res.* , 32, 253 – 84.

Gray, N. F. , Hunter, C. A. , 1985. Heterotrophic slimes in Irish rivers – evaluation of the problem. *Water Res.* , 6, 685 – 91.

Graynoth, E. , 1979. Effects of logging on stream environments and faunas in Nelson, N. Z. *N. Z. J. Marine Freshwater Res.* , 13, 79 – 109.

Great Phosphorus Controversy, The (1970) *Environ. Sci. Technol.* , 4, 725 – 6.

Green, G. H. , Hargrave, B. T. , 1966. Primary and secondary production in Bas d'Or Lake, Nova Scotia, Canada. *Verh. Int. Verein. Limnol.* , 16, 333 – 40.

Gross, M. L. , 1983. Response of largemouth bass and black crappie to summer drawdown of LongLake, Kitsap County, Washington, MS thesis, University of Washington.

Guillette, L. J. , Jr. , Brock, J. W. and Rooney, A. A. , et al. , 1999. Serum concentrations of various environmental contaminants and their relationship to sex steroid concentrations and phallus size in juvenile American alligators. *Arch. Environ. Contam. Toxicol.* , 36, 447 – 55.

Gulati, R. D. , Lammens, E. H. R. R. and Meijer, M. – L. , et al. (eds), 1990. *Biomanipulation Tool for Water Management*. Proceedings of an International Conference held in Amsterdam, The Netherlands, 8 – 11 August 1989, Kluwer Academic Publishers, Dordrecht, Boston, London.

Haines, T. A. , 1973. Effects of nutrient enrichment and a rough – fish population (carp) on a game – fish population (smallmouth bass). *Trans. Am. Fish. Soc.* , 102, 346 – 54.

Hå. kanson, L. , 1975. Mercury in Lake Vänern – present status and prognosis. Swedish Environ. Prot. Bd. , NLU, Report No. 80, 121 pp.

Hall, D. J. , Cooper W. and Werner, E. , 1970. An experimental approach to the production dynamics and structure of freshwater animal communities. *Limnol. Oceanogr.*, 15, 839 – 928.

Hall, J. D., Lanz, R. L., 1969. The effects of logging on the habitat of coho salmon and cutthroat trout in coastal streams. *Symposium on Salmon and Trout in Streams* (ed. T. G. Northcote), H. R. MacMillan Lectures in Fisheries, University of British Columbia, Vancouver, pp. 355 – 75.

Halsey, T. G., 1968. Autumnal and overwinter limnology of three small eutrophic lakes with particular reference to experimental circulation and trout mortality. *J. FishRes. Board Canada*, 25, 81 – 99.

Hamilton, D. J., Ankney, C. D., 1994. Consumption of zebra mussel (*Dreissena polymorpha*) by divingducks in Lakes Erie and St. Clair. *Wildfowl*, 45, 159 – 66.

Hamilton, R. D., Preslan, J., 1970. Observations on heterotrophic activity in the eastern tropical Pacific. *Limnol. Oceanogr.*, 15, 395 – 401.

Hansson, L. - A., 1995. Diurnal recruitment patterns in algae: effects of light cycles and stratified conditions. *J. Phycol.*, 31, 540 – 6.

Hansson, L. - A., Rudstam, L. G. and Johnson, T. B., et al., 1994. Patterns in algal recruitment from sediment to water in a dimictic, eutrophic lake. *Can. J. Fish. Aquat. Sci.*, 51, 2825 – 33.

Harris, G. P., 1994. Pattern, process and prediction on aquatic ecology. A limno – logical view of some general ecological problems. *Freshwater Biol.*, 32, 143 – 60.

Hartman, R. T., Brown, D. L., 1967. Changes in internal atmosphere of sub – merged vascular hydrophytes in relation to photosynthesis. *Ecology*, 48, 252 – 8.

Havel, J. E., Hebert, P. D. N., 1993. *Daphnia lumholtzi* in North America: another exotic zooplankter. *Limnol. Oceanogr.*, 38, 1823 – 7.

Havens, K. E., 1991. Fish – induced sediment resuspension: effects on phytoplankton biomass and community structure in a shallow hypereutrophic lake. *J. Plankton Res.*, 13, 1163 – 76.

Havens, K. E., 1993. Responses to experimental fish manipulations in a shallow, hypereutrophic lake: the relative importance of benthic nutrient recycling and trophic cascade. *Hydrobiologia*, 254, 73 – 80.

Hawkes, H. A., 1962. Biological aspects of river pollution, in *River Pollution. Two: Causes and Effects* (ed. L. Klein), Butterworths, London, pp. 311 – 432.

Hawkes, H. A., 1969. Ecological changes of applied significance induced by the discharge of heated waters, in *Engineering Aspects of Thermal Pollution* (eds F. L. Parker and P. A. Krenkel), Vanderbilt University Press, Nashville, Tennessee, pp. 15 – 57.

Hays, F. R., Phillips, J. E., 1958. Lake water and sediment. Ⅲ: Radiophosphorus equilibrium with mud, plants, and bacteria under oxidized and reduced conditions. *Limnol. Oceanogr.*, 3, 459 – 75.

Healy, F. P., 1978. Physiological indicators of nutrient deficiency in algae. *Mitt. Verh. Int. Verein. Limnol.*, 21, 34 – 41.

Heinle, D. R., 1969a. Effects of elevated temperature on zooplankton, *Chesapeake Sci.*,

10, 186 – 209.

Heinle, D. R. , 1969b. *Thermal Loading and the Zooplankton Community*. Patuxent Thermal Studies, Supplementary reports, Nat. Res. Inst. , Ref. No. 69 – 8, University of Maryland.

Hellawell, J. M. , 1977. Change in natural and managed ecosystems: detection, measurement and assessment. *Proc. R. Soc. Lond. B*, 197, 31 – 57.

Hellström, B. , 1941. *Wind Effect on Lakes and Rivers*, Kungliga Tekniska Högskolan, Avhandling 26, Stockholm.

Henderson, M. A. , Levy, D. A. and Stockner, J. S. , 1992. Probable consequences of climate change on freshwater production of Adams River sockeye salmon (*Oncorhynchus nerka*). *GeoJournal*, 28, 51 – 9.

Hendrey, G. R. , 1973. Productivity and growth kinetics of natural phytoplankton communities in four lakes of contrastingtrophic state. PhD dissertation, University of Washington, Seattle.

Hendrey, G. R. , Welch, E. B. , 1974. Phytoplankton productivity in Findley Lake. *Hydrobiologia*, 45, 45 – 63.

Hendricks, A. C. , 1978. Response of *Selenastrum capricornutum* to zinc sulfides. *J. Water Pollut. Control Fed.* , 50, 163 – 8.

Henrikson, A. , 1980. Acidification of freshwaters – a large scale titration, in *Ecological Impact of Acid Precipitation* (eds D. Drabl. s and A. Tollen), SNF – project, NISK, 1432 – Ås, pp. 68 – 74.

Henriksen, A. Skogheim, O. K. and Rosseland, B. O. , 1984. Episodic changes in pH and aluminium – speciation kill fish in a Norwegian salmon river. *Vatten*, 40, 255 – 60.

Henriksen, A. , Lein, L. , Traaen, T. S. et al. , 1988. Lake acidification in Norway Present and predicted chemical status. *Ambio*, 17, 259 – 66.

Herbert, D. , Elsworth, R. and Telling, R. C. , 1956. The continuous culture of bacteria, a theoretical and experimental study. *J. Gen. Microbiol.* , 14, 601 – 22.

Herrera Environmental Consultants, 1996. *Lake Youngs Reservoir Taste and Odor Control Study*. Technical Memorandum. Prepared by Herrera Environmental Consultants, Seattle, WA. Prepared for the Seattle Water Department, Seattle, WA.

Hester, F. E. , Dendy, J. B. , 1962. A multiple – plate sampler for aquatic macroinvertebrates. *Trans. Am. Fish. Soc.* , 91, 420.

Hieltjes, A. H. M. , Lijklema, L. , 1980. Fractionation of inorganic phosphates in calcareous sediments. *J. Environ. Qual.* , 9, 405 – 7.

Hileman, B. , 1988. The Great Lakes cleanup effort. *Chem Eng. News*, Am. Chem. Soc. , Washington, DC, pp. 22 – 39.

Hillbricht – Ilkowska, A. I. , 1972. Interlevel energy transfer efficiency in planktonic food chains. *International Biological Programme* – Section PH, 13 December 1972, Reading, England.

Hilsenhoff, W. L. , 1977. *Use of Arthropods to Evaluate Water Quality of Streams*. Technical Bulletin No. 100, US Department of Nature Research, 16 pp.

Hitzfeld, B. C. , Höger, S. J. and Dietrich, D. R. , 2000. Cyanobacterial toxins: removal during drinking water treatment, and human risk assessment. *Environ. Health Perspect.*, 108, 113 – 22.

Hodgson, R. H., Otto, N. E., 1963. Pondweed growth and response to herbicides under controlled light and temperature. *Weed Sci.*, 11, 232 – 7.

Hoehn, R. C., Barnes, D. B. and Thompson, B. C., et al., 1980. Algae as sources of tri-halomethane precursors. *J. Am. Water Works Assoc.*, 72, 344 – 50.

Hoehn, R. C., Stauffer, J. R. and Masnik, M. T., et al., 1974. Relationships between sediment oil concentrations and the macroinvertebrates present in a small stream followingan oil spill. *Environ. Lett.*, 7, 345 – 52.

Hogg, I. D., Williams, D. D., 1996. Response of stream invertebrates to a global warm-ingthermal regime: an ecosystem – level manipulation. *Ecology*, 77, 395 – 407.

Holton, H., Brettum, P. and Holton, G., et al., 1981. *Kolbotnvatn med Fillop*: *Sam-merstilling av Undersokelsesresultates* 1978—1979. Norsh Inst. for Vannfors., Norway, Report No. 0 – 78007.

Horne, A. J., Goldman, C. R., 1972. Nitrogen fixation in Clear Lake, Calif. I. Seasonal variation and the role of heterocysts. *Limnol. Oceanogr.*, 17, 678 – 92.

Horner, R. R., Welch, E. B., 1981. Stream periphyton development in relation to current velocity and nutrients. *Can. J. Fish. Aquat. Sci.*, 38, 449 – 57.

Horner, R. R., Welch, E. B. and Seeley, M. R., et al., 1990. Responses of periphyton to changes in current velocity, suspended sediment and phosphorus concentration. *Freshwater Biol.*, 24, 215 – 32.

Horner, R. R., Welch, E. B. and Veenstra, R. B., 1983. Development of nuisance periphytic algae in laboratory streams in relation to enrichment and velocity, in *Periphyton of Fresh-water Ecosystems* (ed. R. G. Wetzel), *Dev. Hydrobiol.*, 17, 121 – 34.

Horning, W. B., II, Pearson, R. E., 1973. Growth temperature requirements and lower lethal temperatures for juvenile smallmouth bass (*Micropterus dolomieu*). *J. FishRes. Board Cana-da*, 30, 1226 – 30.

Howard, D. L., Frea, J. I. and Pfister, R. M., et al., 1970. Biological nitrogen fixation in Lake Erie. *Science*, 169, 61 – 2.

Hrbacek, J., Dvorakova, M. and Korinek, V., et al., 1961. Demonstration of the effect of the fish stock on the species composition of zooplankton and the intensity of metabolism of the whole plankton assemblage. *Verh. Int. Verein. Limnol.*, 14, 192 – 5.

Hughes, B. D., 1978. The influence of factors other than pollution on the value of Shannon's Diversity Index, for macroinvertebrates in streams. *Water Res.*, 12, 359 – 64.

Hughs, J. C., Lund, J. W. G., 1962. The rate of growth of *Asterionella formosa* Hass. in relation to its ecology. *Arch. Microbiol.*, 42, 117 – 29.

Hulbert, S. H., 1971. The nonconcept of species diversity: a critique and alternative param-eters. *Ecology*, 52, 577 – 86.

Hutchinson, G. E., 1957. *A Treatise on Limnology*, Vol. 1. John Wiley & Sons, New York.

Hutchinson, G. E., 1967. *A Treatise on Limnology*, Vol. 2, John Wiley & Sons, New

York.

Hutchinson, G. E. , 1970a. The biosphere. *Sci. Am.* , 223, 44 – 53.

Hutchinson, G. E. , 1970b. The chemical ecology of three species of *Myriophyllum* (Angio-spermae, Haloragaceae). *Limnol. Oceanogr.* , 15, 1 – 5.

Hutchinson, G. E. , Bowen, V. T. , 1950. Limnological studies in Connecticut. 9. A quanti-tative radiochemical study of the phosphorus cycle in Lindsley Pond. *Ecology*, 31, 194 – 203.

Hyenstrand, P. , Blomqvist, P. and Pettersson, A. , 1998. Factors determining cyanobacterial success in aquatic systems – a literature review. *Arch. Hydrobiol. Spec. Issues Adv. Limnol.* , 51, 41 – 62.

Hynes, H. B. N. , 1960. *The Biology of Polluted Water.* Liverpool University Press, Liv-erpool, England.

Infante, A. , Abella, S. E. B. , 1985. Inhibition of *Daphnia by Oscillatoria* in Lake Wash-ington. *Limnol. Oceanogr.* , 30, 1046 – 52.

Infante, A. , Litt, A. H. , 1985. Differences between two species of *Daphnia* in the use of 10 species of algae in Lake Washington. *Limnol. Oceanogr.* , 30, 1053 – 9.

IPCC, 2001. *Climate Change* 2001: *The Scientific Basis.* Contribution of Working Group I to the Third Assessment Report of the Intergovernmental Panel on Climate Change (eds J. T. Houghton, Y. Ding, D. J. Griggs, M. Noguer, P. J. van der Linden, X. Dai, K. Maskell and C. A. Johnson), Cambridge University Press, Cambridge, United Kingdom and New York, NY, USA, 881pp.

Isaac, G. W. , Matsuda, R. I. and Welker, J. R. , 1966. A limnological investigation of water quality conditions in Lake Sammamish. *Water Quality Series No. 2*, Municipality of Metropolitan Seattle, pp. 47.

Jacoby, J. M. , 1985. Grazingeffects on periphyton by *Theodoxis fluviatillis* (Gastropoda) in a lowland stream. *J. Freshwater Ecol.* , 3, 265 – 74.

Jacoby, J. M. , 1987. Alterations in periphyton characteristics due to grazing in a Cascade foothills stream. *Freshwater Biol.* , 18, 495 – 508.

Jacoby, J. M. , Bouchard, D. D. and Patmont, C. R. , 1990. Response of periphyton to nu-trient enrichment in Lake Chelan, WA. *Lake Reservoir Management*, 7, 33 – 43.

Jacoby, J. M. , Collier, D. C. and Welch, E. B. , et al. , 2000. Environmental factors asso-ciated with a toxic bloom of *Microcystis aeruginosa. Can. J. Fish. Aquat. Sci.* , 57, 231 – 40.

Jacoby, J. M. , Gibbons, H. L. and Hanowell, R. , et al. , 1994. Wintertime blue – green algal toxicity in a mesotrophic lake. *J. Freshwater Ecol.* , 9, 241 – 51.

Jacoby, J. M. , Lynch, D. D. and Welch, E. B. , et al. , 1982. Internal phosphorus loadingin a shallow, eutrophic lake. *Water Res.* , 16, 911 – 19.

Jacoby, J. M. , Welch, E. B. and Wertz, I. , 2001. Alternate stable states in a shallow lake dominated by *Egeria densa. Verh. Int. Verein. Limnol.* , 27, 3805 – 10.

Jasper, S. , Bothwell, M. L. , 1986. Photosynthetic characteristics of lotic periphyton. *Can. J. Fish. Aquat. Sci.* , 43, 1960 – 9.

Jensen, H. S., Kristensen, P. and Jeppesen, E., et al., 1992. Iron – phosphorus ratio in surface sediments as an indicator of phosphate release from aerobic sediments in shallow lakes. *Hydrobiologia*, 235/236, 731 – 43.

Jensen, K. W., Snekvik, E., 1972. Low pH levels wipe out salmon and trout populations in southernmost Norway. *Ambio*, 1, 223 – 5.

Jensen, L. D., Gaufin, A. R., 1964. Effects of ten organic insecticides on two species of stonefly naiads. *Trans. Am. Fish. Soc.*, 93, 27 - 34.

Jeppesen, E., Kristensen, P. and Jensen, J. P., et al., 1991. Recovery resilience following a reduction in external phos – phorus loadingof shallow, eutrophic Danish lakes: duration, regulating factors and methods for overcoming resilience. *Mem. Ist. Ital. Idrobiol.*, 48, 127 – 48.

Jeppesen, E., Søndergaard, M. and Søndergaard, M., et al. (eds), 1998. *The Structuring Role of Submerged Macrophytes in Lakes*, Springer – Verlag, New York, NY.

Jobling, S., Nolan, M. and Tyler, C. R., et al., 1998. Widespread sexual disruption in wild fish. *Environ. Sci. Technol.*, 32, 2498 – 506.

Jochimsen, E. M., Carmichael, W. W. and An, J. S., et al., 1998. Liver failure and death after exposure to microcystins at a hemodialysis center in Brazil. *N. Engl. J. Med.*, 338, 873 – 8.

Johnson, H. E., 1967. The effects of endrin on the reproduction of a freshwater fish (*Oryzias latipes*). PhD dissertation, University of Washington, Seattle, pp. 136.

Johnson, T. C., Scholz, C. A. and Talbot, M. R., et al., 1996. Late Pleistocene desiccation of Lake Victoria and rapid evolution of cichlid fishes. *Science*, 273, 1091 – 2.

Johnston, B. R., Jacoby, J. M., 2003. Cyanobacterial toxicity and migration in a mesotrophic lake in western Washington (USA). *Hydrobiologia*, 495, 79 – 91.

Jones, C. A., Welch, E. B., 1990. Internal phosphorus loadingrelated to mixing and dilution in a dendritic, shallow prairie lake. *J. Water Pollut. Control Fed.*, 62, 847 – 52.

Jones, G. J., Orr, P. T., 1994. Release and degradation of microcystin following algicide treatment of a *Microcystis aeruginosa* bloom in a recreational lake, as determined by HPLC and protein phosphatase inhibition assay. *Water Res.*, 28, 871 – 6.

Jones, J. G., Gardener, S. and Simon, B. M., 1983. Bacterial reduction of ferric iron in a stratified eutrophic lake. *J. Gen. Microbiol.*, 129, 131 – 9.

Jones, J. R., Bachmann, R. W., 1976. Prediction of phosphorus and chlorophyll levels in lakes. *J. Water Pollut. Control Fed.*, 48, 2176 – 82.

Jones, J. R., Smart, M. M. and Burroughs, J. N., 1984. Factors related to algal biomass in Missouri Ozark streams. *Verh. Int. Verein. Limnol.*, 22, 1867 – 75.

Jones, R. I., 1979. Notes on the growth and sporulation of a natural population of *Aphanizomenon flos – aquae*. *Hydrobiologia*, 62, 55 – 8.

Jorgensen, S. E., Friis, M. B., Henrikson, J. et al., 1979. *Handbook of Environmental Data and Ecological Parameters*. Pergamon Press, Oxford.

Joubert, M., 2003. Personal communication (e – mail to J. Jacoby), Seattle Public Utilities, Seattle, WA.

Kadlec, R. H., Knight, R. L., 1996. *Treatment Wetlands*, Lewis Publishers, Boca

Raton，FL.

Kaeding，L. R. ，Boltz，G. D. and Carty，D. G. ，1996. Lake trout discovered in Yellowstone Lake threatens native cutthroat trout. *Fisheries*，21，16－20.

Kaesler，R. L. ，Herricks，E. E. and Crossman，J. S. ，1978. Use of indices of diversity and hierarchical diversity in stream surveys，in *Biological Data in Pollution Assess － ment*：*Quantitative and Statistical Analyses* (eds K. L. Dickson，J. Cairns，Jr. and R. J. Livingston)，ASTM STP 652，Amer. Soc. Test. Mat. ，Philadelphia，pp. 92－112.

Kamp－Nielsen，C. ，1974. Mud－water exchange of phosphate and other ions in undisturbed sediment cores and factors affecting the exchange rates. *Arch. Hydrobiol.* ，73，218－37.

Kann，J. ，Smith，V. H. ，1999. Estimatingthe probability of exceeding elevated pH values critical to fish populations in a hypereutrophic lake. *Can. J. Fish. Aquat. Sci.* ，56，1－9.

Kappers，F. I. ，1976. Blue － green algae in the sediment of the lake Brielse Meer. *Hydrobiol. Bull.* ，10，164－71.

Karr，J. R. ，1981. Assessment of biotic integrity using fish communities. *Fisheries*，6，21－7.

Karr，J. R. ，1991. Biological integrity：a long － neglected aspect of water resource management. *Ecol. Appl.* ，1，66－84.

Karr，J. R. ，1998. Rivers as sentinels：usingthe biology of rivers to guide landscape management，in *River Ecology and Management*：*Lessons from the Pacific Coastal Ecoregion* (eds R. J. Naiman and R. E. Bilby)，Springer － Verlag，New York，pp. 502－28.

Karr，J. R. ，Chu，E. W. ，1999. *Restoring Life in Running Waters*：*Better Biological Monitoring*，Island Press，Washington，DC.

Karr，J. R. ，Fausch，K. D. ，Angermeier，P. L. et al. ，1986. *Assessing biological integrity in running waters*：*a method and its rationale*. Illinois Natural History Survey，Champaigne，Ill. ，Special publ. 6.

Kaufman，L. ，1992. Catastrophic change in species － rich freshwater ecosystems. *Bioscience*，42，846－58.

Keating，K. I. ，1977. Blue － green algal inhibition of diatom growth：transition from mesotrophic to eutrophic community structure. *Science*，199，971－3.

Kennefick，S. L. ，Hrudey，S. E. and Peterson，H. G. ，et al. ，1993. Toxin release from *Microcystis aeruginosa* after chemical treatment. *Water Sci. Technol.* ，27，433－40.

Kerr，P. C. ，Paris，D. F. and Brockway，D. L. ，1970. The interrelation of carbon and phosphorus in regulating heterotrophic and autotrophic populations in aquatic ecosystems. *EPA Report* 16060 FGS 07/70，Raleigh，NC.

Keup，L. E. ，1966. Stream biology for assessing sewage treatment plant efficiency. *Water and Sewage Works*，113，411－17.

Kidd，K. ，Schindler，A. D. W. and Muir，D. C. G. ，et al. ，1995. High concentrations of toxaphene in fishes from a subarctic lake. *Science*，269，240－2.

Kilham，S. S. ，1975. Kinetics of silicon － limited growth in the freshwater diatom *Asterionella formosa*. *J. Phycol.* ，11，396－9.

Kimmel，B. L. ，Groeger，A. W. ，1984. Factors controlling primary production in lakes and reservoirs: a perspective, in *Proc. Int. Conf. Lake and Reservoir Management*, North American Lake Management Society, EPA 440/5/84 - 001, pp. 277 - 81.

King, D. L. , 1970. Role of carbon in eutrophication. *J. Water Pollut. Control Fed.* , 42, 2035 - 51.

King, D. L. , 1972. Carbon limitation in sewage lagoons, in *Nutrients and Eutrophication*, Special Symposium, Vol. 1, Amer. Soc. Limnol. Oceanogr. , pp. 98 - 110.

King, D. L. , Novak, J. T. , 1974. The kinetics of inorganic carbon - limited algal growth. *J. Water Pollut. Control Fed.* , 46, 1812 - 16.

King, W. D. , Dodds, L. and Allen, A. C. , 2000. Relation between stillbirth and specific chlorination by - products in public water supplies. *Environ. Health Perspect.* , 108, 883 - 7.

King County, 2003. *Lake Washington Existing Conditions Report.* Prepared by H. Gibbons, S. Nobel and E. B. Welch, Tetra Tech ISG, Seattle; J. Good, Parametrix, Inc. , Seattle; D. Bouchard, S. Coughlin and J. Frodge, King County Department of Natural Resources and Parks, Seattle, WA.

Kirchner, W. B. , Dillon, P. J. , 1975. An empirical method of estimating the retention of phosphorus in lakes. *Water Resources Res.* , 11, 182 - 3.

Klein, L. , 1962. *River Pollution, Two: Causes and Effects*, Butterworths, London.

Kleindl, W. J. , 1995. *A Benthic Index of Biotic Integrity for Puget Sound Lowland Streams, Washington, USA.* M. S. Thesis, University of Washington, College of Forest Resources, Seattle, WA.

Klemer, A. R. , 1973. Factors affecting the vertical distribution of a blue - green alga. PhD dissertation, University of Minnesota.

Klemer, A. R. , Kanopka, A. E. , 1989. Causes and consequences of blue green algal (Cyanobacteria) blooms. *Lake Reservoir Management*, 5, 9 - 20.

Klemer, A. R. , Detenbeck, N. and Grover, J. , et al. , 1988. Macronutrient interactions involved in cyanobacterial bloom formation. *Verh. Int. Verein. Limnol.* , 23, 1881 - 5.

Klemer, A. R. , Feuillade, J. and Feuillade, M. , 1982. Cyanobacterial blooms: carbon and nitrogen limitation have opposite effects on the buoyancy of *Oscillatoria*. *Science*, 215, 1629 - 31.

Klemer, A. R. , Pierson, D. C. and Whiteside, M. C. , 1985. Blue - green algal (cyanobacterial) nutrition, buoyancy and bloom formation. *Verh. Internat. Verein. Limnol.* , 22, 2791 - 8.

Knapp, R. T. , 1943. Density currents: their mixing characteristics and their effect on the turbulence structure of the associated flow. *Eng. Bull.* , 27, University Iowa Studies, Iowa City.

Knoechel, R. , Kalff, J. , 1975. Algal sedimentation: the cause of a diatomblue - green succession. *Verh. Int. Verein. Limnol.* , 19, 745 - 54.

Knutzen, J. , 1975. Course project in ecological effects of wastewater, 20pp.

Kolar, C. S. and Lodge, D. M. (2001) Progress in invasion biology: Predicting invaders. *Trends Ecol. Evol.* , 16, 199 - 204.

Kolar，C. S.，Wahl，D. H.，1998. Daphnid morphology deters fish predators. *Oecologia*，116，556 – 64.

Kolkwitz，R.，Marsson，M.，1908. Okologie der pflanzlichen Saprobien. *Berichte Deutsch. Bot. Gesellschaft*，26a，505 – 19.

Koncsos，L.，Somlyódy，L.，1994. Analysis on parameters of suspended sediment models for a shallow lake，in *Water Quality International*，94 IAWQ 17th Biennial International Conference，Budapest，Hungary.

Kormondy，E. J.，1969. *Concepts of Ecology* Prentice – Hall，Englewood Cliffs，NJ.

Koski – Vähälä，J.，Hartikainen，H.，2001. Assessment of the risk of phosphorus loading-due to resuspended sediment. *J. Environ. Qual.*，30，960 – 6.

Kotak，B. G.，Lam，A. K. – Y. and Prepas，E. E.，et al.，1995. Variability of the hepato-toxin microcystin – LR in hypereutrophic drinking water lakes. *J. Phycol.*，31，248 – 63.

Kotak，B. G.，Zurawell，R. W. and Prepas，E. E.，et al.，1996. Micro – cystin – LR con-centration in aquatic food web compartments from lakes of varying trophic status. *Can. J. Fish. Aquat. Sci.*，53，1974 – 85.

Krasner，S. W.，Sclimenti，M. J. and Means，E. G.，1994. Quality degradation：implications for DBP formation. *J. Am. Water Works Assoc.*，86，34 – 47.

Kristensen，P.，Søndergaard，M. and Jeppesen，E.，1992. Resuspension in a shallow eu-trophic lake. *Hydrobiologia*，228，101 – 9.

Krueger，C. C.，May，B.，1991. Ecological and genetic effects of salmonid introductions in North America. *Can. J. Fish. Aquat. Sci.*，48，66 – 77.

Kuentzel，L. E.（1969）Bacteria，carbon dioxide，and algal blooms，*J. Water Pollut. Control Fed.*，41，1737 – 47.

Kvarnäs，H.，Lindell，T.，1970. *Hydrologiska studier i Ekoln* Rapport over hydrologisk verksamhet inom Naturvårdsverkets Limnologiska Undersökning januari – augusti 1969. UNGI Rapport 3，Uppsala.

Laegrid，M.，Alstad，J. and Klaveness，D.，et al.，1983. Seasonal variation of cadmium toxicity toward the alga *Selenastrum capricornutum* Printz in two lakes with different humus content. *Environ. Sci. Technol.*，17，357 – 61.

Lager，J. A.，Smith，W. G.，1975. *Urban Stormwater Management and Technology：An Assessment* EPA – 670/2 – 74 – 040，Washington，DC.

Lake Erie Report，1968. *A Plan for Water – Pollution Control*，Department of the Interior，Fed. Water Poll. Admin.，107pp.

Lam，A. K. – Y.，Prepas，E. E. and Spink，D.，et al.，1995. Chemical control of hepato-toxic phytoplankton blooms：Implications for human health. *Water Res.*，29，1845 – 54.

Lamberti，G. A.，Resh，V. H.，1983. Stream periphyton and insect herbivores：an experi-mental study of grazing by a caddisfly population. *Ecology*，64，1124 – 35.

Lamberti，G. A.，Ashkenas，L. R. and Gregory，S. V.，et al.，1987. Effects of three her-bivores on periphyton communities in laboratory streams. *J. N. Am. Benthol. Soc.*，6，92 – 104.

Lampert，W.，1981a. Toxicity of the blue – green *Microcystis aeruginosa*：Effective defense mechanism against grazing pressure by *Daphnia. Verh. Int. Verein. Limnol.*, 21, 1436 – 40.

Lampert, W., 1981b. Inhibitory and toxic effects of blue – green algae on *Daphnia. Int. Rev. Ges. Hydrobiol.*, 66, 285 – 8.

Lampert, W., 1987. Laboratory studies on zooplankton cyanobacteria interactions. *N. Z. J. Marine Freshwater Res.*, 21, 483 – 90.

Lampert, W., 1989. The adaptive significance of diel vertical migration of zooplankton. *Funct. Ecol.*, 3, 21 – 7.

Lampert, W., Sommer, U., 1997. *Limnoecology: The Ecology of Lakes and Streams*, Oxford University Press, New York, USA.

Landers, D. H., 1982. Effects of naturally senescingaquatic macrophytes on nutrient chemistry and chlorophyll *a* of surrounding water. *Limnol. Oceanogr.*, 27, 428 – 39.

Landers, D. H., Overton, W. S. and Linhurst, R. A., et al., 1988. Eastern lake survey – regional estimates at lake chemistry. *Environ. Sci. Technol.*, 22, 128 – 35.

La Point, T. W., Melancon, S. M. and Morris, M. K., 1984. Relationships among observed metal concentrations, criteria, and benthic community structural responses in 15 streams. *J. Water Pollut. Control Fed.*, 56, 1030 – 8.

Larsen, D. P., Malueg, K. W. and Schultz, D. W., et al., 1975. Response of eutrophic Shagawa Lake, Minnesota, USA, to point – source phosphorus reduction. *Verh. Int. Verein. Limnol.*, 19, 884 – 92.

Larsen, D. P., Mercier, H. T., 1976. Phosphorus retention capacity of lakes. *J. FishRes. Board Canada*, 33, 1742 – 50.

Larsen, D. P., Schultz, D. W. and Malueg, K. W., 1981. Summer internal phosphorus supplies in Shagawa Lake, Minnesota. *Limnol. Oceanogr.*, 26, 740 – 53.

Larsen, D. P., Van Sickle, J. and Malueg, K. W., et al., 1979. The effect of wastewater phosphorus removal on Shagawa Lake, Minnesota: phosphorus supplies, lake phosphorus and chlorophyll *a*. *Water Res.*, 13, 1259 – 72.

Larson, D. W., Dahm, C. N. and Geiger, N. S., 1987. Vertical partitioning of the phytoplankton assemblage in ultraoligotrophic Crater Lake, Oregon, USA. *Freshwater Biol.*, 18, 429 – 42.

Larson, G. L., Moore, S. E., 1985. Encroachment of exotic rainbow trout into stream populations of native brook trout in the southern Appalachian Mountains. *Trans. Am. Fish. Soc.*, 114, 195 – 203.

Lassuy, D., 1995. Introduced species as a factor in extinction and endangerment of native fish species, in *American Fisheries Society Symposium* 15: *Proceedings of the International Symposium and Workshop on the Uses and Effects of Cultured Fishes in Aquatic Ecosystems* (eds H. L. Schramm, Jr. and R. G. Piper), American Fisheries Society, Bethesda, MD, pp. 391 – 6.

Lathrop, R. C., 1988. Phosphorus trends in the Yahara lakes since the mid – 1960s. Research Mngt. Findings, Wisconsin, Department of Natural Resources, Madison, WI.

Lathrop, R. C., 1990. Response of Lake Mendota (Wisconsin, USA) to decreased phosphorus loadings and the effect on downstream lakes. *Ver. Internat. Verein. Limnol.*, 24,

457 – 63.

Lathrop, R. C. , Carpenter, S. R. and Stow, C. A. , et al. , 1998. Phosphorus loading reductions needed to control blue – green algal blooms in Lake Mendota. *Can. J. Fish. Aquat. Sci.* , 55, 1169 – 78.

Latif, M. A. , Bodaly, R. A. and Johnston, T. A. , et al. , 2001. Effects of environmental and maternally derived methylmercury on the embryonic and larval stages of walleye (*Stizostedion vitreum*). *Environ. Pollut.* , 111, 139 – 48.

Lavrentyev, P. J. , Gardner, W. S. and Cavaletto, J. F. , et al. , 1995. Effects of the zebra mussel (*Dreissena polymorpha* Pallas) on protozoa and phytoplankton from Saginaw Bay, Lake Huron. *J. Great Lakes Res.* , 21, 545 – 57.

Lawton, G. W. , 1961. Limitation of nutrients as a step in ecological control. *Algae and Metropolitan Wastes* , R. A. Taft San. Eng. Center, Tech. Rept. W61 – 3.

Leach, J. , Dawson, H. , 1999. *Crassula helmsii* in the British Isles – an unwelcome invader. *Br. Wildlife* , 10, 234 – 9.

Leach, J. M. , Thakore, A. N. , 1975. Isolation and identification of constituents toxic to juvenile rainbow trout (*Salmo gairdneri*) in caustic extraction effluents from kraft pulp mill bleach plants. *J. FishRes. Board Canada* , 32, 1249 – 57.

Leivstad, H. , Muniz, I. P. , 1976. Fish kills at low pH in a Norwegian river. *Nature.* , 259, 391 – 2.

Lennox, L. J. , 1984. Lough Ennell: laboratory studies on sediment phosphorus release under varying mixing, aerobic, anaerobic conditions. *Freshwater Biol.* , 14, 183 – 7.

Lijklema, L. , Gelencsé r, P. and Szilágyi, F. , et al. , 1986. Sediment and its interaction with water, in *Modeling and Managing Shallow Lake Eutrophication With Application to Lake Balaton* (eds L. Somlyódy and G. van Straten), Springer – Verlag, Berlin, pp. 156 – 82.

Likens, G. E. , Borman, F. H. , 1974. Linkages between terrestrial and aquatic ecosystems. *Bioscience* , 24, 447 – 56.

Lin, C. , 1971. Availability of phosphorus for *Cladophora* growth in Lake Michigan. *Proc. 14th Conf. Great Lakes Res.* , Intern. Assoc. Great Lakes Des. , pp. 39 – 43.

Lind, O. T. , Dávalos – Lind, L. O. , 2002. Interaction of water quantity with water quality: the Lake Chapala example. *Hydrobiologia* , 467, 159 – 67.

Lindell, T. , 1975. Vänern, in *Vänern, Vättern, Mälaren, Hjälmaren – en översikt* Statens Naturvårdsverk, Publikationer, 1976: 1, Stockholm.

Lindeman, R. L. , 1942. Trophic dynamic aspect of ecology. *Ecology* , 23, 399 – 418.

Litvak, M. K. , Mandrak, N. E. , 2000. Baitfish trade as a vector of aquatic introductions, in *Nonindigenous Freshwater Organisms* (eds R. Claudi and J. H. Leach), Lewis Publishers, Boca Raton, FL, pp. 163 – 80.

Livingstone, D. M. , Imboden, D. M. , 1996. The prediction of hypolimnetic oxygen profiles: a plea for a deductive approach. *Can. J. Fish. Aquat. Sci.* , 53, 924 – 32.

Lloyd, R. , 1960. The toxicity of zinc sulfate to rainbow trout. *Ann. Appl. Biol.* , 48, 84 – 94.

Lock, M. A., John, P. H., 1979. The effect of flow patterns on uptake of phosphorus by river periphyton. *Limnol. Oceanogr.*, 24, 376 – 83.

Lodge, D. M., Magnuson, J. J. and Beckel, A. M., 1985. Lake – bottom tyrant. *Nat. Hist.*, 94, 32 – 7.

Loeb, S. L., 1986. Algal biofouling of oligotrophic Lake Tahoe: causal factors affecting production, in *Algal Biofouling* (eds L. V. Evans and K. D. Hoagland), Elsevier Science Publishers B. V., Amsterdam, The Netherlands, pp. 159 – 73.

Leob, S. L., Reuter, J. E. and Goldman, C. R., 1983. Littoral zone production of oligotrophic lakes, in *Periphyton of Freshwater Ecosystems* (ed. R. G. Wetzel) (*Developments in Hydrobiologia*, No. 17), Dr W. Junk Publishers, The Hague, pp. 161 – 7.

Löfgren, S., 1987. Phosphorus retention in sediments – implications for aerobic phosphorus release in shallow lakes. PhD dissertation, Uppsala University, Sweden.

Lohman, K., Jones, J. R. and Baysinger – Daniel, C., 1991. Experimental evidence for nitrogen limitation in northern Ozark streams. *J. N. Am. Benthol. Soc.*, 10, 14 – 23.

Lohman, K., Jones, J. R. and Perkins, B. D., 1992. Effects of nutrient enrichment and flood frequency on periphyton biomass in northern Ozark streams. *Can. J. Fish. Aquat. Sci.*, 49, 1198 – 205.

Long, E. B., 1976. The interaction of phytoplankton and the bicarbonate system. PhD dissertation, Kent State University, Ohio.

Lorenzen, M. W., Fast, A. W., 1977. *A Guide to Aeration/Circulation Techniques for Lake Management*, EPA – 600 13 – 77 – 004, USEPA, Washington, DC.

Luettich, R. A., Jr., Harleman, D. R. F. and Somlyódy, L., 1990. Dynamic behaviour of suspended sediment concentrations in a shallow lake perturbed by episodic wind events. *Limnol. Oceanogr.*, 35, 1050 – 67.

Lund, J. W. G., 1950. Studies on *Asterionella formosa* Hass. II. Nutrient depletion and the spring maximum. *J. Ecol.*, 38, 1 – 35.

Lynch, M., Shapiro, J., 1981. Predation, enrichment, and phytoplankton community structure. *Limnol. Oceanogr.*, 26, 86 – 102.

Maciolek, J. A., Maciolek, M. G., 1968. Microseston dynamics in a simple Sierra Nevada lake – stream system. *Ecology*, 49, 60 – 75.

Mack, R. N., Simberloff, D. and Lonsdale, W. M., et al., 2000. Biotic invasions: causes, epidemiology, global consequences, and control. *Ecol. Appl.*, 10, 689 – 710.

Macon, T. T., 1974. *Freshwater Ecology* John Wiley & Sons, New York, 343pp.

Magnuson, J. J., 1976. Managing with exotics – A game of chance. *Trans. Am. Fish. Soc.*, 105, 1 – 9.

Magnuson, J. J., Webster, K. E. and Assel, R. A., et al., 1997. Potential effects of climate changes on aquatic systems: Laurentian Great Lakes and Precambrian Shield region. *Hydrol. Process.*, 11, 825 – 71.

Mandrak, N. E., 1989. Potential invasion of the Great Lakes by fish species associated with climatic warming. *J. Great Lakes Res.*, 15, 306 – 16.

Mann, K. H., 1965. Heated effluents and their effects on the invertebrate fauna of *rivers. Proc. Soc. Water Treat. Exam.*, 14, 45 – 53.

Marcuson, P. E., 1970. *Stream Sediment Investigation Progress Report* Mont. Fish and Game Dept., Helena.

Margalef, R., 1958. Temporal succession and spatial heterogeneity in phytoplankton. *Perspectives in Marine Ecology*. University of California Press, p. 323.

Margalef, R., 1969. Diversity and stability: a practical proposal and a model of interdependence. *Symposium on Diversity and Stability in Ecological Systems* Brookhaven National Lab., Upton, NY.

Markowski, S., 1959. The coolingwater of power stations: new factor in the environment of marine and freshwater invertebrates. *J. Animal Ecol.*, 28, 243 – 58.

Marshall, P. T., 1958. Primary production in the arctic. *J. Cons. Int. Explor. Mer.*, 23, 173 – 7.

Martin, J. B., Jr., Bradford, B. N. and Kennedy, H. G., 1969. *Factors Affecting the Growth of Najas in Pickwick Reservoir.* TVA, National Fertilizer Development Center Report.

Mason, C., 2002. *Biology of Freshwater Pollution*, 4th edn, Prentice Hall, London.

Mason, W. T., Jr., Anderson, J. B. and Kreis, R. D., et al., 1970. Artificial substrate sampling, macroinvertebrates in a polluted reach of the Klamath River, Oregon, *J. Water Pollut. Control Fed.*, 42, R315 – 27.

Matthews, W. J., Zimmerman, E. G., 1990. Potential effects of global warming on native fishes of the southern Great Plains and the southwest. *Fisheries*, 15, 26 – 32.

Matthiessen, P., 2000. Is endocrine disruption a significant ecological issue? *Ecotoxicology*, 9, 21 – 4.

May, C. W., Welch, E. B. and Horner, R. R., et al., 1997. *Quality Indices for Urbanization Effects in Puget Sound Lowland Streams*, Department of Civil Engineering, University of Washington Water Resources Series Technical Report, No. 154. Seattle, WA.

McBride, G. B., Pridmore, R. D., 1988. Prediction of [chlorophylla – a] in impoundments of short hydraulic retention time: mixing effects. *Verh. Int. Verein. Limnol.*, 23, 832 – 6.

McCarthy, I. D., Houlihan, D. F., 1997. The effects of temperature on protein metabolism in fish: the possible consequences for wild Atlantic salmon (*Salmo salar* L.) stocks in Europe as a result of global warming, in *Global Warming: Implications for Freshwater and Marine Fish* (eds C. M. Wood and D. G. McDonald), Cambridge University Press, Cambridge, pp. 51 – 77.

McConnell, J. W., Sigler, W. F., 1959. Chlorophyll and productivity in a mountain river. *Limnol. Oceanogr.*, 4, 335 – 51.

McCormick, P. V., Stevenson, R. V., 1989. Effects of snail grazing on benthic algal community structure in different nutrient environments. *J. N. Am. Benthol. Soc.*, 8, 162 – 72.

McFeters, G. A., Bond, P. J. and Olson, S. B., et al., 1983. A comparison of microbial bioassays for the detection of aquatic toxicants. *Water Res.*, 17, 1757 – 62.

McGauhey, P. H., Rohlich, G. A. and Pearson, E. P., 1968. *Eutrophication of Surface Waters – Lake Tahoe: Bioassay of Nutrient Sources.* First Progress Report, Lake Tahoe

Area Council, 178 pp.

McIntire, C. D. , 1966. Some effects of current velocity on periphyton communities in laboratory streams. *Hydrobiologia*, 37, 559 – 70.

McIntire, C. D. , Colby, J. A. and Hall, J. D. , 1975. The dynamics of small lotic ecosystems: a modelling approach. *Verh. Int. Verein. Limnol.* , 19, 1599 – 609.

McIntire, C. A. , Phinney, H. K. , 1965. Laboratory studies of periphyton production and community metabolism in lotic environments. *Ecol. Monogr.* , 35, 237 – 58.

McKinnon, S. L. , Mitchell, S. F. , 1994. Eutrophication and black swan (*Cygnus atratus* Latham) populations: tests of two simple relationships. *Hydrobiologia*, 279/280, 163 – 70.

McKnight, D. , 1981. Chemical and biological processes controlling the response of a freshwater ecosystem to copper stress: A field study of the $CuSO_4$ treatment of Mill Pond Reservoir, Burlington, Massachusetts. *Limnol. Oceanogr.* , 26, 518 – 31.

McLachlan, J. A. , Arnold, S. F. , 1996. Environmental estrogens. *Am. Sci.* , 84, 452 – 61.

McMahon, J. W. , Rigler, F. H. , 1965. Feeding rate of *Daphnia magna* Straus on different foods labeled with radioactive phosphorus. *Limnol. Oceanogr.* , 10, 105 – 13.

McMahon, T. E. , Bennett, D. H. , 1996. Walleye and northern pike: boost or bane to northwest fisheries? *Fisheries*, 21, 6 – 13.

McNaught, D. C. , 1975. A hypothesis to explain the succession from calanoids to cladocerans during eutrophication. *Verh. Int. Verein. Limnol.* , 19, 724 – 31.

McQueen, D. J. , Post, J. R. , 1988. Limnocorral studies of cascading trophic interactions. *Verh. Int. Verein. Limnol.* , 23, 739 – 47.

McQueen, D. J. , Post, J. R. and Mills, E. L. , 1986. Trophic relationships in freshwater pelagic ecosystems. *Can. J. Fish. Aquat. Sci.* , 43, 1571 – 81.

Meijer, M. – L, de Boois, I. and Scheffer, M. , et al. , 1999. Biomanipulation in shallow lakes in The Netherlands: an evaluation of 18 case studies. *Hydrobiologia*, 408/409, 13 – 30.

Meijer, M. – L. , de Haan, M. W. and Breukelaar, A. W. , et al. , 1990. Is reduction of the benthivorous fish an important cause of high transparency following biomanipulation in shallow lakes? *Hydrobiologia*, 200/201, 303 – 15.

Meijer, M. – L. , Jeppesen, E. and van Donk, E. , et al. , 1994. Long – term responses to fish – stock reduction in small shallow lakes: interpretation of five – year results of four biomanipulation cases in The Netherlands and Denmark. *Hydrobiologia*, 275/276, 457 – 66.

Melack, J. M. , Dozier, J. and Goldman, C. R. , et al. , 1997. Effects of climate change on inland waters of the Pacific Coastal Mountains and Western Great Basin of North America. *Hydrol. Process.* , 11, 971 – 92.

Menzel, D. W. , Ryther, J. H. , 1964. The composition of particulate organic matter in the western North Atlantic. *Limnol. Oceanogr.* , 9, 179 – 86.

Messer, J. , Brezonik, P. L. , 1983. Comparison of denitrification rate estimation techniques in a large, shallow lake. *Water Res.* , 17, 631 – 40.

METRO, 1987. Municipality of Metropolitan Seattle, Seattle, WA.

Micheli, F., 1999. Eutrophication, fisheries, and consumer – resource dynamics in marine pelagic ecosystems. *Science*, 285, 1396 – 8.

Mihursky, J., 1969. *Patuxent Thermal Studies. Summary and Recommendations*. Nat. Res. Inst. Spec. Rept. No. 1, University of Maryland, College Park, MD.

Mihursky, J., Kennedy, V. S., 1967. Water temperature criteria to protect aquatic life, in *Symposium on Water Quality Criteria* Am. Fish Soc. Spec. Pub. No. 4, pp. 20 – 32.

Milbrink, G., 1980. Oligochaete communities in pollution biology: the European situation with special reference to lakes in Scandinavia, in *Aquatic Oligochaete Biology* (eds R. O. Brinkhurst and D. G. Cook), Plenum Press, NY.

Miles, E. L., Snover, A. K. and Hamlet, A. F., et al., 2000. Pacific Northwest regional assessment: The impacts of climate variability and climate change on the resources of the Columbia River basin. *J. Am. Water Res. Assoc.*, 36, 399 – 420.

Miller, G. T., Jr., 1988. *Living in the Environment; an Introduction to Environmental Science*, 5th edn, Wadsworth, Belmont, CA.

Miller, G. T., Jr., 1998. *Living in the Environment*, 10th edn, Wadsworth, Belmont, CA.

Miller, R. R., Williams, J. D. and Williams, J. E., 1989. Extinctions of North American fishes duringthe past century. *Fisheries*, 14, 22 – 38.

Miller, T. G., Melancon, S. M. and Janika J. J., 1983. Site specific water quality assessment, Prickley Pear Creek, Montana, US EPA 600/X – 82 – 013, Las Vegas, NV.

Miller, W. E., Greene, J. C. and Shirogama, T., 1978. The *Salenastrum capricornutum* Printz algal assay bottle test. *US EPA Report* EPA – 600 –/9 – 78 – 018, Cincinnati, OH.

Miller, W. E., Maloney, T. E. and Greene, J. C., 1974. Algal productivity in 49 lake waters as determined by algal assays. *Water Res.*, 8, 667 – 79.

Mills, E. L., Forney, J. L., 1983. Impact on *Daphnia pulex* of predation by young yellow perch in Oneida Lake, New York. *Trans. Amer. Fish. Soc.*, 112, 154 – 61.

Mills, E. L., Leach, J. H. and Carlton, J. T., et al., 1994. Exotic species and the integrity of the Great Lakes. *Bioscience*, 44, 666 – 76.

Minshall, G. W., 1978. Autotrophy in stream ecosystems. *Bioscience*, 28, 767 – 71.

Miranda, L. E., Hargreaves, J. A. and Raborn, S. W., 2001. Predicting and managing risk of unsuitable dissolved oxygen in a eutrophic lake. *Hydrobiologia*, 457, 177 – 85.

Misra, R. D., 1938. Edaphic factors in the distribution of aquatic plants in the English Lakes. *J. Ecol.*, 26, 411 – 51.

Mitchell, S. F., 1989. Primary production in a shallow eutrophic lake dominated alternatively by phytoplankton and by macrophytes. *Aquat. Bot.*, 33, 101 – 10.

Mooney, H. A., Drake, J. A. (eds), 1986. *Ecology of Biological Invasions of North America and Hawaii*, Springer – Verlag, New York, NY.

Moore, L., Thornton, K., eds, 1988. *Lake and Reservoir Restoration Guidance Manual* EPA 440/5 – 88 – 002.

Mortimer, C. H., 1941. The exchange of dissolved substances between mud and water in lakes (parts I and II). *J. Ecol.*, 29, 280 – 329.

Mortimer, C. H., 1942. The exchange of dissolved substances between mud and water in lakes (parts III, IV, summary, and references). *J. Ecol.*, 30, 147 – 301.

Mortimer, C. H., 1952. Water movements in lakes during summer stratification: evidence from the distribution of temperature in Lake Windermere, with an appendix by M. S. Longuet – Higgins. *Phil. Trans. Ser. B*, 236, 355 – 404.

Mortimer, C. H., 1971. Chemical exchanges between sediments and water in the Great Lakes – speculations on probable regulatory mechanisms. *Limnol. Oceanogr.*, 16, 387 – 404.

Moss, B., Madgwick, J. and Phillips, G., 1996. *A Guide to the Restoration of Nutrien-tenriched Shallow Lakes*, W. W. Hawes, London, UK.

Moss, B., Stansfield, J. and Irvine, K., 1990. Problems in the restoration of a hypereutrophic lake by diversion of a nutrient – rich inflow. *Verh. Int. Verein. Limnol.*, 24, 568 – 72.

Mote, P., Holmberg, M. and Mantua, N., 1999. *Impacts of Climate Change: Pacific Northwest.* A summary of the Pacific Northwest Regional Assessment Group for the US Global Change Research Program ( eds A. K. Snover, E. Miles and the JISAO/SMA Climate Impacts Group ), JISAO/SMA Climate Impacts Group, University of Washington, Seattle, WA.

Mount, D. I., 1966. The effect of total hardness and pH on acute toxicity of zinc to fish. *Air Water Poll. Int. J.*, 10, 49 – 56.

Mount, D. I., 1969. Developing thermal requirements for freshwater fishes, in *Biological Aspects of Thermal Pollution* ( eds P. A. Krenkel and F. L. Parker ), Vanderbilt University Press, Nashville, Tennessee, pp. 140 – 7.

Mount, D. I., Norberg, T. J., 1984. A seven – day life – cycle cladoceran toxicity test. *Environ. Toxicol. Chem.*, 3, 425 – 34.

Moyle, P. B., Li, H. W. and Barton, B. A., 1986. The Frankenstein effect: Impact of introduced fish on native fishes in North America, in *Fish Culture in Fisheries Management* ( ed. R. H. Stroud ), American Fisheries Society, Bethesda, MD, pp. 415 – 26.

Moyle, P. B., Light, T., 1996. Biological invasions of fresh water: empirical rules and assembly theory. *Biol. Conserv.*, 78, 149 – 61.

Müller – Navarra, D. C., 1995. Evidence that a highly unsaturated fatty acid limits *Daphnia* growth in nature. *Arch. Hydrobiol.*, 132, 297 – 307.

Müller – Navarra, D. C., Brett, M. T. and Liston, A., et al., 2000. A highly unsaturated fatty acid predicts carbon transfer between primary producers and consumers. *Nature*, 403, 74 – 77.

Mulligan, H. F., Barnowski, A., 1969. Growth of phytoplankton and vascular aquatic plants at different nutrient levels. *Verh. Int. Verein. Limnol.*, 17, 302 – 10.

Muniz, I. P., Leivestad, H., 1980. Acidification – effects on freshwater fish, in *Proc. Int. Conf. Ecol. Impact of Acid Precipitation* ( eds D. Drobl. s and A. Tollan ), Oslo, Norway, pp. 84 – 92.

Murphy, G. I., 1962. Effect of mixingdepth and turbidity on the productivity of fresh – water impoundments. *Am. Fish. Soc.*, 91, 69 – 76.

Nalepa, T. F., Fahnenstiel, G. L. and Johengen, T. H., 2000. Impacts of the zebra *mussel* (*Dreissena polymorpha*) on water quality: A case study in Saginaw Bay, Lake Huron, in *Nonindigenous Freshwater Organisms* (eds R. Claudi and J. H. Leach), Lewis Publishers, Boca Raton, FL, pp. 255 – 72.

Nalepa, T. F., Schloesser, D. W., 1993. *Zebra Mussels: Biology, Impacts, and Control*, Lewis Publishers, Boca Raton, FL, 832pp.

NALMS, 2001. *Managing Lakes and Reservoirs*, North American Lake Management Society (NALMS), Terrene Institute, Madison, WI and Alexandria, VA.

National Research Council, 1996. *Stemming the Tide: Controlling Introductions of Nonindigenous Species by Ships' Ballast Water*, National Academy Press, Washington, DC.

National Research Council, 1999. *Hormonally Active Agents in the Environment*, National Academy Press, Washington, DC.

Nebeker, A. V., 1971a. Effect of water temperature on nymphal feedingrate, emergence, and adult longevity of the stone fly *Pteronarcys dorsata*. *J. Kans. Entomol. Soc.*, 44, 21 – 6.

Nebeker, A. V., 1971b. Effect of high winter water temperatures on adult emergence of aquatic insects. *Water Res.*, 5, 777 – 83.

Neil, J. H., Owen, G. E., 1964. Distribution, environmental requirements, and significance of *Cladophora* in the Great Lakes. *Proc. 7thConf. Great Lakes Res.*, 11, 113 – 21.

Newbold, J. D., Elwood, J. W. and O'Neill, R. V., et al., 1981. Measuring nutrient spirallingin streams. *Can. J. Fish. Aquat. Sci.*, 38, 860 – 3.

Newbold, J. D., Erman, D. C. and Roby, K. B., 1980. Effects of logging on macroinvertebrates in streams with and without buffer strips. *Can. J. Fish. Aquat. Sci.*, 37, 1076 – 85.

Newroth, P. R., 1975. Management of nuisance aquatic plants. Unpublished report, B. C. Dept. of the Environ., 13pp.

Nichols, D. S., Keeney, D. R., 1976a. Nitrogen nutrition of *Myriophyllum spicatum*: variation of plant tissue nitrogen concentration with season and site in Lake Wingra. *Freshwater Biol.*, 6, 137 – 44.

Nichols, D. S., Keeney, D. R., 1976b. Nitrogen nutrition of *Myriophyllum spicatum*: uptake and translocation of $^{15}$N by shoots and roots. *Freshwater Biol.*, 6, 145 – 54.

Nichols, S. A., Shaw, B. H., 1986. Ecological life histories of the three aquatic nuisance plants. *Myriophyllum spicatum*, *Potamogeton crispus* and *Elodea canadensis*. *Hydrobiologia*, 131, 3 – 21.

Nõges, P., Järvet, A., 1995. Water level control over light conditions in shallow lakes. *Report Series in Geophysics*, Vol. 32, University of Helsinki, pp. 81 – 92.

Nõges, P., Nõges, T. and Haberman, J., et al., 1997. Tendencies and relations in plankton community and pelagic environment of Lake Võrtsjärv duringthree decades. *Proc. Acad. Sci. Estonia Ser. Ecology*, 46 (1/2), 40 – 58.

Noonan, T. A., 1986. Water quality in LongLake, Minnesota following Riplox sediment treatment. *Lake Reservoir Management*, 2, 131 – 7.

Norberg, T. J. , Mount, D. I. , 1985. A new fathead minnow (*Pimephales promelas*) subacute toxicity test. *Environ. Toxicol. Chem.* , 4, 711 - 18.

Nordin, R. N. , 1985. *Water Quality Criteria for Nutrients and Algae* (Technical Appendix), British Columbia Ministry of the Environment, Victoria, BC, 104pp.

Novotny, V. , Olem, H. , 1994. *Water Quality: Prevention, Identification, and Management of Diffuse Pollution*, Van Nostrand Rheinhold, New York.

Nowell, L. H. , Capel, P. D. and Dileanis, P. D. , 1999. *Pesticides in Stream Sediment and Aquatic Biota: Distribution, Trends, and Governing Factors*, Vol. 4, Pesticides in the Hydrologic System, Lewis Publishers, Boca Raton, FL.

Nūman, W. , 1972. Predictions on the development of the salmonid communities in the European oligotrophic subalpine lakes during the next century. Unpublished manuscript. Staatliche Institut fūr Seenforschung und Seenbewirtschaftung, Langenargen Bodensee, Germany, 12 pp.

Nürnberg, G. K. , 1984. The prediction of internal phosphorus load in lakes with anoxic hypolimnia. *Limnol. Oceanogr.* , 29, 111 - 24.

Nürnberg, G. K. , 1987a. A comparison of internal phosphorus loads in lakes with anoxic hypolimnia: Laboratory incubation versus in situ hypolimnetic phosphorus accumulation. *Limnol. Oceanogr.* , 32, 1160 - 64.

Nürnberg, G. K. , 1987b. Hypolimnetic withdrawal as lake restoration technique. *J. Environ Eng.* , 113, 1006 - 17.

Nürnberg, G. K. , 1988. Prediction of phosphorus release rates from total and reductant - soluble phosphorus in anoxic sediments. *Can. J. Fish. Aquat. Sci.* , 45, 453 - 62.

Nürnberg, G. K. , 1995a. The anoxic factor, a quantitative measure of anoxia and fish species richness in central Ontario lakes. *Trans. Am. Fish. Soc.* , 124, 677 - 86.

Nürnberg, G. K. , 1995b. Quantifying anoxia in lakes. *Limnol. Oceanogr.* , 40, 1100 - 11.

Nürnberg, G. K. , 1996. Trophic state of clear and colored, soft - and hardwater lakes with special consideration of nutrients, anoxia, phytoplankton and fish. *Lake Reserv. Manage.* , 12, 432 - 47.

O'Brien, W. J. , 1979. The predator - prey interaction of planktivorous fish and zooplankton. *Am Sci.* , 67, 572 - 81.

Odum, E. P. , 1959. *Fundamentals of Ecology* W. B. Saunders, Philadelphia.

Odum, E. P. , 1969. The strategy of ecosystem development. *Science*, 164, 264 - 70.

Odum, H. T. , 1956. Primary production in flowingwaters. *Limnol. Oceanogr.* , 1, 102 - 17.

OECD, 1982. *Eutrophication of Waters. Monitoring, Assessment and Control* OECD, Paris, 154 pp.

Ohle, W. , 1953. Phosphor als Initialfaktor der Gewässereutrophierung. *Vom Wasser*, 20, 11 - 23.

Ohle, W. , 1975. Typical steps in the change of a limnetic ecosystem by treatment with therapeutica. *Verh. Int. Verein. Limnol.* , 19, 1250.

Olson, T. A. , Rueger, M. E. , 1968. Relationship of oxygen requirements to indexorganism classification of immature aquatic insects. *J. Water Pollut. Control Fed.*, 40, 188 – 202.

Oliver, B. G., Shindler, D. B., 1980. Trihalomethanes from the chlorination of aquatic algae. *Environ. Sci. Technol.*, 14, 1502 – 5.

Omernik, J. M., 1987. Ecoregions of the Conterminous United States. *Ann. Assoc. Am. Geographers*, 77 (1), 118 – 25.

Omernik, J. M., 1995. Ecoregions: A spatial framework for environmental management, in *Biological Assessment and Criteria: Tools for Water Resource Planning and Decision Making* (eds W. S. Davis and T. P Simon), Lewis Publishers, Boca Raton, FL, pp. 49 – 62.

Ormerod, J. G., Grynne, B. and Ormerod, K. S., 1966. Chemical and physical factors involved in heterotrophic growth response to organic pollution. *Verh. Int. Verein. Limnol.*, 16, 906 – 10.

Osgood, R. A., 1988a. Lake mixis and internal phosphorus dynamics. *Arch. Hydrobiol.*, 113, 629 – 38.

Osgood, R. A., 1988b. A hypothesis on the role of *Aphanizomenon* in translocating phosphorus. *Hydrobiologia*, 169, 69 – 76.

Oskam, G., 1978. Light and zooplankton as algae regulating factors in eutrophic Biesbosch reservoirs. *Verh. Int. Verein. Limnol.*, 20, 1612 – 18.

Paerl, H. W., 1988. Nuisance phytoplankton blooms in coastal, estuarine, and inland waters. *Limnol. Oceanogr.*, 33, 823 – 47.

Paerl, H. W., 1996. A comparison of cyanobacterial bloom dynamics in freshwater, estuarine and marine environments. *Phycologia*, 35 (Suppl. 6), 25 – 35.

Paerl, H. W., Ustach, J. F., 1982. Blue – green algal scums: An explanation for their occurrences during freshwater blooms. *Limnol. Oceanogr.*, 27, 212 – 17.

Pagenkopf, G. K., 1983. Gill surface interaction model for trace – metal toxicity to fishes: role of complexation, pH and water hardness. *Environ. Sci. Technol.*, 17, 342 – 7.

Palmstrom, N. S., Carlson, R. E. and Cooke, G. D., 1988. Potential links between eutrophication and the formation of carcinogens in drinking water. *Lake Reserv. Manage.*, 4, 1 – 15.

Paloheimo, J. E., 1974. Calculation of instantaneous birth rate. *Limnol. Oceanogr.*, 19, 692 – 4.

Parsons, T. R., Stephens, K. and Le Brasseuer, R. J., 1969. Production studies in the Strait of Georgia. Part I. Primary production under the Fraser River plume, February to May, 1967. *J. Exp. Mar. Biol. Ecol.*, 3, 27 – 38.

Pastorak, R. A., Lorenzen, M. W. and Ginn, T. C., 1982. *Environmental Aspects of Artificial Aeration and Oxygenation of Reservoirs: A Review of Theory, Techniques and Experiences.* Tech. Rept. No. E – 82 – 3, U. S. Army Corps of Engineers.

Patalas, K., 1970. Primary and secondary production in a lake heated by a thermal power plant. *Proc. Inst. Environ. Sci. 16th Annual Tech. Meet.*, pp. 267 – 71.

Patalas, K., 1972. Crustacean plankton and the eutrophication of St Lawrence Great Lakes. *J. Fish Res. Board Canada*, 29, 1451 – 62.

411

Patten, B. C. , Egloff, D. A. , Richardson, T. H. et al. , 1975. Total Ecosystem model for a cove in Lake Taxoma, in *Systems Analysis and Simulation in Ecology*, Vol. 3 (ed. B. C. Patten), Academic Press, NY.

Peakall, D. B. , Lovett, R. J. , 1972. Mercury: its occurrence and effects in the ecosystem. *Bioscience*, 22, 20 – 5.

Pearce, F. , 1997. Why is the apparently pristine Arctic full of toxic chemicals that started off thousands of kilometres away? *New Scientist*, 31, 24 – 7.

Pearsall, W. H. , 1920. The aquatic vegetation of the English Lakes. *J. Ecol.* , 8, 163 – 99.

Pearsall, W. H. , 1929. Dynamic factors affecting aquatic vegetation. *Proc. Int. Cong. Plant Sci.* , 1, 667 – 72.

Pechlaner, R. , 1978. Erfahrungen mit Restaurierungsmassnahmen an eutrophierten Badeseen Tirols. *Dester Wasserwertsch*, 30, 112 – 19.

Pederson, G. L. , Welch, E. B. and Litt, A. H. , 1976. Plankton secondary productivity and biomass: their relation to lake trophic state. *Hydrobiologia*, 50, 129 – 44.

Peltier, W. H. , Welch, E. B. , 1969. Factors affectinggrowth of rooted aquatic plants in a river. *Weed Sci.* , 17, 412 – 16.

Peltier, W. H. , Welch, E. B. , 1970. Factors affectinggrowth of rooted aquatic plants in a reservoir. *Weed Sci.* , 18, 7 – 9.

Penn, M. R. , Auer, M. T. and Doerr, S. M. , et al. , 2000. Seasonality in phosphorus release rates from the sediments of a hypereutrophic lake under a matrix of pH and redox conditions. *Can. J. Fish. Aquat. Sci.* , 57, 1033 – 41.

Perakis, S. S. , Welch, E. B. and Jacoby, J. M. , 1996. Sediment – to – water blue – green algal recruitment in response to alum and environmental factors. *Hydrobiologia*, 318, 165 – 77.

Percival, E. , Whitehead, H. , 1929. A quantitative study of the fauna of some types of stream bed. *J. Ecol.* , 17, 282 – 314.

Perkins, D. , Kann, J. and Scoppettone, G. G. , 2000. *The Role of Poor Water Quality and Fish Kills in the Decline of Endangered Lost River and Shortnose Suckers in Upper Klamath Lake.* U. S. Geological Survey, Biological Resources Division Report submitted to U. S. Bureau of Reclamation, Klamath Falls Project Office, Klamath Falls, Oregon. Contract 4 – AA – 29 – 12160.

Perkins, J. L. , 1983. Bioassay evaluation of diversity and community composition indexes. *J. Water Pollut. Control Fed.* , 55, 522 – 30.

Perkins, W. W. , Welch, E. B. and Frodge, J. , et al. , 1997. A zero degree of freedom total phosphorus model. 2. Application to Lake Sammamish, Washington. *Lake Reserv. Manage.* , 13, 131 – 41.

Perrin, C. J. , Bothwell, M. L. and Slaney, P. A. , 1987. Experimental enrichment of a coastal stream in British Columbia: Effects of organic and inorganic additions on autotrophic periphyton production. *Can. J. Fish. Aquat. Sci.* , 44, 1247 – 56.

Peters, J. C. , 1960. *Stream Sedimentation Project Progress Report* Mont. Fish and Game Dept. , Helena.

Peters, J. C., 1967. Effects on a trout stream of sediment from agricultural practices. *J. Wildlife Management*, 31, 805 – 12.

Peterson, H. G., Hrudey, S. E. and Cantin, I. A., et al., 1995. Physiological toxicity, cell membrane damage and the release of dissolved organic carbon and geosmin by *Aphanizomenon flos – aquae* after exposure to water treatment chemicals. *Water Res.*, 29, 1515 – 23.

Peterson, S. A., Miller, W. E. and Greene, J. C., et al., 1985. Use of bioassays to determine potential toxicity effects of environmental pollutants, in *Perspectives on Nonpoint Source Pollution* EPA 440/5 – 85 – 001.

Phaup, J. D., Gannon, J., 1967. Ecology of *Sphaerotilus* in an experimental outdoor channel. *Water Res.*, 1, 523 – 41.

Phillips, G. L., Einson, D. and Moss, E., 1978. A mechanism to account for macrophyte decline in progressively eutrophicated fresh waters. *Aquatic Bot.*, 3, 239 – 55.

Phillips, J. E., 1964. The ecological role of phosphorus in waters with special reference to microorganisms, in *Principles and Applications in Aquatic Microbiology* ( eds H. Heukelekian and N. C. Doudero), John Wiley & Sons, New York, pp. 61 – 81.

Phinney, H. K., McIntire, C. D., 1965. Effect of temperature on metabolism of periphyton communities developed in laboratory streams. *Limnol. Oceanogr.*, 10, 341 – 4.

Pickering, Q. H., 1968. Some effects of dissolved oxygen concentrations upon the toxicity of zinc to the bluegill *Lepomis macrochirus* Raf. *Water Res.*, 2, 187 – 94.

Pickering, Q. H., 1988. Evaluation and comparison of two short – term fathead minnow tests for estimatingchronic toxicity. *Water Res.*, 22, 883 – 93.

Pilotto, L. S., Douglas, R. M. and Burch, M. D., et al., 1997. Health effects of exposure to cyanobacteria ( blue – green algae ) due to recreational water – related activities. *Aust. N. Z. J. Public Health*, 21, 562 – 6.

Pimentel, D., Acquay, H. and Biltonen, M., et al., 1992. Environmental and economic costs of pesticide use. *Bioscience*, 42, 750 – 60.

Plafkin, J. L., Barbour, M. T. and Porter, K. D., et al., 1989. *Rapid Bioassessment Protocols for Use in Streams and Rivers*: *Benthic Macroinver tebrates and Fish*. EPA 440 – 4 – 89 – 001. US Environmental Protection Agency, Assessment and Water Protection Division, Washington, DC.

Pomeroy, L. W., 1974. The ocean's food web, a changing paradigm. *Bioscience*, 24, 499 – 503.

Pontasch, K. W., Brusven, M. A., 1988. Diversity and community comparison indices: Assessing macroinvertebrate recovery followinga gasoline spill. *Water Res.*, 22, 619 – 26.

Pontasch, K. W., Smith, E. P. and Cairns, J. Jr., 1989. Diversity indices, community comparison indices and canonical discriminant analysis: interpreting the results of multispecies toxicity tests. *Water Res.*, 23, 1229 – 38.

Porath, H. A., 1976. The effect of urban runoff on Lake Sammamish periphyton. MS thesis, University of Washington, Seattle, 74 pp.

Porcella, D. B., Peterson S. A. and Larsen, D. P., 1980. Index to evaluate lake restoration.

*J. Environ. Eng.*, 106, 1151 – 69.

Porter, G. W., 1977. The plant – animal interface in freshwater ecosystems. *Am. Sci.*, 65, 159 – 69.

Porter, K. G., 1972. A method for the in situ study of zooplankton grazing effects on algal species composition and standing crop. *Limnol. Oceanogr.*, 17, 913 – 17.

Porter, K. G., McDonough, R., 1984. The energetic cost of response to blue – green algal filaments by cladocerans. *Limnol. Oceanogr.*, 29, 365 – 9.

Post, J. R., McQueen, D. J., 1987. The impact of planktivorous fish on the structure of a plankton community. *Freshwater Biol.*, 17, 79 – 89.

Prairie, Y. T., Duarte, C. M. and Kalff, J., 1989. Unifying nutrient – chlorophyll relations in lakes. *Can. J. Fish. Aquat. Sci.*, 46, 1176 – 82.

Prandtl, L., 1952. *Essentials of Fluid Dynamics*. Blackie & Son, Glasgow.

Prentki, R. T., Adams, M. S. and Carpenter, S. R., et al., 1979. The role of submersed weedbeds in internal loadingand interception of allochthonous materials in Lake Wingra, Wisconsin, USA. *Arch. Hydrobiol.*, 57, 221 – 50.

Prescott, G. W., 1954. *How to Know the Freshwater Algae* Wm. C. Brown Co., Dubugue, Ia.

Pridmore, R. D., McBride, G. B., 1984. Prediction of chlorophyll *a* concentrations in impoundments of shord hydraulic retention time. *J. Environ. Management*, 19, 343 – 50.

Psenner, R., Boström, B. and Dinka, M., et al., 1988. Fractionation of phosphorus in suspended matter and sediment. *Arch. Hydrobiol. Suppl.*, 30, 98 – 103.

Purdom, C. E., Hardiman, P. A. and Bye, V. J., et al., 1994. Estrogenic effects of effluents from sewage treatment works. *Chem. Ecol.*, 8, 275 – 85.

Quinn, J. M., 1991. Guidelines for the control of undesired biological growths in water, New Zealand National Institute of Water and Atmospheric Research, Consultancy Report No. 6213/2.

Quinn, J. M., McFarlane, P. N., 1987. Effects of slaughterhouse and dairy factory wastewaters on epilithon: a comparison in laboratory streams. *Water Res.*, 23, 1267 – 73.

Rabalais, N. N., Turner, R. E. and Scavia, D., 2002. Beyond science into policy: Gulf of Mexico hypoxia and the Mississippi River. *Bioscience*, 52, 129 – 42.

Raess, F., Maly, E. J., 1986. The short – term effects of perch predation on a zooplankton prey community. *Hydrobiologia*, 140, 155 – 60.

Rahel, F. J., 2000. Homogenization of fish faunas across the United States. *Science*, 288, 854 – 6.

Rahel, F. J., Magnuson, J. J., 1983. Low pH and the absence of fish species in naturally acidic Wisconsin lakes: inferences for cultural acidification. *Can. J. Fish. Aquat. Sci.*, 40, 3 – 9.

Rast, W., Lee, G. F., 1978. Summary analysis of the North American (US portion) OECD eutrophication project: Nutrient Loading – lake response relationships and trophic state indices. *Ecol. Res. Ser.* EPA – 600 13 – 78 – 008, 455 pp.

Ravet, J. L., Brett, M. T. and Müller – Navarra, D. C., 2003. A test of the role of polyunsaturated fatty acids in phytoplankton food quality for *Daphnia* using liposome supplementation. *Limnol. Oceanogr.*, 48, 1938 – 47.

Rawson, D. S., 1945. The experimental introduction of smallmouth bass into lakes of the Prince Albert National Park, Saskatchewan. *Trans. Am. Fish. Soc.*, 73, 19 – 31.

Rawson, D. S., 1959. *Limnology and Fisheries of Cree and Wollaston Lakes in Northern Saskatchewan* Saskatchewan Dept. of Nat. Res., Fisheries Rept. No. 4.

Raymont, J. E., 1963. *Plankton and Productivity in the Oceans* Pergamon Press, Elmsford, NY.

Reckhow, K. H., Chapra, S. C., 1983. *Data Analysis and Empirical Modeling Engineering Approaches for Lake Management* Vol. 1, Butterworths, Boston.

Redfield, A. C., Ketchum, B. H. and Richards, F. A., 1963. The influence of organisms on the composition of sea water, in *The Sea*, Vol. 2 (ed. N. Hill), Interscience, pp. 26 – 77.

Reinart, R. E., 1970. Pesticide concentrations in Great Lakes fish. *Pesticides Monitoring J.*, 3, 233 – 40.

Repavich, W. M., Sonzogni, W. C. and Standridge, J. H., et al., 1990. Cyanobacteria (blue – green algae) in Wisconsin waters: Acute and chronic toxicity. *Water Res.*, 24, 225 – 31.

Resh, V. H., Unzicker, J. D., 1975. Water quality monitoringand aquatic organisms: the importance of species identification. *J. Water Pollut. Control Fed.*, 47, 9 – 19.

Revelle, P., Revelle, C., 1988. *The Environment: Issues and Choices for Society.* Jones and Bartlett. Boston.

Reynolds, C. S., 1975. Interrelations of photosynthetic behavior and buoyancy regulation in a natural population of blue – green alga. *Freshwater Biol.*, 5, 323 – 38.

Reynolds, C. S., 1984. *The Ecology of Freshwater Phytoplankton* Cambridge University Press, Cambridge.

Reynolds, C. S., 1987. Cyanobacterial water blooms, in *Advances in Botanical Research*, Vol. 3 (ed. P. Callow), Academic Press, London, pp. 67 – 143.

Reynolds, C. S., Jaworski, G. H. M. and Cmiech, H. A., et al., 1981. On the annual cycle of the blue – green alga *Microcystis aeruginosa* Kutz emend. Elenkin. *Phil. Trans. Soc. Lond. B*, 293, 419 – 77.

Reynolds, C. S., Oliver, R. L. and Walsby, A. E., 1987. Cyanobacterial dominance: The role of buoyancy regulation in dynamic lake environments. *N. Z. J. Marine Freshwater Res.*, 21, 379 – 90.

Rhee, G. Y., 1978. Effects of N: P atomic ratios and nitrate limitations on algal growth, cell composition and nitrate uptake. *Limnol. Oceanogr.*, 23, 10 – 25.

Ricciardi, A., MacIsaac, H. J., 2000. Recent mass invasion of the North American Great Lakes by Ponto – Caspian species. *Trends Ecol. Evol.*, 15, 62 – 5.

Ricciardi, A., Neves, R. J. and Rasmussen, J. B., 1998. Impending extinctions of North American freshwater mussels (Unionidae) followingthe zebra mussel (*Dreissena polymorpha*) invasion. *J. Anim. Ecol.*, 67, 613 – 9.

Rich, P. H., Wetzel, R. G., 1978. Detritus in lake ecosystems. *Am. Mid. Nat.*, 112,

57 – 71.

Richardson, C. J. , Qian, S. S. , 1999. Long – term phosphorus assimilative capacity by freshwater wetlands: A new paradigm for sustaining ecosystem structure and function. *Environ. Sci. Technol.* , 33, 1545 – 51.

Rickert, D. A. , Petersen, R. R. and McKenzie, S. W. , et al. , 1977. *Algal Conditions and the Potential for Future Algal Problems in the Willamette River* , Oregon US Geological Circular 715 – G, 39 pp.

Riley, E. T. , Prepas, E. E. , 1984. Role of internal phosphorus loadingin two shallow lakes in Alberta, Canada. *J. Fish. Aquat. Sci.* , 41, 845 – 55.

Ringler, N. H. , Hall, J. D. , 1975. Effects of logging on water temperature and dissolved oxygen in spawning beds. *Trans. Am. Fish. Soc.* , 104, 111 – 21.

Ripl, W. , 1976. Biochemical oxidation of polluted lake sediments with nitrate – a new lake restoration method. *Ambio* , 5, 132 – 5.

Ripl, W. , 1986. Internal phosphorus recycling mechanisms in shallow lakes. *Lake Reservoir Management* , 2, 138 – 42.

Robel, R. J. , 1961. Water depth and turbidity in relation to growth of sago pondweed. *J. Wildlife Management* , 25, 436 – 8.

Rock, C. A. , 1974. The trophic status of Lake Sammamish and its relationship to nutrient income. PhD dissertation, University of Washington, Seattle.

Rodgers, G. K. , 1966. *The Thermal Bar in Lake Ontario* , *Spring 1965 and Winter 1965 – 66* Great Lakes Res. Div. , University of Michigan, Pub. No. 15, pp. 369 – 74.

Rodgers – Gray, T. P. , Jobling, S. and Morris, S. , et al. , 2000. Long – term temporal changes in the estrogenic composition of treated sewage effluent and its biological effects on fish. *Environ. Sci. Technol.* , 34, 1521 – 8.

Rodhe, W. , 1948. Environmental requirements of freshwater plankton algae. *Experimental Studies in the Ecology of Phytoplankton* Symbol. Bot. Upsalien 10, 149 pp.

Rodhe, W. , 1966. Standard correlations between pelagic photosynthesis and light, in *Primary Productivity in Aquatic Environments* (ed. C. R. Goldman), University of California Press, pp. 365 – 82.

Rodhe, W. , 1969. Crystallization of eutrophication concepts in northern Europe, in *Eutrophication: Causes, Consequences, Correctives* National Academy of Science, Washington, DC.

Roelofs, T. D. , Ogelsby, R. T. , 1970. Ecological observations on the planktonic cyanophyte *Gleotrichia echinulata*. *Limnol. Oceanogr.* , 15, 224 – 9.

Rorslett, B. , Berge, D. and Johansen, S. W. , 1986. Lake enrichment by submersed macrophytes: a Norwegian whole – lake experience with *Elodea canadensis*. *Aquat. Bot.* , 26, 325 – 40.

Rother, J. A. and Fay, P. , 1977. Sporulation and the development of planktonic blue – green algae in two Salopian meres. *Proc. R. Soc. Lond. B* , 196, 317 – 32.

Russell – Hunter, W. D. , 1970. *Aquatic Productivity* Macmillan, New York.

Ryding, E. , 1996. Experimental studies simulating potential phosphorus release from municipal sewage sludge deposits. *Water Res.*, 30, 1695 – 1701.

Ryding, S. – O., 1985. Chemical and microbiological processes as regulators of the exchange of substances between sediments and water in shallow, eutrophic lakes. *Int. Rev. Ges. Hydrobiol.*, 70, 657 – 702.

Ryding, S. – O., Forsberg, C., 1976. Six polluted lakes: a preliminary evaluation of the treatment and recovery processes. *Ambio*, 5, 151 – 6.

Ryther, J. H., 1960. Organic production by planktonic algae and its environmental control, in *The Ecology of Algae* Spec. Pub. No. 2, PymatuningLab. of Field Biol., University of Pittsburgh, pp. 72 – 83.

Ryther, J. H., Dunstan, W. M., 1971. Nitrogen, phosphorus, and eutrophication in the coastal marine environment. *Science*, 171, 1008 – 13.

Saether, O. A., 1979. Chironomid communities as water quality indicators. *Holarctic Ecol.*, 2, 65 – 74.

Sakamoto, M., 1971. Chemical factors involved in the control of phytoplankton production in the Experimental Lakes Area, northwestern Ontario. *J. Fish Res. Board Canada*, 28, 203 – 13.

Salonen, K., Jones, R. I. and Arvola, L., 1984. Hypolimnetic phosphorus retrieval by diel vertical migrations of lake phytoplankton. *Freshwater Biol.*, 14, 431 – 8.

Sargent, J. R., Bell, J. G. and Bell, M. V., et al., 1995. Requirement criteria for essential fatty acids. *J. Appl. Ichthyol.*, 11, 183 – 98.

Sarnelle, O., 1986. Field assessment of the quality of phytoplanktonic food available to *Daphnia and Bosmina. Hydrobiologia*, 131, 47 – 56.

Sarnelle, O., 1996. Predicting the outcome of trophic manipulation in lakes – a comment on Harris (1994). *Freshwater Biol.*, 35, 339 – 42.

Sas, H., 1989. *Lake Restoration by Reduction of Nutrient Loading: Expectations, Experiences, Extrapolations.* Academia – VerlagRicharz, St Augustin.

Savage, N. L., Rabe, F. W., 1973. The effects of mine and domestic wastes on macroinvertebrate community structure in the Coeur d'Alene River. *Northwest Sci.*, 47, 159 – 68.

Scheffer, M., 1998. *Ecology of Shallow Lakes*, Chapman & Hall, New York, NY, 357pp.

Scheffer, M., Hosper, S. H., Meijer, M. L., Moss, B. and Jeppesen, E. (1993) Alternative equilibria in shallow lakes. *Trends Ecol. Evol.*, 8, 275 – 9.

Schell, W. R., 1976. *Biogeochemistry of Radionuclides in Aquatic Environments.* Annual progress report to Energy Research and Development Administration RLO – 2225 – T18 – 18.

Schelske, C. L., Stoermer, E. F., 1971. Eutrophication, silica depletion, and predicted changes in algal quality in Lake Michigan. *Science*, 173, 423 – 4.

Schelske, C. L., Stoermer, E. F. and Fahnenstiel, G. L. et al., 1986. Phosphorus enrichment, silica utilization and biogeochemical silica depletion in the Great Lakes. *Can J. Fish. Aquat. Sci.*, 43, 407 – 15.

Schiff, J. A., 1964. Protists, pigments, and photosynthesis, in *Principles and Applications in Aquatic Microbiology* (eds Heukelekian, H. and Doudero, N. C.), John Wiley & Sons,

New York, pp. 298 - 313.

Schindler, D. W. , 1971a. A hypothesis to explain the differences and similarities amonglakes in the Experimental Lakes Area, northwestern Ontario. *J. Fish Res. Board Canada*, 28, 295 - 301.

Schindler, D. W. , 1971b. Carbon, nitrogen, and phosphorus and the eutrophication of freshwater lakes. *J. Phycol.*, 7, 321 - 9.

Schindler, D. W. , 1974. Eutrophication and recovery in experimental lakes: implications for lake management. *Science*, 184, 897 - 99.

Schindler, D. W. , 1986. The significance of in - lake production of alkalinity. *Water*, *Air Soil Pollut.*, 18, 259 - 71.

Schindler, D. W. , 1997. Widespread effects of climatic warmingon freshwater ecosystems in North America. *Hydrol. Proc.*, 11, 1043 - 67.

Schindler, D. W. , Fee, E. J. , 1974. Experimental lakes area, whole lake experiments in eutrophication. *J. Fish Res. Board Canada*, 31, 937 - 53.

Schmitt, M. R. , Adams, M. S. , 1981. Dependence of rates of apparent photosynthesis on tissue phosphorus concentrations in *Myriophyllum spicatum* L. *Aquat. Bot.*, 11, 379 - 87.

Schofield, C. L. , Trojnar, J. R. , 1980. Aluminium toxicity to brook trout (*Salvelinus fontinalis*) in acidified waters, in *Polluted Rain* (eds T. Y. Toribara, M. W. Miller and P. E. Morrow), Plenum Press, New York, pp. 341 - 63.

Schriver, P. , B. gestrand, J. and Jeppesen, E. et al. , 1995. Impact of submerged macrophytes on fish - zooplankton - phytoplankton interactions: Large - scale enclosure experiments in a shallow eutrophic lake. *Freshwater Biol.*, 33, 255 - 70.

Schultz, D. W. , Malueg, K. W. , 1971. Uptake of radiophosphorus by rooted aquatic plants. *Proc. 3rd Natl Symposium on Radioecology*, pp. 417 - 24.

Schumacher, G. J. , Whitford, L. A. , 1965. Respiration and $^{22}$P uptake in various species of freshwater algae as affected by current. *J. Phycol.*, 1, 78 - 80.

Seehausen, O. , van Alphen, J. J. M. and Witte, F. , 1997. Cichlid fish diversity threatened by eutrophication that curbs sexual selection. *Science*, 277, 1808 - 11.

Seip, K. L. , 1994. Phosphorus and nitrogen limitation of algal biomass across trophic gradients. *Aquat. Sci.*, 56, 16 - 28.

Seip, K. L. , Sas, H. and Vermij, S. , 1992. Nutrient - chlorophyll trajectories across trophic gradients. *Aquat. Sci.*, 54, 58 - 76.

Seligman, K. , Enos, A. K. and Lai, H. H. , 1992. A comparison of 1988—1990 flavor profile analysis results with water conditions in two northern California reservoirs. *Water Sci. Technol.*, 25, 19 - 25.

Shannon, C. E. , Weaver, W. , 1948. *The Mathematical Theory of Communication* University of Illinois Press, Urbana.

Shapiro, J. , 1970. A statement on phosphorus. *J. Water Pollut. Control Fed.*, 42, 772 - 5.

Shapiro, J. , 1973. Blue - green algae: why they become dominant. *Science*, 179, 382 - 4.

Shapiro, J. , 1979. The importance of trophic level interactions to the abundance and species composition of algae in lakes. *Dev. Hydrobiol.*, 2, 161 – 7.

Shapiro, J., 1984. Blue – green dominance in lakes: the role and management significance of pH and $CO_2$. *Int. Rev. Ges. Hydrobiol.*, 69, 765 – 80.

Shapiro, J., 1990. Current beliefs regarding dominance by blue – greens: the case for the importance of $CO_2$ and pH. *Verh. Int. Verein Limnol.*, 24, 38 – 54.

Shapiro, J., 1997. The role of carbon dioxide in the initiation and maintenance of blue – green dominance in lakes. *Freshwater Biol.*, 37, 307 – 23.

Shapiro, J., Forsberg, B., LaMarra, V., Lindmark, G., Lynch, M., Smeltzer, E. and Zoto, G., 1982. *Experiments and Experiences in Bio – Manipulation.* Interim Rept. No. 19, Limnological Res. Center, Univ. of Minnesota, EPA – 600/3 – 82 – 096.

Shapiro, J., Lamarra, V. and Lynch, M., 1975. Biomanipulation: An ecosystem approach to lake restoration, in *Water Quality Management through Biological Control* ( eds Brezonik, P. L. and Fox, J. L. ), Department of Environmental Engineering Sciences, University of Florida, Gainesville, pp. 85 – 96.

Shapiro, J., Wright, D. I., 1984. Lake restoration by biomanipulation: Round Lake, Minnesota, the first two years. *Freshwater Biol.*, 14, 371 – 83.

Sherman, R. E., Gloss, S. P. and Lion, L. W., 1987. A comparison of toxicity tests conducted in the laboratory and in experimental ponds using cadmium and the fathead minnow ( *Pimephales promelas* ). *Water Res.*, 21, 317 – 23.

Shin, E., Krenkel, P. A., 1976. Mercury uptake by fish and biomethylation mechanisms. *J. Water Pollut. Control Fed.*, 48, 473 – 501.

Shumway, D. L., Warren, C. E. and Doudoroff, P., 1964. Influence of oxygen concentration and water movement on the growth of steelhead trout and coho salmon embryos. *Trans. Am. Fish. Soc.*, 93, 342 – 56.

Shuster, J. I., Welch, E. B. and Horner, R. R., et al., 1986. Response of Lake Sammamish to urban runoff control. *Lake Reservoir Management*, 2, 229 – 34.

Siefert, R. E., Spoor, W. A., 1973. Effects of reduced oxygen on embryos and larvae of the white sucker, coho salmon, brook trout and walleye, in *The Early Life History of Fish* ( ed. Baxter, J. H. S. ), Proc. of Symposium, Marine Biol. Assn., Avon, Scotland, Springer – Verlag, Heidelberg, Germany, pp. 487 – 95.

Silvey, J. K., Henley, D. E. and Wyatt, J. T., 1972. Planktonic blue – green algae: growth and odor – production studies. *J. Am. Water Works Assoc.*, 64, 35 – 9.

Simons, T. J., 1973. *Development of Three – Dimensional Numerical Models of the Great Lakes* Environ. Canada Water Mgt., Scientific Series No. 12, Environment Canada, Ottawa.

Singh, H. N., Sunita, K. M., 1974. A biochemical study of spore germination in the blue – green alga *Anabaena doliolum*. *J. Exp. Bot.*, 25, 837 – 45.

Sivonen, K., Jones, G., 1999. Cyanobacterial toxins, in *Toxic Cyanobacteria in Water: A Guide to their Public Health Consequences, Monitoring and Management* ( eds I. Chorus and J. Bartram ), Published on behalf of WHO by E & FN Spon, London, pp. 41 – 111.

Sivonen, K. , Niemela, S. I. and Niemi, R. M. , et al. , 1990. Toxic cyanobacteria (blue – green algae) in Finnish fresh and coastal waters. *Hydrobiologia*, 190, 267 – 75.

Skulberg, O. M. , 1965. Algal cultures as a means to assess the fertilizing influence of pollution. *Adv. Water Pollut. Res.* , 1, 113 – 27.

Sládeček, V. , 1973. The reality of three British biotic indices. *Water Res.* , 7, 995 – 1002.

Sládečková, A. , Sládeček, V. , 1963. Periphyton as indicator of the reservoir water quality. I. True periphyton. Prague, *Technol. Water*, 7, 507 – 61.

Smayda, T. J. , 1974. Bioassay of the growth potential of the surface water of lower Narragansett Bay over an annual cycle using the diatom *Thalassiosira pseudonana* (oceanic clone, 13 – 1). *Limnol. Oceanogr.* , 19, 889 – 901.

Smith, B. W. , Reeves, W. C. , 1986. Stocking warm – water species to restore or enhance fisheries, in *Fish Culture in Fisheries Management* ( ed. R. H. Stroud ), American Fisheries Society, Bethesda, MD, pp. 17 – 29.

Smith, C. S. , Adams, M. S. , 1986. Phosphorus transfer from sediments by *Myriphyllum spicatum. Limnol. Oceanogr.* , 31, 1312 – 21.

Smith, L. L. , Jr. , Kramer, R. H. and MacLeod, J. C. , 1965. Effects of pulpwood fibers on fathead minnows and walleye fingerlings. *J. Water Pollut. Conf. Fed.* , 37, 130 – 40.

Smith, M. W. , 1969. Changes in environment and biota of a natural lake after fertilization. *J. Fish Res. Board Canada*, 26, 3101 – 32.

Smith, S. V. , 1984. Phosphorus versus nitrogen limitation in the marine environment. *Limnol. Oceanogr.* , 29, 1149 – 60.

Smith, V. H. , 1982. The nitrogen and phosphorus dependence of algal biomass in lakes: an empirical and theoretical analysis. *Limnol. Oceanogr.* , 27, 1101 – 12.

Smith, V. H. , 1983. Low nitrogen to phosphorus ratios favor dominance by blue green algae in lake phytoplankton. *Science*, 221, 669 – 71.

Smith, V. H. , 1986. Light and nutrient effects on the relative biomass of blue – green algae in lake phytoplankton. *Can. J. Fish. Aquat. Sci.* , 43, 148 – 53.

Smith, V. H. , 1990a. Nitrogen, phosphorus, and nitrogen fixation in lacustrine and estuarine ecosystems. *Limnol. Oceanogr.* , 35, 1852 – 9.

Smith, V. H. , 1990b. Effects of nutrients and non – algal turbidity on blue – green algal biomass in four North Carolina reservoirs. *Lake Reservoir Management*, 6, 125 – 32.

Smith, V. H. , Shapiro, J. , 1981. Chlorophyll – phosphorus relations in individual lakes: their importance to lake restoration strategies. *Environ. Sci. Technol.* , 15, 444 – 51.

Smith, V. H. , Sieber – Denlinger, J. and deNoyelles, F. , Jr. , et al. , 2002. Managing taste and odor problems in a eutrophic drinkingwater reservoir. *Lake Reserv. Manage.* , 18, 319 – 23.

Smith, W. E. , 1970. Tolerance of *Mysis relicta* to thermal shock and light. *Trans. Am. Fish. Soc.* , 99, 418 – 21.

Soballe, D. M. , Kimmel, B. L. , 1987. A large – scale comparison of factors influencing phytoplankton abundance in rivers, lakes and impoundments. *Ecology*, 68, 1943 – 54.

Soballe, D. M. , Threlkeld, S. T. , 1985. Advection, phytoplankton biomass, and nutrient transformations in a rapidly flushed impoundment. *Arch. Hydrobiol.*, 105, 187 – 203.

Sodergren, A., Bengtsson, B. E. and Jonsson, P., et al., 1988. Summary of results from the Swedish project 'Environment/Cellulose'. *Water Sci. Technol.*, 20, 49 – 60.

Solbe, J. F., de, L. G. and Shurben, D. G., 1989. Toxicity of ammonia to early life stages of rainbow trout (*Salmo gairdneri*). *Water Res.*, 23, 127 – 9.

Søndergaard, M., 1988. Seasonal variations in the loosely sorbed phosphorus fraction of the sediment of a shallow and hypereutrophic lake. *Environ. Geol. Water Sci.*, 11, 115 – 21.

Søndergaard, M., Moss, B., 1998. Impact of submerged macrophytes on phytoplankton in shallow freshwater lakes, in *The Structuring Role of Submerged Macrophytes in Lakes* (eds E. Jeppesen, M. Søndergaard, M. Søndergaard and K. Christoffersen), Springer – Verlag, New York, NY, pp. 115 – 32 (Chapter 6).

Søndergaard, M., Jensen, J. P. and Jeppesen, E., 1999. Internal phosphorus loading in shallow Danish lakes. *Hydrobiologia*, 408/409, 145 – 52.

Søndergaard, M., Jeppesen, E. and Jensen, J. P., et al., 2000. Lake restoration in Denmark. *Lakes Reserv. Res. Manage.* 2000, 5, 151 – 9.

Søndergaard, M., Jeppesen, E. and Mortensen, E., et al., 1990. Phytoplankton biomass reduction after planktivorous fish reduction in a shallow eutrophic lake: a combined effect of reduced internal P – loading and increased zooplankton grazing. *Hydrobiologia*, 200/201, 229 – 40.

Søndergaard, M., Kristensen, P. and Jeppesen, E., 1992. Phosphorus release from resuspended sediment in the shallow and wind – exposed Lake Arres., Denmark, *Hydrobiologia*, 228, 91 – 9.

Søndergaard, M., Wolter, K. – D. and Ripl, W., 2002. Chemical treatment of water and sediments with special reference to lakes, in *Handbook of Ecological Restoration, Volume 1, Principles of Restoration* (eds M. Perrow and A. J. Davy), Cambridge University Press, Cambridge, pp. 184 – 205.

Sonnichsen, J. D., Jacoby, J. and Welch, E. B., 1997. Response of cyanobacterial migration to alum treatment in Green Lake. *Arch. Hydrobiol.*, 140, 373 – 92.

Sonzogni, W. C., Lee, G. F., 1974. Diversion of wastewaters from Madison lakes. *J. Environ. Eng. Div.*, 100, 153 – 70.

Sorokin, C., 1959. Tabular comparative data for the low – and high – temperature strains of *Chlorella. Nature* (*Lond.*), 184, 613 – 14.

Sorokin, C., Krauss, R. W., 1962. Effects of temperature and illuminance on chlorella growth uncoupled from cell division. *Plant Physiol.*, 37, 37 – 42.

Sosiak, A. J., 2002. Long – term response of periphyton and macrophytes to reduced municipal nutrient loadingto the Bow River (Alberta, Canada). *Can. J. Fish. Aquat. Sci.*, 59, 987 – 1001.

Spalding, M. G., Bjork, R. D. and Powell, G. V. N., et al., 1994. Mercury and cause of death in great white herons. *J. Wildlife Manage.*, 58, 735 – 9.

Spehar, R. L., Anderson, R. L. and Fiandt, J. T., 1978. Toxicity and bioaccumulation of cadmium and lead in aquatic invertebrates. *Environ. Pollut.*, 15, 195 – 208.

Spence, D. H. N. , 1967. Factors controllingthe distribution of freshwater macrophytes with particular reference to the lochs of Scotland. *J. Ecol.* , 55, 147 – 70.

Spencer, C. N. , King, D. L. , 1984. Role of fish in regulation of plant and animal communities in eutrophic ponds. *Can. J. Fish. Aquat. Sci.* , 41, 1851 – 5.

Spencer, C. N. , King, D. L. , 1987. Regulation of blue – green algal buoyancy and bloom formation by light, inorganic nitrogen, $CO_2$, and trophic interactions. *Hydrobiologia*, 144, 183 – 92.

Spencer, C. N. , McClelland, B. R. and Stanford, J. A. , 1991. Shrimp introduction, salmon collapse, and bald eagle displacement: cascading interactions in the food web of a large aquatic ecosystem. *Bioscience*, 41, 14 – 21.

Spencer, D. F. , 1990. Influence of organic sediment amendments on growth and tuber production by sago pondweed (*Potamogeton pectinatus* L. ). *Freshwater Ecol.* , 5, 255 – 63.

Spry, D. J. , Wiener, J. G. , 1991. Metal bioavailability and toxicity to fish in lowalkalinity lakes: a critical review. *Environ. Pollut.* , 71, 243 – 304.

Stadelman, P. , 1980. *Der Zustand des Rotsees bei Luzern, Kantonales amt fur Gewasserschutz*, Luzern.

Stanford, J. A. , Ward, J. V. , 1988. The hyporheic habitat of river ecosystems. *Nature (Lond.)*, 335, 64 – 6.

Stauffer, R. W. , Lee, G. F. , 1973. The role of thermocline migration in regulating algal blooms, in *Modeling the Eutrophication Process* (eds E. J. Middlebrooks, D. H. Falkenborgand T. E. Maloney), Proc. Workshop at Utah State University, Logan, pp. 73 – 82.

Steele, J. H. , 1962. Environmental control of photosynthesis in the sea. *Limnol. Oceanogr.* , 7, 137 – 50.

Stefan, H. G. , Hanson, M. J. , 1981. Phosphorus recyclingin five shallow lakes. *J. Am. Soc. Civil Eng.* , *EE Div.* , 107, 713 – 30.

Stensen, J. A. E. , Bohlin, T. and Henriksen, L. , et al. , 1978. Effects of fish removal from a small lake. *Verh. Int. Verein. Limnol.* , 20, 794 – 801.

Stepczuk, C. , Martin, A. B. and Effler, S. W. , et al. , 1998a. Spatial and temporal patterns of THM precursors in a eutrophic reservoir. *Lake Reserv. Manage.* , 14, 356 – 66.

Stepczuk, C. , Martin, A. B. and Longabucco, P. , et al. , 1998b. Allochthonous contributions of THM precursors to a eutrophic reservoir. *Lake Reserv. Manage.* , 14, 344 – 55.

Sterner, R. W. , Hessen, D. O. , 1994. Algal nutrient limitation and the nutrition of aquatic herbivores. *Annu. Rev. Ecol. Syst.* , 25, 1 – 25.

Stevenson, J. , 1999. Personal Communication with E. B. Welch, Department of Zoology, Michigan State University, Michigan.

Stewart, K. M. , 1976. Oxygen deficits, clarity, and eutrophication in some Madison Lakes. *Int. Rev. Ges. Hydrobiol.* , 61, 563 – 79.

Stewart, N. E. , Shumway, D. L. and Doudoroff, P. , 1967. Influence of oxygen concentration on the growth of juvenile largemouth bass. *J. Fish Res. Board Canada* , 24, 475 – 94.

Stockner, J. G. , 1972. Paleolimnology as a means of assessing eutrophication. *Verh.*

*Int. Verein. Limnol.*, 18, 1018 – 30.

Stockner, J. G., Shortreed, K. R. S., 1978. Enhancement of autotrophic production by nutrient addition in a coastal rain – forest stream on Vancouver Island. *J. Fish Res. Board Canada*, 35, 28 – 34.

Stockner, J. G., Shortreed, K. S., 1985. Whole – lake fertilization experiments in coastal British Columbia lakes: empirical relationships between nutrient inputs and phytoplankton biomass and production. *Can. J. Fish. Aquat. Sci.*, 42, 649 – 58.

Stockner, J. G., Shortread, K. S., 1988. Response of *Anabaena and Synechococcus* to manipulation of nitrogen: phosphorus ratios in a lake fertilization experiment. *Limnol. Oceanogr.*, 33, 1348 – 61.

Storr, J. F., Sweeney, R. A., 1971. Development of a theoretical seasonal growth response curve of *Cladophora glomerata* to temperature and photoperiod. *Proc. 14th Conf. Great Lakes Res.*, 14, 119 – 27.

Stumm, W., 1963. *Proc. Int. Conf. Water Poll. Res.* Vol. 2. Pergamon Press, Elmsford, NY.

Stumm, W., Leckie, J. O., 1971. Phosphate exchange with sediments: its role in the productivity of surface waters. *Proc. 5th Int. Conf. Water Pollut. Res.* Ⅲ – 26/1 – 16, Pergamon Press, Elmsford, NY.

Sumpter, J. P., 1998. Xenoendocrine disruptors – environmental impacts. *Toxicol. Lett.*, 103, 337 – 42.

Sundborg, A., 1956. *The River Klarälven. A Study of Fluvial Processes.* Geografiska Annaler Häfte 2 – 3/1956, University of Uppsala, Sweden, pp. 127 – 316.

Sverdrup, H. U., 1953. On conditions for the vernal bloomingof phytoplankton. *J. Conseil.*, 18, 287 – 95.

Sverdrup, H. U., Johnson, M. W. and Fleming, R. H., 1942. *The Oceans, their Physics, Chemistry, and General Biology*, Prentice Hall, Englewood Cliffs, NJ.

Sweeney, B. W., Jackson, J. K. and Newbold, J. D., et al., 1992. Climate change and the life histories and biogeography of aquatic insects in eastern North America, in *Global Climate Change and Freshwater Ecosystems* (eds P. Firth and S. G. Fisher), Springer – Verlag, New York, NY, pp. 143 – 76.

Szumski, D. S., Barton, D. A. and Putnam, H. D. et al., 1982. Evaluation of EPA un – ionized ammonia toxicity criteria. *J. Water Pollut. Control Fed.*, 54, 281 – 91.

Talling, J. F., 1957a. Photosynthetic characteristics of some freshwater plankton diatoms in relation to underwater radiation. *New Phytol.*, 56, 29 – 50.

Talling, J. F., 1957b. The phytoplankton population as a compound photosynthetic system. *New Phytol.*, 56, 133 – 49.

Talling, J. F., 1965. The photosynthetic activity of phytoplankton in East African lakes. *Int. Rev. Ges. Hydrobiol. Hydrograph*, 50, 1 – 32.

Talling, J. F., 1971. The underwater light climate as a controlling factor in the production ecology of freshwater phytoplankton. *Mitt. Int. Verein. Limnol.*, 19, 214 – 43.

Taylor, E. W., 1966. *Forty – Second Report on the Results of the Bacteriological Examinations of the London Waters for the Years* 1965 – 6, Metropolitan Water Board, New River

Head, London.

Templeton, W. L. , Becker, C. D. and Berlin, J. D. , et al. , 1969. *Biological Effects of Thermal Discharges. Progress Report for* 1968 AEC Research and Development Report, BNWL – 1050 reprint, Battelle Northwest Lab, Richland, WA.

Tett, P. , Gallegos, C. and Kelly, M. G. , et al. , 1978. Relationships among substrate, flow and benthic microalgal pigment density in the Mechuma River, Virginia. *Limnol. Oceanogr.* , 3, 785 – 97.

Thomas, E. A. , 1969. Theprocess of eutrophication in Central Europeanlakes, in *Eutrophication*: *Causes, Consequences and Correctives.* Natl Acad. Sci. , Washington, DC.

Thomas, R. H. , Walsby, A. E. , 1986. The effect of temperature on recovery of buoyancy by *Microcystis. J. Gen. Microbiol.* , 132, 1665 – 72.

Thornton, J. A. , 1987a. Aspects of eutrophication management in tropical/subtropical regions. *J. Limnol. Soc. S. Africa* , 13, 25 – 43.

Thornton, J. A. , 1987b. A review of some unique aspects of limnology of shallow southern African man – made lakes. *Geojournal* , 14, 339 – 52.

Thut, R. N. , 1969. A study of the profundal bottom fauna of Lake Washington. *Ecol. Monogr.* , 39, 79 – 100.

Todd, D. K. （ed.）, 1970. *The Water Encyclopedia. A Compendium of Useful Information on Water Resources* , Water Information Center, Port Washington, NY.

Townsend, C. R. , Hildrew, A. G. , 1994. Species traits in relation to a habitat templet for river systems. *Freshwater Biol.* , 31, 265 – 75.

Townsend, C. R. , Scarsbrook, M. R. and Dolédec, S. , 1997. Quantifying disturbance in streams: alternative measures of disturbance in relation to macroinvertebrate species traits and species richness. *J. N. Am. Benthol. Soc.* , 16, 531 – 44.

Traaen, T. S. , Lindström, E. A. , 1983. Influence of current velocity on periphyton distribution, in *Periphyton of Freshwater Ecosystems* （ed. R. G. Wetzel）, *Developments in Hydrobiology* , Vol. 17, pp. 97 – 9.

Trembly, F. J. , 1960. *Research Project on Effects of Condenser Discharge Water on Aquatic Life.* Progress Report 1956 – 9. Inst. of Research, Lehigh University, Bethlehem, PA.

Trimbee, A. M. , Harris, G. P. , 1984. Phytoplankton population dynamics of a small reservoir: use of sedimentation traps to quantify the loss of diatoms and recruitment of summer bloom – forming blue – green algae. *J. Plankton Res.* , 6, 897 – 918.

Trimbee, A. M. , Prepas, E. E. , 1988. The effect of oxygen depletion on the timing and magnitude of blue – green algal blooms. *Verh. Int. Verein. Limnol.* , 23, 220 – 6.

Trussell, R. R. , 2001. Endocrine disrupters and the water industry. *J. Am. Water Works Assoc.* , 93, 58 – 65.

Tsai, C. , 1973. Water quality and fish life below sewage outfalls. *Trans. Am. Fish. Soc.* , 102, 281 – 92.

Turback, S. C. , Olson, S. B. and McFeters, G. A. , 1986. Comparison of algal assay systems for detectingwaterborne herbicides and metals. *Water Res.* , 20, 91 – 6.

Tyler, C. R. , Jobling, S. and Sumpter, J. P. , 1998. Endocrine disruption in wildlife: a critical review of the evidence. *Crit. Rev. Toxicol.*, 28, 319 – 61.

Uhlmann, D., 1971. Influence of dilution, sinkingand grazingrate on phytoplankton populations of hyperfertilized ponds and microecosystems. *Mitt. Inte. Verein. Limnol.*, 19, 100 – 24.

UK Environment Agency, 1998. *Aquatic Eutrophication in England and Wales.* Environmental Issues Series Consultative Report.

United Nations, 2001. *World Population Prospects: The 2000 Revision.* Population Division of the Department of Economic and Social Affairs of the United Nations Secretariat. http：//esa. un. org/unpp (accessed 18 June 2003).

USEPA, 1982. Secondary treatment information, in *Code of Federal Regulations* Vol. 40, US Government Printing Office, Washington, DC.

USEPA, 1983. *Assessing Water Quality in Streams* Environmental Monitoring Systems Laboratory, Las Vegas, NV.

USEPA, 1987. *Clean Lakes Program* 1987 Annual Report, North American Lake Management Society for USEPA.

USEPA, 1996. *National Water Quality Inventory: 1996 Report.* US Environmental Protection Agency, Office of Water, EPA – 841 – R – 97 – 008, Washington, DC.

USEPA, 1998a. *Lake and Reservoir Bioassessment and Biocriteria – Technical Guidance Document.* US Environmental Protection Agency, Office of Water, EPA 841 – B – 98 – 007, Washington, DC.

USEPA, 1998b. *National Strategy for the Development of Regional Nutrient Criteria.* U. S. Environmental Protection Agency, Office of Water, EPA – 822 – R – 98 – 002, Washington, DC.

USEPA, 1999. *Ammonia Fact Sheet: 1999 Update.* US Environmental Protection Agency, Office of Water, EPA – 823 – F – 99 – 024, Washington, DC.

USEPA, 2000. *Nutrient Criteria Technical Guidance Manual – Rivers and Streams.* US Environmental Protection Agency, Office of Water, EPA – 822 – B – 00 – 002, Washington, DC.

USEPA, 2001a. *Mercury Update: Impact on Fish Advisories.* U. S. Environmental Protection Agency, Office of Water, EPA – 823 – F – 01 – 011, Washington, DC.

USEPA, 2001b. *Revisionto the Interim Enhanced Surface Water Treatment Rule (IESWTR), the Stage 1 Disinfectants and Disinfectant By – Products Rule (Stage 1 DBPR), and Revision to State Primacy Requirements and Implementation of the Safe Drinking Water Act (SDWA).* Final Rule. Federal Register, Vol. 66, No. 10, 16 January 2001.

USEPA, 2002a. *National Recommended Water Quality Criteria: 2002.* US Environmental Protection Agency, Office of Water, EPA – 822 – R – 02 – 047, Washington, DC.

USEPA, 2002b. *National Water Quality Inventory: 2000 Report.* US Environmental Protection Agency, Office of Water, EPA – 841 – R – 02 – 001, Washington, DC.

USEPA/ILSI, 1993. *A Review of Evidence on Reproductive and Developmental Effects of Disinfection Byproducts in Drinking Water.* US Environmental Protection Agency and International Life Sciences Institute, Washington, DC.

Usinger, R. L., 1956. *Aquatic Insects of California.* University of California Press, Berkeley.

Vallentyne, J., 1972. Nutrients and Eutrophication. Special Symposium, *Limnol. Oceanog.*, 1, 107.

Vance, B. D., 1965. Composition and succession of cyanophycean water blooms. *J. Phycol.*, 1, 81 – 6.

Vander Zanden, M. J., Casselman, J. M. and Rasmussen, J. B., 1999. Stable isotope evidence for the food web consequences of species invasions in lakes. *Nature*, 401, 464 – 7.

Van Donk, E., Grimm, M. P. and Gulati, R. D., et al., 1990. Whole – lake food – web manipulation as a means to study community interactions in a small ecosystem. *Hydrobiologia*, 200/201, 275 – 89.

Van Donk, E., Gulati, R. D., 1995. Transition of a lake to turbid state six years after biomanipulation: mechanisms and pathways. *Water Sci. Technol.*, 32, 197 – 206.

Van Duin, E. H. S., Frinking, L. J. and van Schaik, F. H., et al., 1998. First results of the restoration of Lake Geerplas. *Water Sci. Technol.*, 37, 185 – 92.

Van Nieuwenhuyse, E. E., Jones, J. R., 1996. Phosphorus – chlorophyll relationship in temperate streams and its variation with stream catchment area. *Can. J. Fish. Aquat. Sci.*, 53, 99 – 105.

Vannote, R. L., Minshall, G. W. and Cummins, K. W., et al., 1980. The river continuum concept. *Can. J. Fish. Aquat. Sci.*, 37, 130 – 7.

Van Steenderen, R. A., Scott, W. E. and Welch, D. I., 1988. *Microcystis aeruginosa as an organohalogen precursor. Water South Africa*, 14, 59 – 62.

Van't Hoff, J. H., 1884. *Etudes de Dynamique Chimique.* Amsterdam.

Viessman, W. Jr. and Welty, C., 1985. *Water Management: Technology and Institutions* Harper & Row, New York.

Visser, P. M., Ibelings, B. W. and Van der Veer, B., et al., 1996. Artificial mixingprevents nuisance blooms of the cyanobacterium *Microcystis* in Lake Nieuwe Meer, The Netherlands. *Freshwater Biol.*, 36, 435 – 50.

Vitousek, P. M., D'Antonio, C. M. and Loope, L. L., et al., 1996. Biological invasions as global environmental change. *Am. Sci.*, 84, 468 – 78.

Vitousek, P. M., Mooney, H. A. and Lubchenco, J., et al., 1997. Human domination of Earth's ecosystems. *Science*, 277, 494 – 9.

Vollenweider, R. A., 1968. *Scientific Fundamentals of the Eutrophication of Lakes and Flowing Waters, with Particular Reference to Nitrogen and Phosphorus as Factors in Eutrophication*, Paris, Rept. Organization for Economic Cooperation and Development. DASCSI/68. 27, 182 pp.

Vollenweider, R. A., 1969a. Possibilities and limits of elementary models concerning the budget of substances in lakes. *Arch. Hydrobiol.*, 66, 1 – 36.

Vollenweider, R. A., 1969b. A manual on methods for measuring primary production in aquatic environments. *Int. Biol. Program Handbook 12*, Blackwell Scientific Publications, Oxford, 213 pp.

Vollenweider, R. A., 1975. Input – output models with reference to the phosphorusloadingconcept in limnology. *Schweizerische Zeitschrift Hydrol.*, 37, 53 - 84.

Vollenweider, R. A., 1976. Advances in defining critical loading levels for phosphorus in lake eutrophication. *Mem. Inst. Ital. Idrobiol.*, 33, 53 - 83.

Vollenweider, R. A., Dillon, P. J., 1974. *The Application of the Phosphorus - Loading Concept to Eutrophication Research*, National Res. Council, Canada. Tech. Rept. 13690, 42 pp.

Vorburger, C., Ribi, G., 1999. Aggression and competition for shelter between a native and an introduced crayfish in Europe. *Freshwater Biol.*, 42, 111 - 19.

Wagner, K. J., 1986. Biological management of a pond ecosystem to meet water use objectives. *Lake Reservoir Management*, 2, 54 - 9.

Walker, W. E., Jr., Westerberg, C. E. and Schuler, D. J., et al., 1989. Design and evaluation of eutrophication control measures for the St. Paul water supply. *Lake Reserv. Manage.*, 5, 71 - 83.

Walker, W. W. Jr., 1977. Some analytical methods applied to lake water quality problems. PhD dissertation, Harvard University.

Walker, W. W. Jr., 1981. *Empirical Methods for Predicting Eutrophication in Impoundments*. Report 1, Phase 1: Data base development. Technical Report E - 81 - 9, EWQOS, US Army Corps of Engineers, Vicksburg, MS.

Walker, W. W. Jr., 1985. Statistical bases for mean chlorophyll a criteria. *Lake Reservoir Management*, 1, 57 - 67.

Walker, W. W. Jr., 1987a. Empirical methods for predicting eutrophication in impoundments. Report 4, Phase III: Applications Manual. Tech. Rept. E - 81 - 9. US Army Engineer Waterways Exp. Sta., Vicksburg, MS.

Walker, W. W. Jr., 1987b. Phosphorus removal by urban runoff detention basins. *Lake Reservoir Management*, 3, 314 - 26.

Waller, K., Swan, S. H. and DeLorenze, G., et al., 1998. Trihalomethanes in drinking-water and spontaneous abortion. *Epidemiology*, 9, 134 - 9.

Walshe, B. M., 1948. The oxygen requirements and thermal resistance of chironomed larvae from flowing and from still waters. *J. Exp. Biol.*, 25, 35.

Walton, S. P., 1990. Effects of grazing by *Dicosmoecus gilvipes* (caddisfly) larvae and phosphorus enrichment on periphyton. MS thesis, University of Washington.

Walton, S. P., Welch, E. B. and Horner, R. R., 1995. Stream periphyton responses to grazing and changes in phosphorus concentration. *Hydrobiologia*, 302, 31 - 46.

Warnick, S. L., Bell, H. L., 1969. The acute toxicity of some heavy metals to different species of aquatic insects. *J. Water Pollut. Control Fed.*, 41, 280 - 4.

Warren, C. E., 1971. *Biology and Water Pollution Control*. W. B. Saunders, Philadelphia.

Warren, C. E., Wales, J. H. and Davis, G. E., et al., 1964. Trout production in an experimental stream enriched with sucrose. *J. Wildlife Management*, 28, 617 - 60.

Warwick, W. F., 1980. Paleolimnology of the Bay of Quinte, Lake Ontario: 2800 years of cultural influence. *Can. Bull. Fish. Aquat. Sci.*, 206, 118 pp.

Washington Department of Wildlife, 1990. *Grass Carp Use in Washington* Fish Management

Division, FM No. 90 – 4.

Washington, H. G. , 1984. Diversity, biotic and similarity indices, a review. *Water Res.* , 18, 653 – 94.

Watanabe, M. F. , Park, H. – D. and Watanabe, M. , 1994. Compositions of *Microcystis* species and heptapeptide toxins. *Verh. Int. Verein. Limnol.* , 25, 2226 – 9.

Watson, V. , Gestring, B. , 1996. Monitoring algae levels in the Clark Fork River. *Intermountain J. Sci.* , 2, 17 – 26.

Watson, V. J. , Perlind, P. and Bahls, L. , 1990. Control of algal standing crop by P and N in the Clark Fork River, in *Proceedings of the Clark Fork River Symposium*, Montana Academy of Science, Missoula, Montana.

Weibel, S. R. , 1969. Urban drainage as a factor in eutrophication, in *Eutrophication: Causes, Consequences and Correctives*. Natl Acad. Sci. , Washington, DC.

Welch, E. B. , 1969a. Factors controlling phytoplankton blooms and resulting dissolved oxygen in Duwamish River estuary, Washington, US Geol. Survey Water Supply Paper 1873 – A, 62 pp.

Welch, E. B. , 1969b. Discussion of ecological changes of applied significance induced by the dischange of heated waters, in *Thermal Pollution, Engineering Aspects* (eds F. L. Parker and P. A. Krenkel), Vanderbilt University Press, Nashville, Tennessee, pp. 58 – 68.

Welch, E. B. , 1988. In – lake eutrophication control: progress and limitations, in *Water Pollution Control in Asia* (eds T. Panswad, C. Polprasert and K. Yamamoto), Pergamon Press, New York, pp. 37 – 44.

Welch, E. B. , Anderson, E. L. and Jacoby, J. M. , et al. , 2000. Invertebrate grazing of filamentous green algae in outdoor channels. *Verh. Int. Verein. Limnol.* , 27, 2408 – 14.

Welch, E. B. , Barbiero, R. P. and Bouchard, D. , et al. , 1992. Lake trophic state change and constant algal composition following dilution and diversion. *Ecol. Eng.* , 1, 173 – 97.

Welch, E. B. , Brenner, M. V. and Carlson, K. L. , 1984. Control of algal biomass by inflow $NO_3$, in *Lake and Reservoir Management* EPA 440/5/84/001, pp. 493 – 7.

Welch, E. B. , Buckley, J. A. and Bush, R. M. , 1972. Dilution as an algal bloom control. *J. Water Pollut. Control Fed.* , 44, 2245 – 65.

Welch, E. B. , Burke, T. , 2001. *Lake Elevation and Water Quality, Upper Klamath Lake, Oregon*. Interim Summary Report. Prepared by R2 Resources, Inc. , Redmond, WA. Prepared for the US Bureau of Indian Affairs.

Welch, E. B. , Bush, R. M. and Spyridakis, D. E. , et al. , 1973. *Alternatives for Eutrophication Control in Moses Lake, Washington*, Dept of Civil Engineering, University of Washington, Seattle, 102 pp.

Welch, E. B. , Cooke, G. D. , 1995. Internal phosphorus loadingin shallow lakes: Importance and control. *Lake Reserv. Manage.* , 11, 273 – 81.

Welch, E. B. , Cooke, G. D. , 1999. Effectiveness and longevity of phosphorus inactivation with alum. *Lake Reserv. Manage.* , 15, 5 – 27.

Welch, E. B. , DeGasperi, C. L. and Spyridakis, D. E. , 1988a. Sources for internal P loadingin a shallow lake. *Verh. Int. Verein. Limnol.* , 23, 307 – 14.

428

Welch, E. B. , DeGasperi, C. L. and Spyridakis, D. E. , et al. , 1988b. Internal phosphorus loadingand alum effectiveness in shallow lakes. *Lake Reservoir Management*, 4, 27 – 34.

Welch, E. B. , Horner, R. R. and Patmont, C. R. , 1989b. Prediction of nuisance periphytic biomass: a management approach. *Water Res.* , 23, 401 – 5.

Welch, E. B. , Jacoby, J. M. , 2001. On determiningthe principle source of phosphorus causing summer algal blooms in western Washington lakes. *Lake Reserv. Manage.* , 17, 55 – 65.

Welch, E. B. , Jacoby, J. M. and Horner, R. R. , et al. , 1988c. Nuisance biomass levels of periphyton algae in streams. *Hydrobiologia*, 157, 161 – 8.

Welch, E. B. , Jacoby, J. M. and May, C. W. , 1998. Stream quality, in *River Ecology and Management: Lessons from the Pacific Coastal Ecoregion* (eds R. J. Naiman and R. E. Bilby), Springer – Verlag, New York, pp. 69 – 94.

Welch, E. B. , Jones, C. A. , 1990. Predictingphosphorus in a dendritic, shallow prairie lake followingdilution and diversion. *Verh. Int. Verein. Limnol.* , 24, 427.

Welch, E. B. , Jones, C. A. and Barbiero, R. P. , 1989a. *Moses Lake Quality: Results of Dilution, Sewage Diversion and BMPs*—1977 *through* 1988, Dept. of Civil Eng. , University of Washington, Water Resources Series Tech. Rept. No. 118.

Welch, E. B. , Kelly, T. S. , 1990. Internal phosphorus loadingand macrophytes: an alternative hypothesis. *Lake Reservoir Management*, 6, 43 – 8.

Welch, E. B. , Patmont, C. R. , 1980. Lake restoration by dilution: Moses Lake, Washington. *Water Res.* , 14, 1316 – 25.

Welch, E. B. , Perkins, M. A. , 1979. Oxygen deficit rate as a trophic state index. *J. Water Pollut. Control Fed.* , 51, 2823 – 28.

Welch, E. B. , Quinn, J. M. and Hickey, C. W. , 1992. Periphyton biomass related to pointsource nutrient enrichment in seven New Zealand streams. *Water Res.* , 26, 669 – 75.

Welch, E. B. , Rock, C. A. and Howe, R. C. , et al. , 1980. Lake Sammamish response to wastewater diversion and increasingurban runoff. *Water Res.* , 14, 821 – 8.

Welch, E. B. , Spyridakis, D. E. and Shuster, J. I. , et al. , 1986. Decliningl ake sediment phosphorus release and oxygen deficit following wastewater diversion. *J. Water Pollut. Control Fed.* , 58, 92 – 6.

Welch, E. B. , Wojtalik, T. A. , 1968. *Some Aspects of Increased Water Temperature on Aquatic Life*, Tennessee Valley Authorily, Chattanooga, TN, 48pp.

Wetzel, R. G. , 1964. A comparative study of the primary productivity of higher aquatic plants, periphyton, and phytoplankton in a large shallow lake. *Int. Rev. Geol. Hydrobiol.* , 49, 1 – 64.

Wetzel, R. G. , 1972. The role of carbon in hard – water marl lakes, in *Nutrients and Eutrophication: The limiting nutrient controversy* (ed. G. E. Likens), Sec. Symp. Amer. Soc. Limnol. Oceanogr. , 1, 84 – 91.

Wetzel, R. G. , 1975, 1983. *Limnology*, W. B. Saunders, Philadelphia.

Wetzel, R. G. , Hough, R. A. , 1973. Productivity and role of aquatic macrophytes in lakes: an assessment. *Pol. Arch. Hydrobiol.* , 20, 9 – 19.

Wezernak, C. T., Lyzenga, D. R. and Polcyn, F. C., 1974. *Cladophora* distribution in Lake Ontario. *Ecol. Res. Ser.* EPA – 660/3 – 74 – 022, 84 pp.

White, E., 1983. Lake eutrophication in New Zealand – a comparison with other countries of the Organization for Economic and Co – operative Development. *N. Z. J. Marine Freshwater Res.*, 17, 437 – 44.

Whitford, L. A., 1960. The current effect and growth of freshwater algae. *Trans. Am. Microcop. Soc.*, 79, 302 – 9.

Whitford, L. A., Schumacher, G. J., 1961. Effect of current on mineral uptake and respiration by a fresh – water alga. *Limnol. Oceanogr.*, 6, 423 – 5.

WHO, 1998. *Guidelines for Drinking – Water Quality*, 2nd edn, Addendum to Vol. 2, Health Criteria and other SupportingInformation, World Health Organization (WHO), Geneva.

WHO, 2000. *Disinfectants and Disinfectant By – Products.* World Health Organization, International Program on Chemical Safety (IPCS), Environmental Health Criteria 216, World Health Organization (WHO), Geneva.

Wiederholm, T., 1974. Bottom fauna and eutrophication in the large lakes of Sweden. PhD dissertation abstract. University of Uppsala, Sweden, 11 pp.

Wiederholm, T., 1980. Use of benthos in lake monitoring. *J. Water Pollut. Control Fed.*, 52, 537 – 47.

Wilander, A., Persson, G., 2001. Recovery from eutrophication: experiences of reduced phosphorus input to the four largest lakes of Sweden. *Ambio*, 30, 475 – 85.

Wildman, R. B., Loescher, J. H. and Winger, C. L., 1975. Development and germination of akinetes of *Aphanizomenon flos – aquae. J. Phycol.*, 11, 96 – 104.

Wile, I., 1975. Lake restoration through mechanical harvesting of aquatic vegetation. *Verh. Int. Verein. Limnol.*, 19, 660 – 71.

Wilhm, J., 1972. Graphical and mathematical analyses of biotic communities in polluted streams. *Annu. Rev. Entomol.*, 17, 223 – 52.

Wilhm, J., Dorris, T., 1968. Biological parameters for water quality criteria. *Bioscience*, 18, 477 – 81.

Williams, J. D. H., Syers, J. K. and Walker, T. W., 1967. Fractionation of soil inorganic phosphate by a modification of Chang and Jackson's procedure. *Soil Sci. Soc. Am.*, 31, 736 – 9.

Williams, L. G., Mount, D. I., 1965. Influence of zinc on periphyton communities. *Am. J. Bot.*, 52, 26 – 34.

Williamson, M., 1997. *Biological Invasions*, Chapman & Hall, London.

Wilson, B., 1994. Personal Communication with Welch, E. B. Minnesota Pollution Control Agency, Minneapolis, MN.

Wilson, B., Musick, T. A., 1989. *Lake Assessment Program* 1988, *Shagawa Lake, St. Louis County, Minnesota* unpublished manuscrpt Minnesota Pollution Control Agency, 85pp.

Winner, R. W., Boesel, M. W. and Farrell, M. P., 1980. Insect community structure as an index of heavy – metal pollution in lotic ecosystems. *Can. J. Fish. Aquat. Sci.*, 37, 647 – 55.

Winner, R. W., Scott Van Dyke, J. and Caris, N., et al., 1975. Response of the macroinvertebrate fauna to a copper gradient in an experimentally – polluted stream. *Verh. Int. Verein. Limnol.*, 19, 2121 – 7.

Winter, D. F., Banse, K. and Anderson, G. C., 1975. The dynamics of phytoplankton blooms in Puget Sound, a fjord in Northwestern United States. *Marine Biol.*, 29, 139 – 76.

Winter, T. C., 1981. Uncertainties in estimatingthe water balance of lakes. *Water Res. Bull.*, 17, 82 – 115.

Wissmar, R. C., Richey, J. E. and Spyridakis, D. E., 1977. The importance of allochthonous particulate carbon pathways in a subalpine lake. *J. Fish Res. Board Canada*, 43, 1410 – 18.

Witting, R., 1909. Zur Kenntnis des vom Winde erzeugten Oberflächenstromes. *Ann. Hydrogr. Berlin.*, 37, 193 – 203.

Woelke, C. E., 1968. Application of shellfish bioassay results to the Puget Sound Pulp Mill pollution problem. *Northwest Sci.*, 42, 125 – 33.

Wojtalik, T. A., Hall, T. F. and Hill, L. O., 1971. Monitoringecological conditions associated with wide – scale applications of DMA 2, 4 – D to aquatic environments. *Pesticides Monitoring J.*, 4, 184 – 203.

Wong, S. L. and Clark, B., 1976. Field determination of the critical nutrient concentrations for *Cladophora* in streams. *J. FishRes. Board Canada*, 33, 85 – 92.

Woodwell, G. M., 1970. The energy cycle of the biosphere. *Sci. Am.*, 223 (3), 64 – 97.

WQC, 1968. Water Quality Criteria. Tech. Advisory Comm. to EPA, US Government PrintingOffice.

WQC, 1973. Water Quality Criteria – 1972. Tech. Advisory Comm., Nat. Acad. of Sci. and Acad. of Engineers. US Government Printing Office.

WQC, 1986. *Quality criteria for Water* – 1986 EPA 440/5 – 86 – 001.

Wrenn, W. B., 1980. Effects of elevated temperature on growth and survival of smallmouth bass. *Trans. Am. Fish. Soc.*, 109, 617 – 25.

Wright, J. C., 1958. The limnology of Canyon Ferry Reservoir. *Limnol. Oceanogr.*, 3, 150 – 9.

Wright, R. F., 1983. *Predicting Acidification of North American Lakes*, Report 4, Norwegian Inst. Water Res., Oslo, 165pp.

Wright, R. F., Dale, T., Gjessing, E. J. and Hendrey, G. R., et al., 1976. Impact of acid precipitation on freshwater ecosystems in Norway. *Water, Air Soil Poll.*, 6, 483 – 99.

Wright, R. F., Henriksen, A., 1983. Restoration of Norwegian lakes by reduction in sulfur deposition. *Nature*, 303, 422 – 4.

Wright, R. F., Schindler, D. W., 1995. Interaction of acid rain and global changes: effects on terrestrial and aquatic ecosystems, in *Acid Rain Research*, Vol. 39/195, Norwegian

Institute of Water Research, pp. 232 – 43.

Wright, R. F. , Snekvik, E. , 1978. Acid precipitation: chemistry and fish populations in 700 lakes in southern – most Norway. *Verh. Int. Verein. Limnol.* , 20, 765 – 75.

Young, T. C. , King, D. L. , 1980. Interacting limits to algal growth: light, phosphorus, and carbon dioxide availability. *Water Res.* , 14, 409 – 12.

Younos, T. M. , Weigmann, D. L. , 1988. Pesticides: a continuing delemma. *J. Water Pollut. Control Fed.* , 60, 1199 – 205.

Yu, S. – Z. , 1989. Drinkingwater and primary liver cancer, in *Primary Liver Cancer* (eds Z. Y. Tang, M. C. Wu and S. S. Xia), China Academic Publishers/Springer, New York, NY, pp. 30 – 7.

Zand, S. M. , 1976. Indexes associated with information theory in water quality. *J. Water Pollut. Control Fed.* , 48, 2026 – 31.

Zevenbroom, W. , Mur, L. R. , 1980. $N_2$ – fixing cyanobacteria: why they do not become dominant in Dutch hypereutrophic lakes. *Dev. Hydrobiol.* , 2, 123 – 30.

Zisette, R. R. , Oppenheimer, J. S. and Donner, R. , 1994. Sources of taste and odor problems in Lake Youngs, a municipal drinking water reservoir. *Lake Reserv. Manage.* , 9, 117 – 22.

# 索　引